现代声学科学与技术丛书

声学测量

（第三版）

陈克安　曾向阳　任树伟　雷　烨　编著

科学出版社

北　京

内 容 简 介

本书以空气和水下噪声测量为主要对象，侧重讲述室内外环境噪声测量方法与技术，重点面向环境噪声污染与控制、建筑声学、环境声学、水声工程等方向的本科生与研究生，同时也可作为相关行业技术人员及声学研究者的参考书和工具书。本书正文共 8 章，另含参考文献和两个附录。本书内容分为三部分，第一部分讲述声学测量涉及的相关理论基础，分别为第 1 章的声学基础和第 2 章的声信号处理基础；第二部分为技术基础，包括第 3 章的声学仪器与声学设施和第 4 章的测量规范与标准；第三部分(第 5～8 章)为不同场景下的声学测量原理、方法、步骤及工程案例。此外，附录中给出了最新的《中华人民共和国噪声污染防治法》全文，以及 4 项重要的环境噪声限值标准。

本书重点面向噪声控制、建筑声学、环境声学、水声学等相关方向的本科生，同时也可作为声学相关专业研究生教材和一线声学科技工作者的参考书。

图书在版编目（CIP）数据

声学测量 / 陈克安等编著. -- 3 版. -- 北京 ：科学出版社，2025. 6. -- (现代声学科学与技术丛书). -- ISBN 978-7-03-079986-9

Ⅰ. TB52

中国国家版本馆 CIP 数据核字第 2024GW8460 号

责任编辑：刘凤娟　郭学雯 / 责任校对：彭珍珍
责任印制：张　伟 / 封面设计：陈　敬

科学出版社 出版
北京东黄城根北街 16 号
邮政编码：100717
http://www.sciencep.com
北京厚诚则铭印刷科技有限公司印刷
科学出版社发行　各地新华书店经销
*
2005 年 8 月第一版　开本：720×1000　1/16
2010 年 10 月第二版　印张：25 1/4
2025 年 6 月第三版　字数：495 000
2025 年 6 月第一次印刷
定价：148.00 元
（如有印装质量问题，我社负责调换）

第三版前言

声学测量是一项通过实际测试对声学现象进行客观度量的专门技术，它是研究和运用声学理论的基本手段，是声学学科不可缺少的重要组成部分。声学测量在声学各个分支学科的科学研究、声学技术开发与应用，以及声学教育中占有基础性和关键性的地位。

2005 年 8 月，作者在科学出版社出版了“21 世纪高等院校教材”《声学测量》，2010 年 10 月在机械工业出版社再版《声学测量》(第二版)。该书出版后在相关高校本科生与研究生的教学中被大量使用，同时被声学科技人员作为参考书，受到广泛好评。近年来，声学测量理论、标准与规范，以及声学仪器与设备的发展日新月异，加之原书中存在不少有待改进之处，因此，我们对 2010 年版的《声学测量》(第二版)再次进行了较大幅度的修改完善，主要体现在以下方面。

(1) 增强声学测量技术的时效性，全面更新相关声学测量标准与规范。

自《声学测量》(第二版)出版以来，与本书相关的声学测试技术与规范不断发展，相当数量的国家标准被修订，为此将原书中涉及的国家标准和规范进行全面检查，及时更新(截至 2024 年 9 月)，确保相关测量技术的新颖性和时效性；此外，还将部分团体标准(包括首批发布的中国声学学会团体标准)纳入其中，增强了本书的系统性和权威性。

(2) 紧跟学科发展，将声学测量前沿技术纳入其中。

近 10 年来，在环境噪声评价、低噪声产品设计、声品质与声景观等领域，声音对人的影响以及人对声音的主观反应方面的研究发展迅速并获得实际应用，已成为环境声学等领域的研究热点与前沿，为此，本书将与人的主观感知相关的测量技术纳入其中，介绍其概念和原理，同时给出测量实例，展示声品质技术在实际工程中的应用。

(3) 扩大覆盖面，更新和完善已有内容。

为了满足更多声学分支学科对测试技术的需求，本书增加了多方面的内容，主要包括：①在水声测量方面，增加了水下声场，以及水声测量仪器与设备等内容；②在声学测量仪器与设施方面，增加了声管、强声室、声学风洞的介绍与应用技术；③在测量对象方面，增加了多孔吸声材料建模及参数测量等内容，以适应现阶段新型声学材料与结构技术的发展需求；④在测量数据统计与分析方面，增加了测量不确定度基本原理与应用案例；⑤在声信号处理与分析方面，增加了短时傅里叶变换及小波变换等内容，以增强读者对时变信号分析与处理的理解与运用。

(4) 追踪声学测量技术发展潮流，引入最新测量技术与仪器设备。

增加对虚拟声学测量系统的介绍；扩展和充实了多通道声学测量系统方面的内容，增加了声成像设备、噪声振动监测设备等最新声学仪器与设备基本原理、系统构成及实际应用方面的介绍；对声学设备与仪器，结合当前实际情况，将已停产、过时及非主流的测量仪器方面的内容删除，代之以最新及主流测量仪器。

本书的修订，在“新”方面下了功夫，引入声学测量领域的新知识、新技术和新变化，进一步增强了时效性、前沿性和实用性，期望为推动我国声学教育及声学技术发展提供更多帮助。

本书的出版，特别感谢李海英副教授和杨有粮副教授在前两版编写中做出的贡献。同时，在本书编写中，高彤、李豪、陈宇三位博士研究生在素材收集及资料整理中做了大量工作，在此一并表示感谢。书中彩图可扫描封底二维码查看。

陈克安　曾向阳
任树伟　雷　烨
2025 年 2 月

第二版前言

声学测量是对声学现象进行客观度量的一项专门技术，同时具有坚实宽广的理论背景。声学测量在科学研究、社会服务及工程领域都有广泛的应用，是探索自然奥秘、发展声学理论、推动声学技术的基石。熟练掌握各种声学测量方法、娴熟使用各类声学仪器是加深声学基础知识、锻炼实践动手能力、掌握科学实验方法的重要手段。2005 年，作者在科学出版社出版的“21 世纪高等院校教材”《声学测量》，在相关科技人员中得到好评。然而，声学测量技术的发展日新月异，加之读者反映该书存在不足。因此，我们对 2005 年版的《声学测量》进行了大幅度修改，着重加强该书的实用性、反映声学测量技术近年来的新变化，同时增加了室内声场测量的相关内容，期望对推动我国声学教育与声学技术的发展有所帮助。

本书侧重于室内外环境声的测量，重点面向噪声控制、建筑声学和环境声学方向的本科专业，同时也可作为有关专业的研究生教材和广大声学工作者的参考书。本书正文分为 8 章，另有 2 个附录。首先介绍了与声学测量有关的基础知识，如声学基础和声信号采集与分析方面的理论与专门知识，然后就声学测量仪器和测量方法分别加以介绍，包括常用声学仪器与声学设施，以及通用的声学测量流程与误差分析方法，并罗列了与环境声测量相关的声学标准，最后 4 章分别对专门领域的声学测量给予详细介绍，包括噪声源测量、声学材料和声学结构测量、室内声场测量，以及环境噪声测量等。另外，附录中给出了我国环境噪声污染防治法及 4 项重要的噪声限值标准。

本书的主要特色表现在：①内容广泛、系统性强。既介绍了有关声学测量的基础知识，如声学基础、测量基础、基本的声学仪器、设备和设施，又针对环境声学、噪声与振动控制、建筑声学讲述了噪声源测量、声学材料与声学结构的测量、室内声场测量、环境噪声测量的各种知识。另外，在附录中，给出了有关噪声污染与控制的国家法律和标准，对树立使用者环境保护的全局观念大有帮助。②内容新颖、反映最新发展动向。近年来，声学测量技术的发展突飞猛进，新的测量方法和测量仪器不断涌现。本书尽量反映这种变化，增强了声强技术及其在声学测量中的应用、数字化声学测量仪器和系统的功能和使用、数字信号处理技术在声学测量中的应用，等等。

本书的出版要特别感谢西北工业大学航海学院环境工程系历届本科生与研

究生，他们在教学与科研中提出了大量宝贵意见，使本书质量大幅度提升。

编著者虽竭尽全力，但错误仍在所难免，希望读者指正，并对进一步的修改和完善提出宝贵意见。

陈克安　曾向阳　杨有粮

2010年9月

第一版前言

声学是一门古老又充满生机的学科，它研究各种介质中声波的产生、传播、接收和重放。按频率划分，声波分为次声、可听声和超声。传播声波的介质有气体、固体和液体。因此，声学的分支学科众多，涉及的基本理论、研究方法和技术手段范围非常广泛。

声学测量是声学学科重要的分支之一，是声学理论研究和声学技术发展的基石。熟练掌握各种声学测量方法和测量仪器的使用是加深声学基础知识、锻炼实践动手能力、掌握科学实验方法的重要手段。目前，国外有关声学测量的书籍非常有限，而国内仅有的两本出版于 20 年前，其内容已落后于声学测量技术的快速发展。另外，到目前为止，国内还没有一本专门的声学测量方面的教科书。为此，我们着手编写了这样一本以本科教学为目的的教材。

本书侧重于空气中可听声的测量，重点面向噪声控制、建筑声学和环境声学方向的本科专业，同时也可作为有关专业的研究生教材和广大声学工作者的参考书。本书正文分为 8 章，另有 3 个附录。首先介绍了与声学测量有关的声学基础理论知识，给出了噪声的评价方法和标准，然后就声学测量仪器和相关专门技术分别加以介绍，包括测量传声器、声学仪器和设施、噪声源测量、声学材料和声学结构的声学性能测量等。鉴于噪声污染问题日益突出，本书第 8 章介绍了主要的环境噪声的测量方法，最后，就测量误差及其分析进行了阐述。

本书的主要特色表现在：①内容广泛、系统性强。既介绍了有关声学测量的基础知识，如声学基础、测量基础、基本的声学仪器、设备和设施，又针对环境声学、噪声与振动控制，讲述了噪声源测量、声学材料与声学结构的测量、环境噪声测量的各种知识。另外，在附录中，给出了有关噪声污染与控制的国家法律和标准，对树立学生环境保护的全局观念大有帮助。②内容新颖、反映学科发展的最新动向。近 20 年来，声学测量技术的发展突飞猛进，新的测量方法和测量仪器不断涌现。本书尽量反映这种变化，增强了声强技术及其在声学测量中的应用、数字化声学测量仪器和系统的功能和使用、数字信号处理技术在声学测量中的应用等。

编著者虽竭尽全力，但错误仍在所难免，希望读者指正，并对进一步的修改和完善提出宝贵意见。

作 者

2004 年 12 月

目　　录

第三版前言
第二版前言
第一版前言
第 1 章　声音的基本特性 …… 1
1.1　声波的产生与波动方程 …… 1
1.1.1　声波的产生 …… 1
1.1.2　波动方程 …… 2
1.2　声波的基本特性 …… 4
1.2.1　声波的分类 …… 4
1.2.2　声波的反射、折射与透射 …… 4
1.2.3　声波的干涉 …… 5
1.2.4　声波的散射和衍射 …… 7
1.3　声场的基本特性 …… 9
1.3.1　声场的分类 …… 9
1.3.2　声波导管理论 …… 10
1.3.3　室内声场 …… 12
1.3.4　水下声场 …… 17
1.4　基本声学参量 …… 19
1.4.1　声压、声强与声功率 …… 19
1.4.2　声学参量的级与运算 …… 21
1.4.3　评价参量 …… 27
第 2 章　声信号采集与分析 …… 48
2.1　声信号及其基本特性 …… 48
2.1.1　声信号的来源与接收 …… 48
2.1.2　声信号的分类 …… 49
2.1.3　随机信号分析 …… 52
2.2　声信号采集 …… 54
2.2.1　数据采样 …… 54
2.2.2　模数转换 …… 57

2.3 傅里叶变换及其实现 …… 60
2.3.1 离散傅里叶变换 …… 60
2.3.2 快速傅里叶变换 …… 62
2.4 声信号的频率分析 …… 65
2.4.1 倍频程分析 …… 65
2.4.2 临界频带 …… 69
2.5 声信号的时频分析 …… 70
2.5.1 短时傅里叶变换 …… 70
2.5.2 小波分析 …… 74
第 3 章 声学仪器与声学设施 …… 79
3.1 声传感器 …… 79
3.1.1 传声器 …… 79
3.1.2 水听器 …… 99
3.1.3 声传感器阵列 …… 105
3.2 多功能声学测量系统 …… 108
3.2.1 声级计 …… 108
3.2.2 多通道声学测量系统 …… 118
3.2.3 声成像设备 …… 127
3.2.4 噪声自动监测系统 …… 130
3.3 声强测量系统 …… 131
3.3.1 P-U 和 P-P 技术 …… 132
3.3.2 声强的频谱表达式 …… 135
3.3.3 声强探头的校准 …… 139
3.4 虚拟声学测量系统 …… 141
3.4.1 LabVIEW 简介 …… 142
3.4.2 与声学测量相关的模块 …… 142
3.4.3 虚拟声学测量系统的设计与应用 …… 145
3.5 声学设备与声学设施 …… 147
3.5.1 声管 …… 148
3.5.2 消声室 …… 152
3.5.3 混响室 …… 154
3.5.4 强声室 …… 156
3.5.5 声学风洞 …… 158
第 4 章 测量规范与标准 …… 160
4.1 测量的事前准备 …… 160

4.1.1 测量流程设计 …… 160
4.1.2 环境因素对测量的影响 …… 164
4.2 测量误差 …… 166
4.2.1 测量误差及其分类 …… 166
4.2.2 测量误差理论 …… 170
4.2.3 测量数据的统计分析与检验 …… 172
4.2.4 测量不确定度 …… 176
4.3 噪声标准 …… 179
4.3.1 声学测量基础标准 …… 180
4.3.2 噪声限值标准 …… 181
4.3.3 噪声测量标准 …… 183
第5章 噪声源测量 …… 191
5.1 噪声级测量 …… 191
5.1.1 稳态噪声测量 …… 192
5.1.2 非稳态噪声测量 …… 194
5.1.3 噪声剂量测量 …… 195
5.1.4 测量实例 …… 196
5.2 声功率测量 …… 198
5.2.1 声压法 …… 201
5.2.2 声强法 …… 205
5.2.3 标准声源法 …… 208
5.2.4 振速法 …… 208
5.2.5 测量实例 …… 209
5.3 噪声源识别与定位 …… 213
5.3.1 声学测量法 …… 214
5.3.2 信号分析法 …… 218
第6章 声学材料与声学结构的测量 …… 220
6.1 吸声性能测量 …… 220
6.1.1 声管法 …… 221
6.1.2 斜入射法 …… 239
6.1.3 混响室法 …… 244
6.1.4 多孔材料参数测量 …… 248
6.1.5 测量实例 …… 255
6.2 隔声性能测量 …… 258
6.2.1 隔声性能表征 …… 259

6.2.2 混响室法 …… 259
6.2.3 混响室-消声室法 …… 262
6.2.4 现场测量法 …… 265
6.3 消声器声学性能的测量 …… 266
6.3.1 消声器声学指标及其测量 …… 267
6.3.2 大型消声器声学性能测量 …… 269
第 7 章 室内声场测量 …… 275
7.1 室内音质评价指标测量 …… 275
7.1.1 评价指标 …… 275
7.1.2 测量方法 …… 281
7.1.3 脉冲响应的测量要求 …… 281
7.1.4 头相关传递函数的测量 …… 284
7.2 扩散体散射系数的测量 …… 285
7.3 扬声器和扬声器系统电声参数的测量 …… 287
7.3.1 扬声器和扬声器系统电声参数 …… 287
7.3.2 扬声器和扬声器系统的测量方法 …… 290
第 8 章 环境噪声测量 …… 307
8.1 区域环境噪声测量 …… 307
8.1.1 城市环境噪声测量 …… 307
8.1.2 飞机环境噪声测量 …… 312
8.1.3 铁路环境噪声测量 …… 319
8.2 工业企业噪声测量 …… 321
8.2.1 车间内噪声的测量方法 …… 321
8.2.2 边界噪声测量方法 …… 322
8.3 常用交通工具噪声测量 …… 323
8.3.1 机动车辆噪声测量 …… 323
8.3.2 铁路机车车辆噪声测量 …… 325
8.3.3 船舶辐射噪声测量 …… 327
8.4 工业产品噪声测量 …… 329
8.4.1 风机和罗茨鼓风机 …… 329
8.4.2 容积式压缩机噪声测量 …… 333
8.4.3 冷却塔噪声测量 …… 335
8.4.4 吸油烟机声品质测量 …… 337
8.4.5 测量实例 …… 339
参考文献 …… 346

附录一 中华人民共和国噪声污染防治法 ······ 348
附录二 重要的环境噪声限值标准 ······ 362
“现代声学科学与技术丛书”已出版书目 ······ 387

第 1 章　声音的基本特性

自然界和社会生活中存在着各种各样的声扰动。按频率划分，20 Hz～20 kHz 的声扰动称为音频声(也称为可听声)，它是具有正常听力的人能够听得到的声音；小于 20 Hz 的声扰动称为次声；大于 20 kHz 的声扰动称为超声。可听声又分为语声、乐声和环境声(包括自然声和噪声)等三类，如人们的讲话声，乐器的演奏声，林中的鸟鸣声，山涧的流水声和松涛声，机器的轰鸣声，火车、汽车、飞机等交通工具发出的噪声等。本书主要针对空气中的可听声，以及大致在此频率范围内的水中声波。要对这些声音及相关声学现象进行测量和定量研究，就必须对声音的基本特性有深入的了解。

本章分为四节。首先介绍声音的产生机理和描述声波运动规律的数学方程——波动方程，然后分别阐述声波的分类及声学测量中需要关注的典型声学现象，如声波的反射、折射、透射、干涉、散射和衍射等，随后就各类声场的基本特性进行详细叙述，最后逐一介绍各类基本声学参量，它们是声学测量的对象，必须对其基本概念和基本性质有准确无误的认识。

1.1　声波的产生与波动方程

1.1.1　声波的产生

日常生活中的绝大部分声音来源于物体的振动。例如，讲话的声音来源于喉内声带的振动，扬声器发声来源于纸盆的振动，机械噪声来源于机器部件的振动。凡是发出声音的物体都可称为声源。声源不一定是固体，液体和气体同样会由于振动而发声，如浪涛声和汽笛声就是由流体诱发引起的。

声音是人的听觉系统对声波的主观反应，而声波的产生源于声源诱发的振动在介质中的传播。因此，产生声波的必要条件是必须存在声源和介质(空气、水等)。真空中没有介质存在，因而在真空中不能传播声音。需要注意的是，声波在介质中的传播，只是介质振动状态的传播，介质本身并没有向前运动。它只是在其平衡位置附近来回振动，所传播出去的是物质的运动形态，这种运动形态称为波动。声音是机械振动状态的传播在人类听觉系统中的主观反应，这种传播过程是一种机械性质的波动，称为声波。

在气体、液体等可压缩流体介质中，声波传播的方向与介质质点振动方向一致，此类声波称为纵波。描述声波的最常见基本物理量是声压，它是介质受扰动后产生的逾量压强，其单位是压强的单位：Pa (帕)，$1\text{Pa} = 1\ \text{N/m}^2$ 。

描述声压的基本参量包括幅度、相位、频率和波长等。例如，一列纯音声波，在数学上可表示为 $p = p_{\text{a}}\sin(\omega t + \phi)$ ，则 p_{a} 为该声波的幅值； ω 为角频率，$\omega = 2\pi f = 2\pi / T$ ，这里 f 为频率，T 为周期；ϕ 为相位。一个周期内声波的长度称为波长，它与频率成反比，有 $\lambda = c_0 / f$ ，其中 c_0 是声波传播的速度。

1.1.2　波动方程

声波所及的空间形成声场。在声场中，描述声学参量随时空特性及其相互联系的数学方程称为波动方程或声波方程，它是一切声学理论研究的基础和起点。为了使研究的问题得到简化，本书仅讨论理想流体介质中小振幅声波的情况，相应的波动方程称为线性声波方程[1]。

1. 理想流体介质的三个基本方程

所谓的理想流体介质是指，介质中不存在黏滞性；介质在宏观上是均匀的、静止的；声波在介质中的传播为绝热过程。在理想流体介质中，声波扰动的传播必然满足三个基本物理定律：牛顿第二定律、质量守恒定律和绝热过程假设，由此得到三个基本数学方程：运动方程、连续性方程和物态方程。在一维空间(如 x 方向)，这三个方程分别表示为

$$\rho\frac{\mathrm{d}v}{\mathrm{d}t} = -\frac{\partial p}{\partial x} \tag{1.1.1}$$

$$-\frac{\partial(\rho v)}{\partial x} = \frac{\partial \rho}{\partial t} \tag{1.1.2}$$

$$\mathrm{d}p_t = c_0^2\mathrm{d}\rho \tag{1.1.3}$$

式中，p、v、ρ 分别为声场中某一点由声扰动引起的声压、质点振速和介质密度；p_t 为介质总的声压，有 $p_t = p_0 + p$ ； c_0 为声波的传播速度。

2. 小振幅声波的一维波动方程

所谓的小振幅声波，指的是该声波满足如下条件：①声压远小于介质中的静态压强；②介质质点振速远小于声波的传播速度；③质点位移远小于声波波长；④介质密度变化量远小于静态密度。自然界中的绝大多数声波可归为小振幅声波，它是线性声学研究的对象。

在一维空间中，对于小振幅声波，上述三个方程可以进一步简化为如下形式：

$$\rho_0 \frac{\partial v}{\partial t} = -\frac{\partial p}{\partial x} \tag{1.1.4}$$

$$-\rho_0 \frac{\partial v}{\partial x} = \frac{\partial \rho'}{\partial t} \tag{1.1.5}$$

$$p = c_0^2 \rho' \tag{1.1.6}$$

其中，ρ_0、c_0 分别为没有声扰动时介质的密度和声波的传播速度。消去式(1.1.4)～式(1.1.6)中的任意两个变量，如质点振速和介质密度变量，剩下的两个式子分别对 x 和 t 求导，综合整理后可以得到

$$\frac{\partial^2 p}{\partial x^2} = \frac{1}{c_0^2}\frac{\partial^2 p}{\partial t^2} \tag{1.1.7}$$

这就是一维声场中的波动方程。

3. 三维波动方程

在三维空间中，式(1.1.4)～式(1.1.6)可以推广表示为如下形式：

$$\rho_0 \frac{\partial \boldsymbol{v}}{\partial t} = -\mathrm{grad}p \tag{1.1.8}$$

$$-\mathrm{div}(\rho_0 \boldsymbol{v}) = \frac{\partial \rho'}{\partial t} \tag{1.1.9}$$

$$p = c_0^2 \rho' \tag{1.1.10}$$

其中，

$$\mathrm{grad}p = \frac{\partial p}{\partial x}\boldsymbol{i} + \frac{\partial p}{\partial y}\boldsymbol{j} + \frac{\partial p}{\partial z}\boldsymbol{k}\text{ ，}\quad \mathrm{div}(\rho_0 \boldsymbol{v}) = \frac{\partial(\rho v_x)}{\partial x} + \frac{\partial(\rho v_y)}{\partial y} + \frac{\partial(\rho v_z)}{\partial z}$$

由此可以推导获得三维空间中的波动方程，有

$$\nabla^2 p = \frac{1}{c_0^2}\frac{\partial^2 p}{\partial t^2} \tag{1.1.11}$$

其中，∇^2 为拉普拉斯算子，在直角坐标系中为

$$\nabla^2 = \mathrm{div}(\mathrm{grad}p) = \frac{\partial^2}{\partial x^2} + \frac{\partial^2}{\partial y^2} + \frac{\partial^2}{\partial z^2}$$

1.2 声波的基本特性

1.2.1 声波的分类

在声波的传播过程中，振动相位相同的质点所构成的面称为波阵面。按波阵面的不同，声波可分为球面波、柱面波和平面波三类。如果声波的波阵面为一系列同心球面，这样的声波就是球面声波；球形声源产生的声波是球面波，它是实际环境中最常见的一种声波形式。如果脉动球形声源的直径远小于所辐射声波的波长，此声源可近似为点声源。在无界空间(也称为自由空间)中，点声源辐射产生的声波为各向均匀的球面波，其声压表达式为

$$p = \frac{\mathrm{j}k\rho_0 c_0 q_0}{4\pi r}\mathrm{e}^{\mathrm{j}(\omega t - kr)} \tag{1.2.1}$$

式中，$k = \omega / c_0$ 为声波波数；q_0 为声源强度，由球源半径和球面振动幅度确定；r 为观察点至点声源的距离。

平面波指的是声波沿一个方向(如 x 方向)传播，在其余方向上所有质点振幅和相位均相同的声波，其波动方程为一维声波方程(式(1.1.7))。通常条件下并不会产生真正意义上的平面波。不过，在声学领域中，平面波却是主要的研究对象。原因有三：①在辐射声场的远场，各种类型的声波均可近似为平面波；②在管道中或利用特殊的声学装置(如驻波管)可以产生理想的平面波；③平面波具有其他类型声波主要的物理特性，但其理论分析又相对简单。平面波的声压表达式为

$$p(x,t) = p_{\mathrm{a}}\mathrm{e}^{\mathrm{j}(\omega t - kx)} \tag{1.2.2}$$

其中，p_{a} 为声压振幅，对平面波而言，它是一个常数。

1.2.2 声波的反射、折射与透射

前面讨论了声波在无界空间中的传播规律，然而在实际中真正的无界空间并不多见，常会遇到各种各样的“障碍物”或边界，例如声波从一种介质进入另一种介质时就属于这种情况。

1. 声学边界条件

声波在两种介质的分界面上会发生反射、透射(对垂直入射声波)和折射(对斜入射声波)现象。要获得入射波、反射波、透射波(或折射波)之间的定量关系，需要用到边界条件。

在无限大的分界面上，有两种声学边界条件，它们是声压连续条件和法向质

点振速连续条件，其数学表达式为

$$p_1 = p_2 \tag{1.2.3}$$

$$v_1 = v_2 \tag{1.2.4}$$

式中，p、v 分别为分界面上的声压和质点振速；下标 1 和 2 分别表示介质 1 和介质 2。

2. 折射定律

对于一维斜入射平面波问题，入射波声压和质点振速可表示为

$$p_\mathrm{i} = p_\mathrm{ia} \mathrm{e}^{\mathrm{j}(\omega t - k_1 x \cos\theta_\mathrm{i} - k_1 y \sin\theta_\mathrm{i})} \tag{1.2.5}$$

$$v_\mathrm{ix} = -\frac{\cos\theta_\mathrm{i}}{\rho_1 c_1} p_\mathrm{i} \tag{1.2.6}$$

反射波声压和质点振速为

$$p_\mathrm{r} = p_\mathrm{ra} \mathrm{e}^{\mathrm{j}(\omega t + k_1 x \cos\theta_\mathrm{r} - k_1 y \sin\theta_\mathrm{r})} \tag{1.2.7}$$

$$v_\mathrm{rx} = -\frac{\cos\theta_\mathrm{r}}{\rho_1 c_1} p_\mathrm{r} \tag{1.2.8}$$

在介质另一侧的透射波声压和质点振速为

$$p_\mathrm{t} = p_\mathrm{ta} \mathrm{e}^{\mathrm{j}(\omega t - k_2 x \cos\theta_\mathrm{i} - k_2 y \sin\theta_\mathrm{i})} \tag{1.2.9}$$

$$v_\mathrm{tx} = -\frac{\cos\theta_\mathrm{t}}{\rho_2 c_2} p_\mathrm{t} \tag{1.2.10}$$

在分界面上，有以下边界条件：

$$p_\mathrm{i} + p_\mathrm{r} = p_\mathrm{t} \tag{1.2.11}$$

$$v_\mathrm{ix} + v_\mathrm{rx} = v_\mathrm{tx} \tag{1.2.12}$$

由此可以获得声波反射与折射定律：

$$\theta_\mathrm{i} = \theta_\mathrm{r} \tag{1.2.13}$$

$$\frac{\sin\theta_\mathrm{i}}{\sin\theta_\mathrm{t}} = \frac{k_2}{k_1} = \frac{c_1}{c_2} \tag{1.2.14}$$

1.2.3　声波的干涉

如果空间中存在多个声源，则会产生不止一列声波，这在声学测量领域是常见现象。先不考虑各声源的相互作用，下面研究各列声波叠加后的声压和声能密度的情况。

1. 声波的相干性

设有两列同频率、相差固定的平面波，分别为

$$p_1 = p_{1a}\cos(\omega t - \varphi_1)\,,\quad p_2 = p_{2a}\cos(\omega t - \varphi_2) \tag{1.2.15}$$

合成声场的声压为

$$p = \mathrm{p}_a\cos(\omega t - \varphi) \tag{1.2.16}$$

其中，

$$p_a^2 = p_{1a}^2 + p_{2a}^2 + 2p_{1a}p_{2a}\cos(\varphi_2 - \varphi_1) \tag{1.2.17}$$

$$\varphi = \arctan\frac{p_{1a}\sin\varphi_1 + p_{2a}\sin\varphi_2}{p_{1a}\cos\varphi_1 + p_{2a}\cos\varphi_2} \tag{1.2.18}$$

合成声场的平均声能密度为

$$\overline{\varepsilon} = \overline{\varepsilon}_1 + \overline{\varepsilon}_2 + \frac{p_{1a}p_{2a}}{\rho_0 c_0^2}\cos\varphi \tag{1.2.19}$$

由式(1.2.19)可以看出，两列声波叠加后的声波平均声能密度会出现极大、极小相互交错的现象，这就是声波的干涉现象。对于不同频率的两列固定相差声波，有

$$\overline{\varepsilon} = \overline{\varepsilon}_1 + \overline{\varepsilon}_2 \tag{1.2.20}$$

2. 无规相位声波的叠加

对于具有相同频率的两列相位随机变化的声波，有

$$p_1 = p_{1a}\cos(\omega t - \varphi_1')\,,\quad p_2 = p_{2a}\cos(\omega t - \varphi_2') \tag{1.2.21}$$

其中，$\varphi_2' - \varphi_1'$ 的相位差不固定。

合成声场的声压为

$$p = p_a\cos(\omega t - \varphi') \tag{1.2.22}$$

其中，

$$p_a^2 = p_{1a}^2 + p_{2a}^2 + 2p_{1a}p_{2a}\cos(\varphi_2' - \varphi_1') \tag{1.2.23}$$

$$\varphi' = \arctan\frac{p_{1a}\sin\varphi_1' + p_{2a}\sin\varphi_2'}{p_{1a}\cos\varphi_1' + p_{2a}\cos\varphi_2'} \tag{1.2.24}$$

合成声场的平均声能密度为

$$\overline{\varepsilon} = \overline{\varepsilon}_1 + \overline{\varepsilon}_2 \tag{1.2.25}$$

对于多列这样的声波，有

$$p_e^2 = p_{1e}^2 + p_{2e}^2 + \cdots + p_{ne}^2 \tag{1.2.26}$$

在实际场合中，多人讲话发出的声音、多台机器发出的噪声、不同车辆发出的交通噪声的叠加都可以看作无规相位声波的叠加。

1.2.4　声波的散射和衍射

当声波在介质中传播时，有可能遇到几何尺寸大小不一的障碍物，如大气中悬浮的颗粒、海水中的礁石、土壤中的岩石、建筑物、花草树木等。这些障碍物会引起声波的反射、散射以及衍射等声学现象。

在声传播过程中遇到障碍物时，当障碍物的尺寸远大于声波波长时，会发生反射现象；当障碍物的尺寸比较小且大于入射声波波长时，那么就会出现一部分声波发生反射，而另一部分波偏离原来的路径传播的现象。通常，把实际的波与假设障碍物不存在时所出现的不受干扰的波之间的差值定义为散射波，散射波一部分均匀地向各个方向散开，而另一部分则集中在障碍物后面，与反射波干涉叠加，从而形成阴影区；当障碍物的尺寸远小于入射波波长的时候，通过散射的作用而使得散射波和一部分的入射波干涉叠加，从而使得障碍物后面没有明晰的"阴影区"，这时可以认为是声波绕过障碍物继续传播，我们把这种现象称为声波的衍射。总之，散射和衍射都是声波遇到障碍物后，由于一部分声波的传播方向被改变，从而在障碍物后面形成了复杂的干涉和叠加的物理现象。散射和衍射的区别依赖于入射声波波长和障碍物尺寸比值：当声波的波长小于障碍物尺寸时称为散射，反之为衍射。从波动原理考虑，它们之间没有本质的区别。

在声学测量的过程中，往往会用到不同的声学仪器，如传声器和声级计等。当这些仪器进入待测声场时，会改变声波的传播路径，发生上述声学现象，从而影响声场特性。

现以刚硬圆柱体在声场中产生散射波和入射波叠加的现象为例，定量地分析、讨论声波的散射和衍射现象。

假设有入射声波沿 Ox 方向入射，而且

$$p_i(x,t) = p_0 e^{j(\omega t - kx)} \tag{1.2.27}$$

将其换为柱坐标的形式可以表示为

$$p_i(r,\varphi,t) = p_0 e^{-jkr\cos\varphi} e^{jwt} \tag{1.2.28}$$

为方便运算，使柱轴和轴坐标 Oz 轴重合，具体如图 1.2.1 所示。

由柱面波动方程的通解可知

$$p_i(r,\varphi,t) = e^{j\omega t} \sum_{n=0}^{\infty} a_n H_n^{(2)}(kr) \cos n\varphi \tag{1.2.29}$$

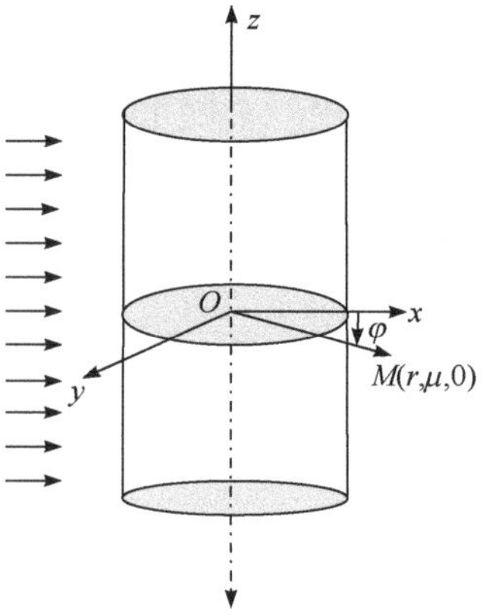

图 1.2.1 声波入射到圆柱体的示意图

其中，a_n 取决于边界条件，它决定圆柱的散射能量在不同阶柱面散射波中的分配情况。

在此，入射波和散射波应该满足径向振速之和等于零的边界条件：

$$(u_{\text{sn}} + u_{\text{in}})\big|_{r=a} = 0\text{，即} \frac{\partial}{\partial r}(p_{\text{i}} + p_{\text{s}})\bigg|_{r=a} = 0 \tag{1.2.30}$$

由此边界条件可以解得散射波场中的声压和径向质点速度分别为

$$p_{\text{r}}(r,\varphi,t) = p_0 \mathrm{e}^{\mathrm{j}\omega t} \sum_{n=0}^{\infty} b_n H_n^{(2)}(kr) \cos n\varphi \tag{1.2.31}$$

$$u_{\text{sr}}(r,\varphi,t) = \frac{p_0 \mathrm{e}^{\mathrm{j}\omega t}}{-\mathrm{j}\rho_0 c} \sum_{n=0}^{\infty} b_n \frac{\mathrm{d}H_n^{(2)}(kr)}{\mathrm{d}(kr)} \cos n\varphi \tag{1.2.32}$$

在远场($ka \ll 1$)中，$H_n^{(2)}(kr)$ 的渐近公式为

$$H_n^{(2)}(kr) \approx \sqrt{\frac{2}{\pi kr}} \mathrm{e}^{-\mathrm{j}\left(kr - \frac{2n+1}{4}\pi\right)} \cos n\varphi \tag{1.2.33}$$

将式(1.2.33)代入式(1.2.31)和式(1.2.32)，计算得到散射波声压和声强分别为

$$p_{\text{s}}(r,\varphi,t) \approx p_0 \sqrt{\frac{2a}{\pi}} \frac{\mathrm{e}^{\mathrm{j}(\omega t - kr)}}{\sqrt{r}} \frac{1}{\sqrt{ka}} \left(b_n \mathrm{e}^{\mathrm{j}\frac{2n+1}{4}\pi} \cos n\varphi \right) \tag{1.2.34}$$

$$I_{\text{s}}(r) \approx I_0 \frac{2a}{\pi r} \frac{\left| b_n \mathrm{e}^{\mathrm{j}\frac{2n+1}{4}\pi} \cos n\varphi \right|^2}{ka} \tag{1.2.35}$$

当柱比较细($a \ll \lambda, ka \ll 1$)时，可以计算得到低频细柱散射波声压、声强以及散射功率分别为

$$p_{\text{s}}(r,\varphi,t) \approx p_0 \sqrt{\frac{2a}{\pi}} \frac{(ka)^2}{4} \frac{\mathrm{e}^{\mathrm{j}\left(\omega t - kr - \frac{\pi}{4}\right)}}{\sqrt{r}} \frac{1}{\sqrt{ka}} (1 - 2\cos\varphi) \tag{1.2.36}$$

$$I_{\text{s}}(r,\varphi) \approx \frac{I_0}{r} \frac{\pi k^3 a^4}{8} (1 - 2\cos\varphi)^2 \tag{1.2.37}$$

$$W_{\text{s1}} = \frac{6\pi^5 a^4}{\lambda^3} I_0 \tag{1.2.38}$$

从上面的式子可以看出，散射声压与 ka 的平方成正比，而散射声强与 ka 的

三次方成正比，散射功率与柱面半径和波长的比值成正比。这就意味着，当波长较小时散射功率较大；而当波长较大时，散射功率较小，而当波长很大或细柱很细时，散射功率几乎为零，也就是发生了衍射。

上面讨论的是无限长细柱的散射。在声学测量中，传声器通常为细的有限长的刚性柱体，对于有限长的柱体，轴所在平面也有方向性。当高频声波入射时，散射波的强度可近似为

$$I_s \approx I_0\left[\frac{a}{2r}\sin\frac{\varphi}{2}+\frac{1}{2\pi kr}\cot\frac{\varphi}{2}\sin^2(ka\sin\varphi)+\phi(\varphi)\right] \tag{1.2.39}$$

其中，$\phi(\varphi)$ 随角度变化很快。

当入射波为低频时，散射波的能量主要分布在入射波的入射方向上，且散射波的分布比较均匀。

1.3　声场的基本特性

1.3.1　声场的分类

声场所在空间总体上分为自由空间和有界空间两大类[2]。理想的自由空间是指无限大的、没有障碍物的空间。有界空间指的是空间部分或全部被边界所包围，其又分为两类：一类是指那些有部分开口的闭合空间，如通风管道、输液输气管道、消声器等，由此形成的声场称为管道声场；另一类是指完全封闭的闭合空间，如生产车间、办公室、音乐厅、会议室等，由此形成的声场为封闭空间声场或室内声场。

纯粹的自由空间在现实中并不多见，如果空间边界和空间内物体对声传播方式的影响很小，则该空间中的声场可近似为自由声场，如旷野中的变压器噪声声场、空中航行的飞机辐射的噪声声场、封闭空间中机械设备所在位置附近区域直达声形成的声场等。

在自由声场中，声波只是从声源向四周辐射出去，而不受边界和其他物体的阻碍，同时也没有另外的声波干扰，声场中只传播自由行波。

对于一维管道，如果管道无限长，则在管道方向上的声传播与自由空间无异，所传播的声波为行波。在管道横截面上声波则形成特定形式的驻波或简正波。任意声源都可以激发出许多阶简正波，当声源的振动频率小于管道截止频率时，管道中的高次波将沿管道方向逐步衰减，最后只能传播均匀平面波。

在封闭空间中，声源发出的声波向四周传播，在碰到边界产生反射之前的声波称为直达声；一次以上的反射声波将在空间中产生驻波，形成混响声。按声源

频率的高低，混响声场又分为驻波声场和扩散声场。在低频段，声波在空间的传播会形成明显的驻波分布，每一个具有驻波形式的声场分布又称为声模态，相应的声场分析采用简正波理论或波动声学理论；当声源频率逐渐升到所谓的施罗德频率后，一个声模态特征频率的半功率带宽内存在三个以上的声模态时，声场中各点的声能密度从统计的观点来看表现出大致均匀的倾向，此时的声场称为扩散声场。

1.3.2　声波导管理论

1. 矩形声波导管

假设有一矩形管道，长度方向用 z 坐标表示，管口取在 $z=0$ 处，另一端延伸到无限远处。管道截面在 xy 平面，长度分别为 l_x、l_y。在管道内，声场用直角坐标系表示，其声波方程为

$$\frac{\partial^2 p}{\partial x^2}+\frac{\partial^2 p}{\partial y^2}+\frac{\partial^2 p}{\partial z^2}=\frac{1}{c_0^2}\frac{\partial^2 p}{\partial t^2} \tag{1.3.1}$$

令 $p(x,y,z,t)=p_{\mathrm{a}}(x,y,z)\mathrm{e}^{\mathrm{j}\omega t}$，$p_{\mathrm{a}}(x,y,z)=X(x)Y(y)Z(z)$，代入式(1.3.1)，在 X、Y、Z 三个方向即可获得三个独立坐标的常微分方程。以 X 坐标为例，有

$$\frac{\partial^2 X(x)}{\partial x^2}+k_x^2X(x)=0 \tag{1.3.2}$$

Y、Z 坐标的两个方程与此类似。式(1.3.2)中，k_x 为待定常数，称为 X 方向的波数，各方向波数之间满足如下关系：

$$k^2=k_x^2+k_y^2+k_z^2 \tag{1.3.3}$$

因为管道在 X、Y 方向有界，声波入射到边界上产生反射波，入射波与反射波叠加后产生驻波；Z 方向没有边界，传播自由行波，因而设

$$X(x)=A_x\cos k_x x+B_x\sin k_x x \tag{1.3.4a}$$

$$Y(y)=A_y\cos k_y y+B_y\sin k_y y \tag{1.3.4b}$$

$$Z(z)=A_z\mathrm{e}^{-\mathrm{j}k_z z} \tag{1.3.4c}$$

根据运动方程，可以求得 X、Y 方向的质点振速 v_x 和 v_y。假设管道内壁为刚性边界，则边界条件为

$$v|_{x=0}=v|_{x=l_x}=0\text{，}\quad v|_{y=0}=v|_{y=l_y}=0 \tag{1.3.5}$$

将式(1.3.5)代入 v_x 和 v_y 的表达式中即可求得待定系数 B_x 和 B_y。最后可求得

$$p(x,y,z,t)=\sum_{n_x=0}^{\infty}\sum_{n_y=0}^{\infty}p_{n_xn_y}=\sum_{n_x=0}^{\infty}\sum_{n_y=0}^{\infty}A_{n_xn_y}\cos k_x x\cos k_y y\mathrm{e}^{\mathrm{j}(\omega t-k_z z)} \tag{1.3.6}$$

其中，

$$k_z=\sqrt{k^2-(k_x^2+k_y^2)}=\sqrt{k^2-\beta_{n_xn_y}^2} \tag{1.3.7}$$

$$\beta_{n_xn_y}^2=\left[\left(\frac{n_x}{l_x}\right)^2+\left(\frac{n_y}{l_y}\right)^2\right]\pi^2 \tag{1.3.8}$$

式(1.3.6)中的 $p_{n_xn_y}$ 为(n_x,n_y)次简正波的声压表达式。以上求解声波方程的方法称为分离变量法。

2. 波导中的平面波和高次波

在式(1.3.7)中，如果$k^2<\beta_{n_xn_y}^2$，则$k_z=-\mathrm{j}\alpha$，$\alpha_{n_xn_y}=\sqrt{\beta_{n_xn_y}^2-k^2}$，于是，$p_{n_xn_y}$可改写为

$$p_{n_xn_y}=A_{n_xn_y}\cos\frac{n_x\pi}{l_x}x\cos\frac{n_y\pi}{l_y}y\mathrm{e}^{-\alpha_{n_xn_y}z}\mathrm{e}^{\mathrm{j}\omega t} \tag{1.3.9}$$

式中，$A_{n_xn_y}$ 为待定常数。这表明沿 Z 方向传播的行波将会以指数方式逐渐衰减。反过来说，沿 Z 方向声波不衰减的条件是$k^2>\beta_{n_xn_y}^2$，也就是要求

$$f>f_{n_xn_y}=\frac{c_0}{2}\sqrt{\left(\frac{n_x}{l_x}\right)^2+\left(\frac{n_y}{l_y}\right)^2} \tag{1.3.10}$$

$f_{n_xn_y}$ 就是与(n_x,n_y)次波相对应的波导管的简正频率。

取$(n_x,n_y)=(0,0)$，则该次波对应的声压为

$$p_{00}=A_{00}\mathrm{e}^{\mathrm{j}(\omega t-kz)} \tag{1.3.11}$$

其中，A_{00} 在 X 、Y 方向不同位置都是均匀的，这说明(0,0)次波是沿 Z 方向传播的均匀平面波。(0,0)次波以外的声波称为高次波。定义除零以外最低的一个简正频率为管道的截止频率，那么如果声源频率低于管道截止频率，则管中只能传播(0,0)次均匀平面波。反之，当声源频率比某个简正频率高时，管道中就激发出(n_x,n_y)高次波，其声压表达式为[1]

$$p_{n_x n_y} = A_{n_x n_y} \cos\frac{n_x\pi}{l_x}x\cos\frac{n_y\pi}{l_y}y\mathrm{e}^{\mathrm{j}\left[\omega t-\sqrt{\left(\frac{\omega}{c_0}\right)^2-\left(\frac{n_x\pi}{l_x}\right)^2-\left(\frac{n_y\pi}{l_y}\right)^2}z\right]} \tag{1.3.12}$$

1.3.3　室内声场

1. 基本声学现象

在室内声场，声波在不同特性的界面上将产生不同类型的声学现象，最基本的几种声学现象如下所述[3]。

当声波入射到一个尺寸较大(与波长相比)的刚性光滑界面上时，将发生镜面反射，如图 1.3.1(a)所示；当声波入射到一个尺寸较大(与波长相比)的非光滑界面上时，除了部分发生镜面反射外，大部分将以非镜面反射(散射)的形式出现，如图 1.3.1(b)所示；当声波入射到一个具有吸收特性的界面上时，部分声能将被界面吸收并最终转化为热能，如图 1.3.1(c)所示；当声波入射到一个厚度小或有透声性能的界面上时，部分声能将透过界面传入相邻的环境中，如图 1.3.1(d)所示；当声波入射到一个尺寸较小(与波长相比)的界面上时，除了发生前述的现象外，还将产生衍射，即一部分声能可以传入被界面挡住的区域，如图 1.3.1(e)所示。

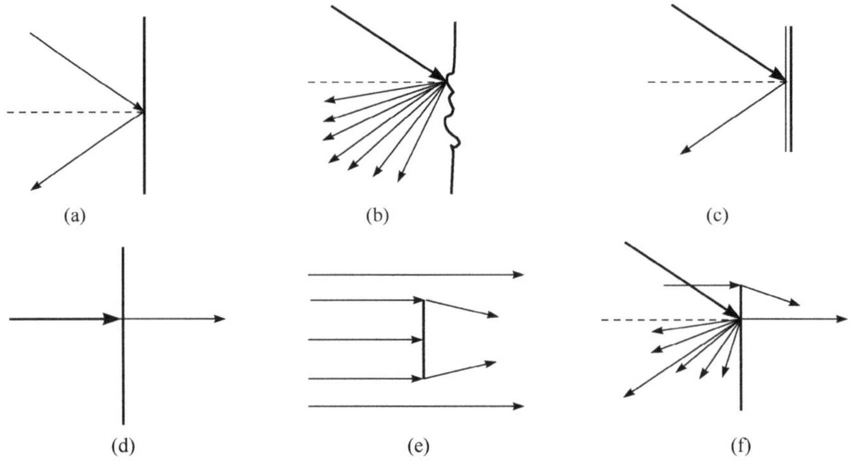

图 1.3.1　几种基本声学现象(声线粗细反映能量高低)

(a) 镜面反射；(b) 散射；(c) 吸收；(d) 透射；(e) 衍射；(f) 几种现象的综合

对于各种封闭结构而言，内部一般都存在一定量的形状不一的物体，它们与封闭结构的界面一起对声波的传播过程产生十分复杂的影响，镜面反射、散射、透射、吸收、衍射、干涉等声学现象几乎都同时存在，如图 1.3.1(f)所示。它们所占的相对比例取决于界面的形状、厚度、表面光滑度、材料的吸收和透射性能等因素。

这些基本声学现象的综合效应是，使不同结构的封闭空间内部的声能分布呈现出时间和空间上的差异性，从而导致相同声源产生的听感有明显的区别。

为了描述这种差异性，人们引入了混响和扩散这两个概念。它们是影响室内声场中音质的两个最关键的物理现象，也是室内声场区别于其他类型声场的典型特征。

2. 扩散

扩散是声场中能量趋于均匀化的一种物理现象。在理想的条件下，这种扩散将会形成扩散声场，即满足以下几个条件：

(1) 声以声线的方式沿直线传播(速度为 c_0)，声线携带的能量的各向传递概率相等；

(2) 声线之间互不相干，声线在叠加时相位无规；

(3) 室内平均声能密度处处相等。

室内声场特有的这种扩散现象可以通过驻波理论解释。设内壁刚性的某矩形封闭结构的长、宽、高分别为 l_x、l_y、l_z，直角坐标系下的波动方程如(1.3.1)所示，重写如下：

$$\frac{\partial^2 p}{\partial x^2}+\frac{\partial^2 p}{\partial y^2}+\frac{\partial^2 p}{\partial z^2}=\frac{1}{c_0^2}\frac{\partial^2 p}{\partial x^2} \tag{1.3.13}$$

如果把坐标原点取在封闭空间的一角，则刚性壁面的边界条件可表示为

$$\begin{cases}(v_x)_{(x=0,x=l_x)}=0\\(v_y)_{(y=0,y=l_y)}=0\\(v_z)_{(z=0,z=l_z)}=0\end{cases} \tag{1.3.14}$$

其中，v_x、v_y、v_z 分别表示质点速度在 x、y、z 方向的分量。

满足上述边界条件的特解为

$$p_n=A_{n_xn_yn_z}\cos k_xx\cos k_yy\cos k_zz\mathrm{e}^{\mathrm{j}\omega_nt} \tag{1.3.15}$$

其中，

$$\begin{cases}k_x=\dfrac{\omega_x}{c_0}=\dfrac{n_x\pi}{l_x}\\k_y=\dfrac{\omega_y}{c_0}=\dfrac{n_y\pi}{l_y}\\k_z=\dfrac{\omega_z}{c_0}=\dfrac{n_z\pi}{l_z}\end{cases} \tag{1.3.16}$$

又因为有以下关系：

$$k_n^2 = \left(\frac{\omega_n}{c_0}\right)^2 = k_x^2 + k_y^2 + k_z^2 \tag{1.3.17}$$

$$\omega_n^2 = \omega_x^2 + \omega_y^2 + \omega_z^2 \tag{1.3.18}$$

或可表示为

$$f_n = \frac{\omega_n}{2\pi} = \sqrt{f_x^2 + f_y^2 + f_z^2} = \frac{c_0}{2}\sqrt{\left(\frac{n_x}{l_x}\right)^2 + \left(\frac{n_y}{l_y}\right)^2 + \left(\frac{n_z}{l_z}\right)^2} \tag{1.3.19}$$

若将频率表示成一个矢量形式，有

$$\boldsymbol{f}_n = f_x\boldsymbol{i} + f_y\boldsymbol{j} + f_z\boldsymbol{k} \tag{1.3.20}$$

式中，$\boldsymbol{i}$、$\boldsymbol{j}$、$\boldsymbol{k}$ 分别表示在 x、y、z 方向的单位矢量，其分量为

$$\begin{cases} f_x = \dfrac{n_x c_0}{2l_x} \\ f_y = \dfrac{n_y c_0}{2l_y} \\ f_z = \dfrac{n_z c_0}{2l_z} \end{cases} \tag{1.3.21}$$

式中，矢量 $\boldsymbol{f}_n$ 的方向代表了相应的简正波的行进方向，其大小表示该简正波的频率数值。

通过近似计算可以得到频率低于 f 的所有轴向波的平均数目为

$$N_{\mathrm{a}} = \frac{f\left(\dfrac{c_0^2}{4l_yl_z} + \dfrac{c_0^2}{4l_zl_x} + \dfrac{c_0^2}{4l_xl_y}\right)}{\dfrac{c_0^3}{8l_xl_yl_z}} = \frac{fL}{2c_0} \tag{1.3.22}$$

式中，$L = 4(l_x + l_y + l_z)$ 代表矩形空间的边线总长。

频率低于 f 的所有切向波平均数为

$$\begin{aligned} N_{\mathrm{t}} &= \frac{\pi f^2}{c_0^2}(l_yl_z + l_zl_x + l_xl_y) - \frac{f}{c_0}[(l_y + l_z) + (l_z + l_x) + (l_x + l_y)] \\ &= \frac{\pi f^2 S}{2c_0^2} - \frac{fL}{2c_0} \end{aligned} \tag{1.3.23}$$

式中，$S=2(l_xl_y+l_yl_z+l_xl_z)$代表矩形空间内壁面的总面积。

频率低于 f 的斜向波平均数为

$$N_{\mathrm{b}}=\frac{4\pi f^3V}{3c_0^3}-\frac{\pi f^2S}{4c_0^2}+\frac{fL}{8c_0} \tag{1.3.24}$$

由此可得频率低于 f 的各类波的平均总数为

$$N=N_{\mathrm{a}}+N_{\mathrm{t}}+N_{\mathrm{b}}=\frac{4\pi f^3V}{3c_0^3}+\frac{\pi f^2S}{4c_0^2}+\frac{fL}{8c_0} \tag{1.3.25}$$

将式(1.3.25)对频率进行微分，可得到在 df 内的简正频率数：

$$\mathrm{d}N=\left(\frac{4\pi f^2V}{c_0^3}+\frac{\pi fS}{2c_0^2}+\frac{L}{8c_0}\right)\mathrm{d}f \tag{1.3.26}$$

这表明，在频率 f 附近的 df 频带内，简正频率数基本上与频率的平方成正比。频率越高，dN 数量增加越快。当中心频率较高时，在非常窄的频带内就会同时存在大量的简正波或驻波方式，某一种驻波的波节可能恰好是另一驻波的波腹，反之亦然。可以理解为，由于大量的驻波方式存在，它们的叠加使驻波效应得到了平均，从而使室内声场内的能量趋向均匀。

由此说明，在一定条件下扩散声场是可以近似实现的。如果声源不是单频而是具有一定带宽的声波，并且其中心频率较高，空间的体积较大，或者说与中心频率对应的声波波长远小于封闭空间的平均尺度，则声场中激发的简正波数就较多。因此，大尺度、高频条件容易产生扩散性强的声场。

是否扩散程度越高，声场内的音质就越好呢？答案是否定的。扩散有助于建立分布均匀的声场，这在许多情况下是音质设计追求的目标，但充分扩散后，反而会使听者无从辨别声源的方位，从而削弱了现场感。实际中一般需要适度的扩散，以保证能量衰减曲线的平滑度，提高声音的品质。

近年来，人们越来越关注声场的空间感。这种空间感与扩散有关，但又不完全取决于扩散。有人提出利用双耳互相关函数(IACC)和早期侧向声能比(LEF)等指标来描述空间感，已经获得广泛认可。

3. 混响

在封闭空间内，从声源发出的声波能量不是迅速消失，而是在各个界面上来回反射，并由于部分被壁面吸收而形成逐渐衰减的过程，这种现象称为混响。

混响是封闭空间内最重要的声学特性，产生混响的本质原因正是由于空间的多个界面相互联结形成了一种闭环结构，大量声能可以在界面之间来回反射而不至于迅速消失。

假设声源在辐射声波一段时间后，在 $t=0$ 时刻突然停止，封闭空间内的平均能量密度为 $\overline{\varepsilon_0}$ 显然将逐渐衰减。假设平均吸声系数为 $\overline{\alpha}$ ，经过第一次反射后封闭空间内的平均能量密度变为

$$\overline{\varepsilon_1}=\overline{\varepsilon_0}(1-\overline{\alpha}) \tag{1.3.27}$$

第二次反射后为

$$\overline{\varepsilon_2}=\overline{\varepsilon_0}(1-\overline{\alpha})^2 \tag{1.3.28}$$

任意 M 次反射后为

$$\overline{\varepsilon_M}=\overline{\varepsilon_0}(1-\overline{\alpha})^M \tag{1.3.29}$$

设该空间的平均自由程为 $\overline{L}$ ，那么在 1s 内发生的反射次数 N_1 应该是速度 c_0 除以平均自由程，即

$$N_1=\frac{c_0}{\overline{L}}=\frac{c_0 S}{4V} \tag{1.3.30}$$

于是，t 秒内发生的反射次数是

$$N_t=\frac{c_0}{\overline{L}}t=\frac{c_0 S}{4V}t \tag{1.3.31}$$

所以，t 秒后的平均能量密度衰减为

$$\overline{\varepsilon_t}=\overline{\varepsilon_0}(1-\overline{\alpha})^{\frac{c_0 S}{4V}t} \tag{1.3.32}$$

因为扩散声场中各点的总平均能量密度可以看成是大量互不相干的声线的平均能量密度的叠加，其总平均能量密度与总有效声压平方的关系为

$$\overline{\varepsilon}=\frac{\overline{\Delta E}}{V}=\frac{p_a^2}{2\rho_0 c_0^2}=\frac{p_e^2}{\rho_0 c_0^2} \tag{1.3.33}$$

于是有

$$p_e^2=p_{e0}^2(1-\overline{\alpha})^{\frac{c_0 S}{4V}t} \tag{1.3.34}$$

其中，p_e 为声场内某时刻 t 的有效声压；p_{e0} 为 $t=0$ 时的有效声压。

赛宾提出用混响时间来描述室内声场内声波衰减的快慢程度，定义为：在扩散声场中，当声源停止发声后从初始的声压级降低 60 dB(平均声能密度降为 $1/10^6$)所需的时间，用符号 T_{60} 来表示。根据此定义有

$$20\lg\frac{p_e}{p_{e0}}=10\lg(1-\overline{\alpha})^{\frac{c_0 S}{4V}T_{60}}=-60 \tag{1.3.35}$$

由此解得[1]

$$T_{60} = 55.2\frac{V}{-c_0 S\ln(1-\overline{\alpha})} \tag{1.3.36}$$

如果取 c_0 =344m/s，可得

$$T_{60} = 0.161\frac{V}{-S\ln(1-\overline{\alpha})} \tag{1.3.37}$$

如果室内平均吸声系数满足 $\overline{\alpha} < 0.2$ ，则有 $\ln(1-\overline{\alpha}) \approx -\overline{\alpha}$ ，所以

$$T_{60} \approx 0.161\frac{V}{S\overline{\alpha}} \tag{1.3.38}$$

这就是著名的赛宾公式。过去近百年的时间内，该公式一直被用于描述室内声场内的混响程度。经验表明，混响时间对语音、音乐等的听音效果的影响并不相同，因此，对于不同功能的观演空间，所要求的最佳混响时间也不同。

混响公式是在扩散声场前提下导出的，因此一个封闭空间应该仅有一个混响时间。但实际中的室内声场不可能达到理想的扩散状态，混响时间也就不可能处处相同，而且室内声能量的衰减在不同时段也不可能都按同一指数规律进行。也就是说，实际室内声场内的混响时间存在时间不均匀性和空间不均匀性。

研究发现，早期的衰减时间，例如最先衰减 10 dB 的时间，对于人们的混响感受特别重要。这使得从时间的角度去描述室内声场有了新的发展，一些新的指标如 EDT、T_{30}、T_{20} 等陆续被提出，并被证明在许多场合都非常有价值，甚至比混响时间更能准确地反映声场的特点。

1.3.4　水下声场

在迄今为止人们所了解和掌握的各种能量形式中，唯一能够在水中远距离传播的是声波，由此形成的声场称为水下声场。水下声场的主要研究对象是海洋中的声场，其目的在于为水下装备的研究、开发与运用，以及水下声学测量提供理论和技术基础。海洋与空气中的声场特性有诸多不同，根本原因在于两者在声源、介质与物理环境等方面的不同[4]。

影响声传播及其各种声学效应的介质物理参数称为声学参数。除了海水密度外，海水中最重要的声学参数是声传播速度，它受海水温度、盐度和静压力的影响，其中以温度的影响最为显著。温度增加，声速随之增加；盐度和静压力的增加也会使声速增加。海水中声速与上述三种因素的依赖关系难以用解析表达式表示，通常可以用经验公式来表示。实测数据表明，海水中的声速取值在 1500m/s 左右。由于影响声速的温度、盐度和静压力都是随深度而变化的，因此在一定的海区内，海水中的声速具有水平分层和随深度而变的特性，可以将声速表示为深

度 z 的函数 $c(z)$。根据声波的折射定律，声速的空间分布决定了声波传播的方向，声速梯度给出了声速随深度变化的快慢和方向，明确表示了海洋中声传播条件的优劣，是水声研究和水声工程需要重点关注的物理量。

水下声音通常以噪声的形式呈现，研究水下噪声的目的在于提升水下装备的性能，提高舰船自身的隐蔽性。从海洋探测的角度讲，海洋中的声音主要分为三类：海洋环境噪声、舰船自噪声和目标辐射噪声。前两类噪声是声呐系统的主要干扰噪声之一，它限制了水声装备的性能；第三类是目标(如舰船、潜艇、鱼雷等)的辐射噪声(也称为目标声)，它是被动声呐的声源，通过接收该噪声可以实现目标检测与跟踪。

海洋环境噪声又称自然噪声或背景噪声，是水声信道中的一种干扰噪声，它具有指向性，其中低频噪声具有水平指向性，而高频噪声具有垂直指向性。深海中的环境噪声源包括：由潮汐和海浪引起的海水静压力效应、地震扰动、海洋湍流、由波浪非线性作用引起的低频噪声、远处的航船噪声、风成噪声和热噪声等。除了上述噪声源外，还存在一些间歇声源，如海洋生物噪声、降水噪声和偶发的自然噪声。

人为活动或人造设备(如水下航行器)等产生的噪声是被动声呐系统赖以探测、跟踪所需的信号。舰船辐射噪声会破坏舰船自身的隐蔽性，引爆水中兵器，干扰本舰水声设备，其特点是：噪声源空间分布形式复杂、噪声强度大、时频特性变化强。该类噪声是推进器、往复式机械、水动力等众多声源的综合效应，其发声机理多样，舰船噪声频谱总体上表现为线谱与连续谱的叠加。

舰船自噪声是一种特殊的背景干扰，与辐射噪声的不同点在于，在声呐方程中的作用不同；自噪声传播路径复杂且可变；自噪声是近场噪声，辐射噪声为远场噪声。自噪声的声源为：机械噪声、螺旋桨噪声和水动力噪声，其中机械噪声多为低频段单频分量，螺旋桨噪声为主要的自噪声，水动力噪声对声呐设备的性能影响严重。

与空气声学研究类似，水声学中通常使用波动理论和射线理论研究声信号在海水介质中的传播问题。在低频条件下，使用波动理论研究空间中声信号的振幅和相位变化；在高频条件下，将声波在海水介质中的传播看作声线在介质中的传播，研究声线的传播时间和传播距离，以及声强在传播过程中的变化。

波动声学就是严格满足定解条件的波动方程的解，在该方法中，通常假设声速在所研究的空间范围中为定值，且水深也为定值，其解析解表示为一系列简正波(声模态)的线性叠加，通常作为研究浅海声传播的基本理论。在硬质均匀浅海声场中，假设海底为硬边界和海面为自由边界，通过求解波动方程可以获得解析解，从而简化浅海声传播分析。在液态海底的均匀浅海声场中，由于海底是液态介质，在下半空间中不会出现切边变波，同样可以获得波动方程的解析解。

在高频条件下，利用波动声学求解使得计算量剧增而变得不可实现，人们发展了射线声学加以解决。此时将高频声波看作声线，与几何光学类似，其描述方法简洁，结果直观、清晰。射线声学将波动方程替换为程函方程和强度方程，其中程函方程给出声线的传播方向、传播轨迹和传播时间，强度方程则给出声线声场中的声线强度。由于声速可以表示为随深度 z 变化的函数，通过折射定律可以发现，声速负梯度与正梯度条件下声线的走向是不同的。在负梯度条件下，声速随深度的增加而变小，声线掠射角随着深度的增大而增大，即声线有弯向海底的趋势；在正梯度条件下，声速随深度的增大而增大，掠射角随深度的增加而减小，即声线有弯向海面的趋势。就声速分布而言，有均匀分布、表面正梯度分布，深海声道、声速负梯度分布以及声速跃变层等。在不同的声速分布条件下，声波传播的特征不同。至于海面、海底对声传播的影响，若声场只受海面影响而不计海底影响，则为深海或表面声道声传播；若既受海面影响，又受海底影响，则为浅海声道声传播；若既不受海面影响，又不受海底影响，为深海声道声传播。

需要指出的是，在水下声场中进行的声学测量简称为水声测量。水声测量的基本原理、方法与空气声测量总体类似，但由于空气和水的特性阻抗差异巨大，因此在水下进行声波接收和发射所用的设备完全不同。在水下，将电信号和声信号进行转换的设备统称为水声换能器，其中只用于接收水下声信号的接收换能器又称为水听器；只用于向水中辐射声波的换能器称为发射换能器，它是主动声学探测设备的声源；此外，还有一种收发合置的换能器，它既可以将电信号转换成声信号发射到水中，又可以将水中的声波转换为电信号。

1.4　基本声学参量

1.4.1　声压、声强与声功率

1. 声压与质点振速

正像本章开始叙述的那样，声压是定量描述声波的最基本的物理量，它是由声扰动产生的逾量压强，是空间位置和时间的函数。由于声压的测量比较易于实现，而且通过声压的测量也可以间接求得质点振速等其他声学参量，因此，声压已成为人们最为普遍采用的定量描述声波性质的物理量。

声场中某一瞬时的声压值称为瞬时声压，在一定时间间隔内最大的瞬时声压为峰值声压。一定时间间隔内，瞬时声压对时间取均方根值称为有效声压，即

$$p_{\mathrm{e}}=\sqrt{\frac{1}{T}\int_{0}^{T}p^{2}\mathrm{d}t} \tag{1.4.1}$$

式中，T 代表平均的时间间隔。

介质质点速度是求声能量所必需的一个参量，它是有方向的，是一个矢量。已知声压，通过运动方程可以求出质点速度，即

$$\boldsymbol{v} = -\frac{1}{\rho_0}\int \text{grad}p\,\mathrm{d}t \tag{1.4.2}$$

在 x 方向，有

$$v_x = -\frac{1}{\rho_0}\int \frac{\partial p}{\partial x}\mathrm{d}t \tag{1.4.3}$$

2. 声能量与声能量密度

在一个足够小的体积元内，其体积、逾量压强和密度分别记为 V_0、p、ρ_0，则声扰动的能量表示为声动能和声势能之和，有

$$\Delta E = \Delta E_\mathrm{k} + \Delta E_\mathrm{p} = \frac{V_0}{2}\rho_0\left(v^2 + \frac{1}{\rho_0^2 c_0^2}p^2\right) \tag{1.4.4}$$

单位体积里的声能量称为声能量密度，其表达式为

$$\varepsilon = \frac{\Delta E}{V_0} = \frac{1}{2}\rho_0\left(v^2 + \frac{1}{\rho_0^2 c_0^2}p^2\right) \tag{1.4.5}$$

以上方程对所有形式的声波都成立，具有普遍意义。对于平面波，有

$$\Delta E = V_0\frac{p_\mathrm{a}^2}{\rho_0 c_0^2}\cos^2(\omega t - kx) \tag{1.4.6}$$

单位体积里的平均声能量为平均声能密度，有

$$\bar{\varepsilon} = \frac{\overline{\Delta E}}{V_0} = \frac{p_\mathrm{a}^2}{2\rho_0 c_0^2} = \frac{p_\mathrm{e}^2}{\rho_0 c_0^2} \tag{1.4.7}$$

3. 声功率与声强

单位时间内通过垂直于声传播方向面积 S 的平均声能量称为平均声功率或平均声能量流，它与平均声能密度的关系是

$$\bar{W} = \bar{\varepsilon} c_0 S \tag{1.4.8}$$

单位面积上的平均声功率称为声强，有

$$I = \frac{\bar{W}}{S} = \bar{\varepsilon} c_0 \tag{1.4.9}$$

实际中求声强的另一种办法是

$$I = \frac{1}{T}\int_0^T \mathrm{Re}(p)\,\mathrm{Re}(v)\,\mathrm{d}t \tag{1.4.10}$$

声强的单位为 W/m^2。需要特别注意的是，声强是有方向的，是一个矢量，它表示声场中声能流的运动方向。

1.4.2　声学参量的级与运算

1. 声压级、声强级和声功率级

实际生活中，人们常会遇到强度变化范围很宽的各种声音，例如，人耳可以感受到的最弱的声音和能够忍受的最强的声音，如果直接使用声压数值表示，其变化范围可达到 10^6 量级，使用起来极不方便，同时也与人们的主观感觉相去甚远。根据韦伯定律，人的主观感觉大致与物理刺激强度的对数成正比，因此声压的大小用对数标度以突出其数量级的变化则相对明了些。由于这两方面的原因，在声学中普遍使用对数标度来量度声压、声强、声功率等声学参量，分别称为声压级、声强级和声功率级，单位用分贝(dB)表示。

声压级的符号为 L_p，其定义为：将待测声压的有效值 p_e 与参考声压 p_0 的比值取以 10 为底的常用对数，再乘以 20，即

$$L_p = 20\lg\frac{p_e}{p_0} \tag{1.4.11}$$

在空气中，参考声压 $p_0 = 2\times10^{-5}$Pa，这个数值是具有正常听力的人对 1kHz 声音刚刚能够觉察到的最低声压值。低于这一声压值，一般人就不能觉察到此声音的存在了，亦即可听阈声压级为 0 dB。式(1.4.11)也可以写为

$$L_p = 20\lg p_e + 94 \tag{1.4.12}$$

人耳的感觉特性：声压从可听阈的 2×10^{-5} Pa 到痛阈的 20 Pa，两者相差 100 万倍，而用声压级来表示，其变化范围为 0～120 dB，使声音的量度大为简明。由此可以看出，声压值变化 10 倍相当于声压级增加 20 dB；声压值变化 100 倍，相当于声压级增加 40 dB。

一般说来，微风轻轻吹拂树叶的声音约 14 dB，在房间中高声谈话(距谈话者 1 m 处)为 68～74 dB，大型民用客机发动机的声音(5 m 远)约 140 dB。一个声音比另一声音的声压大一倍时，声压级增加 6 dB。一般情况下，人耳对于声音强弱的最大分辨能力约为 0.5 dB，两个声音声压级相差 3 dB 才能使人轻易分辨出来。

需要特别注意的是，在声压级的定义中，水中声压级的参考声压为 10^{-6} Pa，这与空气中的情况是不同的。

声强级 L_I 的定义为：待测声强 I 与参考声强 I_0 的比值取常用对数再乘以10，即

$$L_I = 10\lg\frac{I}{I_0} \tag{1.4.13}$$

在空气中，参考声强 I_0 取为 $10^{-12}\,\mathrm{W/m^2}$，它是空气中参考声压 $p_0=2\times10^{-5}\,\mathrm{Pa}$ 相对应的声强值。这样，式(1.4.13)又可写成

$$L_I = 10\lg I + 120 \tag{1.4.14}$$

声强 I 的单位为 $\mathrm{W/m^2}$。由于

$$I = \frac{p^2}{\rho_0 c_0} \tag{1.4.15}$$

在计算参考声强时，空气的特性阻抗率取值为 $\rho_0 c_0 = 400\,\mathrm{Pa\cdot s/m}$，代入式(1.4.13)，有

$$\begin{aligned} L_I &= 10\lg\frac{I}{I_0} = 10\lg\left(\frac{p^2}{\rho_0 c_0}\times\frac{400}{p_0^2}\right) \\ &= L_p + 10\lg\frac{400}{\rho_0 c_0} = L_p + \Delta L_p \end{aligned} \tag{1.4.16}$$

一般情况下，$\Delta L_p = 10\lg\left(400/(\rho_0 c_0)\right)$ 的值很小，因此声压级 L_p 近似等于声强级 L_I。例如，空气中在一个标准大气压下，温度为0℃时，$\rho_0 c_0 = 428\,\mathrm{Pa\cdot s/m}$，$\Delta L_p = -0.29\,\mathrm{dB}$；温度为20℃时，$\rho_0 c_0 = 415\mathrm{Pa\cdot s/m}$，$\Delta L_p = -0.16\,\mathrm{dB}$，都可以认为 $L_p \approx L_I$。

声功率也可用“级”来表示，称为声功率级 L_W，其定义为

$$L_W = 10\lg\frac{W}{W_0} \tag{1.4.17}$$

这里 W 是指声功率的平均值 $\bar{W}$，在空气中，参考声功率 $W_0 = 10^{-12}\,\mathrm{W}$，这样式(1.4.17)可写为

$$L_W = 10\lg\bar{W} + 120 \tag{1.4.18}$$

利用式(1.4.9)中声强与声功率的关系，以及空气中声强级近似地等于声压级的关系，可得

$$L_p \approx L_I = 10\lg\left[\frac{W}{S}\cdot\frac{1}{I_0}\right]$$

将 $W_0=10^{-12}\,\mathrm{W/m^2}$ 代入，便得到

$$L_p \approx L_I = L_W - 10\lg S \tag{1.4.19}$$

这就是空气中声强级、声压级与声功率级之间的关系。必须注意的是，式(1.4.19)成立的条件必须是自由声场，即除了声源发声外，其他声源的声音和反射声的影响均小到可以忽略不计的程度。自由场和半自由场中测量机器噪声声功率的方法就利用了上述原理。

有几点需要注意。①声强级、声功率级的定义中，在对数前面的常数都是 10，而声压级前面的对数为 20，这是因为声能量正比于声强和声功率的一次方，所以在以分贝为单位取“级”时，“能量”级和“幅度”级参量，其对数前面的常数分别是 10 和 20，注意不要混淆。例如声压增加 1 倍，声压级和声强级增加 6 dB；而声强增加 1 倍，声压级和声强级仅增加 3 dB。②对于一个确定的声源，其声功率级是不变的，而声压级、声强级都随着测点的不同而变化，例如自由声场(无反射声场)中的点声源，其声压级和声强级随着 r 的增加而减小。

2. 基准级

除了上述声压级、声强级和声功率级采用对数级以外，在声学测量中，还有许多其他相关测量量的动态范围也很大，直接用绝对值记录数据很不方便。为简便起见，仍然以“级”的形式表达。声学测量中常用的“级”与基准值如表 1.4.1 所示。

表 1.4.1　常用声学量的级和基准值

名称	定义式	基准值
声压级	$20\lg(p/p_0)$	$p_0 = 20\ \mu Pa$
振动加速度级	$20\lg(a/a_0)$	$a_0 = 1\ \mu m/s^2$
振动速度级	$20\lg(u/u_0)$	$u_0 = 1\ nm/s$
振动位移级	$20\lg(\eta/\eta_0)$	$\eta_0 = 1\ pm$
力级	$20\lg(F/F_0)$	$F_0 = 1\ \mu N$
功率级	$10\lg(W/W_0)$	$W_0 = 1\ pW$
声强级	$10\lg(I/I_0)$	$I_0 = 1\ pW/m^2$
能量级	$10\lg(E/E_0)$	$E_0 = 1\ pJ$
能量密度级	$10\lg(\varepsilon/\varepsilon_0)$	$\varepsilon_0 = 1\ pJ/m^3$
传感器灵敏度级	$20\lg(\alpha/\alpha_0)$	$\alpha_0 = 1\ V/Pa$
声源发送灵敏度级	$20\lg(s/s_0)$	$s_0 = 1\ Pa/V$

3. 分贝的运算

如果已知一台机器在某点产生的声压级为 80 dB，另一台机器为 85 dB，那么该点的总声压级是否可将两声压级的数值直接作算术相加呢？要回答这一问题，必须注意到“分贝”这一概念的本质意义及数学运算过程。

一般情况下，两个以上的噪声源产生的声波是不相干的，因此可以用声能量非相干叠加的原理来推导总声压级与各声压级之间的关系。也就是说，对于两列非相干声波，两噪声源在该点产生的总声压 p_{T} 可依据式(1.2.20)表示为

$$p_{\mathrm{T}}^2 = p_1^2 + p_2^2 \tag{1.4.20}$$

式中，p_1 和 p_2 分别为两个声源单独在同一测点处的声压。如果第一个声源在测点处的声压级为 L_{p1}，则由声压级的定义得

$$p_1 = p_0 \times 10^{\frac{L_{p1}}{20}} \tag{1.4.21a}$$

或

$$p_1^2 = p_0^2 \times 10^{0.1L_{p1}} \tag{1.4.21b}$$

对第二个声源也是如此。于是，根据式(1.4.20)，有

$$10^{0.1L_{p\mathrm{T}}} = 10^{0.1L_{p1}} + 10^{0.1L_{p2}} \tag{1.4.22}$$

依此类推，对于 N 列非相干声波的情况，有

$$10^{0.1L_{p\mathrm{T}}} = \sum_{n=1}^{N} 10^{0.1L_{pn}} \tag{1.4.23a}$$

这样，总的声压级为

$$L_{p\mathrm{T}} = 10\lg\left(\sum_{n=1}^{N} 10^{0.1L_{pn}}\right) \tag{1.4.23b}$$

如果 N=2(仅有 2 列非相干声波)，则叠加后的总声压级为

$$L_{p\mathrm{T}} = 10\lg\left(10^{0.1L_{p1}} + 10^{0.1L_{p2}}\right) \tag{1.4.24}$$

举例来说，如果 L_{p1}=80 dB，L_{p2}=80 dB，则由式(1.4.24)可得 $L_{p\mathrm{T}}$=83 dB；如果 L_{p1}=80 dB，L_{p2}=85 dB，则 $L_{p\mathrm{T}}$=86.2 dB。这就是噪声控制等领域中俗称的“分贝相加”，它在声学工程中被广泛应用。

式(1.4.24)也可以利用两个声压级 L_{p1} 和 L_{p2} 的差值 $\Delta L_p = L_{p1} - L_{p2}$ (假定 $L_{p1} \geqslant L_{p2}$)来表示总声压级与单列声波声压级之间的关系，有

$$L_{p\mathrm{T}} = 10\lg\left[10^{0.1L_{p1}} + 10^{0.1(L_{p1} - \Delta L_p)}\right]$$

由对数和指数运算法则得出

$$L_{pT} = L_{p1} + 10\lg(1+10^{-0.1\Delta L_p}) = L_{p1} + \Delta L'_p \tag{1.4.25}$$

其中，

$$\Delta L'_p = 10\lg(1+10^{-0.1\Delta L_p}) \tag{1.4.26}$$

$\Delta L'_p$ 与 ΔL_p 的关系可以绘成图 1.4.1 所示的曲线(称为“分贝相加”曲线)[5]，这里假定 $L_{p1} \geqslant L_{p2}$，具体的数值关系列于表 1.4.2。用图 1.4.1 不经过对数和指数运算可以很快查出两个声压级叠加后的总声压级。

表 1.4.2　$\Delta L'_p$ 与 ΔL_p 的关系

ΔL_p /dB	0	1	2	3	4	5	6	7	8	9	10	11	12	13	14	15
$\Delta L'_p$ /dB	3.0	2.5	2.1	1.8	1.5	1.2	1.0	0.8	0.6	0.5	0.4	0.3	0.3	0.2	0.2	0.1

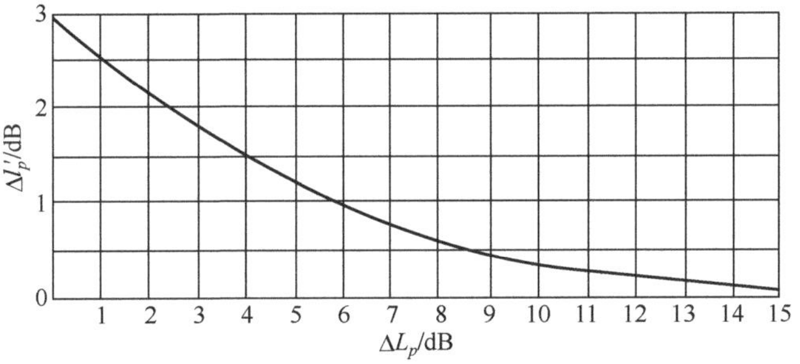

图 1.4.1　分贝相加曲线

例如，已知一声压级比另一声压级高出 2.5 dB，即 $\Delta L_p = L_{p1} - L_{p2}$=2.5 dB，从图中可查出 $\Delta L'_p$=1.9 dB，即总声压级比第一个声压级 L_{p1} 高出 1.9 dB。

从图 1.4.1 中曲线可以看出，两声压级相差越大，即 ΔL_p 越大，则相加后的总声压级比其中大的一个声压级增加得越小，即 $\Delta L'_p$ 越小。当两个声压级相差达 10 dB 以上时，增加值就可以忽略不计。对于两个以上的声压级相加，除用式(1.4.23a)计算外，也可以利用两个声压级相加的方法求得，就是把其中两个声压级先相加，将相加结果再与第三个声压级相加，如此一直相加到最后一个声压级。为简便起见，常从其中较大的声压级开始，这样在相加过程中当相加到声压级大于后面尚未相加的声压级 10 dB 以上时，如果未相加的声压级数目不多，则后面的这些声压级就可略去不计了。

分贝的“相加”不仅仅局限用于两个声源或更多的声源发出的声音，对同一个声源发出的声音也有所谓的“分贝相加”问题。一般声源发声所包含的不只是单一频率的成分，它发出的是各种频率合成的声波，而频率不同的声波是不相干的，它们之间的相加也遵循能量相加的原则，所以，如果已知声源所发出的声波各频率成分的声压级，则可按“分贝相加”原理得出其总声压级(这一点在 2.4.1 节“倍频程分析”中有详细说明)。

在测量噪声的过程中，往往会受到其他外界噪声的干扰，此种噪声称为背景噪声或本底噪声。例如，在车间内某处测得某机器运行时(包括背景噪声在内)的总声压级为 $L_{p\mathrm{T}}$，在机器停止时，测得背景噪声声压级为 $L_{p\mathrm{B}}$，那么，如何从这一测量结果中得出这一机器的真实声压级？这一问题实际上是求 $L_{p\mathrm{T}}$ 中扣去因 $L_{p\mathrm{B}}$ 所引起的增加值等于多少，也就是所谓的“分贝相减”问题。

由式(1.4.26)可以得到被测机器的声压级为

$$L_{p\mathrm{S}}=10\lg\left(10^{0.1L_{p\mathrm{T}}}-10^{0.1L_{p\mathrm{B}}}\right)(\mathrm{dB}) \tag{1.4.27}$$

如果令总声压级 $L_{p\mathrm{T}}$ 与背景噪声级 $L_{p\mathrm{B}}$ 的差值为 $\Delta L_{\mathrm{TB}}=L_{p\mathrm{T}}-L_{p\mathrm{B}}$，则总声压级 $L_{p\mathrm{T}}$ 与被测机器声压级 $L_{p\mathrm{S}}$ 的差值表示为

$$L_{p\mathrm{S}}=L_{p\mathrm{T}}+10\lg\left(1-10^{-0.1\Delta L_{\mathrm{TB}}}\right)=L_{p\mathrm{T}}-\Delta L_{\mathrm{TS}}$$

也就是

$$\Delta L_{\mathrm{TS}}=L_{p\mathrm{T}}-L_{p\mathrm{S}}=-10\lg\left(1-10^{-0.1\Delta L_{\mathrm{TB}}}\right)(\mathrm{dB}) \tag{1.4.28}$$

式(1.4.28)也可类似图 1.4.1 那样绘制成 ΔL_{TS} 与 ΔL_{TB} 的关系曲线(称为“分贝相减”曲线)，如图 1.4.2 所示。从图中虽然可以查到 ΔL_{TB}=1 dB 的修正值 ΔL_{TS}，但背景噪声和所测量的噪声通常都有一定的涨落，所以实际上当测得的总声压级 $L_{p\mathrm{T}}$ 高出背景噪声声压级 $L_{p\mathrm{B}}$ 不到 3 dB 时，所测得的结果是不可靠的，这是声学测量需要遵守的基本原则。

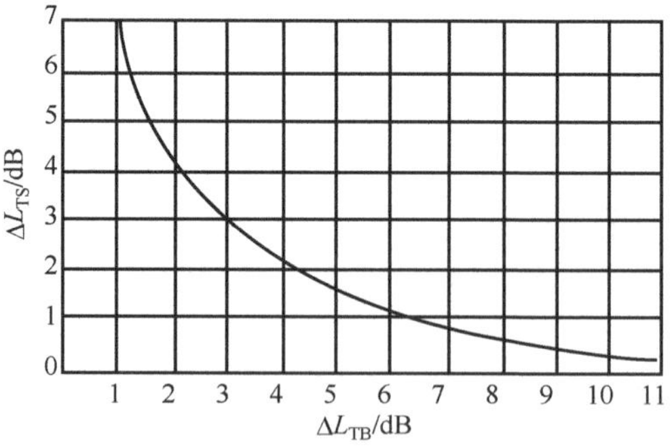

图 1.4.2　分贝相减曲线

在实际测量中，通常对“分贝相减”做近似处理(大多数国家标准就是如此规定的)[5]，如表 1.4.3 所示。

表 1.4.3　分贝相减的近似处理

ΔL_{TB} /dB	≥10	6～9	4～5	3	≤2
ΔL_{TS} /dB	0	1	2	3	测量无效

如果测量的是多频率复合噪声的声压级，则在测量背景噪声和机器噪声时，应分别按各个频带进行测量，对每一频带的声压级按“分贝相减”原则逐一加以修正。

上面所说的都是以声压级来推导公式和举例的，但其本质是非相干波的能量相加，所以这里所列的这些关于分贝“相加”和“相减”的公式也都适用于声强级和声功率级等声学参量。

1.4.3　评价参量

噪声对人的影响和危害是多方面的，多年来，各国研究者对此进行了大量研究，提出了各种评价方法和评价指标，期望得出与主观反应相一致的客观评价量和计算方法。这些客观评价量大致可概括为：与人耳听觉特性有关的评价量、与心理感受有关的评价量、与人体健康有关的评价量，以及与室内活动有关的评价量等几个方面。这些不同的评价量分别适用于不同的场景、时间、噪声源特性和评价对象。下面按上述分类介绍一些基本的噪声评价参量[3]。

1. 响度与计权声级

1) 响度

人对声音的听觉感知属性分为响度、音调与音色三个方面(特定条件下，声音的主观时程也属于基本的听觉感知属性)，其中响度被人们最早研究和了解。

研究表明，人的听觉系统(以下简称“人耳”)对于不同频率声音的响度感觉是不一样的，它不是一个纯粹的物理问题。大体上说来，人耳接收到的声振动，主观上产生的关于“响”的主观感觉(响度)近似地与声音强度(即声强，它与平面波声压幅值的平方成正比)的对数成正比。对于不同频率的可听声，即使其声强级相同(也就是声能量相同)，则人耳听起来感觉却不一样响。例如，同为 60 dB 的两个声音，若第一个声音频率为 100 Hz，第二个为 1 kHz，则人耳听起来会感觉到前者比后者要轻柔得多。要使 100 Hz 的纯音听起来与 1 kHz、60 dB 的纯音一样响，则它的声压级要调高到 67 dB。

为了使人耳对频率的响应与客观量(声压级)联系起来，人们采用响度级来定量描述这种关系。响度级是以 1 kHz 纯音为基准，对听力正常的人进行大量比较试听实验后定出的。具体说来就是，对于 1 kHz 的纯音，它的响度级就是这个声音的声压级；对频率不是 1 kHz 的纯音，则用 1 kHz 纯音与这一待测的纯音进行试听比较，调节 1 kHz 纯音的声压级，使它与待测的纯音听起来一样响，这时 1 kHz 纯音的声压级就被定义为这一纯音的响度级。

响度级记为 L_N，单位是方(phon)。例如上述的 1 kHz、60 dB 纯音的响度级就是 60 phon，而 100 Hz 的纯音其声压级要达 67 dB 才是 60 phon，两者听起来才一样响。对各个频率的声音都作这样的试听比较，然后把听起来同样响的各相应声压级按频率连成数条曲线，这些曲线就构成了等响曲线(图 1.4.3)。同一条等响曲线上的每个频率上的声音在感觉上都一样响，其响度级就是这条曲线上 1kHz 处的声压级值。

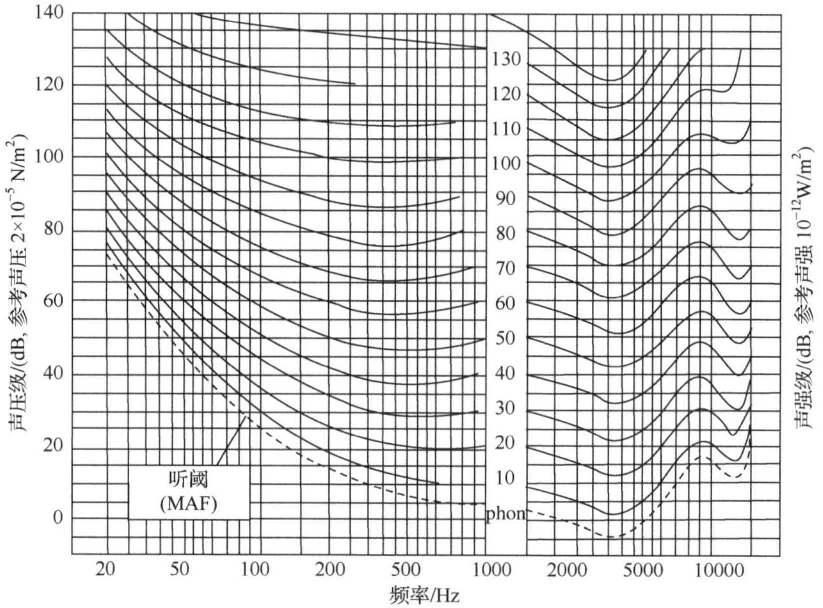

图 1.4.3　等响曲线

由等响曲线可以得出各个频率的声音在不同声压级时，人们主观感觉出的响度级是多少。从频率上看，人耳能听到的声音在 20 Hz～20 kHz 的频率范围内，低于 20 Hz 的次声和高于 20 kHz 的超声人耳都听不到，另一方面，即使在 20 Hz～20 kHz 的声频范围内也不是任意大小的声音都能被人耳所听到。图 1.4.3 中最下面的那一根虚曲线表示人耳刚刚能听到的声音的强弱，其响度级为 0 phon，称为可听阈，低于这根曲线的声音人耳是听不到的；图中最上面的曲线是痛觉的界限，叫痛阈，超过此曲线的声音人耳也听不到，感觉到的是痛觉。介于听阈和痛阈之间的声音为人耳可听声。从曲线中可看出，人耳能感受到声音的声能量范围达 10^{12} 倍，相当于 120 dB 的变化范围。

响度级是一种对数标度的单位。不同响度级的声音不能直接进行比较，例如响度级由 40 phon 增加到 80 phon，并不意味着 80 phon 的声音听起来是 40 phon 的加倍响。声音“响”的程度，叫响度(loudness)，它与正常听力对声音的主观感受量成正比，也就是说，响度加倍时，声音听起来也加倍地响。

响度记为 N，单位是宋(sone)。人们规定，响度级为 40 phon 时响度为 1 sone，经实验得出：响度级增加 10 phon 则响度增加一倍，如响度级 L_N 由 40 phon 增加到 50 phon 时，响度 N 加倍，由 1 sone 增加为 2 sone，当 L_N 由 50 phon 变到 60 phon 时，响度再加倍由 2 sone 增加至 4 sone，等等。由此，可得响度级 L_N 与响度 N 的关系为

$$N = 2^{0.1\times(L_N - 40)} \tag{1.4.29}$$

$$L_N = 40 + 10\log_2 N \tag{1.4.30}$$

值得注意的是，响度涉及人的主观评价，所以两个声音相加时不能简单地将其响度作代数相加，必须借助于实验得出的频率修正才能得到总响度，这是一个复杂的关于响度建模与计算的问题。

上面所考虑的主要是建立测量到的声压级与纯音或窄带信号的主观感觉响度之间的关系，然而大多数实际噪声源产生的声音频率范围都是很宽的，为了计算这类复杂噪声的响度，在对大量听力正常人进行的主观测试的基础上，斯蒂文斯(Stevens)提出了等响度指数曲线，如图 1.4.4 所示。

这一方法是假定在扩散声场内，响度指数由对应于该中心频率和频带声压级的响度指数曲线来确定。这一响度指数代表该频带对总响度的作用，但各频带的响度指数中以最大的响度指数对总响度的作用比其他频带指数作用大。因此，计算总响度时最大响度指数的计权数为 1，而其他响度指数的计权数小于 1，其值随频带的宽度而异。具体情况如表 1.4.4 所示。

表 1.4.4　带宽修正因子的取值

倍频带宽	1/1	1/2	1/3
带宽修正因子 F	0.30	0.20	0.15

响度的计算方法为：首先在图 1.4.4 中，根据各中心频率和频带声压级分别确定各频带的响度指数。在各指数中找出最大的一个指数 S_{m}，然后将各指数总和中除去最大的指数，乘以计权数 F，最后与 S_{m} 相加，即

$$S_{\mathrm{t}} = S_{\mathrm{m}} + F(S - S_{\mathrm{m}}) \tag{1.4.31}$$

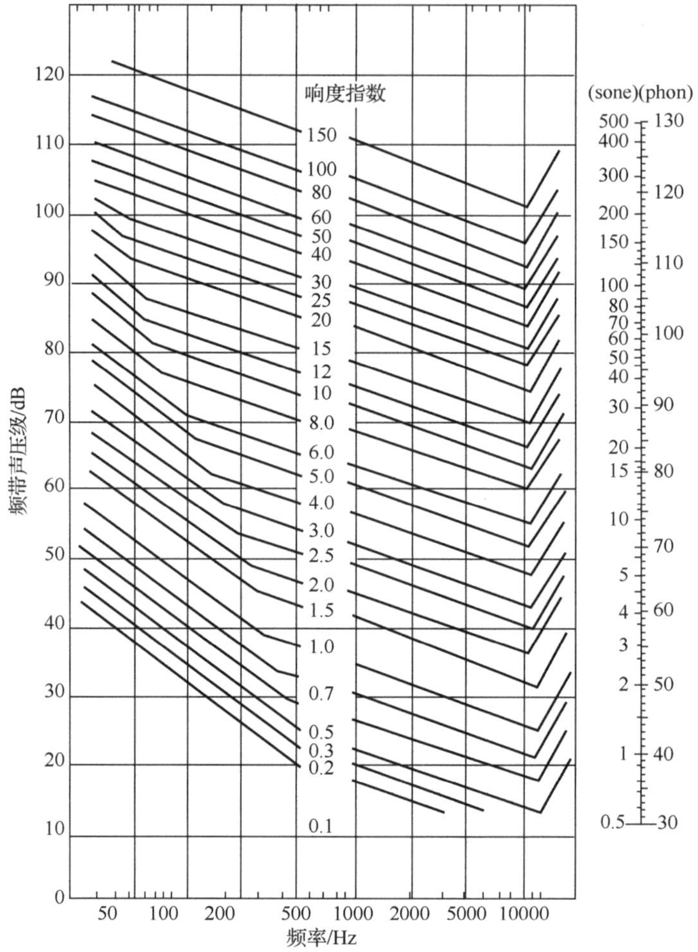

图 1.4.4　斯蒂文斯等响度指数曲线

式中，$S=\sum_{i=1}^{n}S_i$ 是各频带响度指数的总和(包括 S_{m} 在内)；n 为频带数；F 为带宽修正因子。有了总响度(sone)，就可由式(1.4.30)或用图 1.4.4 中右边的列线图求得响度级(phon)。

除了上述关于计算响度的斯蒂文斯方法外，1958 年，慕尼黑工业大学的茨维克尔(Zwicker)提出了一种基于兴奋模型的响度计算方法，它建立在对人耳听觉机制的深入理解之上，反映了人耳耳蜗的工作机制。茨维克尔计算方法可表述如下：①将声音信号的频谱按 1/3 倍频程划分成若干子带，然后计算每一子带的带内声压级；②根据声音传播方式和最大的子带声压级，选择恰当的图，在图上的每一子带内根据带内声压级画一横线，将每一带内的横线连接起来；③计算曲线包含的总面积就得到总响度。此外，1996 年，英国剑桥大学的摩尔(Moore)对茨维克尔计算模型进行了改进，改进后的摩尔模型中，兴奋的计算是基于解析式而不是茨维克尔模型中的图、表方式，避免了在间断点之间采用插值的办法获取响度值，实现了响度值随频率、强度改变的连续计算。

总之，在以上三种响度模型中，斯蒂文斯模型的优点在于实验数据十分详细，在计算时可以获得比较精确的数值。但是，它的适用范围却很狭窄，只能计算宽带噪声和单峰值纯音的响度，研究表明，当纯音频率在 1 kHz 附近时该模型的计算结果误差较小，当频率增大时，其误差较大。茨维克尔算法是目前最流行的响度算法，国际标准化组织(ISO)发布的响度计算标准就是基于此算法。摩尔模型已被 2005 年版美国国家标准所采用，但其计算速度较慢。

2) 计权声级

由等响曲线可以看出，人耳对于高频声音，特别是对于 1～5 kHz 的声音比较敏感，而对低频声音，特别是对 100Hz 以下的可听声不敏感，且频率越低越不敏感。也就是说，声压级相同的声音由于频率不同，所产生的主观感觉不一样。为了使声音的客观量度和人耳听觉主观感受近似取得一致，测量声音的仪器或设备(如声级计)一般都设置了对频率的计权网络。计权网络本质上是一个滤波器，它对所接收到的声音按频带进行一定的衰减以模拟人耳的听觉特性。主要的计权网络有 A、B、C、D 四种，分别用于对感知特性不同的噪声进行频谱上的声压级修正，其中 A、B、C 三种计权分割是为了模拟 40 phon、70 phon 和 90 phon 声音的响度设置的，而 D 计权是为了模拟飞机噪声而设置的，其频率特性如图 1.4.5 所示。用计权网络测得的结果称为计权声级，在书写时单位 dB 的后面写出所用的计权网络的标称，如 dB(A)、dB(B)、dB(C)和 dB(D)。对声强级、声功率级的计权描述也类似。不过，需要说明的是，经过多年的实践，人们现在普遍只用 A 计权声压级(A 声级)来近似人对声音幅值大小的主观感觉。更进一步的精确描述和量化表征成为心理声学的重要研究内容，近几十年来取得了显著进步。

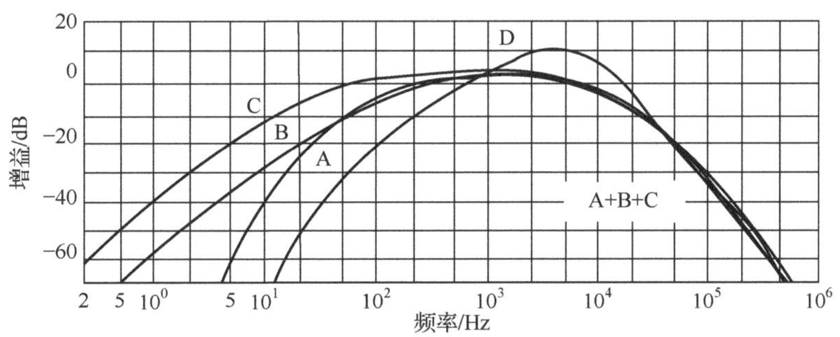

图 1.4.5　计权网络频率特性

2. 声级的时间特性

1) 等效连续声级

A 计权声级对于稳定的宽频带噪声是一种较好的评价方法，但对于一个声级起伏不定或不连续的噪声，A 计权声级就显得不合适了。对于室外环境噪声，如交通噪声，噪声级是随时间而变化的。例如，当有汽车通过时，噪声可能是 85～90 dB(A)，但当没有车辆时可能是 50～55 dB(A)，这时就很难说该处的交通噪声到底是多少分贝。又如，一台机器虽其声级是稳定的，但它间歇工作，而另一台机器噪声级虽与之相同，但一直连续工作，那么这两台机器对人的影响就不一样。因为在相同时间内作用于人的噪声能量是不同的。于是，人们提出了用噪声能量按时间平均的方法来评价噪声对人的影响，即等能量声级，又称等效连续声级，如果其中声压级为 A 计权声级，则该声级称为等效连续 A 声级，用符号 L_{Aeq} 表示。也就是说，用一个在相同时间内声能与之相等的连续稳定的 A 声级来表示该时段内不稳定噪声的声级。

这里列举一个具体例子加以说明。假设两台车床发出的噪声同为 80 dB(A)，一台连续工作 8 h，一台每小时中工作半小时、然后停止半小时，如此持续 8 h。显然，在此情况下，后者发出的平均噪声能量只有前者的一半，即比前者小 3 dB(A)，也就是相当于 8 h 连续发出 77 dB(A)的噪声级，即等效连续声级为 77 dB(A)。可见，等效连续声级能反映在声级不稳定的场合下人们实际所接收的噪声能量的大小。

等效连续声级可由下式计算：

$$\begin{aligned} L_{\text{Aeq}} &= 10\lg\left[\frac{1}{t_2 - t_1}\int_{t_1}^{t_2} (p^2/p_0^2)\mathrm{d}t\right] \\ &= 10\lg\left[\frac{1}{t_2 - t_1}\int_{t_1}^{t_2} 10^{L_{p\text{A}}/10}\mathrm{d}t\right] \end{aligned} \tag{1.4.32}$$

式中，$L_{p\text{A}}$ 为在 t 时刻测量到的 A 计权声级；p_0 为参考声压，等于 20 μPa 。

显然，对于稳定的连续噪声，等效连续声级即等于所测得的噪声级。L_{eq} 的计算有时不一定用 A 计权声级，也可以是等效声压级，此时式中 $L_{p\text{A}}$ 换成 L_p 。

2) 噪声剂量

噪声剂量多用于职业卫生安全和劳动保护领域，是衡量劳动者所接收的噪声是否超过安全标准的一种客观参量，其定义为

$$D = T_{\text{a}} / T_{\text{p}} \tag{1.4.33}$$

式中，T_{a} 为实际的噪声暴露时间；T_{p} 为容许的噪声暴露；它们的单位均为小时。

各国对于容许的噪声暴露时间的规定不一样。我国 2013 年颁布的《工业企业噪声控制设计规范》(GB/T 50087—2013)规定在生产车间及作业场所每周工作 5 天，

每天工作 8 h 的容许噪声为 85 dB(A)，对于每周工作 5 天，每天工作时间不是 8 h 的，则需计算 8 h 等效声级；对于每周工作不是 5 天的，需计算 40 h 等效声级。

如果噪声剂量超过 1，则现场工作人员所接收的噪声就超过了安全标准。举例说来，如果某工人操作一台机器，8 h 生产部件 160 个，每个部件的加工噪声为 88 dB(A)，均持续 2 min，则该工人实际的总暴露时间 T_a =2min×160=320min=5.33 h。88 dB(A)的容许暴露时间 T_p =4 h。于是，D =5.33/4=1.33。这说明该工人所在的噪声环境已超过职业噪声安全标准。

通常，人们每天所接收的噪声往往不是某一固定声级，这时噪声剂量应按具体的声级和相应的暴露时间进行计算。对于 I 个时段，有

$$D=\sum_{i=1}^{I} T_{ai} / T_{pi} \tag{1.4.34}$$

3) 累积百分声级

在现实生活中，许多环境噪声是非稳态的。对于这类噪声前面已有叙述，可用等效连续声级 L_{eq} 表示其大小，但是对噪声随机的起伏程度却没有表达出来。因而，需要用统计方法，以噪声级出现的时间概率或者累积概率来表示。目前，主要采用累积概率的统计方法，也就是用累积百分声级 L_x 表示。

通常，用 L_x 表示在整个测量时间内，x%的时间所超过的噪声级。例如，L_{10}=70 dB(A)，表示在整个测量时间内有 10%的时间，其噪声级超过 70 dB(A)，其余 90%的时间则噪声级低于 70 dB(A)；同理，L_{50}=60 dB(A)表示有 50%的时间噪声级低于 60 dB(A)，L_{90}=50 dB(A)表示有 90%的时间噪声级超过 50 dB(A)，只有 10%的时间噪声级低于 50 dB(A)。因此 L_{90} 相当于本底噪声级，L_{50} 相当于中值噪声级，L_{10} 相当于峰值噪声级。具体关系有：$L_{10} > L_{50} > L_{90}$。

如果某声级的统计特性符合正态分布，那么等效声级也可用下式累积百分声级近似得出

$$L_{Aeq} \approx L_{50} + \frac{(L_{10}-L_{90})^2}{60} \tag{1.4.35}$$

3. 噪声的主观感觉

人对噪声的主观感觉评价参数通常分为传统声学参数和心理声学参数。传统评价噪声的方法主要为计权声压级，用以反映对具有不同强度和频率特性声音的大小。但是人耳的实际主观感受与不同频率、不同强度的声音有着非常复杂的关系，并不能用简单的计权曲线来表征。另外，随着科学技术的发展，大多数声源的辐射噪声已经降低到不会对人们的听觉系统造成物理伤害的程度。此时传统的声压级和 1/3 倍频程的评价标准已经不能反映人们对于噪声的主观感受，往往存

在声压级相同的声音给人的主观感觉却截然不同的情况；有的声音虽然声压级较高，但让人感觉比较愉悦。于是，声品质(sound quality)的概念便应运而生，由此催生了一系列基于心理声学的声音感知属性评价方法和评价指标[6,7]。下面介绍部分常用的考虑听觉感受的噪声评价方法与指标。

1) 感觉噪声级

确定噪声对人的干扰程度要比确定响度复杂得多，因为这里包含了心理因素的影响。例如，一般都认为，高频噪声比同样响的低频噪声更吵闹，强度随时间激烈变化的噪声比强度相对稳定的同一声音更吵闹，声源位置观察不到的声音比位置确定的噪声更吵闹。噪声的干扰又与一天中噪声出现的时间和人的活动有关。两个声强相同的声音，其中一个包含纯音或声能集中在窄频带内，则该声音会比另一个更令人烦恼。Kryter 考虑了这些因素的一部分，提出了等感觉噪度曲线，如图 1.4.6 所示，由这些曲线可以确定感觉噪度与声压级、频带的关系。

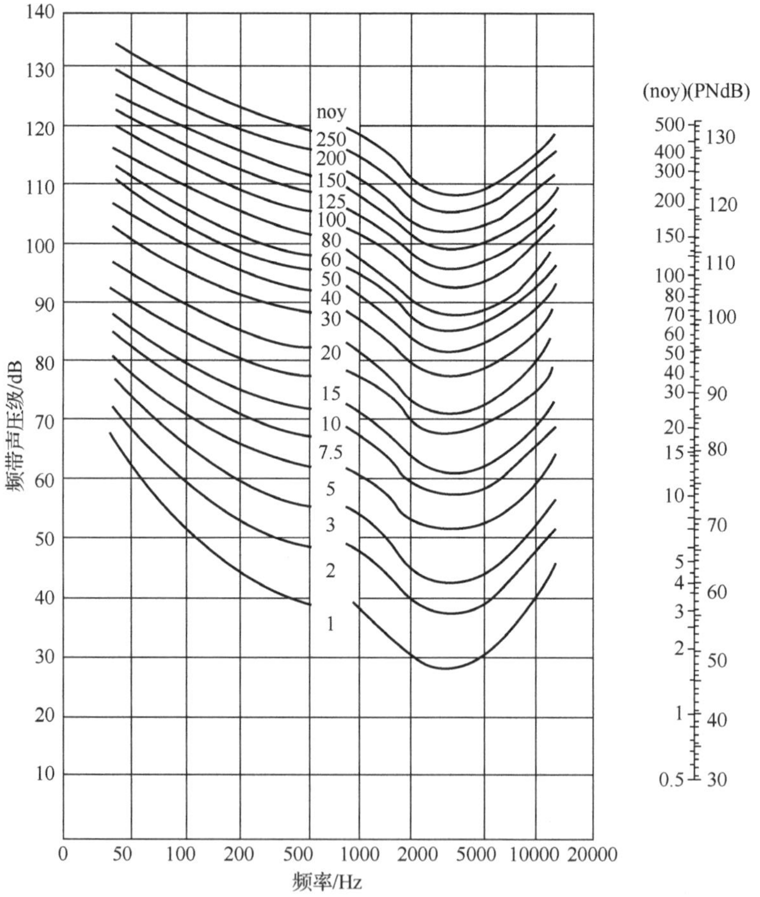

图 1.4.6　等感觉噪度曲线

感觉噪度的单位是呐(noy)，类似于响度指数 sone。一个感觉噪度为 3 noy 的声音与一个 1 noy 响三倍的声音一样吵闹。感觉噪度的定义是：中心频率为 1 kHz 的倍频程，声压级为 40 dB，规定其感觉噪度为 1 noy。感觉噪度可转换为以分贝表示的指标，称为感觉噪声级(L_{PN})，单位用 PNdB 表示，也可写为 dB。感觉噪度加倍，感觉噪声级 L_{PN} 增加 10 dB。通常感觉噪声级较感觉噪度使用得更为习惯。计算 L_{PN} 的方法与用斯蒂文斯法计算响度类同。总的感觉噪度可用下式将各频带的感觉噪度加以计权，然后相加而求得，即

$$N_{\mathrm{t}} = N_{\mathrm{m}} + F(N - N_{\mathrm{m}}) \tag{1.4.36}$$

式中，N_{m} 是 N_i 的最大值，$N = \sum_{i=1}^{n} N_i$，是各频带噪度之和(包括 N_{m} 在内)；F 是与频带有关的加权数，称带宽修正因子，1/1 倍频程为 0.30，1/3 倍频程为 0.15。每一频带的呐值由图 1.4.6 得到。

感觉噪声级与总的感觉噪度的关系可由下式来确定：

$$N_{\mathrm{t}} = 2^{(L_{\mathrm{PN}} - 40)/10} \tag{1.4.37a}$$

或

$$L_{\mathrm{PN}} = 33.3 \lg N_{\mathrm{t}} + 40 \tag{1.4.37b}$$

计算响度的 sone 与噪度的 noy 相类似，响度级的 phon 与感觉噪声级的 dB 相类似。

2) 噪声污染级

噪声污染级也是用以评价噪声引发人们烦恼程度的一种方法，不过它是用噪声的能量平均值和标准偏差来表示的。标准偏差实际上也是表达噪声起伏的一种形式。标准偏差越大，表示噪声离散程度越大，也即噪声的起伏越大。它的表达式为

$$L_{\mathrm{NP}} = L_{\mathrm{Aeq}} + K\sigma \tag{1.4.38}$$

标准偏差为

$$\sigma = \sqrt{\frac{1}{n-1}\sum_{i=1}^{n}(L_i - \bar{L})^2} \tag{1.4.39}$$

式中，L_i 为第 i 个声级值；$\bar{L}$ 为所测 n 个声级算术平均值；n 为取样总数；L_{Aeq} 表示在一个指定的测量时间内 A 计权声级的等能量声级值；σ 是声级的标准偏差；K 为常数，经一些测量和对噪声主观反应的调查研究，得出 K=2.56 最合适。

式(1.4.38)中的第一项主要取决于干扰噪声的强度，在这一项中已经计入了出现的各个噪声在总的噪声暴露中所占的分量。第二项取决于干扰噪声事件的相继时间，尤其对于起伏较大的噪声，在平均能量中难以反映出来，计入 K 项后，就能反映出，起伏越大的噪声，对噪声污染级的影响也就越大，也即对人的干扰

更大。

计算噪声污染级应当选在人的活动和噪声事件的发生比较合理的一段时间内。例如，白天与晚间人的活动和噪声事件的发生显然不一样，因此，噪声污染级要分开来计算。噪声污染级在满足正态分布的条件下又可用等效连续声级或累积百分声级表示

$$L_{\mathrm{NP}} = L_{\mathrm{eq}} + L_{10} - L_{90} \tag{1.4.40a}$$

或

$$L_{\mathrm{NP}} \approx L_{50} + d + \frac{d^2}{60} \tag{1.4.40b}$$

式中，$d=L_{10}-L_{90}$。

噪声污染级适用于对许多公共噪声的评价，例如用来评价航空或道路交通噪声是非常适当的，它与噪声暴露的物理测量相比较，一致性很好。但是，直到现在为止，还没有见到进一步说明噪声污染级与人们对噪声主观反应的相关程度的其他试验数据。

L_{NP} 在美国住房和城市规划部门已作为一项室内和室外环境噪声允许指标被提出。例如，对现有收听无线电和电视的房间，L_{NP}不得超过 50～60 dB(A)，对于卧室 L_{NP} 宜控制在 40～65 dB(A)，对于新建住宅区的室外环境噪声的 L_{NP}，如大于 88 dB(A)，则明显地不可接受；如在 74～88 dB(A)，则一般不可接受；而在 62～74 dB(A)，一般认为可以接受；只有在小于 62 dB(A)时，才明显地认为可以接受。

3) 昼夜等效声级

美国国家环境保护局已采用昼夜等效声级 L_{dn} 作为在整个特定时间的公共噪声暴露的单一数值量度。为了考虑噪声出现在夜间对人们烦恼的增加，规定夜间测得的 L_{eq} 值需增加 10 dB(A)作为修正值。L_{dn} 主要用于预计人们昼夜长时期暴露在环境噪声中所受的影响。由上述的规定，可以写成如下的关系式：

$$L_{\mathrm{dn}} = 10\lg[0.625\times 10^{L_{\mathrm{d}}/10} + 0.375\times 10^{(L_{\mathrm{n}}+10)/10}] \tag{1.4.41}$$

式中，L_{d} 为昼间等效声级值；L_{n} 为夜间等效声级值。昼间和夜间一般分别为 7:00～22:00 和 22:00～7:00。我国的噪声标准规定，白天和夜间的时段可由当地人民政府根据当地实际情况作适当调整。

4) 计权等效连续感觉噪声级

1988 年，我国颁布了《机场周围飞机噪声环境标准》(GB 9660—1988)，确定采用“计权等效连续感觉噪声级(weighted equivalent continuous perceived noise level，WECPNL，单位: dB)”作为机场周围环境噪声的评价量，监测方法采用《机场周围飞机噪声测量方法》(GB 9661—1988)中的简易法。

根据 GB 9661—1988 的规定，每个监测点一般要进行一个周期航班(即一周)的监测。对于日平均起降 200 架次以上的机场可以在各点进行一昼夜的监测，得出平均有效感觉噪声级(effective perceived noise level, EPNL, 单位：dB)。一昼夜的飞行架次可取监测期间一周内的航班总数，计算每天航班的平均飞行架次、跑道、各个方向进出机场的比例，以及白天、傍晚和夜间飞行架次的比例。EPNL 的计算见下式：

$$\bar{L}_{\mathrm{EPN}}=10\lg[(1/N)\times\sum_{i=1}^{N}10^{L_{\mathrm{EPN}i}/10}]\quad(\mathrm{dB})\tag{1.4.42}$$

WECPNL 的计算公式如下：

$$L_{\mathrm{WECPN}}=\bar{L}_{\mathrm{EPN}}+10\lg(N_1+3N_2+10N_3)-39.4\quad(\mathrm{dB})\tag{1.4.43}$$

式中，$\bar{L}_{\mathrm{EPN}}$ 为一天内 N 次飞行的有效感觉噪声级的能量平均值；N_1、N_2 和 N_3 分别为白天、傍晚和夜间的飞行架次，通常取全年平均值。

在 WECPNL 值小于 70 dB 的区域，居民基本没有抱怨，在 70～80 dB 的区域，居民的社会活动将受到干扰(诸如干扰交谈、思考、睡眠等)；在 80～90 dB 的区域，会引起人们的强烈抱怨。机场周围飞机噪声环境标准值如表 1.4.5 所示，其中一类区域为特殊住宅区、居住、文教区，二类区域为除一类区域外的生活区。

表 1.4.5　机场周围飞机噪声环境标准值(GB 9660—1988)

适用区域	标准值
一类区域	70 dB
二类区域	75 dB

5) 噪声标准曲线

(1) NC 评价曲线。

NC(noise criterion)评价曲线最早由美国建筑声学家白瑞纳克(Beranek)于 1957 年提出，并在美国得到普遍推广应用，被 ISO 列为推荐的评价曲线，它能很好地反映人在室内对家用电器噪声的满意程度。在 NC 的评价方法中，评价频率从 63Hz～8kHz，曲线如图 1.4.7 所示，采用相切的方法确定噪声等级的数值，即任意频带噪声都不超过的最低一条曲线所对应的 NC 值。

不过，NC 评价曲线的形状没有很好地平衡低频、中频和高频分量的感受，如果噪声曲线的形状与 NC 评价曲线非常相似，或者说噪声曲线与 NC 评价曲线非常接近，则听起来会有低频“隆隆”的声音或者高频“嘶嘶”的声音，或者两者都有。为了克服该缺陷，白瑞纳克于 1988 年对 NC 评价曲线进行改进，提出 NCB 曲线(balanced noise criteria curve)，NCB 曲线可以评价噪声的频率质量。

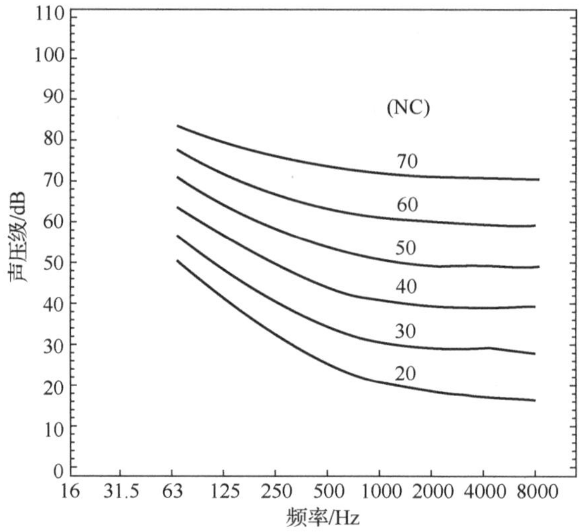

图 1.4.7　NC 评价曲线

(2) NR 评价曲线。

NR(noise rating)评价曲线由 ISO 提出(图 1.4.8)，与 NC 评价曲线并列为该组织推荐的评价曲线。NR 评价曲线与 NC 评价曲线非常相似，NR 评价曲线实际上取自于 NC 评价曲线，两种曲线之间比较大的差异是 NR 评价曲线延伸到频率为 31.5Hz。NR 评价曲线在欧洲和我国被广泛使用。

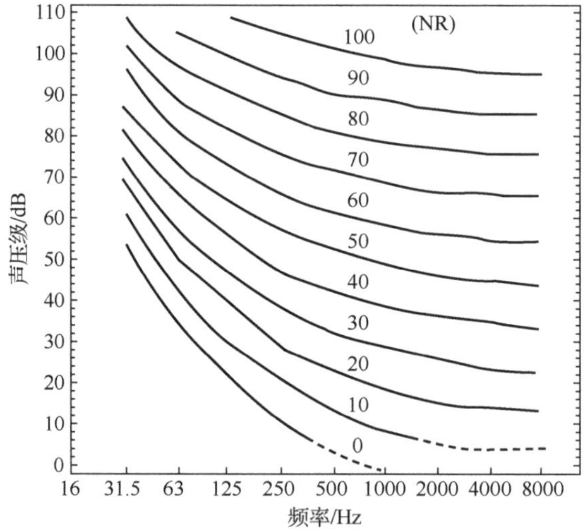

图 1.4.8　NR 评价曲线

(3) PNC 评价曲线。

在实际应用中，由于观测到当宽频噪声的形状跟 NC 评价曲线非常接近的时候，听起来有低频“隆隆”的声音和高频“嘶嘶”的声音，白瑞纳克于 1971 年提出 PNC(preferred noise criteria)评价曲线，即最佳噪声评价曲线(图 1.4.9)。PNC 评价曲线在低频段和高频段的要求均比 NC 评价曲线严格。由于 PNC 评价曲线在低频段要求比 NC 评价曲线严格，而低频噪声比较难控制，因此用 PNC 评价曲线控制噪声比用 NC 评价曲线控制噪声需要付出更高的代价。PNC 评价曲线一般用在对低频要求较高的录音、播音等建筑中。PNC 评价曲线的使用方法是对实际存在的或建筑设计中将出现的环境噪声，取频率从 31.5 Hz～8 kHz 共 8 个倍频程的声压级，由 PNC 评价曲线分别得到对应的 PNC 号数，其中最大的号数即为该环境噪声的评价值。例如 PNC-35，表示这一环境噪声或建筑设计中噪声将达到 PNC-35 标准。表 1.4.6 给出了不同环境中推荐的 PNC 值。

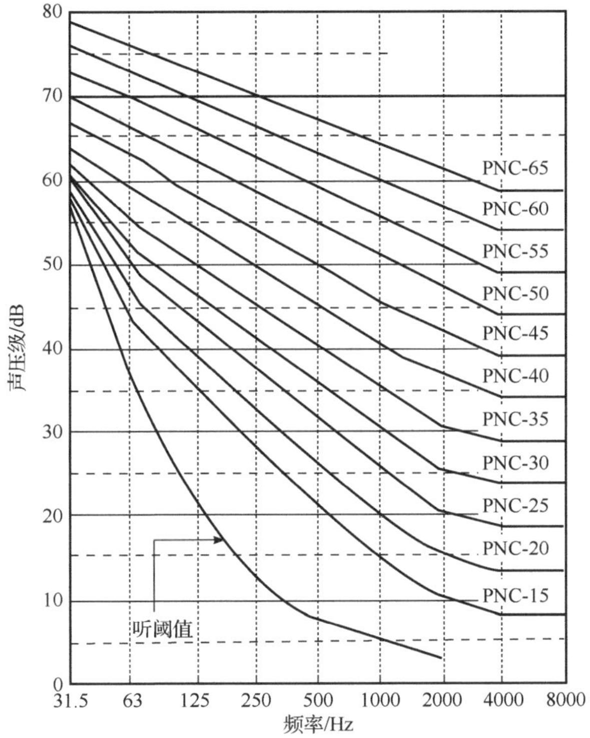

图 1.4.9　PNC 评价曲线

表 1.4.6　各类环境的 PNC 评价曲线评价推荐值

空间类型及声学上的要求	PNC 评价曲线
音乐厅、歌剧院(能听到微弱的音乐声)	10～20
播音室、录音室(使用时远离传声器)	10～20
大型观众厅、大剧院(优良的听闻条件)	不超过 20

续表

空间类型及声学上的要求	PNC 评价曲线
广播、电视和录音室(使用时靠近传声器)	不超过 25
小型音乐厅、剧院、音乐排练厅、大会堂和会议室(具有良好的听闻效果)，或行政办公室和 50 人的会议室(不用扩声设备)	不超过 35
卧室、宿舍、医院、住宅、旅馆、公路旅馆等(适宜休息、睡眠、休养)	25～40
单人办公室、小会议室、教室、图书馆等(具有良好的听闻条件)	30～40
起居室和住宅中类似的房间(作为交谈以及听收音机和电视)	30～40
大的办公室、接待区域；商店、食堂、饭店等(对于要求比较好的听闻条件)	35～45
休息(接待)室、实验室、制图室、普通秘书室(有清晰的听闻条件)	40～50
维修车间、办公室、计算机设备室、厨房、洗衣店(中等清晰的听闻条件)车间、汽车库、发电厂控制室等(能比较满意地听语言和电话通信)	50～60

(4) RC 评价曲线。

为了更好地了解建筑设备产生的背景噪声，美国暖通空调工程师协会(ASHRAE)专门针对建筑的背景噪声进行调查并提出 RC(room criteria)评价曲线。RC 评价曲线由一组斜率为−5 dB/倍频程的平行曲线组成(图 1.4.10)。RC 评价方法包括两个方面：一是 RC 等级，由频率为 500 Hz、1 kHz、2 kHz 的噪声的平均声压级确定；二是对噪声频谱质量的一个描述参量，评价依据包括低频、中频、高频是否平衡，是否有主导的特定频率的噪声。ASHRAE 推荐 RC 评价曲线为最佳评价曲线。

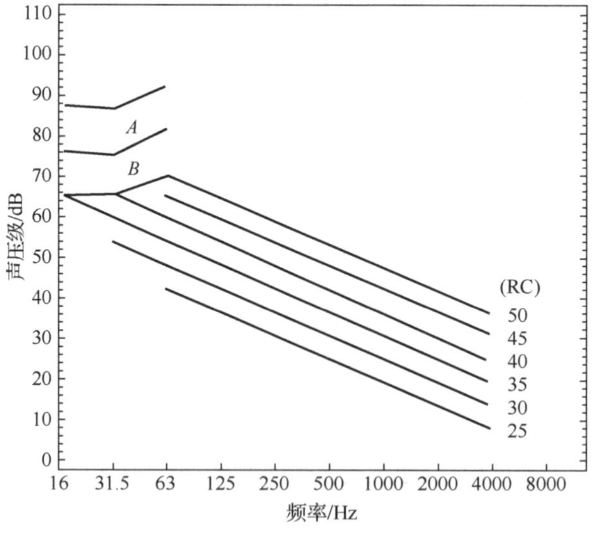

图 1.4.10　RC 评价曲线

6) 心理声学参数

为了从音色和音调的角度量化人对声音的听觉感知属性，以茨维克尔为首的一批心理声学研究者提出了多种心理声学参数，主要包括以下几种[6]。

(1) 尖锐度。

尖锐度(sharpness，S)是响度的一次加权矩，同样接近于人的主观感受，它是描述高频成分在声音频谱中所占比例的参数,它反映着声音信号的刺耳程度。由于人耳对高频声音比较敏感，因此噪声 S 值越高，给人的感觉就越刺耳。目前尚未形成通用的计算标准，只有德国标准 DIN 45692 基于茨维克尔模型给出了尖锐度的计算公式。尖锐度的单位为 acum。规定中心频率为 1 kHz，带宽等于相应临界带宽，声压级为 60 dB 的窄带噪声的尖锐度为 1 acum。

尖锐度目前都基于响度模型中的特性响度进行计算。声音信号低频成分引起的尖锐度较小，高频成分对尖锐度的贡献大。考虑到这一因素，求解尖锐度时，低频采用较小的权重，高频采用较大的权重。尖锐度模型计算公式为

$$S=C_1(1000\mathrm{Hz},60\mathrm{dB})\cdot\frac{\int_0^{24\mathrm{Bark}}N'(z)\cdot z\cdot g(z)\mathrm{d}z}{\int_0^{24\mathrm{Bark}}N'(z)\mathrm{d}z} \tag{1.4.44}$$

式中，C_1 表示校准常数，通常为 0.11；$N'(z)$ 表示特性响度；z 表示心理声学频率，单位为 Bark；$g(z)$ 为权重曲线。

$$g(z)=\begin{cases}1, & z\leqslant 16\mathrm{Bark}\\ 0.06\cdot \mathrm{e}^{0.17z}, & z>16\mathrm{Bark}\end{cases} \tag{1.4.45}$$

(2) 粗糙度。

粗糙度(roughness，R)是描述声信号调制程度的心理声学参数，它反映信号的调制幅度的大小、调制频率的分布情况等特征，适用于评价 20～200 Hz 调制频率的声音，单位为 asper。目前没有相关标准，常用计算公式为

$$R=0.0003\times f_{\mathrm{mod}}\times\int_0^{24\mathrm{Bark}}\Delta L_{\mathrm{E}}(z)\cdot\mathrm{d}z \tag{1.4.46}$$

式中，$\Delta L_{\mathrm{E}}(z)$ 表示掩蔽深度，根据其物理意义，计算时取各临界带特性响度的变化量代替它，声音的整个频率范围被分为 24 个频段，ΔL_i 为第 i 个频段内响度的变化量，计算公式如下：

$$\Delta L_i=20\times\lg(N'_{i\,\max}/N'_{i\,\min}) \tag{1.4.47}$$

(3) 波动强度。

波动强度(fluctuation, F)也称为波动度，它描述人耳对缓慢移动调制声音的感受程度，适用于评价 20 Hz 以下低频调制的声音信号，它反映了人耳主观感受到

的声音响亮起伏程度，单位为 vacil。规定其参考声音为频率 1 kHz、声压级为 60 dB 的纯音信号，在调制频率为 4 Hz 幅值，经过 100%的振幅调制时的波动强度为 1 vacil。波动强度的计算目前也没有相关标准，常用计算公式为

$$F = 0.008 \times \frac{\int_0^{24} \Delta L_E(z) \mathrm{d}z}{\dfrac{f_{\mathrm{mod}}}{4} + \dfrac{4}{f_{\mathrm{mod}}}} \tag{1.4.48}$$

(4) 音调度。

音调度(tonality，T)是反映声音中音调成分所引起的主观感觉的物理量，单位为 tu，规定频率为 1 kHz、声压级为 60 dB 的纯音信号的音调度为 1 tu。专业声学计算软件 ArtemiS 中提供了多种音调度的计算方法，主要包含两大类，一类是基于 DIN 45681 标准，另一类是基于 Sottek 提出的关于时间的听觉模型。相关的函数有：Tonality DIN 45681、Tonality DIN 45681 vs. Time、DIN 45681 vs. RPM、Tonality Based on the Hearing Model of Sottek、Tonality(Hearing Model) vs. Time 等。

DIN 45681 定义了一种从窄带频谱中自动检测音调和音调组的方法，用于确定噪声中的音调成分和输入噪声的音调调整。通过考虑附加的与频率相关的措施，确定周围临界频带内的音调级和噪声信号级之间的差异。根据最大的差异，音调在 0～6 dB 调整，步长为 1 dB。根据实际需求，该参量可以输出为单值或矩阵形式。此外，关于音调的分析还有音调突出比、音调噪声比等参量。

上述指标侧重于表征声音的特定感知属性。另一方面，为了从总体上描述和表征人对声音的主观感受，人们提出了“声品质”的概念。具体说来，声品质是指在特定的技术目标或任务内涵中声音的适宜性，它是采用心理声学方法研究声音事件特性而获得的人对声音优劣的一种度量方法。1994 年，Blauert 等指出，在声品质框架中，‘声’并不是单指声波这样一个物理事件，而是指人耳的听觉感知，‘品质’是指由人耳对声事件经过听觉感知过程后最终做出的主观判断。在过去多年的研究中，人们提出并开发了一系列表征声品质的量化指标，典型的有烦恼度、声品质指数和满意度。

(5) 烦恼度。

人对噪声最直接的主观反应就是引起烦恼，烦恼度(annoyance)是定量描述声音所引起的烦恼程度的一个综合评价量。烦恼度的定义有多种，一种典型的定义是：将噪声对人的影响分为五级，分别为“不烦恼”“有点烦恼”“烦恼”“很烦恼”“极度烦恼”。

烦恼度 α_a 的定量描述仍然是一个正在研究的课题，目前已有多种表达式，典型的有

$$\alpha_a = 0.036L_{dn}^2 - 3.27L_{dn} + 79.14 \tag{1.4.49}$$

该式是 1978 年由 Schultz 提出的，其中 L_{dn} 为昼夜等效连续声级。另一个是由 Zwicker 提出的，即

$$\alpha_a = 0.56L_{Aeq} + 0.08\beta_s + 0.40\beta_r \tag{1.4.50}$$

其中，L_{Aeq} 为等效连续 A 声级；β_s 和 β_r 分别为尖锐度和粗糙度。

茨维克尔在《心理声学：事实与模型》一书中提出了心理声学烦恼度(psychoacoustic annoyance)的概念和定义，用于描述人对声音的厌烦程度，符号为 PA。它考虑了响度、尖锐度、粗糙度、波动度的综合影响，为无量纲系数。可以使用下式计算烦恼度：

$$\text{PA}=N_5(1+\sqrt{\omega_s^2+\omega_{FR}^2}) \tag{1.4.51}$$

式中，N_5 为百分响度；

$$\omega_s = (S-1.75)0.25\lg(N_5+10),\quad S>1.75 \tag{1.4.52}$$

其描述了尖锐度 S 的影响；同时，

$$\omega_{FR} = \frac{2.18}{N_5^{0.4}}(0.4F+0.6R) \tag{1.4.53}$$

其描述了波动强度 F 和粗糙度 R 的影响。

考虑音调度后，改进的心理声学烦恼度预测模型如下：

$$\text{PA}=N_5(1+\sqrt{\omega_s^2+\omega_{FR}^2+\omega_T^2}) \tag{1.4.54}$$

$$\omega_T = \frac{6.41}{(N_5)^{0.52}}T \tag{1.4.55}$$

另外，研究者也提出了基于多元线性回归和智能计算的烦恼度预测方法，它们通过主观评价实验获取被试者对不同噪声的烦恼度评分，以烦恼度评分为因变量，以计算获得的基本声学参量或心理声学参量为自变量，利用多元线性回归或智能计算方法建立噪声烦恼度预测模型。

(6) 声品质指数。

声品质指数(sound quality index, SQI)用来表征人耳对噪声烦恼或愉悦的听觉感知，是指将主观评价实验或模型计算获得的烦恼度值转化为百分制指数，其中利用声品质模型计算获得声品质指数是实际应用中的主要途径，其主要流程如图 1.4.11 所示。举例说来，11 级量表获得的烦恼度与声品质指数之间的关系为[8]

$$\text{SQI} = 100 - 10A \tag{1.4.56}$$

式中，A 为烦恼度；SQI 为声品质指数。

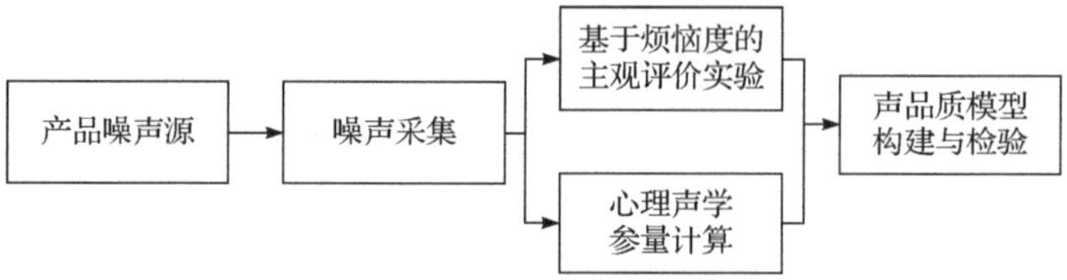

图 1.4.11　声品质评价流程

(7) 满意度。

满意度(satisfaction degree, S)是指人对特定类型产品噪声声品质满意程度的一种评判指标，其类别和相应的限值也称为声品质分级[9-11]。基于满意度的产品声品质分级与限值评定是指确定满意度级别及其限值的方法，SQI 的分布范围为 1～100，因此声品质分级就是要确定声品质各级别与 SQI 的对应关系。

由于声品质分级包含了产品使用者或消费者对产品声音特性现状的认知，以及对未来技术发展的心理预期，因而确定声品质分级的原则包括：①同一功能不同型号产品 SQI 的分布情况；②公众对当前市场上产品声品质现状的感受和认知；③从推动技术进步、促进行业创新与发展、保护消费者利益及兼顾制造商承受能力的角度，平衡制造商、消费者、政府产业政策及导向的不同诉求，对声品质限值进行调整。

基于满意度的产品声品质分级步骤分为两个阶段(图 1.4.12)，其中第一阶段的目的在于建立 SQI 与满意度之间的关系，实现 SQI 到满意度之间的数值转换；第二阶段的目的在于依据这种转换确定不同级别满意度分界点的 SQI 数值，其主要内容在于综合考虑影响满意度分级的各种因素，然后对限值进行修正。

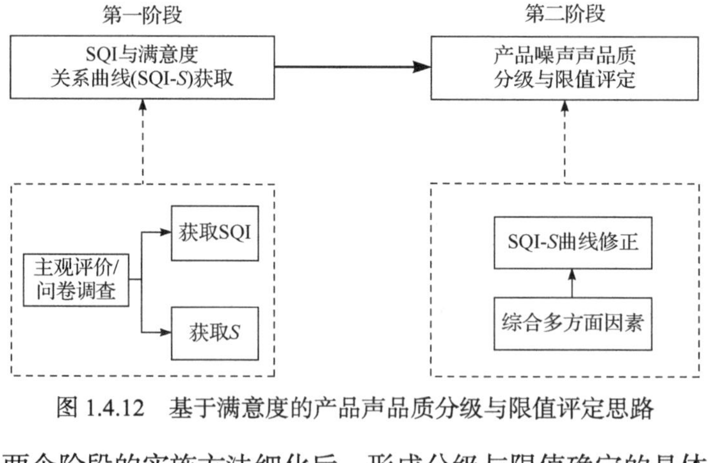

图 1.4.12　基于满意度的产品声品质分级与限值评定思路

将以上两个阶段的实施方法细化后，形成分级与限值确定的具体步骤如下所述。①开展产品噪声烦恼度主观评价实验，并根据声品质测试流程将噪声烦恼度转化为 SQI。②采用主观评价或问卷调查的方式，得到使用产品的用户或研发人员等不同人群对于产品噪声的满意度等级。③综合步骤①与步骤②的结果，得出产品噪声的 SQI 与其满意度的关系曲线。④结合步骤③得出的关系曲线，每一级满意度有其对应的 SQI 范围，每一个 SQI 有其对应的噪声烦恼度。综合考虑行业当前生产水平、承受能力以及消费者利益等多方面因素，得出基于 SQI 与满意度关系曲线的产品噪声声品质分级与限值评定。

4. 噪声对语言的干扰

1) 噪声掩蔽

当噪声很响而影响人们听不清楚其他声音时，我们就说后者被噪声掩蔽了。由于噪声的存在，一般来讲，它降低了人耳对另外一个声音的听觉灵敏度，因此，使听阈发生迁移，这种现象称为掩蔽。听阈增量称为掩蔽值。例如，频率为 1 kHz 的纯音当声压级为 3 dB 时，正常的人耳还可以听到(再降低就听不见了)，这就是说，1 kHz 纯音的听阈为 3 dB；然后，发出一声压级为 70 dB 的噪声时，要能听到 1 kHz 纯音的声压级就必须要提高到 84 dB。那就认为噪声对 1 kHz 纯音的掩蔽是 84 dB 减 3 dB，即 81 dB。

噪声对语言有掩蔽作用。例如，在较高的噪声环境中，人们谈话就会感到吃力。在电话通话中，为了克服噪声的掩蔽作用，就必须提高讲话的声级。但是，对于频率在 200 Hz 以下、7 kHz 以上的噪声，即使它的声压级高一些，但对语言的交谈却不至于引起很大的干扰。这主要是由于语言的频谱声能集中在以 500 Hz、1000 Hz 和 2000 Hz 为中心的三个倍频程中。

2) 语言干扰级

语言干扰级(SIL)最初由 Beranek 提出，是衡量噪声对语言通话干扰程度的一种参量。由于语言的频率范围处于噪声的中频区，故语言干扰级是指噪声在中心频率为 500 Hz、1000 Hz、2000 Hz 三个频带声压级分贝数的算术平均值，即

$$\mathrm{SIL}=\frac{1}{3}(L_{500}+L_{1000}+L_{2000}) \tag{1.4.57}$$

由于语言通话还与距离远近有关，因此，人们还提出随距离变化的所谓优先语言干扰级(PSIL)，它考虑到上述频率范围以外的高、低频成分也对通话有一定影响，优先语言干扰级为语言干扰级附加另一分贝值，即

$$\mathrm{PSIL}=\mathrm{SIL}+3 \tag{1.4.58}$$

PSIL、讲话声音的大小、背景噪声级三者之间的关系见表 1.4.7。

表 1.4.7 中的数值表示以稳态连续噪声作为背景噪声的 PSIL 值。所列出的两个人之间的距离和相应干扰级(背景噪声级)，只是勉强地能保证有效的语言通信，干扰级是指男性讲话声音的平均值(女性减 5 dB)，测试条件是讲话者与听者面对面，用意想不到的字，并假定附近没有反射面加强语言声级。

表 1.4.7 优先语言干扰级

讲话者与听者间的距离/m	声音正常/dB	PSIL 声音提高/dB	声音很响/dB	非常响/dB
0.15	74	80	86	92
0.30	68	74	80	86
0.60	62	68	74	80
1.20	56	62	68	74
1.80	52	58	64	70
3.70	46	52	58	64

例如，两个人相距 0.15 m 以正常声音对话，能保证听懂话的干扰级(作为背景噪声级)不得超过 74 dB；远隔 3.7 m 对话，则不得超过 46 dB。如果干扰级再高，就必须提高讲话声音才能听懂讲话。假使距离增大，例如从 0.15 m 增大到 0.30 m，原来干扰级为 74 dB 即可用正常声音进行对讲，而现在要听懂对话就必须提高声音。

对于语言交谈，用图 1.4.13 以 A 计权背景噪声级作为干扰级更为方便。例如，由图可得，教室中正常的讲课要使距离为 6 m 的学生听得清楚，则背景噪声 A 计权声级必须在 50 dB 以下。

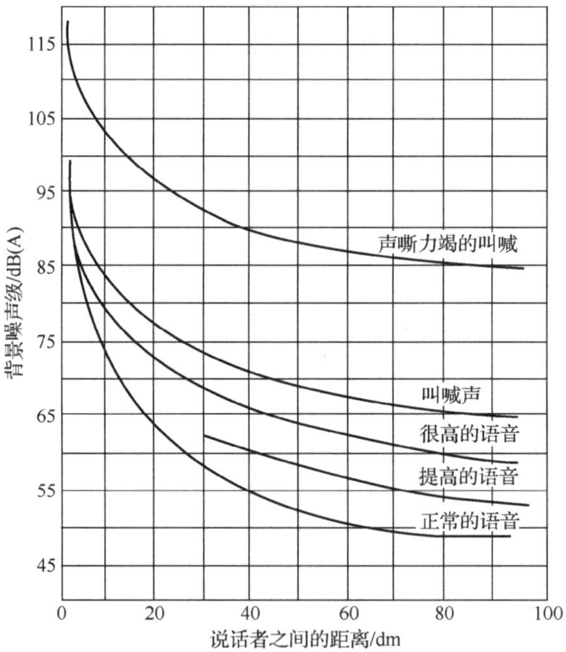

图 1.4.13 语言干扰程度

在一对一的个别交谈中，两者距离通常是 1.5 m，A 计权背景噪声级高达 66 dB(A)，基本上也能保证正常的语言通信。如果一个组有许多人对话，距离为

1.5～3.6 m，则背景声级应低于 50～60 dB(A)。在公共会议室或室外庭院、公园或运动场，讲话者与听者之间距离一般是 3.7～9 m，若要能够进行比较正常的语言通信，则背景噪声 A 计权声级必须保持在 45～55 dB 以下。

3) 语音清晰度

语音清晰度指数(speech articulation index, SAI)代表语音的清晰度，它取决于背景噪声级和频率。例如，车辆内部噪声是车辆乘客之间语音可懂度的决定性因素。在良好的条件下，语音区域仅受可用声压(从耳语到喊叫)和频率范围(200～6300 Hz)的限制。但是如图 1.4.14 所示，车辆噪声谱进一步缩小了语音区域。

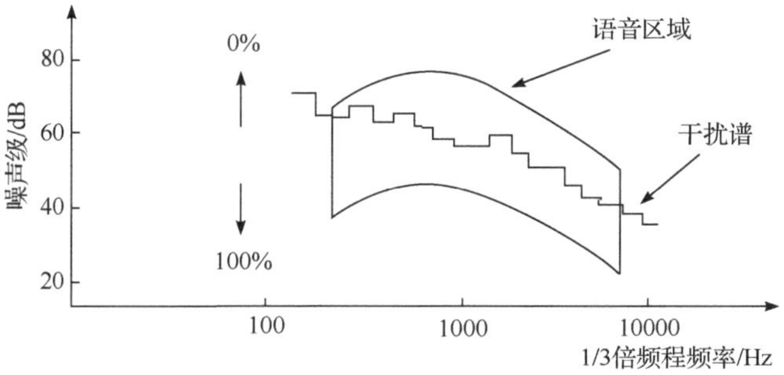

图 1.4.14　语音区域和重叠的干扰谱

该分析包括测试背景噪声的频谱成分(1/3 倍频程曲线)在多大程度上覆盖了对语音清晰度重要的频率分量(受语音区域限制)：1/3 倍频程曲线分割了语音区域。如果噪声频谱位于语音区的较低部分，则通信只会受到轻微干扰：清晰度指数较高(约 100%)。如果噪声频谱位于语音区域的上部，则通信会变得更加困难：清晰度指数变低(约 0%)。为了计算该指数，为每个倍频程确定一个百分比值，清晰度指数为这些值的总和。

4) 语音可懂度

语音可懂度指数(speech intelligibility index, SII)表示声音降低语音可懂度的程度。语音的可懂度一方面取决于背景噪声的水平和频率，另一方面取决于语音频谱本身。作为噪声对言语可懂度影响程度的指标，语音可懂度指数是根据 ANSI S3.5—1997 计算出来的，该标准是对 ANSI S3.5—1969 的重大修订。

语音可懂度指数的计算使用了两个谱：噪声谱(来自输入信号)和语音谱(分析时在属性中定义)。具体的计算取决于所选择的方法(基于倍频程、1/3 倍频程或临界频带)，详见 ANSI S3.5—1997。计算过程如下：①将信号细分到与语音可懂度相关的频带中；②计算每个频带的语音频谱和干扰频谱的差异(干扰频谱由噪声频谱和语音频谱的自掩蔽产生)；③用一个频带重要性函数进行加权，并把它们加起来作为语音可懂度指数。

第 2 章　声信号采集与分析

2.1　声信号及其基本特性

2.1.1　声信号的来源与接收

信号可以描述范围相当广泛的物理现象，它是信息的一种物理体现。狭义地讲，所有信号都需要通过传感器进行转换，绝大多数以电压随时间波动的形式表现。按传感对象的物理性质，信号分为声信号、振动信号、光信号、磁信号等。例如，声学测量中的声波经过声传感器(传声器)转换后，传声器的输出信号就称为声信号。声信号主要来源于自然界和人类的活动，其中自然声信号主要是指来源于自然界的各种声信号，如风声、雨声、动物鸣叫声等；人工声信号是指由人类活动或人为产生的各种声信号，如说话声、掌声、音乐声、发动机噪声、螺旋桨噪声等。在数学上，信号可以表示为一个或多个变量的函数，它可以在时间域(时域)和频率域(频域)中分别描述。声信号的基础性描述参数是幅度和频率。声信号通常由许多频率和幅度不同的信号组成，通常情况下是一种复合信号。

对于声波的接收，分为人耳听觉系统和接收设备两大类。人耳听觉系统接收到声波后形成的主观感受和印象由听觉属性表征。传统的听觉属性分为响度、音调和音色三种，其中响度描述声音的强弱程度，取决于声信号波形的幅度；音调是人对声音频率高低的主观感觉，主要取决于声信号的基频，它们是一维听觉属性，可以用单一指标加以表征。音色可以理解为对某个声音的综合主观感受，由声信号的谱形状决定。人们能够分辨具有相同音高的钢琴和吉他声音，就是因为它们具有不同的音色。音色属于多维度的听觉属性，其量化表征并不容易，需用多个指标进行描述，具体方法是心理声学的重要研究内容。

声学测量主要是指基于仪器或设备进行的声学参量的测量，其中如何接收声波并获取声信号是声学测量的基本任务。与其他的场量测量一样，要测量声场中某点的声学参量，就需要将相应的声传感器置于该处。空气中最常用的接收声波的声传感器称为传声器(microphone)，俗称麦克风；在水中，这种传感器称为水听器(hydrophone)。传声器或水听器的振膜在声场中受到声波的激励而振动，然后通过某种力-电换能方式，将振动信号转换为电信号，并利用相应的电子设备加以记录。

传声器是一种专业录制语音、音乐和噪声信号的重要设备，其主要参数包括灵敏度、动态范围、输出阻抗、指向性等。本书其他章节将对传声器作专门介绍，这里不再赘述。

水声信号一般通过声呐系统采集得到。根据工作方式不同，声呐可分为主动式声呐和被动式声呐两种，其中，主动式声呐是通过自主发出声波，根据声呐接收的回波信号判断目标的属性，适用于检测潜艇等水下隐蔽目标；被动式声呐是在不暴露自己的情况下，通过接收噪声源辐射噪声进而判断目标属性，适合于自身需要充分隐蔽的目标。一套完整的声呐系统一般由基阵、电子机柜和辅助设备三部分组成。基阵由检测声波的水声换能器以一定的几何图形排列组合而成，可排列为直线、球形、柱形、平板形等形式。基阵根据功能不同有接收基阵、发射基阵或收发合置基阵之分，水声信号采集可以阵列形式完成，或者以单个换能器完成。机柜一般有发射、接收、显示和控制等分系统。辅助设备包括声呐导流罩、电源、电缆、接线箱、增音机，以及与声呐基阵传动控制配套的装置等[12]。

2.1.2　声信号的分类

从信号特性的角度讲，声信号的分类与绝大多数信号的分类是一致的，但有少数分类体现了声波或声音独有的特点，下面分别加以叙述。

(1) 根据频率范围，可分为次声信号、超声信号、可听声信号。通常把频率小于 20 Hz 的声信号称为次声信号；频率范围为 20 Hz～20 kHz 的声信号称为音频信号；高于 20 kHz 的声信号称为超声信号。

次声波的频率范围为 10^{-4}～20 Hz。自然界中的刮风、打雷和地震等都能发出次声波，通过专门的仪器也可以人为地制造出次声波。次声波频率很低、波长很长，大气对它的吸收系数很小，因而在空气中能传播很远的距离。次声波穿透力极强，普通的墙，乃至十几米厚的钢板和混凝土也难以阻隔其传播。次声波会使听者变得焦虑、极度悲伤和感到寒冷。例如，老虎在捕食前的怒吼可产生 18 Hz 的次声波，使猎物惊慌失措甚至昏迷。在百慕大三角区域，飞机、舰艇事故不断，一种说法就是波浪振荡所产生的次声波使机组人员精神错乱，从而失去对飞机或舰船的控制。

超声波的频率高于 20 kHz。由于频率高，超声波具有以下特点：①方向性好，几乎能沿直线传播；②穿透能力强，能穿透许多电磁波不能穿透的物质；③可以发挥探测和激励力等多种功能。超声波是一种波动形式，可以作为探测信息的载体或媒介(用作诊断)；同时又是一种能量形式，当强度超过一定值时，就可以通过与传播超声波的介质的相互作用，去影响或改变后者的状态、性质及结构(用作治疗)。例如，大功率的超声波可用于对硬质材料进行切割、凿孔等，也可用于清洗和消毒等。另外，人们最熟知的超声波的应用之一就是 B 超，它将超声波射入人体，根据人体组织对超声波的传导和反射能力的变化来判断有无异常，可用于病变、结石等的检查，且对人体无损伤。

可听声又称为音频声，频率范围介于次声和超声之间，是日常生活中人们接触最多的声信号，也是人耳可以直接感受到的声信号。本书针对的就是这类声信号。

(2) 根据传播介质，可分为空气声信号、水声信号、地声信号等。

空气声信号是指在空气中产生和传播的声信号，水声信号则是在水中产生和传播的声信号，地声信号则是指在地下介质中产生和传播的声信号。对它们的研究分别产生了空气声学、水声学和地声学等声学分支。声波在空气、水和固体介质中的传播速度及其影响因素不同，导致对于这些声信号的研究方法也有所不同，应用领域也各有所长，例如，空气声信号的研究主要用于语音、乐音及各类环境声的分析处理；水声信号的研究不仅可以用于军事目标探测、水下通信，还可以用于海洋资源勘探。

(3) 按声音的产生方式和所携带信息的特性，可听声又分为语音声、音乐声和环境声三大类[7]。

语音声和音乐声分别简称为语声和乐声，它们是在人类大脑有意识的主动控制之下，由人的发声器官或由操纵乐器发出的声音，是人类智慧的产物，也是传递人类思想和情感的载体。环境声是指除语声和乐声以外所有声音的总称，也是人类需要面对的重要的声音类别。对环境声进行准确分类十分困难，通常人们将环境声分为四类：日常声、动物发声、噪声和信息声。日常声是指自然现象或人类日常活动所引起的任何可能的可听声事件，如风声、雨声；人的运动、体育活动、社会活动发出的声音。动物发声是指除人以外的生物在自然状态或紧急状态下发出的声音。一般来说，有听觉的动物都能发出声音，其发声方法多种多样，所发出的声音具有极为重要的生物学意义。噪声主要指人类在社会生活、工业生产及军事斗争等领域发出的紊乱断续或统计上随机的声振荡，如机器噪声、交通噪声、水下舰船声等。信息声是指表示具有特定信息的声音，包括人为设计的报警声、人体及动物的体音、机器及设备非正常运行发出的声音等，可广泛应用于警报声设计、医学诊断、故障监测与定位、听觉展示等。

(4) 根据频谱特性，可以分为纯音、窄带噪声、宽带噪声，以及白噪声、粉红噪声、褐色噪声、黑色噪声等。

纯音是指仅有单一频率的声音，也称为单频声或线谱声；窄带(或宽带)噪声是指其频带宽度与中心频率相比窄(或宽)的一类噪声，其中的窄(或宽)在不同领域的含义不同。

白噪声名称中的“白”类比于白光，它是指在极宽频带范围上功率谱密度(或能量)保持恒定的一类噪声，其时域波形如图 2.1.1(a)所示。由于它存在于几乎整个频带范围内，利用低通或高通滤波均不能有效地去除。电视机无信号时的噪声和调频收音机无台时的噪声均是白噪声。在许多声学测量中经常需要利用白噪声作为激励信号。白噪声也可以用来创造声音，包括人和自然界的声音，甚至还能合成其他噪声。白噪声还具有“降噪”功能，噪声控制领域中的音频注入法的一个例子就是将白噪声注入以降低产品噪声的烦恼度；白噪声甚至具有医疗功能，医生曾成功地将白噪声应用于抑郁症的治疗。

粉红噪声是一种可覆盖整个音频范围的声音，其时域波形如图 2.1.1(b)所示。低频可接近 0 Hz，高频能达到二十多千赫兹。能量(或功率谱密度)与频率成反比，具体关系与坐标类型有关，其中，在线性坐标里每倍频程下降 3 dB；在对数坐标里每倍频程相等，如 125～250 Hz 和 500～1 kHz 内的能量相等。

褐色噪声的能量也是从低频向高频不断衰减，功率谱密度与频率的平方成反比(每倍频程下降 6 dB)，频率分量功率主要集中在低频段，波形如图 2.1.1(c)所示。

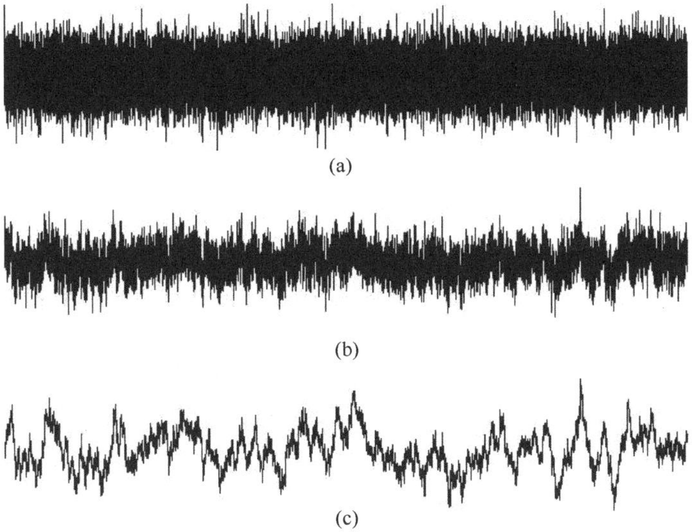

图 2.1.1　几种典型噪声信号

(a) 白噪声；(b) 粉红噪声；(c) 褐色噪声

(5) 根据时间分布，可以分为连续声信号、离散声信号。

对于以时间为自变量的信号，若时间变量的取值是连续的则称为连续声信号；否则称为离散声信号。

(6) 根据描述信号的确定性，可以分为确定性信号和随机信号(非确定性信号)。

确定性信号的每一个值都可以用有限个参量唯一地加以描述。例如，直流信号用一个幅度参量就可以加以描述，而正弦波可以用幅度、频率和相位三个参量来描述。确定性信号又可分为周期性信号和非周期性信号两类。随机信号是相对于确定性信号而言的一种信号，因此也称为非确定性信号。这种信号不能用确定的数学解析式表达其变化历程,也就是说不可能预见其任一瞬时所应出现的数值,所以也无法用实验的方法重复再现。随机信号可用统计学的方法加以描述，描述其统计特征的量主要有均值、方差、概率密度函数、功率谱密度、自相关函数、互相关函等。随机信号分为平稳随机信号和非平稳随机信号两大类，而平稳随机信号又分为严平稳和宽平稳随机信号两种。

按时域特性分，声学测量中的噪声有无规噪声和脉冲声，其信号表现形式就是随机信号和脉冲信号。无规噪声的瞬时参量(如声压、声功率等)无法确定，而只能按概率分布函数给出某一时刻的相对量,它对时间的分布满足高斯分布(正态分布)曲线。无规噪声的频谱不一定是均匀的,因此,它不一定是白噪声或粉红噪声。同样，白噪声或粉红噪声的能量对时间的关系也不一定满足正态分布，因此也不一定是无规噪声。概括地说，白噪声是指能量对频率分布均匀；无规噪声是指能量对时间满足概率分布。脉冲声是指持续时间短促(通常指 1s 以下)的噪声，如冲床加工声、枪击声都可看作脉冲声。猝发声是间断的纯音(即正弦波)，故也叫正弦波列或猝发音。

2.1.3 随机信号分析

由于实际声学测量中获取的各种辐射噪声以随机信号居多，这里着重介绍随机信号的表达与分析方法。

由于随机信号的不可重复性，从理论上讲，应当分析无限长的信号内容才能得到准确的分析结果，然而这在实际工作中是不可能做到的。所以，对随机信号的分析只能限定在某种情况(如平稳随机过程)，甚至更为特定的情况(如各态历经或各态遍历性过程)。由于这两种情况对随机信号分析极为重要，下面对它们作简要介绍。

分析一个无限长的信号时，在实际工作中只可能根据仪器的容量每次取有限长的信号作分析，这一有限长信号称为一个样本，在数学上称为子集。无限的子集构成一个随机信号的总体(集)，如图 2.1.2 所示。图中的 $x_1(t), x_2(t)\cdots, x_N(t)$ (其中 $N=1,\cdots,\infty$)是此随机信号的总体。如果对各子集在同一时间坐标值 t_1 上取值作平均，则称为集平均，即

$$E[x]=\lim_{N\to\infty}\frac{1}{N}\sum_{i=1}^{N}x_i(t_1) \tag{2.1.1}$$

假如一个随机过程的任一时刻所得的集平均

$$E[x]=\lim_{N\to\infty}\frac{1}{N}\sum_{i=1}^{N}x_i(t_j)\quad (j=1,2,\cdots,\infty) \tag{2.1.2}$$

都是相同的，那么就称它为平稳随机过程。平稳随机过程可以用某一时刻的集平

均来代表所有各时刻的集平均，这样就使问题得到了简化。

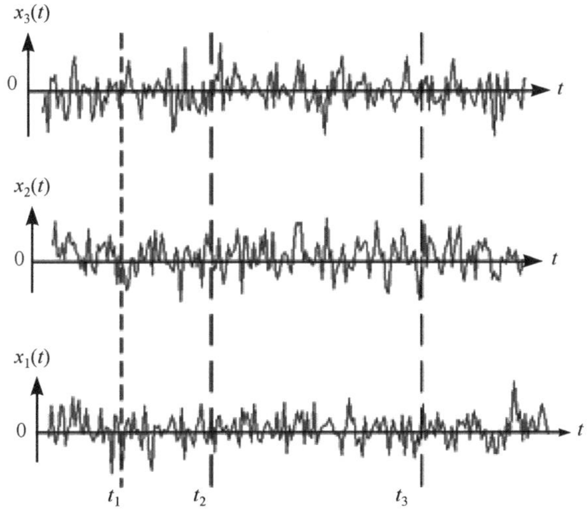

图 2.1.2　随机信号的样本

如果一个平稳随机过程的集平均与一子集的时间平均值相等，则称其为各态历经的平稳随机过程。实际工作中可以利用各态历经平稳随机过程的特点进一步缩小研究范畴，以使对随机过程的研究更为简化。

由于随机信号不能用确定的数学解析式来表达，无法重复出现，所以对它的描述需要用统计的参数，这些统计的参数主要有均值、方差、概率密度函数等一些数字特征量，具体描述如下。

随机信号的均值是样本记录 $x(t)$ 在整个时间坐标上的积分平均，它表达了这一随机信号变化的中心趋势，或称直流分量。在实际工作中取时间坐标上的有限长度作估计，有

$$\mu_x = \frac{1}{T}\int_0^T x(t)\mathrm{d}t \tag{2.1.3}$$

如将这一概念推至周期信号，则仅取一个周期长度 T 作计算就能完全反映整个信号的均值。

均方值表达了信号的强度或功率，在有限长时间 T 内，由下式表达：

$$\phi_x = \frac{1}{T}\int_0^T x(t)\mathrm{d}t \tag{2.1.4}$$

均方值的平方根称为均方根值，又称为有效值，它是信号平均能量或平均功率的一种表达方式。随机信号方差的定义是

$$\sigma_x^2 = \lim_{T\to\infty}\frac{1}{T}\int_0^T [x(t)-\mu_x]^2 \mathrm{d}t \tag{2.1.5}$$

显然，随机信号的方差是去除了均值后的均方值，所以它是信号幅值相对于均值分散程度的一种表示。由于去除了直流分量，因此它也是信号纯波动分量(交流量)强度的一种表示。

2.2 声信号采集

2.2.1 数据采样

无论采集得到的是空气声信号还是水声信号，一般都需要在计算机等数字设备上进行分析处理，因此，首先需要将获得的模拟信号转换为数字信号，这一过程称为模拟/数字转换(简称模数转换)，其结果就是数据采样。

传统的声学测量是将连续变化的声学量转变为连续电压信号，并进行显示、记录或进一步分析处理。这些连续变化的声信号是模拟量。模拟信号的缺点是显示、记录的精度低，抗干扰能力差，而且不便进一步分析处理。

数据采样的目的是将一个连续变化的模拟信号在时间域上离散化，然后再将幅值域离散，使之成为数字信号。这一过程前者称为采样，后者称为量化。与模拟信号相比，数字信号便于储存、传输和分析处理，它在整个现代声学测量中起着承前启后的关键作用，目前的声学测量技术基本上已进入数字测量的新阶段。声学测量中的数据采集是所谓的动态数据采集，面对的是动态信号(快变参数)，比起用于常规工业控制或静态信号(慢变参数)的数据采集有着更高的要求。

连续时间信号经采样将产生所谓频率混叠的问题,导致采样信号的偏度误差。量化将引起量化噪声，降低信号的信噪比，限制量化数据的动态范围。下面将分别定量描述数据采样与量化过程中的各种现象。

1. 采样与频率混叠

所谓采样就是将连续变化的信号转变为时间域离散的信号。采样的核心问题是：信号在时域离散化后会不会失掉信息？也就是说信号在离散时间采样时，在采样点之间的信息会不会丢失？如何选取采样频率，从而保证采样后的离散信号能够准确、不失真地代表原有连续信号。

设模拟信号为 $x_a(t)$，采样周期为 t_s (即采样频率为 $f_s = 1/t_s$)。采样后的时间离散信号记为 $x(t) = x_a(nt_s)$，$n = -\infty,\cdots,-1,0,1,\cdots,\infty$。物理上，采样过程可以看成是周期为 t_s 的采样脉冲对模拟信号的调制，周期性单位脉冲序列记为 $\delta_s(t)$，有

$$\delta_s(t) = \sum_{n=-\infty}^{\infty} \delta(t - nt_s) \tag{2.2.1}$$

单位脉冲序列形同梳子，故又称梳状函数。当原始连续信号 $x_a(t)$ 按采样频率 f_s 采样后，采样信号 $x(t)$ 可以看成是 $x_a(t)$ 和脉冲序列 $\delta_s(t)$ 的乘积，即

$$x(t) = x_a(t) \sum_{n=-\infty}^{\infty} \delta(t - nt_s) \tag{2.2.2}$$

式(2.2.2)的傅里叶变换为

$$X(f) = \sum_{n=-\infty}^{\infty} f_s X_a(f - nf_s) \tag{2.2.3}$$

式中，$X_a(f)$ 为原始连续信号的频谱。采样信号的频谱包含着原信号频谱及无限个经过平移的原信号频谱(频谱的幅值均乘以常数 f_s)。平移量等于采样频率 f_s 及其各次倍频 nf_s。

当连续信号频谱的最大频率 $f_m \leqslant f_s/2$，即 $f_s \geqslant 2f_m$ 时，在 $0 \leqslant f \leqslant f_m$ 频率范围内，采样信号的频谱 $X(f)$ 与原信号频谱完全一样，即采样信号无失真。但是。当 $f_m > f_s/2$ 即 $f_s < 2f_m$ 时，平移谱将与原信号谱重叠，使某些频带的幅值与原始频谱不同，这种现象称为频率混叠。频率混叠使采样信号产生失真，造成偏度误差。其物理原理是，采样频率太低，采样点过少，以致不能复现原信号。

不难看出，为了使采样过程不失掉信息，就要求能从采样信号的频谱中取出原信号频谱，以保证能无失真地恢复原信号。这时，采样频率 f_s 与原信号最大频率 f_m 之间必须满足如下关系：

$$f_s \geqslant 2f_m \tag{2.2.4}$$

这就是著名的采样定律或奈奎斯特定理。满足临界条件 $f_s = 2f_m$ 的信号最大频率 f_m 称为折叠频率，记为 f_c。当信号频谱超过 $f_s/2$ 时，将会以此为镜像对称轴折叠回来，造成频谱重叠。满足临界条件的采样频率又称为奈奎斯特频率。

在对实际动态信号进行采样时将产生如下问题：由于在采样前并不知道信号的最大频率 f_m，这时应如何确定采样频率 f_s？我们固然可以假设 f_m 很大，从而确定 f_s。但是，随之带来的问题是由于采样频率过高而产生过于大量的数据，增加不必要的内存容量；或是在进一步进行数字谱分析时，由于谱线数有限，所以频率分辨率不足。

实际做法是，首先根据动态测试任务的需要确定频率上限，然后对原信号进行低通滤波，限制信号带宽，并由此按采样定律确定采样频率。用于防止频率混叠的这种低通滤波器称为抗混叠滤波器。

频率混叠将造成很大的偏度误差，特别是在信号频带较宽而采样率有限(即分

析带宽有限)的情况下，问题将变得十分严重。对于用作抗混叠滤波的低通滤波器，对其特性有较高的要求，希望能接近理想低通滤波器，从而消除频率混叠。

2. 量化与动态范围

模拟信号经过采样后，转变成时间离散但幅值仍然连续的离散信号。数据采集的第二个重要功能就是将幅值连续的离散信号(仍然是模拟量)变成幅值离散的量化数字信号，这一过程称为量化。量化的分档单位，即两个相邻量化水平的差，称为量化单位。经量化后的数字量一般用二进制数表示。归一化后的量化单位与二进制数的位数 b 的关系为

$$q = \frac{1}{2^b} \tag{2.2.5}$$

即等于相邻量化值之差除以幅值。

当模拟量不等于量化单位 q 的整倍数时，量化后就会产生误差，称为量化误差。对于截断误差情况，可能产生的最大误差为 q 。最大量化误差与量化的分档(即分辨率)直接有关。对于舍入误差情况则最大量化误差变成 $\pm q/2$ (但分辨率仍然是 q)。

对于一般采样信号 $x(n)$ ，信号在量化点(即分档点)附近的分布是随机的，量化误差也是随机的。因此对量化误差的分析应采用统计的方法。

对于测量信号 $x(n)$ ，量化误差 $e(n)$ 相当于一个叠加的随机噪声。这样，信号功率与噪声功率之比——信噪比(SNR)，也可以用来衡量量化误差的大小，并作为反映量化过程的主要精度指标。设二进制总位数为 $N = b + 1$ (加一个符号位)，那么 $q = \frac{1}{2^N - 1}$ ，这时模数转换器的动态范围(DR)和二进制总位数 N 的关系为

$$\text{DR}=20\lg\frac{2}{q} = 20\lg 2^N \approx 6N \quad (\text{dB}) \tag{2.2.6}$$

如二进制总位数为 12，则量化动态范围为 72 dB 左右。

由以上分析可知，只要量化分档足够细或二进制位数足够大，总可以得到足够大的量化动态范围，也就是说，量化误差不致带来严重影响。但是，这里必须指出，以上分析是在满量程信号前提下进行的。对实际测量信号，量化动态范围要减小：测量信号越小(相对满量程)，动态范围越小。例如，当满量程为 5 V，而信号只有 50 mV(满量程的 $1/100$)时，即使采用 12 位二进制数分档，动态范围也仅为 $\text{DR} = 72 - 40 = 32\ \text{dB}$ 。

解决量化误差对实际测量信号的影响的措施是，在进行量化之前，将信号放大到接近满量程，从而充分利用量化动态范围。实现办法是，在采样和量化前增

加一个放大倍数可编程控制的程控放大器。

2.2.2　模数转换

将模拟信号转换为数字信号的过程称为模/数(A/D)转换，反之称为数/模(D/A)转换。在进行 A/D 转换之前和 D/A 转换之后需要对信号进行调理，这些电路称为外围电路。外围电路主要完成多路转换、信号放大、抗混叠滤波、采样保持、平滑滤波等功能。下面就一些主要环节涉及的器件及功能给予描述。

1. 程控放大器

程控放大器实质上就是放大倍数(增益)可编程控制的测量放大器，主体部分是运算放大器，它的主要功能是将输入电压信号放大到接近模数转换器(ADC)的满量程，以便充分利用 ADC 的动态范围。

先进数据采集系统的程控放大器还具有自动增益能力。这类程控放大器由专用电路或软件根据输入信号的大小，自动调节放大器的增益，使输出信号始终保持在所要求的电平上，从而使数据采集系统中的模数转换器处于最佳工作状态。

程控放大器作为数据采集系统的第一级模拟信号适调器，必须考虑到输入信号的特点，具备适当的耦合模式和连接方式，以保证测试精度。根据输入信号的特点，程控放大器的输入一般有两种耦合模式，即直流耦合和交流耦合。程控放大器须具备较宽的频率范围(包括低频和高频)。目前常用的线性集成电路构成的前置放大器均为直流耦合模式，其低频响应从直流(零频)开始。但在实际进行动态测量时，测量信号中往往会有直流偏置。由于放大器量程是一定的，当直流分量较大时，将会限制放大器对有用的交变信号进行放大。这时可采用交流耦合模式，以去除直流分量，使放大器对于有用的交变信号有足够的动态范围。因而在现代数据采集系统中都具有直流与交流两种耦合方式。在交流耦合模式中，输入电阻和电容构成一个高通滤波器。通常此高通滤波器的频率下限为 1 Hz(−3 dB)左右。当测量信号的频率下限在 10 Hz 以上时，一般选用交流耦合模式；而在 10 Hz 以下时，宜选用直流耦合模式。

在实际进行振动测量时，经常会遇到信号频率下限在 10 Hz 以下，而信号中又有较大的直流偏置的情况。因此在前置放大器的输入耦合电路中又发展了一种去直流耦合模式。这是一种特殊的直流耦合模式，它通过数模转换器(DAC)给输入端人为地施加一个与输入信号中直流分量相等的直流电压，从而达到消除直流偏置的目的。在这种耦合模式中，直流偏置量可人工设置，也可以根据测量信号自动设定，称为自动去直流。

输入信号与适调放大器的连接方式有两种：接地(单端输入)和浮地(双端输入)。作为数据采集系统的前置放大器，一般具有差分(双端)输入。当被测信号较强、内阻较小或者连接电缆又较短时，共模干扰信号可以忽略不计，这时可将前置放大器的反向输入端(一极)接地，构成单端(接地)输入方式。当被测信号较弱、内阻较大或者连接电缆较长时，为了准确地对被测信号进行数据采集，就必须抑制共模信号的干扰，这时应采用浮地(双端)输入连接方式。注意到在浮地情况，实际上有两条输入线，两条信号线(分别接前置放大器的+、–端)和一条地线。如果采用三芯插座，其中三根线两根为输入端(浮地)，一根接地。如果采用双芯插座(如 BNC 插头)，则地线通常即仪器的机壳。

浮地连接时，前置放大器具有对共模干扰信号的抑制能力，后者常用共模抑制比(CMRR)来描述。共模抑制比定义为

$$\text{CMRR} = \frac{\text{差模电压增益}}{\text{共模电压增益}}$$

对于数据采集用前置放大器，通常要求具有 60～120 dB 的共模抑制比。

测量信号经过程控量程放大和抗混滤波等信号适调后，即适合于进行数字化，实现由模拟量到数字量的转换——对测量信号进行采样(时间域离散化)和 A/D 转换(幅值域量化)。

测量信号经自动量程放大，其幅值接近 ADC 的满量程，从而可以充分利用 ADC 的动态范围；经抗混滤波，截止信号频率被限制在 0～ f_c 范围，从而可选定采样频率 $f_s(\geqslant 2f_c)$，防止频率混叠及由此产生的偏度误差。

2. 采样/保持器

对时间连续的信号进行采样是通过周期脉冲序列的调制来完成的。实际的采样脉冲有一定宽度 t_c，但通常远小于采样间隔 t_s。在采样时间 t_o 内，要完成从幅值连续的模拟量到数字量的转换(A/D 转换)，将会对 ADC 提出过高要求，即要求 ADC 有非常高的转换速度。因此，在实际实现采样时，是将采样所得到的时间离散信号通过记忆装置——保持器——保持起来，在信号处于保持期间进行 A/D 转换。

实现信号采样的电路称为采样器，由开关元件及其控制电路组成。早期采样器的开关元件采用电磁继电器之类元件，但由于工作速度低、功耗大、寿命短等缺点，已很少使用。现代采样器一般采用半导体器件构成的无触点式电子模拟开关。常用的电子模拟开关有双极型晶体管、结型场效应管(JFET)和金属-氧化物-半导体场效应管(MOSFET)等几种。

保持器由保持电容和缓冲放大器组成。当采样开关导通时(采样状态)，模拟信号向保持电容 C_H 充电，这时输出电压跟踪输入电压的变化。当采样开关断开时(保持状态)，输出电压 V_0 保持在模拟开关断开瞬间的输入信号值。但是，将保持电容直接和负载相接是不行的，因为保持电容 C_H 上的电荷会通过负载放电，达不

到信号保持的目的。所以，在保持电容和负载之间必须加一个输入阻抗很高的缓冲放大器。

3. 模/数转换

完成 A/D 和 D/A 转换的电路分别称为 ADC 和 DAC。ADC 把采集到的模拟信号量化和编码后，转换成数字信号并输出。ADC 的品种很多，其分类方法也很多，分类的标准有速度、精度和位数等。较常用的是按工作原理分类，有直接比较型和间接比较型两种。

ADC 的主要指标有以下几种。①分辨率。指 ADC 所能分辨模拟输入信号的最小变化量，分辨率的高低取决于 A/D 转换位数的多少。例如，一个 12 位的 ADC，它可将满量程的电压分为 4096 级，每一级仅占满量程的 0.0244%。②精度。ADC 精度分为绝对精度和相对精度两种，绝对精度对应于输出数码的实际模拟输入与理想模拟输入电压之差，而相对精度则为绝对精度与满量程电压值之比的百分数。需要注意的是，精度和分辨率是两个不同的概念，精度是指转换后所得结果相对于实际值的准确度，而分辨率则是指转换器所能分辨的模拟信号的最小变化值。③转换时间和转换速率。转换时间是指按照规定的精度将模拟信号转换为数字信号并输出所需要的时间；转换速率是指能够重复进行数据转换的速度，即每秒钟转换的次数。

在 A/D 转换过程中，连续模拟信号经过采样器采样后，变成了时间上离散的采样信号，但其幅值在采样时间内是连续的，因此，采样信号仍然是模拟信号。为了便于数字信号处理，必须将采样信号的幅值用二进制代码来表示。由于二进制代码的位数是有限的，因而需要对采样信号进行量化。概括说来，量化就是把采样信号的幅值与某个最小数量单位的一系列整数倍数比较，以最接近于采样信号幅值的最小数量单位倍数来代替该幅值。

由于量化是用近似值代替信号精度，因此，量化过程必然引起误差，称为量化误差。量化误差是一种原理性误差，它只能减小而无法完全消除。由于它与噪声有相同影响，因而也称为量化噪声，其大小取决于 ADC 的字长。ADC 输出序列中的信噪比与 ADC 字长 N 的关系是

$$\mathrm{SNR} = 6N + 10.8 \tag{2.2.7}$$

程控放大器、抗混滤波器、采样/保持器和 ADC 构成了一个完整的单通道动态数据采集系统。在动态测试中经常需要对多个信号进行数据采集。多通道数据采集系统的输入为多路模拟信号，而输出为单路数字信号。在系统构成上，除上述信号适调器和数字化电路之外，还需要一个多路转换器。数据采集系统将模拟信号转换为数字量后，还必须将采集的数据存储起来，以供显示、记录和进一步

处理。在数据采集过程中，将数字信号不间断地传输到存储器中也是数据采集的一个重要问题。

2.3　傅里叶变换及其实现

仅仅在时域对信号进行分析是远远不够的，我们经常需要进行一些“变换”。变换在某些情况下又被称为映射，它是一种最常用的数学技巧。一个看似很复杂的问题，通过变换到另一个域中，往往能够很容易地分析和求解。

傅里叶变换(FT)是动态信号分析的基础，它不仅可以实现线性谱分析，而且还是均方谱分析，即功率谱(自功率谱和互功率谱)估计的关键环节。通过傅里叶逆变换，可以由功率谱密度求出相关函数(自相关和互相关函数)。此外，傅里叶变换还是卷积、数字滤波等信号处理的中间环节。

现代动态信号分析采用数字化方式实现，其核心是离散傅里叶变换(DFT)。20世纪60年代中期提出了DFT的快速算法——快速傅里叶变换(FFT)，开辟了动态信号分析的新纪元。

2.3.1　离散傅里叶变换

一个时域信号 $x(t)$ 的无限傅里叶变换定义为

$$X(f)=\int_{-\infty}^{\infty}x(t)\mathrm{e}^{-\mathrm{j}2\pi ft}\mathrm{d}t \tag{2.3.1}$$

这里用频率 f 作为傅里叶变换的自变量。理论上，上述无限傅里叶变换(在无限区间积分)可能不存在。例如当 $x(t)$ 为平稳随机过程时，情况就是如此。在实际进行信号分析时，信号样本长度总是有限的，设信号样本长度为 T，则可计算有限傅里叶变换：

$$X(f)=\int_{0}^{T}x(t)\mathrm{e}^{-\mathrm{j}2\pi ft}\mathrm{d}t \tag{2.3.2}$$

信号 $x(t)$ 经数据采集后，变成离散化数据 $x(nt_\mathrm{s})$，这里 t_s 为采样时间间隔，如在时间 T 内采集 N 个数据，则有 $x(t_n)=x(nt_\mathrm{s}),n=0,1,2,\cdots,N-1$，简记为 $x(n)$。对离散数据，积分运算转化为求和，其结果将是离散频率 $f_k=k\Delta f$ 的序列：

$$X(f_k)=X(k\Delta f),\quad k=0,1,2,\cdots,N-1 \tag{2.3.3}$$

离散频率 f_k 可表示为

$$f_k=k\Delta f=\frac{k}{T}=\frac{k}{Nt_\mathrm{s}} \tag{2.3.4}$$

其中，$\Delta f = 1/T$。于是，有限连续傅里叶变换式可改写成离散形式：

$$X(k\Delta f) = \sum_{n=0}^{N-1} x(nt_s) \mathrm{e}^{-\mathrm{j}2\pi \frac{nk}{N} t_s} \tag{2.3.5}$$

常用的 DFT 采用归一化形式$(t_s = 1)$：

$$X(k) = \frac{X(k\Delta f)}{t_s} = \sum_{n=0}^{N-1} x(n) \exp\left(-\mathrm{j}2\pi \frac{nk}{N}\right) \tag{2.3.6}$$

由式(2.3.6)可知，DFT 将 N 个时域数据变换成 N 个频域数据。对于有限连续傅里叶逆变换，同样可以导出归一化的离散形式：

$$x(n) = \frac{1}{N} \sum_{k=1}^{N-1} X(k) \mathrm{e}^{\mathrm{j}2\pi \frac{kn}{N}} \tag{2.3.7}$$

当采样点数 N 确定以后，指数项 $\mathrm{e}^{\mathrm{j}2\pi \frac{kn}{N}}$ 为常数，令其为 W_N。于是，DFT 和傅里叶逆变换可分别表示为

$$X(k) = \sum_{k=1}^{N-1} x(n) W_N^{nk} \tag{2.3.8}$$

$$x(n) = \frac{1}{N} \sum_{k=1}^{N-1} X(k) W_N^{-nk} \tag{2.3.9}$$

DFT 的一个基本特性是具有周期性，周期为 N。设 l 为正整数，有

$$X(k) = X(k \pm lN) \tag{2.3.10}$$

由于 DFT 的周期性，我们无法区别频率为 $f_k = k/T$ 和 $f_{k+lN} = (k+lN)/T$ 时的频谱值。也就是说，高频段信号将“混叠”到低频段。

DFT 的另一个基本特性是折叠性。折叠性的数学公式可表达为

$$X(k) = X^*(N-k) \tag{2.3.11}$$

式中，上标“*”为复数共轭符号。根据周期性，式(2.3.11)还可表示为

$$X(k) = X^*(-k) \tag{2.3.12}$$

也就是说，DFT 为共轭对称序列。由于 $|X(k)| = |X^*(-k)|$，可知 DFT 的幅值相对于 $N/2$ 折叠。折叠性在频率特性曲线上表现为对称性，即实频特性曲线呈对称，虚频特性曲线呈反对称。

作为傅里叶变换，DFT 具有连续形式傅里叶变换的所有性质。以下给出傅里叶变换时移性和频移性的 DFT 形式。

DFT 的时移性

$$\mathrm{DFT}\left[x\left(n-n_0\right)\right]=W^{kn_0}X\left(k\right) \tag{2.3.13}$$

DFT 的频移性

$$\mathrm{DFT}\left[x\left(n\right)W^{k_0 n}\right]=X\left(k+k_0\right) \tag{2.3.14}$$

总的说来，傅里叶级数将周期连续时间信号变换为离散频谱，连续傅里叶变换将非周期连续时间信号变换为连续频谱，而 DFT 则将离散时间信号变换为离散频谱。注意，DFT 也可以由傅里叶级数导出。在有的文献中将 DFT 和离散傅里叶逆变换(IDFT)直接定义为

$$X(k)=\sum_{k=1}^{N-1}x(n)W_N^{nk} \tag{2.3.15}$$

$$x(n)=\frac{1}{N}\sum_{k=1}^{N-1}X(k)W_N^{-nk} \tag{2.3.16}$$

对于有限长信号样本进行傅里叶分析时，相当于加了一个矩形窗，从而导致泄漏。在功率谱密度估计时将产生严重偏度误差。从物理概念上讲，泄漏也可以看成是由有限长信号样本在采样开始和末尾部分不连续而引起的。例如，当采样长度 T 是信号周期的整倍数时，两端连续，无泄漏；否则，两端不连续，产生泄漏。因此，抑制泄漏的一个常用办法就是采用特别设计的窗函数，又称时域加权或时域加窗，以消除采样始、末端的不连续性。

目前使用的窗函数多达数十种，其中最普遍采用的窗函数称为汉宁(Hanning)窗。汉宁窗函数由下式给出：

$$w_{\mathrm{H}}(t)=\begin{cases}\dfrac{1}{2}\left(1-\cos\dfrac{2\pi t}{T}\right), & 0\leqslant t\leqslant T\\ 0, & \text{其他}\end{cases} \tag{2.3.17}$$

2.3.2 快速傅里叶变换

由 DFT 公式可知，计算一个 N 点傅里叶变换的频域数据需进行 N 次乘法运算，计算 N 个频域数据则需进行 N^2 次乘法运算。对于振动噪声之类的快变信号，一般至少需 N=1024 个采样数据，完成 DFT 分析所需乘法运算达 $N^2=10^6$ 次。在通用计算机上做乘法运算要比做加法慢得多,这就是在 20 世纪 60 年代中期以前，数字信号分析一直没能在振动、声学等快变信号领域获得应用的缘故。1965 年提出的 DFT 的快速算法，称为快速傅里叶变换(FFT)，使运算速度提高了两个数量级，从而使基于傅里叶变换的动态信号分析进入了一个崭新的时期。

FFT 现已发展了多种形式，但是最基本、目前应用最广泛的还是所谓基-2 算法。基-2 FFT 算法要求采样数据为 2 的整次幂，即 $N=2^L$ (L 为正整数)。FFT 算

法的基本特点就是利用 DFT 的周期性和对称性，减少乘法和加法运算次数。基-2 算法首先将 N 个数据一分为二，即将 $x(n)$ $(n=0,1,2,\cdots,N-1)$ 分成两段：

$$x(n),x\left(n+\frac{N}{2}\right),\quad n=0,1,2,\cdots,\frac{N}{2}-1$$

于是可将 N 个数据的 DFT 写成

$$\begin{aligned}X(k)&=\sum_{N=0}^{N-1}x(n)W_N^{kn}=\sum_{n=0}^{\frac{N}{2}-1}\left[x(n)W_N^{kn}+x\left(n+\frac{N}{2}\right)W_N^{k\left(n+\frac{N}{2}\right)}\right]\\&=\sum_{n=0}^{\frac{N}{2}-1}\left[x(n)+x\left(n+\frac{N}{2}\right)W_N^{k\cdot\frac{N}{2}}\right]W_N^{kn}\end{aligned}\tag{2.3.18}$$

式中，W_N 中的下标 N 表示数据个数，由指数函数性质

$$W_N^{k\frac{N}{2}}=\exp\left(-\mathrm{j}\frac{2\pi}{\mathrm{N}}\right)^{k\frac{N}{2}}=\exp(-\mathrm{j}\pi k)=(-1)^k$$

可以将 $X(k)$ 的计算分成奇数和偶数两组分别进行。当 k 为偶数时，可令

$$k=2l,\quad l=0,1,2,\cdots,\frac{N}{2}-1$$

这时

$$W_N^{kN/2}=(-1)^{2l}=1$$

令

$$g(n)=x(n)+x\left(n+\frac{N}{2}\right)\tag{2.3.19}$$

并注意到

$$W_N^2=\exp\left(-\mathrm{j}\frac{2\pi}{N}\right)^2=\exp\left(-\mathrm{j}\frac{2\pi}{N/2}\right)=W_{N/2}$$

这时式(2.3.18)可简化为

$$X(2l)=\sum_{n=0}^{\frac{N}{2}-1}g(n)W_N^{l\,n}=\sum_{n=0}^{\frac{N}{2}-1}g(n)W_{N/2}^{ln}\tag{2.3.20}$$

当 k 为奇数时，可令

$$k=2l+1,\quad l=0,1,2,\cdots,\frac{N}{2}-1$$

这时

$$W_N^{kN/2}=(-1)^{2l+1}=-1$$

令

$$y(n) = x(n) - x\left(n + \frac{N}{2}\right),\quad h(n) = y(n)W_N^n \tag{2.3.21}$$

这时式(2.3.18)可简化为

$$X(2l+1) = \sum_{n=0}^{\frac{N}{2}-1} y(n)W_N^{(2l+1)n} = \sum_{n=0}^{\frac{N}{2}-1} h(n)W_{N/2}^{ln} \tag{2.3.22}$$

于是 N 点 DFT 变成了两个奇、偶序列的 $N/2$ 点 DFT，乘法运算减少了一半。

事实上，由式(2.3.20)和式(2.3.22)可知，对于 $N/2$ 个数据的 $g(n)$和$h(n)$ (仍然是 2 的整倍数)，还可进一步对分(再分解为偶数组和奇数组)，变为在 4 个 $N/4$ 点上进行的 DFT 运算。依此类推，直到最后进行 $N/2$ 个 2 点 DFT。

FFT 是动态信号分析的核心，可以通过通用计算机加 FFT 软件、专用硬件或数字信号处理器(DSP)加软件等方式来实现。动态信号分析仪(有时又称为 FFT 分析仪)采用硬件或 DSP 加软件实现 FFT、加窗处理、功率谱分析等功能。动态信号分析系统实际上是一种计算机辅助分析系统。信号分析功能由软件实现或者由 DSP 完成 FFT、加窗等信号预处理，然后由计算机软件完成其他信号分析功能，适用于多通道信号分析，不论是动态信号的仪器还是系统，都需要以数据采集系统为前端。

由此可见，FFT 算法实际上很简单，基本上由蝶形运算加循环语句实现。FFT 算法的要点可归纳如下：①FFT 的基本运算为复数加/减/乘蝶形运算；②每级的运算由蝶形运算循环 $N/2$ 次完成；③为完成 L 级运算，只需再在级间循环 L 次，注意到最后一级无须做乘法，故可将最后一级分开计算；④由频率抽取 FFT 算法得出的输出序列 $X(k)$ 是乱序的，最后还需要完成输出结果的整序。

FFT 的实现方式有三种，即软件实现、硬件实现，以及硬、软件结合的 DSP 实现。在实验室条件下，用软件在通用计算机上实现 FFT 的优点是通用性强、额外投资少，缺点是计算速度较慢。无论是采用 20 世纪 70 年代实验室普遍使用的小型计算机(如 DEC 公司的 PDP11)还是 20 世纪 80 年代的微型计算机(如 PC286/386)，做一次 1024 点的 FFT，如用高级语言编写的软件则需数秒钟；即使用汇编语言，也需几百毫秒。

20 世纪 70 年代曾发展了各种全硬件 FFT，即用乘法/累加器实现蝶形运算，用控制电路实现对 FFT 运算的控制(如循环等)。为此，还研制了集成化 FFT 运算专用蝶形件。一块蝶形件，可同时完成 32 点或 64 点 FFT 运算，1024 点 FFT 运算在数毫秒内即可完成。

硬件 FFT 的优点是运算速度快，缺点是缺乏通用性。目前除在对实时性要求很高的水声、雷达等专业领域使用，在声信号处理中极少采用。

由于信号处理等技术的需求和超大规模集成电路(VLSI)的发展，20 世纪 80 年代出现了基于单片集成电路的所谓 DSP。之后在短短的十年中，已经相继出现了四代 DSP 产品，并在信号处理等领域获得广泛应用，成为振动、声学等信号处理的主要工具。

单片 DSP 实际上是一种特殊的中央处理器(CPU)，它的特点是能直接进行乘法/累加运算。但在内部构造上，它已不同于传统 CPU 所采用的顺序运算(所谓冯·诺伊曼结构)，而是将程序和数据空间分开，允许取指令和执行指令完全重叠(所谓哈佛结构)。此外，在行中采取了流水作业方式，从而大大加快了计算速度。

在 DSP 硬件基础上，用汇编语言实现 FFT 运算，1024 点 FFT 仅需 5～50 ms 甚至更快。这种软、硬件结合的信号处理方式，不仅速度快，而且通用性好，DSP 不仅可用作 FFT，还可用于加窗处理、数字滤波、卷积等运算。

尽管 FFT 有多种实现方式，但从实用角度出发，衡量 FFT 运算的性能指标主要有三个，即运算精度、运算速度和运算过程所占用的存储量。一般来说，要求高速度就必然要牺牲一定的精度。因而在具体应用时，就要根据实际需要从这三个方面折衷考虑。对于有些动态信号分析仪或动态信号分析系统，由于工程应用中测量信号的动态范围有限，并且要求尽量高的运算速度，因而一般采用定点运算。定点运算精度较低，但所需存储量小，运算速度快，特别适合于硬件或软、硬件结合的实现方式。

与定点运算相比，浮点运算的数值范围大、精度高(单精度数底数字长为 24 位，双精度数底数字长为 48 位)，因而在计算机上用软件实现 FFT 时大多采用浮点运算。浮点运算的不足之处是计算时间较长。

随着测试技术的发展，测量信号动态范围不断增加，对 FFT 的精度要求就越来越高，而定点运算精度很难满足需要。目前主要从增加字长(由 16 位扩展到 24 位或 32 位)和改进算法(即采用块浮点技术)两个方面加以改进，从而使动态范围极大地提高。20 世纪 80 年代以后，先进的动态分析设备大多采用高速 DSP 为核心，在 FFT 运算中采用块浮点技术，以满足精度高、速度快的需要。

2.4　声信号的频率分析

2.4.1　倍频程分析

如果在同一地点，声压随时间的变化都是正弦形式的，那么这种声音就是只含有单一频率的纯音。实际上，只有音叉、音频振荡器等少数声源才能发出纯音；一般的声音，尤其对于噪声，都是由许多频率声波组成的复合声。不同的声音，其含有的频率成分以及各个频率上的能量分布是不同的，这种频率成分与能量分布的关系称为声的频谱。声音的频率特性，常用频谱来描述，各个频率或各个频段上的声能量分布绘成的图形称为频谱图。

在噪声控制等声学问题中，频谱图的构成通常是以频率为横坐标，以频率的对数为标度，用声压级(或声强级、声功率级)作纵坐标，单位是分贝(dB)。实际中有几种典型噪声频谱，如宽频率连续谱、窄频率连续谱和不连续线状谱，也有连续谱中掺杂有能量较高的纯音频率(线状)的复合频谱，这些频谱反映了噪声能量在各个频率上的分布特性。另外，由 1.4 节可知，频率不同的声波是不相干的，所以即使这些不同频率成分的声波是由同一个声源发出的,也不会形成相干干涉，因此，总的声能量是各个频率分量上的能量叠加之和。

对噪声作频谱分析时，一般并不需要每一个频率上声能量的详细分布。为方便起见，常在连续频率范围内把它划分为若干个相连的小段，每一小段叫作频带或频程，每个小频带内的声能量被认为是均匀的，然后研究不同频带上的分布情况。根据不同的要求，声学量的分析频率带宽的选择也不一样。若分析精度要求高时，则分析频率带宽应选用窄频带宽；若是简单测量，则分析频率带宽可以放宽。实际测量中最为常用的频率分析带宽为窄频带宽、倍频程和 1/3 倍频程带宽。窄频带宽是恒定频率分析带宽，它的大小由频谱分析仪类型和分析频率上限值确定。倍频程带宽和 1/3 倍频程带宽为百分数带宽，其频率带宽总是中心频率的恒定百分数，中心频率 f_0 与带宽上、下限截止频率 f_h 和 f_l 的关系为

$$f_0 = \sqrt{f_\mathrm{h} f_\mathrm{l}} \tag{2.4.1}$$

$$f_\mathrm{h} = 2^n f_\mathrm{l} \tag{2.4.2}$$

式中，n 可以为任何值。在噪声测量等领域中常见倍频程和 1/3 倍频程带宽，此时分别取 $n=1$ 和 $n=1/3$ 。表 2.4.1 是 1/1 倍频程和 1/3 倍频程带宽中各中心频率值(优选中心频率)与其上、下限截止频率值的对应关系。由表可以看出，倍频程和 1/3 倍频程的频率带宽随中心频率的增加而增大，具体说来，倍频程带宽是其中心频率值的 70%，而 1/3 倍频程带宽是其中心频率值的 23%。

表 2.4.1 中心频率与其上下限截止频率的对应关系

	1/1 倍频程			1/3 倍频程		
频带数	f_l /Hz	f_0 /Hz	f_h /Hz	f_l /Hz	f_0 /Hz	f_h /Hz
12	11.2	16	22.4	14.1	16	17.8
13				17.8	20	22.4
14				22.4	25	28.2
15	22.4	31.5	44.7	28.2	31.5	35.5
16				35.5	40	44.7
17				44.7	50	56.3

续表

1/1 倍频程				1/3 倍频程		
频带数	f_l /Hz	f_0 /Hz	f_h /Hz	f_l /Hz	f_0 /Hz	f_h /Hz
18	44.6	63	89.2	56.2	63	70.8
19				70.8	80	89.2
20				89.1	100	112.2
21	89.0	125	178.0	112.2	125	141.3
22				141.2	160	177.9
23				177.8	200	224.0
24	177.6	250	355.2	223.8	250	282.0
25				281.2	315	355.0
26				354.7	400	446.9
27	354.4	500	708.8	446.5	500	562.6
28				562.1	630	708.2
29				707.7	800	891.6
30	707.1	1000	1414.2	891.0	1000	1122.4
31				1121.6	1250	1413.1
32				1412.0	1600	1779.0
33	1410.8	2000	2821.7	1777.6	2000	2239.6
34				2237.8	2500	2819.5
35				2817.3	3150	3549.5
36	2815.0	4000	5630.1	3546.7	4000	4468.6
37				4465.1	5000	5625.6
38				5621.2	6300	7082.3
39	5616.8	8000	11233.4	7076.7	8000	8916.0
40				8909.0	10000	11220.6
41				11215.0	12500	14131.0
42	11206.9	16000	22413.8	14119.8	16000	17789.8
43				17775.8	20000	22396.1

当声信号在各个频带内的频率分量幅值相对恒定时，用倍频程或 1/3 倍频程带宽作为分析频率带宽是可以满足要求的；当不是这种情况时，某些频率分量极大地超过其他频率分量而起支配作用，则采用窄频带宽作为分析带宽更为恰当。

倍频程和 1/3 倍频程之间的关系可以由声压的非相干叠加原理直接换算得到。由于每个倍频程内有 3 个 1/3 倍频程，各 1/3 倍频程的声音彼此是不相干的，因此每个倍频程内的声压级为 3 个 1/3 倍频程的声压级叠加之和，这就是前面讲过的“分贝相加”。例如，在某次利用混响室法测定扬声器的声功率级时，通过实验测得扬声器在 1/3 倍频程下的声压级如表 2.4.2 所示。

表 2.4.2　1/3 倍频程平均声压级

频率/Hz	$\bar{L}_p$ /dB	频率/Hz	$\bar{L}_p$ /dB
100	104.7	315	114.6
125	108.7	400	111.9
160	115.8	500	100.0
200	118.0	630	108.8
250	116.0	800	107.6

续表

频率/Hz	$\bar{L}_p$ /dB	频率/Hz	$\bar{L}_p$ /dB
1000	106.6	2500	103.8
1250	105.6	3150	101.2
1600	108.3	4000	98.2
2000	108.2	5000	98.2

运用不同频率上的声压级的叠加原理，有

$$DL = 10\lg\left(10^{\frac{DL_1}{10}} + 10^{\frac{DL_2}{10}} + \cdots + 10^{\frac{DL_N}{10}}\right) \tag{2.4.3}$$

可以得到在倍频程上的平均声压级，如表 2.4.3 所示

表 2.4.3　倍频程平均声压级

频率/Hz	$\bar{L}_p$ /dB
125	116.85
250	121.2
500	113.82
1000	111.45
2000	111.98
4000	104.22

与其对应的 1/3 倍频程图和倍频程图分别如图 2.4.1 和图 2.4.2 所示。

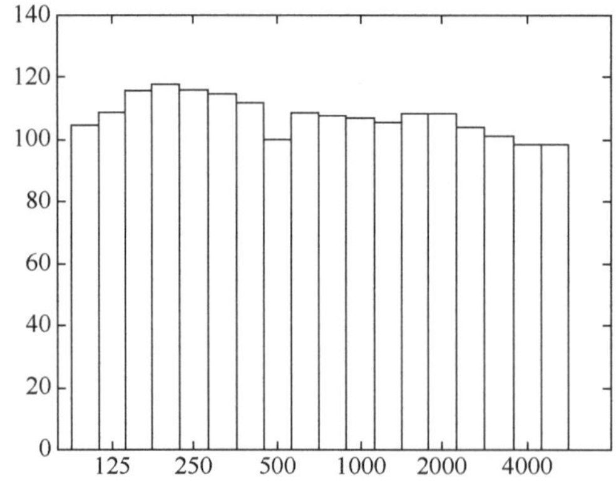

图 2.4.1　1/3 倍频程图

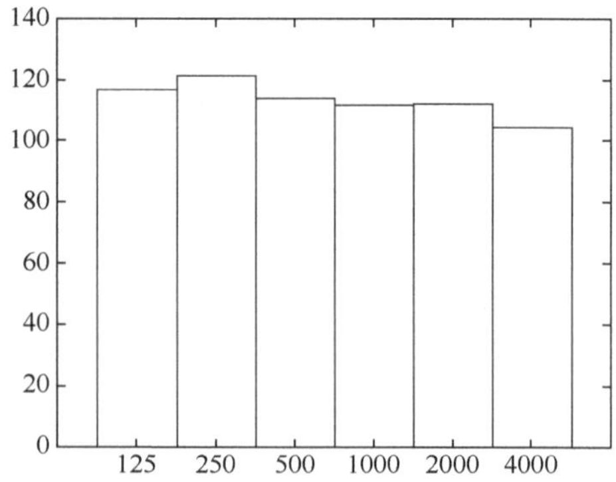

图 2.4.2　1/1 倍频程图

2.4.2 临界频带

人的听觉系统分为听觉外周和听觉中枢两大部分，其中听觉外周又分为外耳、中耳和内耳，内耳在声音的解析上发挥了关键性作用。从生理上讲，内耳中的耳蜗，尤其是耳蜗中的基底膜的频率分解特性是关键环节。根据部位理论，不同位置处的基底膜发挥了带通滤波器的功能，它对特定频带的声刺激响应最大，该特定频带称为临界频带(critical band)，与基底膜部位有确定的对应关系，也就是说，临界频带有明确的生理声学和心理声学机理。临界频带的概念及其功能的发现，是生理声学和心理声学的基础性知识，具有特别重要的意义[7]。

临界频带现象的发现及其带宽值的测量，与“掩蔽效应”有直接关系。所谓掩蔽效应，指的是由于一个声音的存在(掩蔽音，masking tone)，另一个声音(被掩蔽音，masked tone)的听阈抬高的现象。被掩蔽音单独存在时的听阈分贝值，或者说在安静环境中能被人耳听到的纯音的最小值称为绝对闻阈。在掩蔽情况下，提高被掩蔽弱音的强度，使人耳能够听见时的闻阈称为掩蔽闻阈(或称掩蔽门限)，被掩蔽弱音必须提高的分贝值称为掩蔽量(或称阈移)，单位为 dB。掩蔽量与声音的性质和频率都有关。

掩蔽分成时域掩蔽和频域掩蔽两种。时域掩蔽指的是在时间上相邻的声音之间出现的掩蔽现象，又分为超前掩蔽(pre-masking)和滞后掩蔽(post-masking)两种。产生时域掩蔽的主要原因是人的大脑处理信息需要花费一定的时间。一般来说，超前掩蔽很短，只有 5～20 ms，而滞后掩蔽可以持续 50～200 ms。

频域掩蔽是指时间上同时出现的两种不同频率的声音之间的掩蔽现象，也称同时掩蔽(simultaneous masking)。例如，一个声强为 60 dB、频率为 1000 Hz 的纯音，另外还有一个 1100 Hz 的纯音，前者比后者高 18 dB，在这种情况下我们的耳朵就只能听到那个 1000 Hz 的强音。如果有一个 1000 Hz 的纯音和一个声强比它低 18 dB 的 2000 Hz 的纯音，那么我们的耳朵将会同时听到这两个声音。要想让 2000 Hz 的纯音也听不到，则需要把它降到比 1000 Hz 的纯音低 45 dB。一般来说，弱纯音离强纯音越近就越容易被掩蔽。

确定一个声音的频率，则能够产生同时掩蔽的另外一个声音的频率范围称为“临界频带”。通常认为，在 20Hz～16kHz 的音频范围内有 24 个临界频带。临界频带的单位为 Bark，其宽度定义如下：①1 Bark＝一个临界频带的宽度；②频率 $f < 500\,\text{Hz}$ 的情况下，$1\ \text{Bark} = f/100$；③ $f > 500\,\text{Hz}$ 的情况下，$1\ \text{Bark} = 4\lg(f/1000)$。临界频带的具体划分方法如表 2.4.4 所示。从表中可以看出，临界频率与中心频率存在如下的关系：当中心频率小于 500 Hz 时，临界频率约为 100 Hz；当中心频率大于 500 Hz 时，临界频率约为中心频率的 20%，这与 1/3 倍频程带宽为中心频率 23%的覆盖范围很接近。

在心理声学等与听觉特性有关的声信号分析中，常采用临界频率作为频带宽度的划分方法，例如特性响度(specific loudness)的计算就是如此。

表 2.4.4 临界频带的具体划分方法

临界频带	频率/Hz			临界频带	频率/Hz		
	低端	高端	宽度		低端	高端	宽度
0	0	100	100	12	1720	2000	280
1	100	200	100	13	2000	2320	320
2	200	300	100	14	2320	2700	380
3	300	400	100	15	2700	3150	450
4	400	510	110	16	3150	3700	550
5	510	630	120	17	3700	4400	700
6	630	770	140	18	4400	5300	900
7	770	920	150	19	5300	6400	1100
8	920	1080	160	20	6400	7700	1300
9	1080	1270	190	21	7700	9500	1800
10	1270	1480	210	22	9500	12000	2500
11	1480	1720	240	23	12000	15500	3500

2.5 声信号的时频分析

利用傅里叶变换得到的信号频谱描述了某一时刻信号的全部频率分量，但是无法表达信号的时频局部特性，也就是说，无法描述这些频率分量在什么时候出现。这表明，傅里叶变换只适用于频谱不随时间变化的时不变信号，而现实中也大量存在时变信号，因此，需要克服傅里叶变换的不足，寻找能联合时域和频域共同描述信号的方法，即时频分析方法。

信号的时频分析方法可以分为线性时频分析方法和非线性时频分析方法两大类，前者主要包括短时傅里叶变换、小波变换、加博(Gabor)变换等，后者则有维格纳(Wigner)分布、科恩(Cohen)类分布等。本书重点介绍线性时频分析方法中常见的短时傅里叶变换和小波变换，其余方法可参见相关信号处理文献。

2.5.1 短时傅里叶变换

实际中有些信号(如语音信号)是一个随机过程，其频谱会随时间变化，利用常规的 DFT 来分析频谱没有实际意义。考虑到这类信号的短时特征能反映出其动态特征，通常采用短时频谱对这类信号进行分析。

离散时间信号 $s(n)$ 的短时傅里叶变换(short time Fourier transform，STFT)定义为

$$S(\omega,n)=\sum_{k=-\infty}^{\infty}s(k)w(n-k)\mathrm{e}^{-\mathrm{j}\omega k} \tag{2.5.1}$$

其中，$w(n)$ 是窗函数，它随时间 n 移动。

式(2.5.1)表示经过窗函数加权后的傅里叶变换，如图 2.5.1 所示。可以看出，窗函数的加权作用在于着重关注 n 时刻的信号。

实现短时傅里叶变换有两种方法。一种是用低通滤波器组直接实现，也就是信号 $s(n)$ 用 $\mathrm{e}^{-\mathrm{j}\omega n}$ 调制后与窗函数的卷积，即

$$S(\omega,n)=[s(n)\mathrm{e}^{-\mathrm{j}\omega n}]*w(n) \tag{2.5.2}$$

这一过程如图 2.5.2(a)所示。

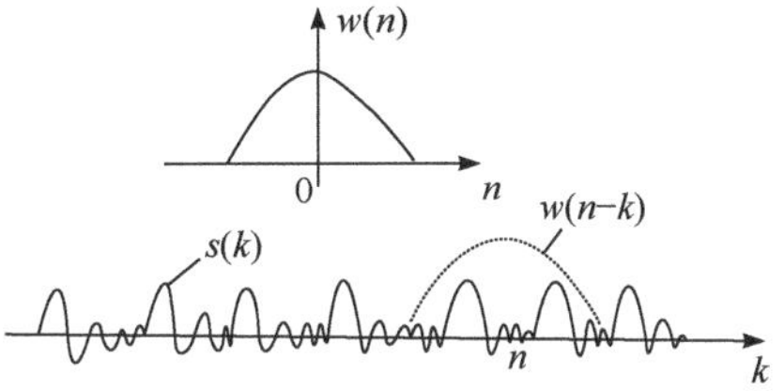

图 2.5.1　短时傅里叶变换中加权函数的作用

另一种是用 FFT 算法得出，即将式(2.5.1)重新写成

$$\begin{aligned}S(\omega,n)&=\mathrm{e}^{-\mathrm{j}\omega n}\sum_{k=-\infty}^{\infty}s(k)w(n-k)\mathrm{e}^{\mathrm{j}\omega(n-k)}\\&=\mathrm{e}^{-\mathrm{j}\omega n}[s(n)*\{w(n)\mathrm{e}^{\mathrm{j}\omega n}\}]\end{aligned} \tag{2.5.3}$$

上式表明，可用脉冲响应 $w(n)\mathrm{e}^{\mathrm{j}\omega n}$ 的带通滤波器来实现短时频谱分析，如图 2.5.2(b)所示。

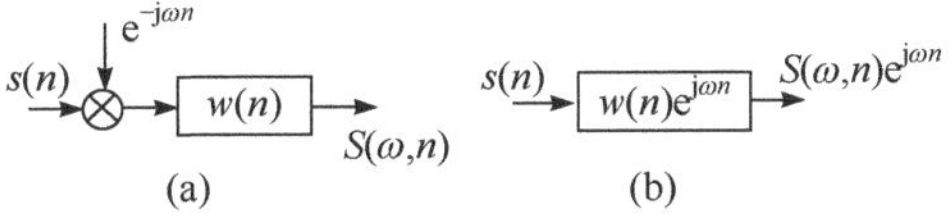

图 2.5.2　短时频谱分析的两种方法

由于 n 时刻的短时频谱 $S(\omega,n)$ 是一个复数，因此，可将其写成

$$S(\omega,n)=a(\omega,n)-\mathrm{j}b(\omega,n) \tag{2.5.4}$$

式中，

$$a(\omega,n)=\sum_{k=-\infty}^{\infty}s(k)w(n-k)\cos(\omega k) \tag{2.5.5a}$$

$$b(\omega,n)=\sum_{k=-\infty}^{\infty}s(k)w(n-k)\sin(\omega k) \tag{2.5.5b}$$

由式(2.5.5)可知，令 $s(n)$ 乘上 $\cos(\omega n)$ 后经过一个脉冲响应为 $w(n)$ 的滤波器，则滤波器的输出为 $a(\omega,n)$ ； $b(\omega,n)$ 相当于 $s(n)$ 乘上 $\sin(\omega,n)$ 后经过脉冲响应为 $w(n)$ 的滤波器输出。图 2.5.3 展示了相对于式(2.5.4)和式(2.5.5)的语音信号短时频谱的分解过程。窗函数 $w(n)$ 对应的频响特性 $W(\omega)$ 通常选取一个理想的低通滤波器，其截止频率为 ω_c 。因此，短时频谱 $s(\omega,n)$ 就是在 n 时刻、位于中心频率 ω 附近、 $\omega\pm\omega_c$ 区间内的语音信号的能量。

通常需要同时测量 $0\leqslant\omega\leqslant2\pi$ 内等间隔的一组 N 个短时频谱值，可用如图 2.5.3(a)所示的由 N 路结构组成的谱分析器来实现，也可以用 FFT 算法形成一组滤波器实现。如果窗函数 $w(n)$ 的宽度为 M ，即 $0\leqslant n\leqslant M-1$ ，且所测量的中心频率为 ω_k ，即

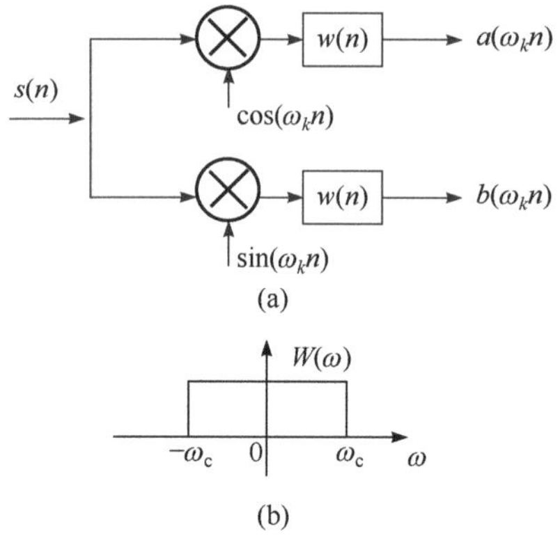

图 2.5.3　短时频谱的分解

$$\omega_k=\frac{2\pi}{N}k,\quad k=0,1,\cdots,N-1 \tag{2.5.6}$$

则式(2.5.2)可写成

$$\begin{aligned}S(\omega_k,n)&=\sum_{l=-\infty}^{\infty}s(l)w(n-l)\mathrm{e}^{-\mathrm{j}\omega_k l}\\&=\sum_{l=n-(M-1)}^{\infty}s(l)w(n-l)\mathrm{e}^{-\mathrm{j}\omega_k l}\end{aligned} \tag{2.5.7}$$

显然，窗函数 M 决定了求和的项数，为便于用 FFT 来计算，求和可以分段计算，每段长为 N ，然后再将各段和值相加，就可得到短时谱：

$$S(\omega_k,n)=\sum_{m=0}^{\left[\frac{M}{N}\right]+1}\sum_{l=n-(m+1)N+1}^{n-mN}s(l)w(n-l)\mathrm{e}^{-\mathrm{j}\omega_k l} \tag{2.5.8}$$

式中， $\left[\dfrac{M}{N}\right]$ 表示取比值 $\dfrac{M}{N}$ 的整数部分，令 $i=n-mN-l$ ，代入得

$$S(\omega_k,n)=\sum_{m=0}^{\left[\frac{M}{N}\right]+1}\sum_{i=0}^{N-1}s(n-i-mN)w(i+mN)\mathrm{e}^{\mathrm{j}(i-n+mN)\omega_k} \tag{2.5.9}$$

将 $\omega_k=\dfrac{2\pi}{N}k$ 的关系式代入，并考虑到复指数的周期性 $\mathrm{e}^{\mathrm{j}m2\pi}=1$ ，则有

$$S(\omega_k,n)=\mathrm{e}^{-\mathrm{j}\frac{2\pi}{N}kn}\sum_{i=0}^{N-1}\left[\sum_{m=0}^{\left[\frac{M}{N}\right]+1}s(n-i-mN)w(i+mN)\mathrm{e}^{\mathrm{j}\frac{2\pi}{N}ki}\right]$$

$$=\mathrm{e}^{-\mathrm{j}\frac{2\pi}{N}kn}\sum_{i=0}^{N-1}g(i,n)\mathrm{e}^{\mathrm{j}\frac{2\pi}{N}ki} \tag{2.5.10}$$

式中，

$$g(i,n)=\sum_{m=0}^{\left[\frac{M}{N}\right]+1}s(n-i-mN)w(i+mN),\quad i=0,1,\cdots,N-1 \tag{2.5.11}$$

显然，式(2.5.10)右边求和项具有 IDFT 的形式，即可对序列 $g(i,n)$ 进行 IDFT 运算，得到

$$G(k,n)=\sum_{i=0}^{N-1}g(i,n)\mathrm{e}^{\mathrm{j}\frac{2\pi}{N}ki},\quad k=0,1,\cdots,N-1 \tag{2.5.12}$$

随后，将上式乘以相位序列 $\mathrm{e}^{-\mathrm{j}\frac{2\pi}{N}kn}$，就得到语音信号的短时谱为

$$S(\omega_k,n)=\mathrm{e}^{-\mathrm{j}\frac{2\pi}{N}kn}G(k,n) \tag{2.5.13}$$

下面用两个例子展示短时傅里叶变换在声信号时频分析中的作用。

图 2.5.4 展示了两段语音信号(分别是“中文 1～10”的发音和“hellow+你好”的发音)的时域波形。显然，我们很难直接从时域波形中提炼显著且稳定的信号特征。对以上信号进行短时傅里叶变换，FFT 帧长取 2048(在采样频率为 44.1kHz 时约为 46 ms)，窗函数选择汉明窗，加窗长度与帧长相等，帧重叠长度取帧长的 3/4，所得语谱图如图 2.5.5 所示。

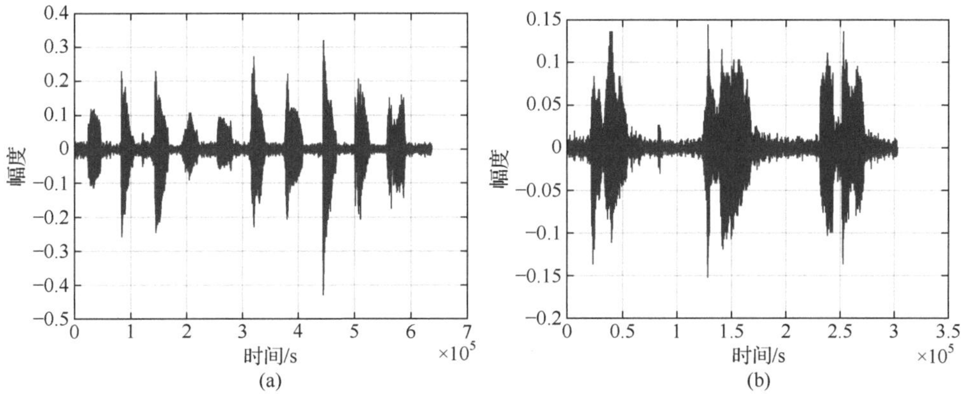

2.5.4　时域波形

(a)“中文 1～10”；(b)“hellow+你好”

对比图 2.5.4 和图 2.5.5 可知，相比于原始时域波形，语谱图中低频部分频率幅值随时间的变化趋势非常清楚地显示了声调。

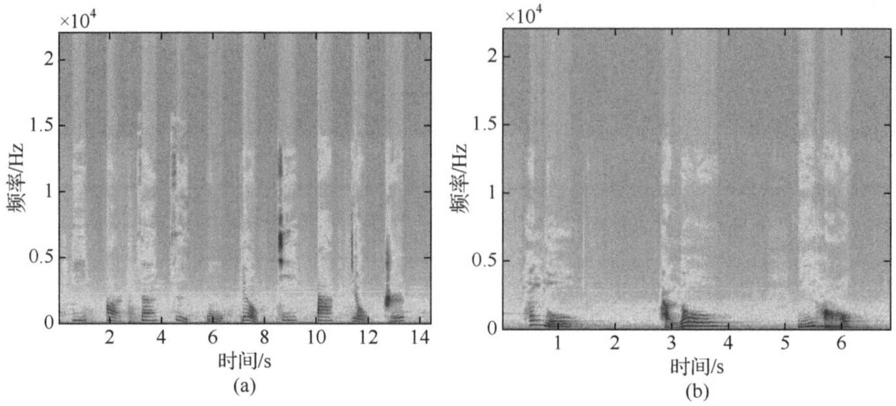

2.5.5　短时傅里叶变换语谱图

(a) “中文 1～10”；(b) “hellow+你好”

2.5.2　小波分析

利用小波变换对信号进行分析称为小波分析(wavelet analysis)，源于小波变换。小波变换是 20 世纪 80 年代后期发展起来的一种时频局部分析方法，它克服了短时傅里叶变换仅具有固定分辨率的缺点，能够将信号在多尺度分辨率上进行小波分解，各尺度上分解得到的小波系数代表信号在不同分辨率上的信息，因此人们将其称为信号分析的“数学显微镜”。此外，小波变换中的多尺度分辨率特性与人的听觉特性非常相似，这样利用小波变换有利于人们在其他领域模仿人耳的频率分辨特性，是分析非平稳声信号的有力工具。

1. 小波变换的定义

给定一个基本函数 $\psi(t)$，令

$$\psi_{a,b}(t)=\frac{1}{\sqrt{a}}\psi\left(\frac{t-b}{a}\right) \tag{2.5.14}$$

式中，a、b 均为常数，且 $a>0$。

显然，$\psi_{a,b}(t)$ 是基本函数 $\psi(t)$ 先作移位再作伸缩以后得到的。若 a、b 不断地变化，可得到一族函数 $\psi_{a,b}(t)$。给定平方可积的信号 $x(t)$，即 $x(t)\in L^2(R)$，则 $x(t)$ 的小波变换(wavelet transform，WT)定义为

$$\begin{aligned}\mathrm{WT}_x(a,b)&=\frac{1}{\sqrt{a}}\int x(t)\psi^*\left(\frac{t-b}{a}\right)\mathrm{d}t\\&=\int x(t)\psi^*_{a,b}(t)\mathrm{d}t=\langle x(t),\psi_{a,b}(t)\rangle\end{aligned} \tag{2.5.15}$$

式中，a、b 和 t 均是连续变量，因此该式又称为连续小波变换(CWT)。如无特别说明，式中及以后各式中的积分都是从 $-\infty$ 到 $+\infty$。

信号 $x(t)$ 的小波变换 $\mathrm{WT}_x(a,b)$ 是 a 和 b 的函数，b 是时移量，a 是尺度因子。$\psi(t)$ 又称为基本小波或母小波。$\psi_{a,b}(t)$ 是母小波经移位和伸缩所产生的一族函数，称为小波基函数或简称小波基。这样，式(2.5.15)的 WT 又可解释为信号 $x(t)$ 和一族小波基的内积。

母小波可以是实函数，也可以是复函数。若 $x(t)$ 是实信号，$\psi(t)$ 也是实的，则 $\mathrm{WT}_x(a,b)$ 也是实的；反之，$\mathrm{WT}_x(a,b)$ 为复函数。

在式(2.5.14)中，b 的作用是确定对 $x(t)$ 分析的时间位置，也即时间中心。尺度因子 a 的作用是把基本小波 $\psi(t)$ 作伸缩。由 $\psi(t)$ 变成 $\psi\left(\dfrac{t}{a}\right)$，当 $a>1$ 时，若 a 越大，则 $\psi\left(\dfrac{t}{a}\right)$ 的时域支撑范围(即时域宽度)较之 $\psi(t)$ 变得越大；反之，当 $a<1$ 时，a 越小，则 $\psi\left(\dfrac{t}{a}\right)$ 的宽度越窄。这样，a 和 b 联合起来确定了对 $x(t)$ 分析的中心位置及分析的时间宽度，如图 2.5.6 所示。

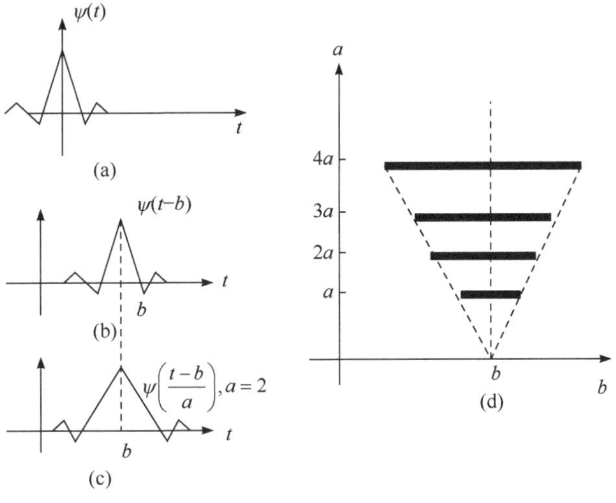

图 2.5.6　基本小波的伸缩以及参数 a 和 b 对分析范围的控制

(a) 基本小波；(b) $b>0$，$a=1$；(c) b 不变，$a=2$；(d) 分析范围

这样，式(2.5.15)的 WT 可理解为用一族分析宽度不断变化的基函数对 $x(t)$ 作分析，由 2.5.2 节 2.的讨论可知，这一变化正好适应了对信号分析时在不同频率范围所需要不同的分辨率这一基本要求。

式(2.5.14)中的因子$\frac{1}{\sqrt{a}}$是为了保证在不同的尺度a时，$\psi_{a,b}(t)$始终能和母函数$\psi(t)$有着相同的能量，即

$$\int\left|\psi_{a,b}(t)\right|^2\mathrm{d}t=\frac{1}{a}\int\left|\psi\left(\frac{t-b}{a}\right)\right|^2\mathrm{d}t$$

令$\frac{t-b}{a}=t'$，则$\mathrm{d}t=a\mathrm{d}t'$，这样，上式的积分即等于$\int\left|\psi(t)\right|^2\mathrm{d}t$。

令$x(t)$的傅里叶变换为$X(\varOmega)$，$\psi(t)$的傅里叶变换为$\varPsi(\varOmega)$，由傅里叶变换的性质，$\psi_{a,b}(t)$的傅里叶变换为

$$\psi_{a,b}(t)=\frac{1}{\sqrt{a}}\psi\left(\frac{t-b}{a}\right)\Leftrightarrow\varPsi_{a,b}(\varOmega)=\sqrt{a}\varPsi(a\varOmega)\mathrm{e}^{-\mathrm{j}\varOmega b}\tag{2.5.16}$$

由帕塞瓦尔(Parseval)定理，式(2.5.15)可重新表示为

$$\begin{aligned}\mathrm{WT}_x(a,b)&=\frac{1}{2\pi}\left\langle X(\varOmega),\varPsi_{a,b}(\varOmega)\right\rangle\\&=\frac{\sqrt{a}}{2\pi}\int_{-\infty}^{+\infty}X(\varOmega)\varPsi^*(a\varOmega)\mathrm{e}^{\mathrm{j}\varOmega b}\mathrm{d}\varOmega\end{aligned}\tag{2.5.17}$$

此式即为小波变换的频域表达式。

2. 小波变换的特点

下面，从小波变换的恒Q性质、时域及频率分辨率，以及其与其他变换方法的对比等方面来讨论小波变换的特点，以帮助对小波变换有更深入的理解。

比较式(2.5.15)和式(2.5.17)对小波变换的两个定义可以看出，如果$\psi_{a,b}(t)$在时域是有限支撑的，那么它和$x(t)$作内积后将保证$\mathrm{WT}_x(a,b)$在时域也是有限支撑的，从而实现所希望的时域定位功能，也即使$\mathrm{WT}_x(a,b)$反映的是$x(t)$在b附近的性质。同样，若$\varPsi_{a,b}(\varOmega)$具有带通性质，即$\varPsi_{a,b}(\varOmega)$围绕着中心频率是有限支撑的，那么$\varPsi_{a,b}(\varOmega)$和$X(\varOmega)$作内积后也将反映$X(\varOmega)$在中心频率处的局部性质，从而实现好的频率定位性质。显然，这些性能正是我们所希望的。问题是如何找到这样的母小波$\psi(t)$，使其在时域和频域都是有限支撑的。

若$\psi(t)$的时间中心是t_0，时宽是$\varDelta_t$，$\varPsi(\varOmega)$的频率中心是$\varOmega_0$，带宽是$\varDelta_\varOmega$，那么$\psi\left(\frac{t}{a}\right)$的时间中心仍是$t_0$，但时宽变成$a\varDelta_t$，$\psi\left(\frac{t}{a}\right)$的频谱$a\varPsi(a\varOmega)$的频率中心变为$\varOmega_0/a$，带宽变成$\varDelta_\varOmega/a$。这样，$\psi\left(\frac{t}{a}\right)$的时宽-带宽积仍是$\varDelta_t\varDelta_\varOmega$，与$a$无关。这一方面说明小波变换的时频关系也受到不定原理的制约，但另一方面，也

即更主要的是揭示了小波变换的一个性质——恒 Q 性质。定义

$$Q = \Delta_\Omega / \Omega_0 = \text{带宽/中心频率} \tag{2.5.18}$$

Q 为母小波 $\psi(t)$ 的品质因数，对 $\psi\left(\frac{t}{a}\right)$，有

$$\frac{\Delta_\Omega / a}{\Omega_0 / a} = \Delta_\Omega / \Omega_0 = Q$$

因此，不论 a 为何值 $(a>0)$，$\psi\left(\frac{t}{a}\right)$ 始终保持了与 $\psi(t)$ 具有相同的品质因数。恒 Q 性质是小波变换的一个重要性质，也是区别于其他类型变换且被广泛应用的一个重要原因。图 2.5.7 说明了 $\Psi(a\Omega)$ 的带宽及中心频率随 a 变化的情况。

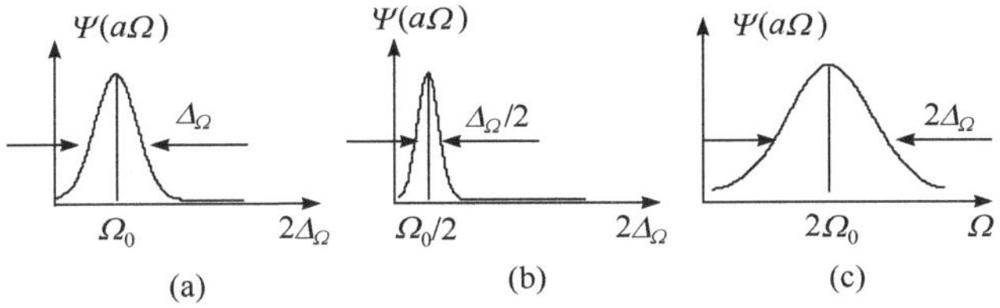

图 2.5.7　$\Psi(a\Omega)$ 随 a 变化的说明

(a) $a=1$；(b) $a=2$；(c) $a=1/2$

将图 2.5.6 和图 2.5.7 结合起来，可看到小波变换在对信号分析时有如下特点：当 a 变小时，对 $x(t)$ 的时域观察范围变窄，但对 $X(\Omega)$ 在频率观察的范围变宽，且观察的中心频率向高频处移动，如图 2.5.7(c)所示；反之，当 a 变大时，对 $x(t)$ 的时域观察范围变宽，频域的观察范围变窄，且分析的中心频率向低频处移动，如图 2.5.7(b)所示。将图 2.5.7 和式(2.5.9)所反映的时频关系结合在一起，可得到在不同尺度下小波变换所分析的时宽、带宽、时间中心和频率中心的关系，如图 2.5.8 所示。

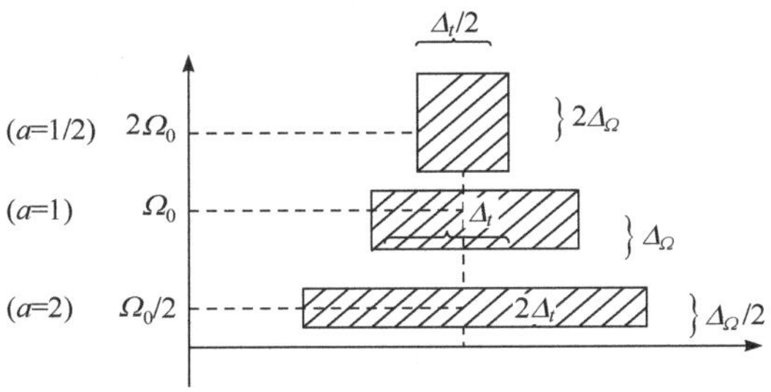

图 2.5.8　a 取不同值时小波变换对信号分析的时-频区间

由于小波变换的恒 Q 性质，因此在不同尺度下，图 2.5.8 中三个时频分析区

间(即三个矩形)的面积保持不变。由此可以看到，小波变换提供了一个在时、频平面上可调的分析窗口。该分析窗口在高频端(图中 $2\Omega_0$ 处)的频率分辨率不好(矩形窗的频率边变长)，但时域的分辨率变好(矩形的时间边变短)；反之，在低频端(图中 $\Omega_0/2$ 处)，频率分辨率变好，而时域分辨率变差。但在不同的 a 值下，图 2.5.8 中分析窗的面积保持不变，也即时、频分辨率可以随分析任务的需要作出调整。

众所周知，信号中的高频成分往往对应时域中的快变成分，如陡峭的前沿、后沿、尖脉冲等。对这一类信号分析时则要求时域分辨率要好，以适应快变成分间隔短的需要，对频域的分辨率则可以放宽，当然，时、频分析窗也应处在高频端的位置。与此相反，低频信号往往是信号中的慢变成分，对这类信号分析时一般希望频率的分辨率要好，而时间的分辨率可以放宽，同时分析的中心频率也应移到低频处。显然，小波变换的特点可以自动满足这些客观实际的需要。

总的说来，小波变换的特点如下：当用较小的 a 对信号作高频分析时，实际上是用高频小波对信号作细致观察；当用较大的 a 对信号作低频分析时，实际上是用低频小波对信号作概貌观察。如上面所述，小波变换的这一特点既符合对信号作实际分析时的规律，也符合人们的视觉特点。

下面构造一段在时间范围内频率线性增长的非平稳正弦信号，并使用 MATLAB 软件中的 amor 函数小波进行连续小波变换，如图 2.5.9 所示。

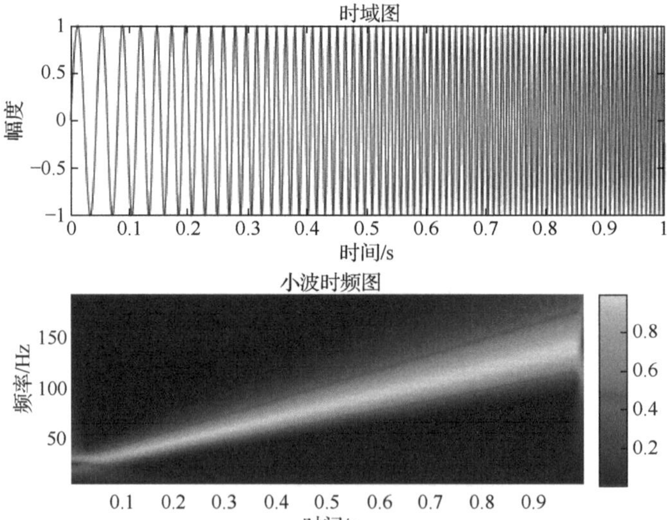

图 2.5.9　非稳态信号时频分析

观察图 2.5.9，可以看到小波时频图呈现出高频部分时间分辨率高，而低频部分频率分辨率高的趋势，具备窗口自适应的特点。

第 3 章　声学仪器与声学设施

按待测声学参量分，常用的声学测量仪器有声级计和声强测量系统，它们分别用于测量声压级和声强；按电路构成方式分，声学仪器分为模拟式和数字式两种，数字式声学测量仪器与系统在现代声学测量中得到越来越广泛的使用，目前已基本取代了模拟式测量仪器。为了适用于更多复杂的测量环境，或者是为了更便捷地开展工程试验，又抑或是开展实验教学，现在还出现了虚拟声学测量系统。另外，某些测量方法需要专门的声学设施(如消声室、混响室和声学风洞)加以配合。

3.1　声 传 感 器

声传感器作为一种将声能转化为电能的器件，已有较长的发展历史，最早出现在 19 世纪末。当时，科学家开始研究声波在空气、水和固体等不同介质中的传播规律，并尝试将其应用于测量和检测领域。20 世纪初，声传感器发展逐渐成熟，被广泛应用于噪声污染及控制、海洋探测与开发、地震监测和声学通信等领域。随着电子技术的发展，声传感器的灵敏度和精度得到了大幅提升。

声传感器在海洋勘探领域的应用是其最早的应用之一。由于声波在水中的传播速度较快，且能够穿透水层，因此，可以用于探测海底地形、海洋生物和海洋资源等。此外，声传感器还可以用于海洋通信和声呐导航等方面，对海洋工程和海上交通发展具有重要意义。

除了海洋勘探，声传感器在环境监测领域也有着非常广泛的应用。例如，利用声传感器可以实时监测城市噪声污染、交通流量等，从而为城市规划和环境保护提供数据支持。随着人工智能和物联网技术的不断发展，声传感器的应用前景更加广阔。例如，在智能家居领域，声传感器可以用于语音识别和语音控制，使得家庭设备更加智能化和便捷化。此外，声传感器还可以应用于智能医疗设备、智能安防系统等领域，提高人们的生活质量和安全系数[13,14]。

3.1.1　传声器

在空气介质中的声传感器称为传声器(在电声领域也称为话筒，在语音信号处理等领域称为麦克风)，它将声信号转换为相应的电信号。传声器作为一种主要的电声器件，不但广泛用于声学测量与研究中，在各种录音及扩声系统中，如广播电视、电话、信息产品的人机接口、卡拉 OK、音乐会及各种声报警和控制系统中也有广泛应用。

1. 传声器的分类、构造及工作原理

传声器的分类方法有多种。若按换能方式，则分为电动式、电容式和压电式等。若按接收方式则分为压强式、压差式、复合式等。若按传声方式，则分为有线传声器和无线传声器两类。若按指向特性，则可分为无指向性、双指向性和单指向性(包括心形和钳形)三类。若按声波接收原理，则可分为声压式和压差式两类。常见的传声器有动圈式、电容式、驻极体式，还有基于微电子和微机械加工技术制造出来的一种新型传声器——微机电系统(micro-electromechanical system，MEMS)传声器，以及进一步基于 MEMS 技术的矢量传声器，下面对这几种传声器分别进行介绍。

1) 动圈传声器

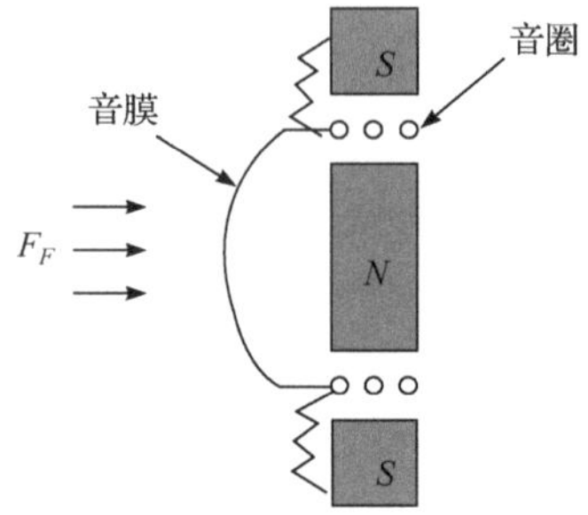

图 3.1.1　动圈传声器结构示意图

图 3.1.1 是动圈传声器的结构示意图，它与球顶式扬声器的结构非常相似。传声器的振膜非常轻、薄，可随声波的激励而振动。动圈与振膜黏在一起组成振动系统，受声波激励的振膜带动线圈在磁路的磁隙中运动。动圈因切割磁力线而产生感应电动势。此电动势与振膜振动的幅度和频率直接相关，因而动圈输出的电信号与声音的强弱、频率的高低相对应。这样，传声器就将声音转换成电信号予以输出。

动圈传声器的固有噪声小、输出阻抗低，可直接连接衰减器和放大器，但体积大、频响不平、易受电磁干扰。

2) 电容传声器

图 3.1.2 是电容传声器的结构示意图。由固定电极(后板)和膜片(振膜)构成一个电容。将极化电压加到电容的固定电极上。当声波入射时，振膜随声波的运动而振动，此时振膜与固定电极间的电容量随声音而变化，相应的电容阻抗也在变化。与其串联的负载电阻的阻值是固定的，电容的阻抗变化表现为输出电位的变化。经过耦合电容，将电位变化的信号输入前置放大器，经放大后输出音频电信号。

电容传声器是一种精密测量器件，膜片一般由镍材料做成，厚度为几微米至几十微米，厚极板与外壳材料为不锈钢，绝缘体为玻璃或石英，均压孔用来保持传声器后腔与外面大气的平衡，这样可避免大气压力变化时，传声器膜片凸起或凹下，造成传声器灵敏度变化或损坏。

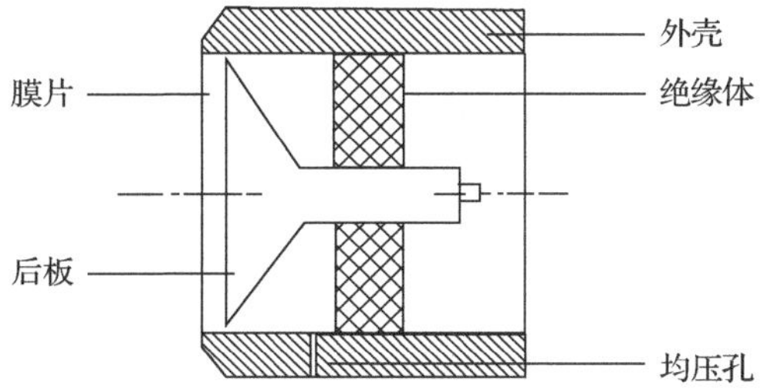

图 3.1.2　电容传声器结构原理

一般情况下，不要打开传声器前面的保护罩，切忌用手或其他东西去碰传声器膜片，同时避免传声器受潮，否则容易造成打火击穿。

实际的电容传声器中，为了提高灵敏度，减少杂散电容的影响，常将前置放大器与电容传声头组装在一起，使固定电极到前置放大器间的引线最短。另外，由于电容传声器的静电容容量很小(几十皮法至 100 pF)，在音频频率范围内的阻抗相当高，故负载电阻常需取几百欧以上才能保证电容传声器的下限频率。

为与传声器阻抗相匹配，前置放大器也具有极高的输入阻抗，因此一般都用场效应管输入的放大器。电容传声器的前置放大器有两方面的作用：一方面是对电容传声头输出的信号进行预放大，另一方面主要是将电容头的高输出阻抗转换为低阻抗输出。

电容传声器的特点是频率范围宽、频率响应好、灵敏度变化小、长期稳定性好、体积小等，但内阻高，需要加极化电压。

3) 驻极体传声器

某些材料受电场作用后在其表面会产生电荷，电场撤除后，其表面电荷仍不消失，由此构成的物体称为驻极体。将驻极体材料事先进行极化用来代替极化电压而制成的电容传声器，称为驻极体电容传声器(驻极体话筒)。

驻极体电容传声器实际上也是一种电容传声器，其结构示意图见图 3.1.3。驻极体实际上是一种“永久荷电体”。磁铁有电磁铁和永磁铁两种。电磁铁需要通电才能产生磁性，而永磁铁是一种“永久磁体”。因此，驻极体就是一种类似于“永久磁铁”的“永久荷电体”。在驻极体的两面，“永久”地存在正电荷和负电荷。为了进行阻抗变换，驻极体传声器内一般都装有一个场效应管。实际使用时，常需要外加与场效应管相配的电源、负载电阻和耦合电容。驻极体电容传声器的优点是结构简单、频响好、价格低、使用方便灵活、输出电平较高，目前应用很广泛。但缺点是寿命有限、受温度影响大、稳定性差。

4) MEMS 传声器

MEMS 是基于微电子技术发展起来的多学科交叉前沿研究领域。MEMS 传声器(图 3.1.4)则是基于微电子和微机械加工技术制造出来的一种新型传声器，它是电容器微硅晶片的集成，基本工作原理是利用外部电路将声波通过硅 MEMS 模块传至传感器内，进而对声波进行检测。

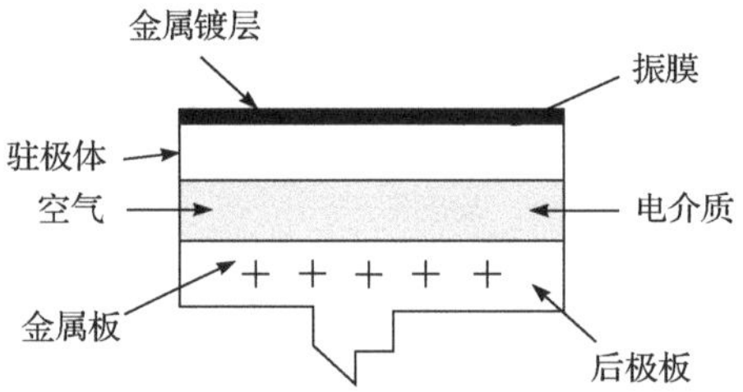

图 3.1.3 驻极体传声器结构示意图

图 3.1.4 MEMS 传声器外观

如图 3.1.5 所示，MEMS 传声器由两个基本部分组成：内部电路和外部电路。外部电路由两个分开的小型 MEMS 模块组成，在这两个小 MEMS 模块之间放置声透镜。在一定时间内通过声透镜照射到硅 MEMS 模块上后产生反射波，进而被传感器内部的半导体芯片采集，并将其传输到数字信号处理器进行处理。

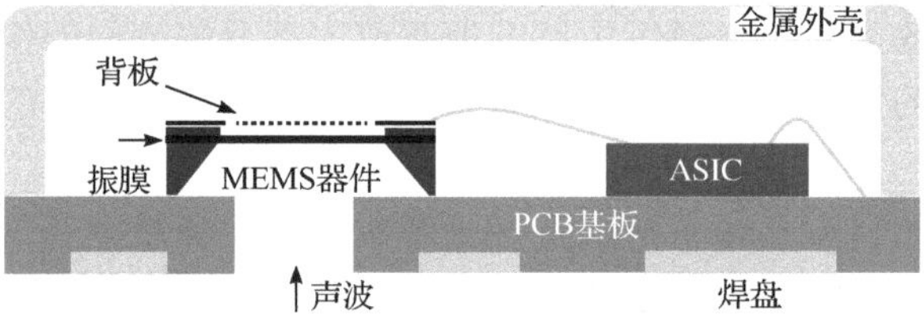

图 3.1.5 MEMS 传声器结构示意图

MEMS 传声器具有低成本、微型化、集成化、高性能等特点，微米量级的特征尺寸使它具有传统机械传感器所无法实现的功能。不同的 MEMS 传声器在功能上有一定区别，但在外形设计、工艺制造和封装形式等方面存在一定的共性。此外，MEMS 传声器与多种传感器连接能实现数据监测、无线通信和自动检测等功能，具备智能化的特点，所以已经在多种应用中表现出优势，比如，在智能手机上，MEMS 传声器可提供场景切换功能。

美国楼氏电子公司(Knowles Corporation)、韩国 BSE 公司和国内歌尔股份有限公司、瑞声声学科技(深圳)有限公司等是 MEMS 传声器的主要生产厂家，产品有超小型传声器、贴片传声器、智能传声器等。传声器的灵敏度可以达到–26 dB，有效频率范围从 100 Hz～10 kHz，信噪比高达 70 dB。尤其是贴片式 MEMS 传声器的体积约 3 mm×3 mm×1 mm，工作只需要微安级的电流(图 3.1.6)。

5) 矢量传声器

矢量传声器由声压传感器和质点振速传感器组合而成，能够在宽频带范围内共点、同时测量声质点振速、声压。如果质点振速传感器是基于 MEMS 技术制作于硅衬底上，那么这种矢量传声器也可以称为 MEMS 矢量传声器[12]。

质点振速传感器的核心部件是用金属铂制备的细丝，一般长几毫米，宽几微米，厚几百纳米，有两丝型(SS 型)和三丝型(SHS 型)，区别在于敏感单元是由相距很近的两根铂丝还是三根铂丝组成。图 3.1.7 是质点传感器内部结构，图片来自于南京华秦光声科技有限责任公司官网。

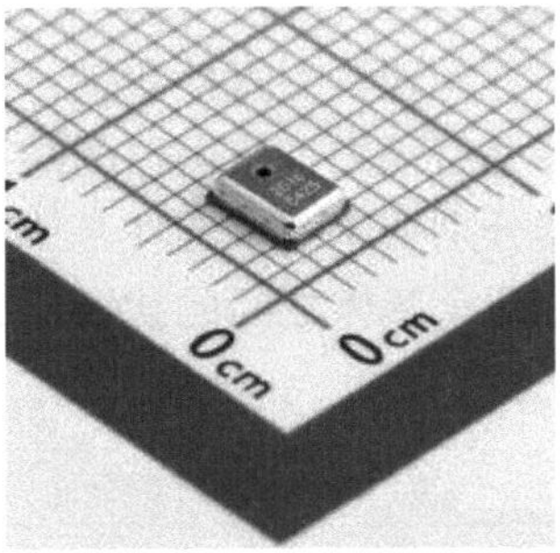

图 3.1.6　贴片式 MEMS 传声器

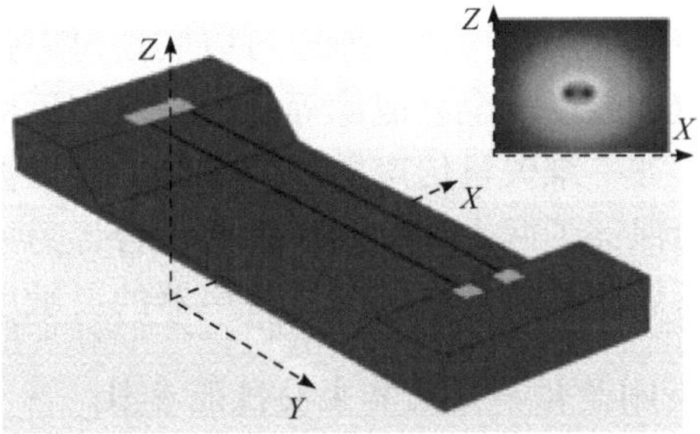

图 3.1.7　MEMS 传声器内部质点振速传感器构造图

以图 3.1.7 为例，质点振速传感器在工作时，两根铂丝会被施加直流电压，电流通过铂丝产生热能。当没有声波入射时，铂丝向四周扩散热能，其周边就会形成稳定而对称的温度场。在这个稳定的温度场下，两根铂丝具有相同的初始温度。当有声波入射时，声传播引起介质质点振动，从而改变两根铂丝周围空间的温度场分布，即处于质点振速上游的铂丝把部分热量传递给下游铂丝，形成一定的温差，该温差与声场质点的振速呈正相关关系(图 3.1.8)。

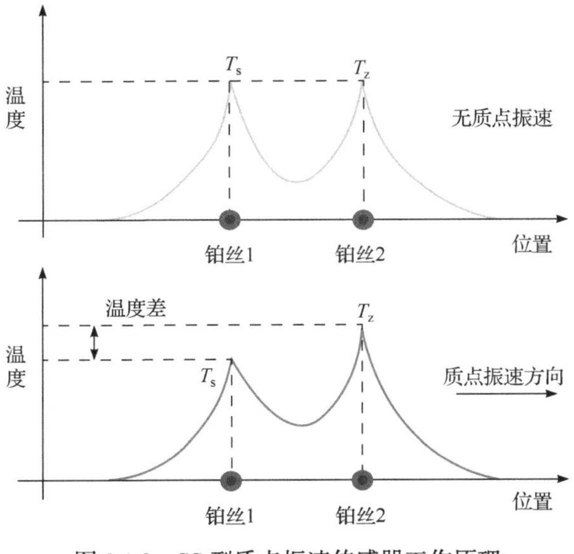

图 3.1.8　SS 型质点振速传感器工作原理

MEMS 矢量传声器有一维振速传感器、一维矢量传声器及三维矢量传声器等类型。一维振速传感器仅由 1 个质点振动传感器构成，可直接测量一维方向的质点振速。一维矢量传声器由 1 个 1/10″声压传感器和 1 个质点振速传感器组成，同时测量声场声压和一维方向的质点振速。三维矢量传声器集成了 1 个 1/10″声压传感器和 3 个质点振速传感器，可同时测量声场声压和三维方向的质点振速，提供完整的声场信息。相比于传统的传声器，正是由于 MEMS 矢量传声器可以同时测量声压和质点振速，所以可以实现对声强、声功率等物理量的直接测量，在声源定位、近场声全息成像等领域得到广泛应用。此外，由于矢量传声器的结构设计，比如一维矢量传声器的声压传感器和振速传感器分别置于两个圆柱基体上，一方面保证了两个传感器声中心重合，另一方面利用两个基体之间的狭缝形成声波挤压效应，从而提高矢量传声器的灵敏度和信噪比。

2. 测量传声器及其主要性能参数

测量传声器是指在声学测量中已知其灵敏度响应的高精度传声器，常分为实验室标准传声器和供声学测量用的传声器。理想的标准传声器具有较高的灵敏度、宽而平直的频率特性、足够的动态范围、良好的长期稳定性，并且要求传声器体积小以免干扰被测量声场，同时没有指向性。

在规定的工作条件下，电容传声器可基本满足理想的标准传声器的要求，因此一般选用电容传声器作为声学测量传声器。测量传声器的主要性能参数如下所述[14]。

1) 灵敏度

传声器的灵敏度是指传声器输出电压与该传声器所受声压之比，常以符号 M 表示，单位为 V/Pa；以前曾普遍采用 V/μbar。通常情况下，是指传声器在 1 kHz 频率处接收 1 Pa 声压时，传声器的开路输出电压。灵敏度越高，表示传声器声-电转换能力越强。

已知传声器的灵敏度就可以根据测得的开路电压求出该点的声压或声压级。传声器的灵敏度与工作条件有关，按照负载情况分空载灵敏度和有载灵敏度；按测量方法分声压灵敏度和声场灵敏度，下面分别加以说明。

用传声器进行声学测量时，相当于入射声波作用于弹性物体上。该弹性体由于受到力激励而产生声辐射，这就是所谓的声散射。由散射理论可知，物体表面任意一点的声压(p_d)在数值上等于入射声压(p_j)和它本身激起的散射波声压 Δp 之和。有物体存在时的声压 p_d 与自由声场的声压 p_j 之比称为声场的畸变系数。畸变系数与 k、a 有关，其中 k 为波数，a 为刚性球的半径。一般情况下，畸变系数大于 1，也就是 $p_j< p_d$。对于同一传声器，由于开路输出电压 e_0 不会改变，所以

$$\frac{e_0}{p_j} > \frac{e_0}{p_d} = \frac{e_0}{p_j + \Delta p} \tag{3.1.1}$$

传声器输出电压和实际作用到传声器的有效声压之比称为声压灵敏度；而传声器输出电压与传声器放入声场前该点的有效声压之比称为声场灵敏度。如果声场为自由场，则称为自由场灵敏度；如果声场为扩散场，则称为无规声场灵敏度。自由场灵敏度通常是对正向入射条件下自由场中的平面行波而言，对于其他情况，则应在测量结果中加以说明。

式(3.1.1)说明，由于声波的散射作用，声场灵敏度大于声压灵敏度。或者说，传声器自由场灵敏度等于声压灵敏度加上散射所引起的增压。因此，若已知声压响应，根据压力增量校正曲线就可以求得自由场灵敏度。在足够低的频率时，传声器放入声场中引起的干扰可以忽略，这时，自由场灵敏度就趋近于声压灵敏度。压力增量与入射角有关，图 3.1.9 给出了 1/2″电容传声器的压力增量与入射角的关系，图中还给出了无规入射时的校正曲线。

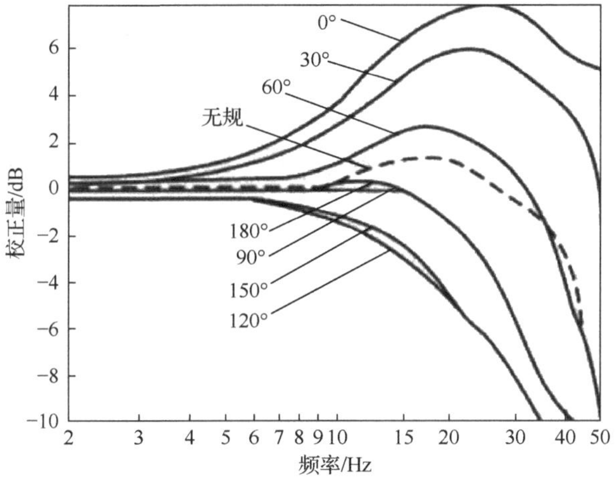

图 3.1.9　1/2″电容传声器自由场校准曲线

当测量传声器是以前置放大器的输入电容为负载时，其有载灵敏度为

$$M_{\mathrm{L}} = M_0 \cdot G \cdot \frac{C_{\mathrm{t}}}{C_{\mathrm{t}} + C_{\mathrm{i}}} \tag{3.1.2}$$

式中，M_{L} 为传声器和放大器总的有载灵敏度；M_0 为传声器的空载灵敏度；G 为前置放大器的电压增益；C_{t} 为传声器头电容；C_{i} 为前置放大器的输入电容。

传声器灵敏度也经常用灵敏度级来表示，由下式定义：

$$S = 20\lg\frac{M}{M_0} \tag{3.1.3}$$

式中，S 为灵敏度级(dB)；M 为灵敏度(V/Pa)；M_0 为基准灵敏度，通常取 1V/Pa。传声器灵敏度可以为有载灵敏度 M_L 或空载灵敏度 M_0，这时相应的灵敏度级为有载灵敏度级 S_L 或空载灵敏度级 S_0。

电容传声器灵敏度级的典型值如下：1″为 0 dB，1/2″为–14 dB，1/4″为–34 dB。驻极体传声器的灵敏度级大约为：1″为 0 dB，1/2″为–6 dB，1/4″为–21 dB。

丹麦 B&K 公司在生产传声器时曾以灵敏度等于 5 mV/μbar 作为设计目标，故在传声器所连用的测试放大器上用红线标志作为标称刻度，这一做法作为惯例也为其他厂家采用。5 mV/μbar 用分贝数表示就是 $20\lg\dfrac{5\times10^{-3}\ \mathrm{V}/0.1\ \mathrm{Pa}}{1\ \mathrm{V}/\mathrm{Pa}}=-26\ \mathrm{dB}$。

由于实际传声器都不同程度地偏离这一设计值，因此各传声器的出厂灵敏度与–26 dB 都有一定出入，需要进行修正。例如，有一只传声器，其实际灵敏度为 $55\ \mathrm{mV}/\mathrm{Pa}$，转换为分贝，其灵敏度为 $20\lg\dfrac{55\times10^{-3}\ \mathrm{V}/\mathrm{Pa}}{1\ \mathrm{V}/\mathrm{Pa}}=-25.2\ \mathrm{dB}$。这表示该传声器的灵敏度比设计值–26 dB 高 0.8 dB，因此，用该传声器测得的噪声结果中，应考虑由此引起的影响，也就是传声器的灵敏度修正值 $K_0=-0.8$ dB。负值即表示灵敏度过高，应在使用时将实际测量结果减去 K_0。

2) 频率响应

传声器在恒定声压和规定入射角声波的作用下，各频率正弦信号的开路输出电压与规定频率(通常为 1 kHz)的开路输出电压之比，用 dB 表示，称为传声器频率响应。

传声器频率响应一般是在自由场平面波条件下测得的，并且传声器轴与波阵面垂直，这种频率响应即自由场频率响应，简称“声场响应”。如果测量是在声压或扩散场条件下进行，则得到的是声压频率响应或扩散场频率响应。

一般要求传声器的频率响应尽量平直，但不同的使用场合，要求也不一样，如测量用传声器要求频率宽达 20 Hz～20 kHz 或更宽，不均匀度小于 0.5 dB。图 3.1.10 给出电容传声器的声压灵敏度频率响应和自由场灵敏度频率响应。对于电容传声器，其灵敏度频率响应大约为：1″达到 18 kHz，1/4″达到 100 kHz。对于驻极体传声器的灵敏度频率响应大约为：1″达到 12 kHz，1/2″达到 15～20 kHz，1/4″达到 30 kHz。

3) 指向特性

传声器灵敏度随声波入射方向变化的特性称为灵敏度指向特性。声波以角 θ 入射时传声器灵敏度和轴向入射($\theta=0°$)时灵敏度的比值称为灵敏度指向性函数，即

$$R(\theta)=\frac{E_\theta}{E_0} \tag{3.1.4}$$

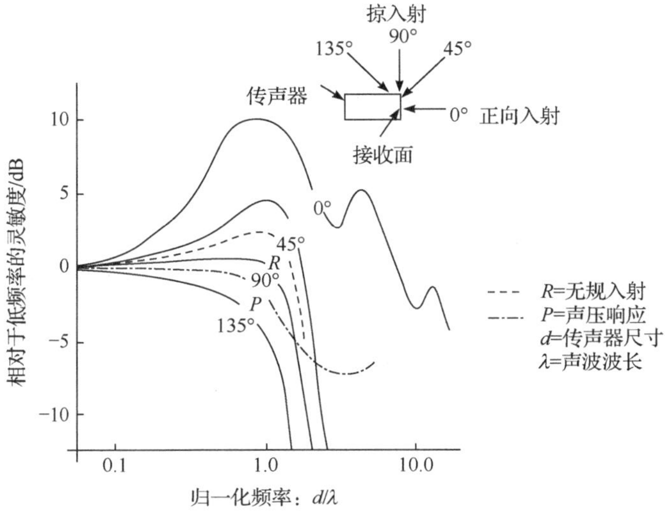

图 3.1.10　电容传声器频率响应曲线

通常指向特性可用灵敏度指向特性图来表示。图 3.1.11(a)和(b)分别给出 1″和 1/2″测量传声器的灵敏度指向性图。

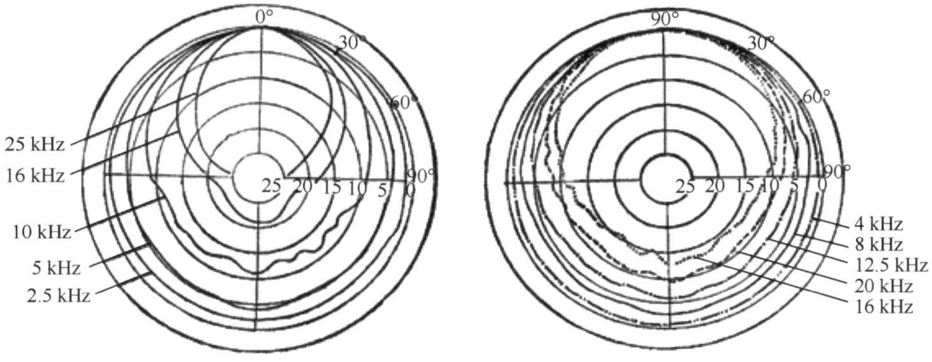

(a)　(b)

图 3.1.11　测量传声器灵敏度指向特性

也可按定性分类法来对传声器的指向特性进行划分。一般分为 4 类：第 1 类是无指向性传声器；第 2 类是双指向性传声器；第 3 类是心形指向传声器；第 4 类是强指向传声器。

一般音响工程中用的传声器多为心形指向传声器，俗称“单向传声器”。专业录音室、录音棚、大型演出等场合，则是根据需要选择全向(无指向性)、双向、心形或强指向特性的传声器。有的传声器则可选择单向或双向特性(通常带一个方向选择开关)。通常的单向传声器在使用中应正对声源的方向，才能具有较宽的频响和较高的灵敏度。

4) 输出阻抗及输出阻抗特性曲线

从传声器输出端测得的内阻抗的模值即为传声器输出阻抗，简称传声器阻抗。一般测量 1 kHz 时的阻抗值为该传声器的输出阻抗。

传声器阻抗是为了与后级设备(如前置放大器)输入端合理配接而设计的，可分为高阻和低阻两类。高阻传声器的输出阻抗一般为几千欧至十几千欧，低阻传声器的输出阻抗一般为 100～600 Ω。有的传声器有高阻抗和低阻抗两种输出阻抗可供选择(一般用一个开关转换)。低阻传声器适合较远距离传送，这是因为电缆较长时，传声器电缆的分布电容较大，使用高阻传声器时，高频信号的衰减大，影响高频频响。同样长度的电缆，配接低阻传声器时高频信号的衰减减少，对高频的影响小一些。测量传声器的输出阻抗是指前置放大器输出端测得的交流阻抗，一般以 1 kHz 的阻抗值作为标准值，通常不大于 50 Ω。

传声器输出阻抗实际上是随着频率而变化的，这条随频率变化的阻抗曲线就称为传声器阻抗特性曲线。不同换能原理的传声器其阻抗特性曲线是不一样的，例如同样标称为 200 Ω 的动圈传声器和电容传声器，在高频和低频时，其阻抗值可能差别很大，因动圈传声器在振动系统的谐振点附近(一般在 300 Hz 左右)，可产生较大的阻抗峰值，而且在高频时，音圈的电感量使得输出阻抗随频率的增加而增加。对电容传声器(包括驻极体传声器)，其极头紧接前置放大器，所以它的输出阻抗实际上是前置放大器的输出阻抗，故两者差别较大。

5) 噪声级

引起传声器输出噪声的原因有多种，如固有噪声、风噪声和磁感应噪声等。

(1) 等效噪声级。

当作用在传声器膜片上的声压为零时，传声器仍有输出电压，称这个电压为传声器的固有噪声电压，它是由传声器内部的电路噪声及导线中分子热运动而产生的，这种固有噪声电压，可以看作由能产生相同输出电压的外部声压级引起的，故称等效噪声级。电容传声器的等效噪声级不大于 20 dB(A)。

(2) 磁感应噪声级。

传声器受到交流电磁场的作用时，在其输出端会产生感应噪声电压，即为传声器的磁感应噪声。磁感应噪声级越小，说明该传声器的抗磁感应能力越强。

6) 最大声压级和动态范围

在强声波的作用下，传声器的输出会产生非线性畸变。当非线性畸变达到 3%时的声压级，习惯上规定为传声器能测量的最高声压级。测量传声器能够测量的声压大小，上限受非线性畸变限制，下限受固有噪声限制。因此，最高声压级减去等效噪声级就是测量传声器的动态范围。一般说来，电容传声器的最高声压级大约分别为：1″为 150 dB，1/2″为 160 dB，1/4″为 175 dB，1/8″为 180 dB。若允许超过 3%的谐波畸变，则尚可提高 10~15 dB，接近于传声器膜片破裂的情况。对于驻极体传声器的最高声压级大约为：1″为 140 dB，1/2″为 145 dB，1/4″为 150 dB，若再提高 20 dB，则驻极体就会破裂。

7) 稳定度

温度、湿度、气压等气象条件的变化会影响传声器灵敏度，可以用稳定度来描述这种变化的影响。其中温度的影响比较严重，通常电容传声器可以在−50～150℃的环境条件下使用，其温度稳定性较好。在 35℃时，稳定度大约为：短期稳定性，每年 0.1 dB，长期稳定性，每年小于 0.5 dB。在−50～150℃时，温度变化 1℃引起的灵敏度变化大约为 0.008 dB。在相对湿度为 0～90%的环境条件下，灵敏度的变化小于 0.5 dB；大气静压强的影响大约为−0.003 dB/mmHg。对于驻极体传声器，稳定度较差，在 0～55℃环境条件下，温度系数大约为每度 0.03 dB，驻极体传声器在室温条件下放置 15 个月，其灵敏度变化大约为±1 dB。

除此之外，表示测量传声器的性能参数还有谐波失真、传声器的极性、相位特性,等等。

3. 测量传声器的等效电路

常用的测量传声器就是电容传声器，其结构如图 3.1.12 所示。电容传声器的振动系统可以近似地认为位于弹性控制区。在该控制区，当外力激励频率远小于振动系统固有频率时，系统振动的位移与外力振幅成正比，与系统的弹性系数成反比，与激励频率无关。电容传声器的缺点是内阻比较高，其电容量一般只有几十皮法(pF)，甚至几个皮法，如果与它相连的放大器输入电容量与之比拟，就会降低传声器的灵敏度；如果放大器的输入电阻太低，测量传声器在低频时的灵敏度会下降，也就是说频率范围受到了限制。因此，在声级计中需要使用前置放大器(简称前置)，它一般不起放大作用，其电压增益小于并接近等于 1，它主要起阻抗变换作用，因此又称为阻抗变换器。电容传声器和其负载(前置放大器)相连时的等效电路如图 3.1.12 所示。

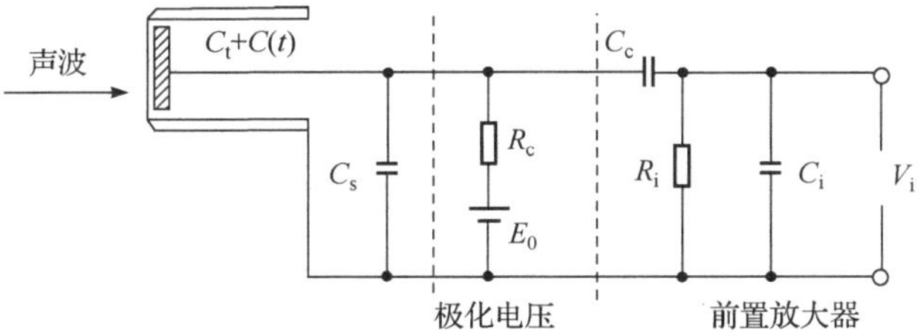

图 3.1.12　电容传声器结构及类比电路

图 3.1.12 中，C_t 为电容传声器没有受到声波作用时的静电容；$C(t)$为由声压引起的电容变化量；C_s 为接线与分布电容；C_c 为电路耦合电容；C_i 是负载电路(前

置放大器)的输入电容；R_i为前置放大器输入电阻；E_0是传声器的极化电压；R_c为充电电阻；V_i为加到放大器输入端的电压。

由图 3.1.12 可以看出，在没有声波作用时，即静态情况下，极化电压 E_0 经 R_c 给电容 C_t 充电，C_t 上所充的电荷为

$$Q = C_t E_0 \tag{3.1.5}$$

有声波扰动时，$Q = [C_t \pm C(t)] \cdot [E_0 \pm \Delta E]$，所以

$$\Delta E = \frac{C(t)}{C_t} E_0 = \frac{\Delta d}{d} E_0 \quad \left(C = \varepsilon \frac{A}{d} \right) \tag{3.1.6}$$

式中，ΔE 为电容传声器的输出；d 为静态时传声器膜片与后极板之间的距离；Δd 为有声波作用时 d 的增量；ε 为空气中的介电常数；A 为膜片的面积。由式(3.1.6)可看出，当 C_t 和 E_0 确定时，传声器的输出电压 ΔE 与 $C(t)$成正比，即完全取决于声压的大小。由于 R_c 的阻值很大，因此要将数值很小的 ΔE 传送到后级电路时，必须有前置放大器以便与电容传声器进行阻抗匹配。

图 3.1.12 的电路可根据等效电源定理进一步简化，以把传声器头转化为电压源形式，即把传声器用一个内阻为 C_t、电压为 $C(t)E_0 / C_t$ 的等效电压源来代替，此外，其中电容 C_c 是信号传输耦合电容，主要起到隔断直流电压 E_0 而将交流电压 ΔE 取出的作用，该电容数值较大，故在电路等效电路中对声信号可以视为短路。充电电阻 R_c 和输入电阻 R_i 可合并为 R，杂散分布电容和前置输入电容也可合并为 $C_s + C_i$,这样图 3.1.12 可简化为图 3.1.13。其中 V_i 为前置放大器输入电压，$R = R_c R_i / (R_c + R_i)$。

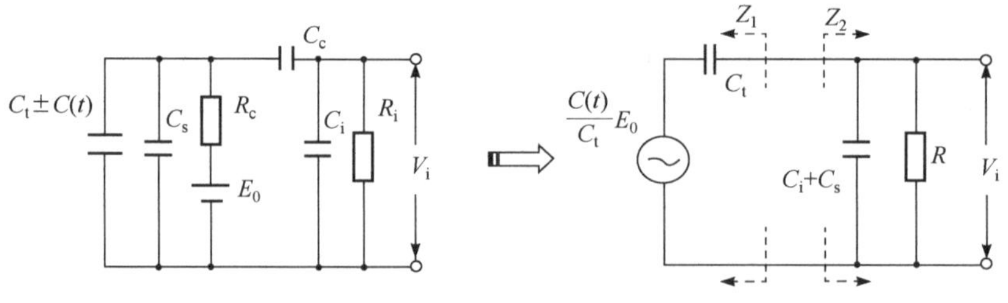

图 3.1.13　电容传声器等效电路

根据图 3.1.12，由分压定理可知，前置放大器输入端的电压 V_i 为

$$V_i = \frac{Z_2}{Z_1 + Z_2} \Delta E = \frac{Z_2}{Z_1 + Z_2} \times \frac{C(t)}{C_t} E_0 \tag{3.1.7}$$

其中，

$$Z_1 = \frac{1}{j\omega C_t} \tag{3.1.8a}$$

$$Z_2 = \frac{R}{\mathrm{j}\omega(C_\mathrm{i} + C_\mathrm{s})} \tag{3.1.8b}$$

$$V_\mathrm{i} = \frac{\mathrm{j}\omega RC}{1+\mathrm{j}\omega RC} \times \frac{C(t)}{C} E_0 \tag{3.1.8c}$$

式中，$C = C_\mathrm{t} + C_\mathrm{c} + C_\mathrm{i}$。由此可见，前置输入电压除与 $C(t)$和 E_0有关外，还与 C 有关，即接线与分布电容 C_s及前置放大器的输入电容 C_i会影响到电容传声器输出的信号强度，相当于降低了电容传声器的灵敏度。

对于高频噪声，即当$\omega RC \gg 1$时，有

$$V_\mathrm{i} = \frac{C(t)}{C} E_0 \frac{\mathrm{j}\omega RC}{1+\mathrm{j}\omega RC} \approx \frac{C(t)}{C} E_0 \tag{3.1.9}$$

传声器的输出正比于极化电压，反比于总电容。因此，任何附加电容都会降低传声器高频率的灵敏度。

对于低频噪声，即当$\omega RC \ll 1$时，有

$$V_\mathrm{i} = \frac{C(t)}{C} E_0 \frac{\mathrm{j}\omega RC}{1+\mathrm{j}\omega RC} \approx C(t) E_0 \mathrm{j}\omega R \tag{3.1.10}$$

即前置输入电压与频率有关。通常定义电压降低到原来值的 70%(3 dB)时的频率为截止频率。在截止频率处，$\omega RC=1$。因此，截止频率f_c为

$$f_\mathrm{c} = \frac{1}{2\pi RC} \tag{3.1.11}$$

因此，要降低下限截止频率，就要求前置放大器的 R 和 C 都必须很大，但增大 C 会降低传声器灵敏度，因此下限截止频率主要取决于 R，输入电阻越大截止频率越低。目前前置放大器的等效交流输入电阻可达到 1 GΩ 以上，等效输入电容在 1 pF 以下，测量用电容传声器的低限频率可以做到 2 Hz。

4. 测量传声器的选择

设计测量传声器时常会折衷考虑一些因素，因此，不可能用一只电容传声器来达到各种测量目的，实际上，必须根据具体要求来选择合适的测量传声器。一般情况下，可以选择 1/2″测量传声器，因为在声频范围内，它的指向性比 1″ 传声器均匀，而灵敏度可做得与 1″的一样。此外，小直径电容传声器可以扩展灵敏度频率范围和动态范围。

测量传声器可分为声压响应、自由场响应和无规响应三种。在消声室内测量时，若使用自由场响应传声器则应该直接对着声源，而使用声压响应传声器则应与声波传播方向成 90°，使声波掠入射；在混响室内测量时应使用无规响应传声器，如果使用自由场响应传声器，则应加上无规入射校正器或鼻锥等附件，以使

传声器灵敏度响应与声波入射方向无关。表 3.1.1 给出的是国产 AWA144XX 系列测试电容传声器的参考特性，表 3.1.2 给出的是 B&K 公司测量传声器系列的空载灵敏度。这两类测量传声器系列具有类似的特性。

表 3.1.1　AWA144XX 系列测试电容传声器的参考特性

型号	14411	5221B	5221	5224	5223
频响特性	自由场	自由场	自由场	压力场	自由场
直径/(″)	1	1/2	1/2	1/2	1/2
频率响应/ Hz	10～16000	20～10000	20～12500	20～12500	10～20000
标称灵敏度/(mV/Pa)	100	6.5	27	30	50
极化电压/V	0	0	0	0	0
电容量/pF	35	19	17	15	18
温度系数/(dB/℃)	0.015	0.02	0.02	0.02	0.015
动态范围/dB	10～133	30～140	23～142	21～142	17～140
型号	5225	14404	14435	5436	
频响特性	自由场	压力场	自由场	压力场	
直径/(″)	1/2	1/2	1/2	1/4	
频率响应/ Hz	10～16000	10～20000	20～2000	20～20000	
标称灵敏度/(mV/Pa)	36	12.6	4	0.56	
极化电压/V	0	200	0	0	
电容量/pF	16	18	8	7	
温度系数/(dB/℃)	0.015	0.01	0.02	0.015	
动态范围/dB	19～140	24～160	40～160	60～172	

表 3.1.2　B&K 公司电容传声器的空载灵敏度

直径	灵敏度/(mV/Pa)	灵敏度级/dB	允许偏差/dB
1″	50	−26	±1.5
1/2″	50	−26	±1
1/2″	12.5	−38	±2
1/4″	4	−48	±3
1/4″	1.6	−56	±3
1/8″	1.0	−60	±3

通常，测量传声器序列中的尾数若为偶数，则测量传声器为声压型；若为奇数，则为声场型。表 3.1.3 以 B&K 公司的测量传声器为例，列出不同测试条件下建议使用的传声器型号。

表 3.1.3　B&K 公司电容传声器的选用

使用条件	型号
自由场	4939，4954，4137，4176，4188，4189，4190，4191，4950，4145
扩散场	4942，4943
声压场	4138，4938，4944，4947，4192，4144，4948，4948-A，4948-B，4949，4949-A，4956
多声场	4961，4961-B
阵列式	4957，4958，4959
低噪声	4179，4955
室外	4184，4198，4952
实验室标准	4160，4180
低频声	4193，4964
双耳式	4965，4101-A
探针式	4182

声学测量中除了电容传声器和驻极体静电传声器外，在特殊环境下还可以使用压电陶瓷传声器和探管传声器。压电陶瓷传声器是用压电陶瓷作压电元件，利用压电效应将声压转换为相应电荷。这种传声器性能稳定，具有平直的频率响应，传声器坚固可靠，可以在高温、高湿度环境条件下使用。最常用的是 1″压电陶瓷传声器，它的灵敏度、频率响应和指向特性都比较合适。1/2″压电陶瓷传声器虽然具有更好的高频响应并且没有指向性，但其灵敏度较低。探管传声器是用来探测声场而又不会对声场产生显著干扰的一种传声器，它可能是一个小型传声器，也可能是由普通电容传声器附加一根管子组成的。

5. 测量传声器的校准

要保证传声器测量结果的准确，必须首先对传声器的灵敏度加以严格校准。校准传声器灵敏度的常用方法有：耦合腔互易法、自由场互易法、活塞发生器法和标准声源法。耦合腔互易法用来校正传声器的声压灵敏度；自由场互易法则用来校准传声器的声场灵敏度。由于进行了大量研究工作，耦合腔互易法达到了较高的准确度，国际标准化组织(ISO)已建议采用其为传声器绝对校准的标准方法。

此外尚有用于现场校准的标准声源法，但其校准准确度较低。

1) 声压灵敏度校准

校准传声器的声压灵敏度用耦合腔互易法，它是传声器绝对校准的国际标准。在耦合腔互易校准中，可以用三个传声器，其中两个传声器必须是可逆的；或者用一个辅助声源和两个传声器，其中一个传声器也必须是可逆的。

耦合腔互易校准法有两种方法。第一种方法用两个传声器耦合到耦合腔，其中一个用作发射器，另一个用作接收器。由接收器的开路输出电压和发射器的输入电流的比值可以得到计算两个传声器声压灵敏度乘积的公式。如果互换传声器，进行三组测量并比较测量结果就可以求出每一个传声器的声压灵敏度。第二种方法用辅助声源在耦合腔内建立一个恒稳的声压，这时两个传声器输出电压的比值等于在声压相同情况下，两个传声器声压灵敏度的比值。

图 3.1.14 给出了耦合腔互易校准的流程，其中的三个换能器，1 为可逆换能器，2 为待校换能器，3 为辅助换能器。上述两种方法的校准步骤如下所述。

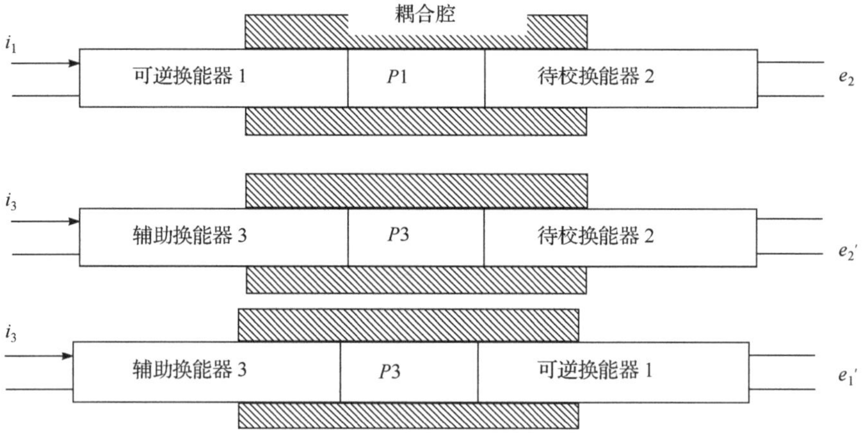

图 3.1.14　耦合腔互易校准方法示意图

(1) 将换能器 1、2 放入耦合空腔。将换能器 1 用作声波发射器，换能器 2 用作接收器。测量出换能器 1 的驱动电流 i_1 和换能器 2 的开路电压 e_2。

(2) 将换能器 3、换能器 2 放入耦合空腔。换能器 3 用作声波发射器，换能器 2 用作接收器。测量出换能器 3 的驱动电流 i_3 和换能器 2 的开路电压 e_2' 。

(3) 将换能器 3、换能器 1 放入耦合空腔。换能器 3 用作发射器，并保证驱动电流与前一步骤中的驱动电流相同，换能器 1 用作接收器；测量出换能器 1 的开路电压 e_1' ；这时，换能器 2(待校换能器)的声压灵敏度为

$$M=\sqrt{\frac{e_2 e_2'}{i_1 e_1'}\cdot\frac{\omega V_0}{\gamma p}} \tag{3.1.12}$$

式中，V_0 为耦合腔容积和传声器等效容积之和；γ=1.41；p 为标准大气压。

应该注意，由于电容传声器的输出阻抗很大，即使采用阴极输出器作其负载，仍有一定的衰减。同一个传声器，若用不同的阴极输出器，则其读数不同。因此，通常采用替代法(插入电压法)来测量传声器头的开路电压以计算开路灵敏度，从而与阴极输出器无关。

作精密校准时，应该对耦合腔容积、高频效应、热传导和毛细管等效应作修正。IEG-R327(1971)对 1″电容传声器的绝对校准规定了耦合腔尺寸和各项修正值。校准的准确度与测量系统的准确度有关。如果对各项因素保证给定的准确度，则总的校准准确度在低频和中频时大约可达 0.05 dB，随着频率增高，校准准确度降低，到 10 kHz 时大约下降为 0.1 dB。

为了扩大校准的频率范围，耦合空腔应该做得小些，并可充入氢气。由于氢气中的声速较大，故可扩展校准的频率范围。例如，对于 0.3 cm^3 的耦合空腔，允许进行校准频率范围为 20～20 kHz，如耦合空腔内充入氢气则可以将高频范围扩展到 60 kHz；对于 20 cm^3 的耦合空腔充入氢气后校准，则允许进行校准的频率上限可以提高到 15 kHz。

注意，以上描述的耦合腔互易校准法的具体内容在国际电工委员会(IEC)制定的两项标准，即 IEC 1094-1(声压校准)和 IEC 1094-3(自由场校准)中已详细给出。

2) 自由场灵敏度校准

传声器的自由场灵敏度校准通常用自由场互易法，在消声室内进行。校准方法与耦合腔法类似，待校准的传声器不必是可逆的，但需要使用一个辅助的可逆换能器。其校准过程如图 3.1.15 所示。校准的步骤如下：

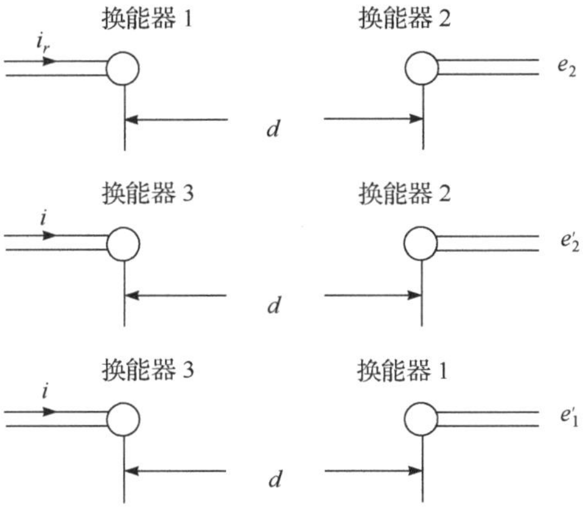

图 3.1.15　自由场互易校准方法

(1) 以辅助的可逆换能器作为声源，送入电流 i_r，测量放在距离 d 处作接收用的待校准换能器 2 的开路电压 e_2；

(2) 用一个恒定输出的辅助声源 3 作发射器，将换能器 1、2 放在该声源产生的声场中的同一位置，其距离 d' 应该足够大，以保证通过该点的声波是一平面波，测量出两个传声器的开路电压 e_1' 和 e_2' 。

于是，得到待校准传声器的自由场灵敏度为

$$M = \sqrt{\frac{e_2}{i_T} \cdot \frac{e_2'}{e_1'} \cdot \frac{2d\lambda}{\rho_0 c} \cdot e^{\alpha d}} \tag{3.1.13}$$

式中，α 为空气衰减系数。

因此，由测量比值 e_2 / i_T 、e_2' / e_1' 和距离 d 可以准确地校准传声器。IEC-R486(1974)给出了空气衰减随频率、温度和相对湿度变化的关系。

自由场互易校准的准确度与测量系统的准确度有关。如果能保证电容传声器极化电压的准确度为 0.05%、空气密度数值的准确度为 0.1%、频率的准确度为 0.1%、距离的准确度为 0.5%、空气衰减的准确度为 0.02 dB，则总的校准准确度在中频时大约为 0.1 dB；随着频率增高，准确度就下降，到 20 kHz 时，准确度大约为 0.2 dB。在上述自由场互易校准参量推导中，忽略了传声器对声波散射的影响。这种影响对高精度的校准，特别是在高频校准时是不能忽略的。也就是说，当两个传声器相对放于自由场中时，传声器 2 接收到的除了传声器 1 直接辐射的自由场声压以外，还有通过传声器 2 和传声器 1 之间往返散射所引起的声压。如果声场中稍有反射，则准确度将大为降低；若将两传声器膜片稍微偏离平行位置，则可避免声波在两个传声器之间来回反射。

3) 活塞发生器校准

实际中常用的标准声源有两类：活塞发生器和声级校准器。活塞发生器包括一个刚性壁空腔，空腔内的一端用来装待校传声器，另一端则装有圆柱形活塞。活塞用凸轮或弯曲轴推动做简谐运动，测定活塞运动的振幅后就可以求出腔内声压的有效值。活塞发生器运动的频率上限为机械振动的允许速度所控制。故仅适用于低频校准，典型的参量：频率为 250 Hz，声压级为 124 dB，其准确度大约可达±0.2 dB。

用活塞发生器校准传声器灵敏度的方法很简单。先使待测传声器与活塞发生器耦合，接通活塞发生器的电源，使它在传声器的膜片前产生一个恒定的声压。这时传声器的输出经放大器放大后，可以用电压表来测量给定声压级时的输出电压。然后断开活塞发生器，将与活塞发生器产生的声压频率相同的电压串接入传声器极头的输出端，调节电压大小以获得相同的输出电压，这时传声器在该频率的灵敏度就是串接的电压和所加声压的比值。校准应该在标准大气压下进行，如果大气压不同，则应当进行修正。图 3.1.16 给出使用活塞发生器时校准气压的修正曲线。

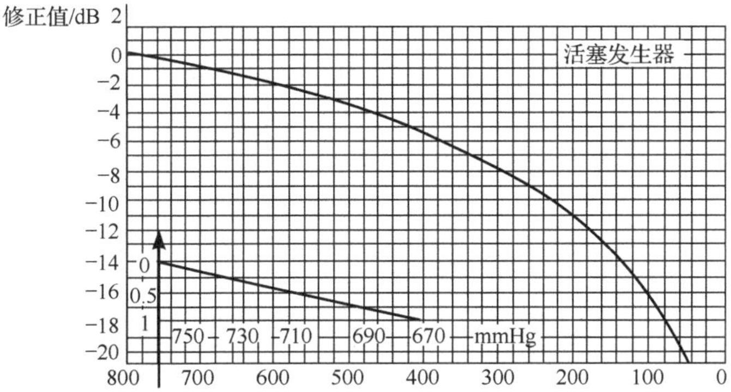

图 3.1.16　活塞发声器校准气压修正曲线

用已校准的测量传声器来测量声压都是通过测量传声器开路电压换算而得的，仪表的设计时常使灵敏度为 50 mV/Pa 的传声器读数与实际测得的声压一致。对于灵敏度不是 50 mV/Pa 的传声器用 *K* 值来修正。这样，已知传声器的 *K* 值，读出声压级就很方便。当传声器置于声场中时，测得的声压级应该是："仪表量程范围读数+量程倍程数+表头读数+传声器 *K* 值"。注意，以上读数的单位均为 dB。

传声器的 *K* 值可以用活塞发生器测量，如果腔内产生的信号频率为 250 Hz，声压级为 124 dB，那么传声器的 *K* 值就等于 124 dB 减去传声器放大器的电表读数。

4) 声级校准器的校准

声级校准器包括一个性能稳定的频率为 1 kHz 的振荡器和压电元件。使用时，振荡器的输出馈给压电元件，带动膜片振动并在耦合腔内产生 1 Pa 的声压(94 dB)。上述系统工作在共振频率，其等效耦合体积约为 200 cm^3，所以产生的声压与传声器等效容积无关。在现场用它来校准传声器，其准确度可达±0.3 dB。

5) 高声强传声器校准器

高声强传声器校准器用电动激振器推动活塞，它的空腔较小，允许在 164 dB 声压级条件下校准 1/2″、1/4″、1/8″三种电容传声器。如果使用脉冲信号源，则校准声压级可以提高到 172 dB。在使用不同容积的耦合腔时，其校准频率范围为 10^{-2} Hz～1 kHz，校准的准确度大约为±1.5 dB，不受空腔体积和大气静压力的影响。

6) 声压灵敏度频率响应的测量

可用静电激励器测量电容传声器的声压灵敏度频率响应。静电激励器包括一块开槽板，它安装在传声器膜片的前方。在开槽板和膜片之间加上极化电压并串接入信号电压，当输入电压为 800 V、交流信号电压为 30 V、传声器膜片上的有效声压大约为 1 Pa(94 dB)时，静电激励器产生的力与频率无关，所以能测量电容传声器的声压频率响应，测量频率范围可高达 200 kHz。在高频率时，辐射阻抗要影响测量的准确度，通常在板的后面加 1/4 波长的空腔以降低它的影响。

若不加极化电压，直接送入交流信号电压，则产生频率为信号频率两倍的电压，如 e=120 V，可以获得声压级为 0.1～0.4Pa(74～86 dB)。近年来有人提出用静电激励器作绝对校准，实验表明，其准确度不大于 1 dB。

7) 各种传声器校准方法的比较

表 3.1.4 列出几种常用传声器校准方法的准确度，用于实际使用时作比较和选择。

表 3.1.4　各种测量传声器校准方法的准确度

校准方法	接受限度
耦合腔互易法	低频和中频为 0.05 dB，高频为 0.1 dB
自由场互易法	中频为 0.1 dB，20 kHz 时为 0.2 dB
活塞发生器法	250 Hz，124 dB，±0.15 dB
静电激励器法	±0.5 dB
声级校准器法	1 kHz，94 dB，±0.3 dB
高声强传声器校准器法	<1 kHz，164 dB，±1.5 dB

6. 测量传声器的附件

在室外特殊条件(如有风、雨等环境)下使用传声器时，应该有相应的附件，如防风罩、鼻锥、防雨罩等。防风罩用来减少空气动力噪声。在室外测量时应该使用多孔聚氨酯海绵制成的专用防风罩，它还可以为传声器遮挡住灰尘、污物和雨滴。防风罩装于传声器上大约有 10 dB 的降噪效果。下雨时也可以用防风罩，即使防风罩淋湿了，测量也还准确。但是在非常潮湿的环境中连续测量时，应该采用专用的室外传声器或加防雨罩。防雨罩允许长期用于室外，它与 1/2″传声器头组装在一起，可以给出等效声压级为 90(±1) dB。无规入射校正器可以替代防护栅装在声场型测量传声器极头上，使测量传声器在 10 kHz 以下具有无指向性，以便用作无规响应测量传声器。湍流罩用来降低湍流噪声，它主要用在管道内测量，抑制湍流噪声的效果比鼻锥要好些。

在大于 40 km/h 的高速气流中，风罩就不大适用了，而必须使用鼻锥来减小这种高速气流对测量的影响。传声器放在高速气流中，在传声器的膜片上就会产生湍流，而这种湍流会产生很强的干扰，例如在风洞、排气孔、行驶的火车或飞机外面测量噪声就属于上述情况。鼻锥是为降低有固定方向的高速气流所产生的强干扰而设计的。鼻锥的前端做成流线型，使用时用它代替一般的防护罩，这样就可以使风阻最小，从而消除湍流。此时，传声器膜片四周的金属网纱仍允许声音传到传声器的膜片上进行正常的声测量。使用鼻锥时除了会降低高速风的影响外，还能改善传声器的全方向性。

在一些对测量精度要求较高或在某些特殊情况下，为避免测量仪器和人员对声场的干扰，或在不可能接近测点的情况下，可以使用延伸线缆将传声器延伸到测点位置。延伸线缆的接头有 BNC、TNC、SMB 等类型，如果接头与插座接触不良，将会带来较大的衰减，因此需要对连接电缆后的整个系统用校准器进行再次校准。电缆长度可以根据实际需求确定，以延长电缆衰减小到可以忽略为前提。

3.1.2　水听器

在水中接收声信号的传感器称为接收换能器，也称水听器。水听器与传声器在原理、性能上有很多相似之处，但由于传声介质的区别，水听器必须有坚固的不透水构造，且须采用抗腐蚀材料的不透水电缆等。

1. 水听器的分类、构造及工作原理

水下的探测、识别、通信，以及海洋环境监测和海洋资源的开发，都离不开水声换能器。水听器与传声器在原理、性能上有很多相似之处，其总的功能就是将水下声波信号转换为电信号。但由于传声介质的区别，水听器必须有坚固的水密结构，以及采用抗腐蚀材料的不透水电缆等。水听器的种类有很多(图 3.1.17)，且有多种不同的分类方式。

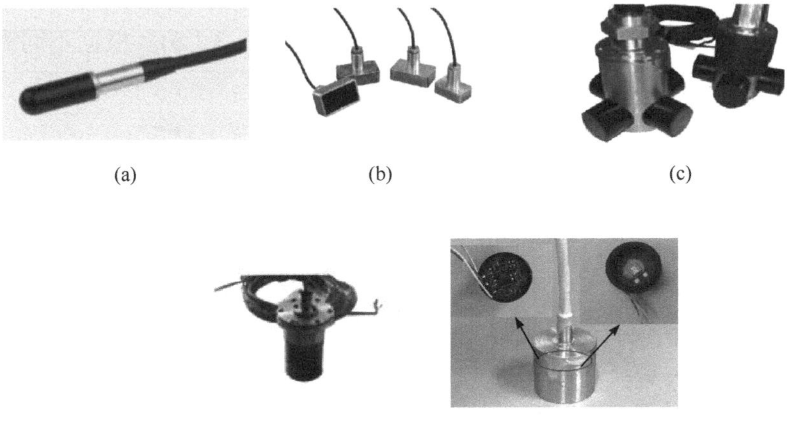

(a)　(b)　(c)

(d)　(e)

图 3.1.17　不同类型水听器外形

(a) 标量水听器；(b) 低频矢量水听器；(c) 中频矢量水听器；
(d) 高频矢量水听器；(e) MEMS 矢量水听器

根据使用材料，水听器可分为：压电式，压电材料有硫酸锂单晶体、偏铌酸铅或锆钛酸铅一类的压电陶瓷，后来又出现复合压电材料聚偏二氟乙烯(PVDF)薄膜制作的水听器；动圈式(电动式)；磁致伸缩式；光纤式。

根据用途，分为标量水听器和矢量水听器。在声场测量中，传统方法是采用标量水听器(声压水听器)，只能测量声场中的标量参数(声压)，比如，B&K 公司810X 系列。矢量水听器可测量声场中的矢量参数(声压和质点振速)，有助于获得声场的矢量信息，这样，才能有助于信号处理系统获得更有价值的信息，并作出正确的判断。当前，新型 MEMS 压电矢量水听器和光纤水听器受到广泛关注，光纤水听器在后续水听器阵列中介绍。

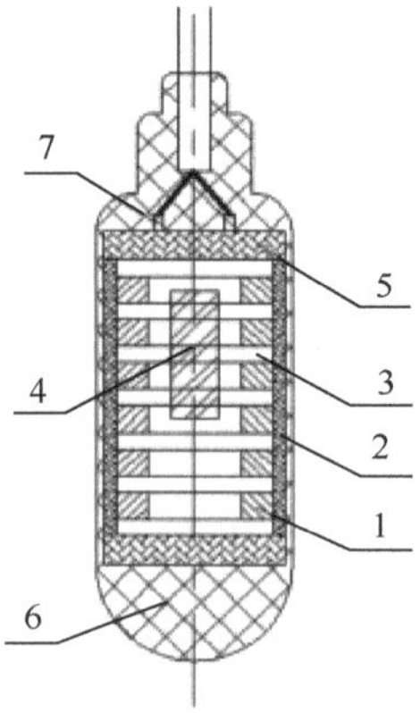

图 3.1.18　一种圆柱形压电陶瓷水听器(中国科学院声学研究所专利，CN 105323685 A)

1-压电陶瓷圆管元件；2-高强度纤维增强塑料；3-环氧绝缘环；4-前置放大器；5-高强度非金属盖；6-丁腈橡胶包覆层；7-引线电极

水听器主要由换能器、放大器、滤波器、解调器、外壳密封结构等部分组成，换能器是将声信号转换成电信号的关键部件，其性能直接影响到水听器的整体性能。

国内有多家水听器研制单位研制出了许多性能优良的水听器，广泛用于水中通信、探测、目标定位、跟踪等。比如中国科学院声学研究所研制的圆柱形压电陶瓷水听器(图 3.1.18)，杭州应用声学研究所研制的 RHS 系列、RHC 系列(图 3.1.19)，这些系列中不同型号的水听器，其工作频率和电压灵敏度都不一样(表 3.1.5)。根据不同需求，选择不同的型号[12]。

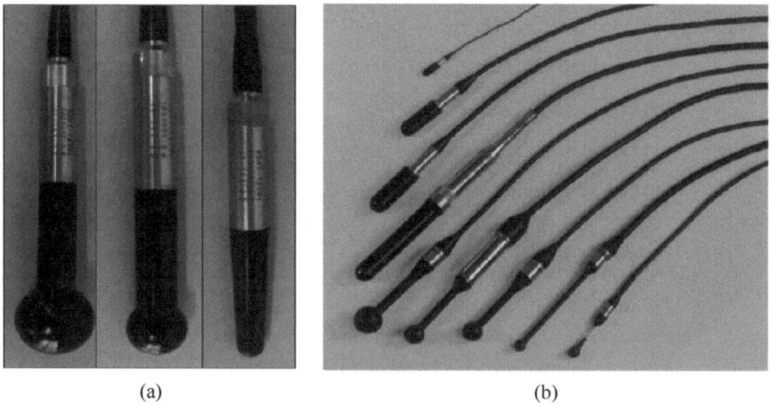

(a)　　(b)

图 3.1.19　杭州应用声学研究所研制的 RHS 系列、RHC 系列水听器

(a) RHS 系列；(b) RHC 系列

表 3.1.5　RHS 系列水听器的技术参数

型号	外形尺寸/mm	工作频率	线性频率	电压灵敏度	特点
RHS-10	ϕ18×145	1～200 kHz	1～100 kHz	−210 dB	具有良好的水平、垂直指向性，频率范围宽，主要用于高频水声测量
RHS-15	ϕ23×95	20 Hz～150 kHz	1～80 kHz	Ⅰ型：−201 dB Ⅱ型：−205 dB	具有良好的水平、垂直指向性，频率范围宽，用于中高频水声测量
RHS-20	ϕ27×150	20 Hz～100 kHz	20 Hz～50 kHz	Ⅰ型：−198 dB Ⅱ型：−202 dB	水平、垂直无方向性，具有较高的电压灵敏度，良好的稳定性，适合用作标准水听器
RHS-30	ϕ36×158	20 Hz～50 kHz	20 Hz～20 kHz	Ⅰ型：−193 dB Ⅱ型：−197 dB	无方向性，具有较高的电压灵敏度和高的信噪比，适合用作标准水听器
RHSA-10	ϕ18×145	1～200 kHz	1～100 kHz	由元件的灵敏度和前置放大器的增益共同决定	内置低噪声前置放大器，适合长距离信号传输，主要用于高频水声测量
RHSA-20	ϕ27×150	20 Hz～100 kHz	20 Hz～50 kHz	由元件的灵敏度和前置放大器的增益共同决定	内置低噪声前置放大器，灵敏度可以根据需要调节，适合水下长距离信号传输
RHSA-30	ϕ36×150	20 Hz～50 kHz	20 Hz～20 kHz	由元件的灵敏度和前置放大器的增益共同决定	内置前置放大器，灵敏度可以根据需要调节，适合水下长距离信号传输

2. 水听器的主要性能参数

水听器的性能参数主要包括灵敏度、频率响应范围、动态范围、指向性等，以下简要介绍这几个参数。

1) 灵敏度

灵敏度是衡量水听器接收声信号能力的重要指标，通常用分贝表示。水听器受到水声声压 p 的作用，会产生开路电压 U，开路电压 U 的大小正比于水声声压 p 的大小，水听器的灵敏度 M 定义为

$$M = U / p \tag{3.1.14}$$

这里需要注意两点，①这里提到的水声声压是交变压力，而不是水的静压力；②水听器在不同频率下其灵敏度是有差别的。将灵敏度与基准值(水声中通常取 1

V/μPa)比较，再取对数，然后乘以 20，就换算为分贝数了。例如，标准水听器的灵敏度是经过准确校准的，应在−180 dB～−200 dB。

同样，水听器接收到声波之后，会产生电压输出，即式(3.1.14)中的开路电压。根据灵敏度的定义，输出电压为

$$U = p + M \tag{3.1.15}$$

注意：式中各项为对数计算结果，单位为分贝。例如，水听器的灵敏度为−180 dB，声场的声压值为 160 dB，水听器输出的开路电压为−20 dB，即 0.1 V。

根据水声声压的取值不同，灵敏度又细分为自由场(电压)灵敏度和声压灵敏度。如果 p 为水听器声中心位置处的自由场声压，则为自由场(电压)灵敏度；如果 p 为作用于水听器接收面上的实际声压，则为声压灵敏度。自由场灵敏度是相对于平面行波而言的。如果水听器是无指向性的，则不论平面波从哪个方向传来，灵敏度都是相等的。如果水听器是有指向性的，则灵敏度随平面波入射方向而变。因此，在水听器上必须标明正对平面波的入射方向、频率和输出端。

2) 频率响应范围

频率响应范围也就是水听器的有效工作范围，决定了水听器能够检测的声信号频率范围。图 3.1.20 是 B&K 公司 4 款水听器的频率响应曲线，一般取曲线平直部分作为有效工作范围。

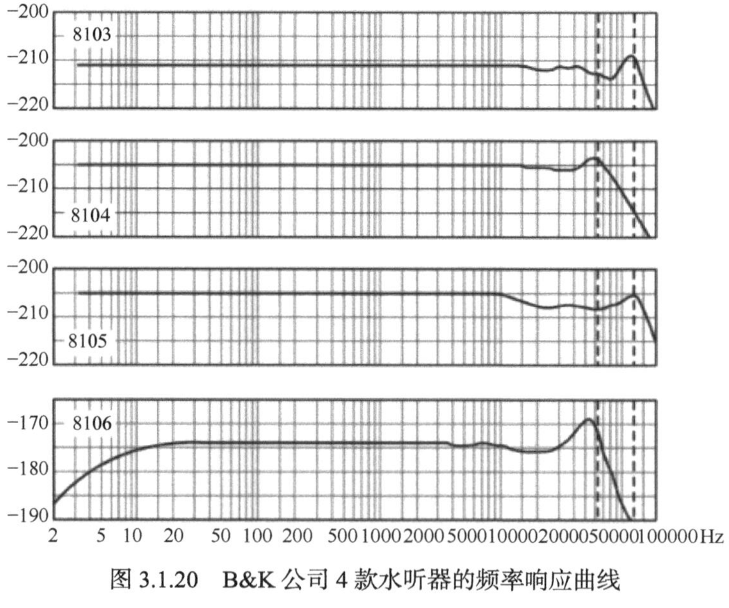

图 3.1.20　B&K 公司 4 款水听器的频率响应曲线

B&K 8103 型适用于在高频实验室和工业中使用，尤其是研究海洋生物声学或空化测量；B&K 8104 型是通用水听器，也可用于校准；B&K 8105 型水听器结

实耐用，可用于 1000 m 水深，并且有极好的方向特性；B&K 8106 型内置了一个前置放大器，适合于较长的线缆，可用于 1000 m 水深。

3) 动态范围

动态范围是指水听器能够检测的声信号强度范围，通常也是用分贝表示。压电型水听器的动态范围一般在 80～90 dB，光纤水听器的动态范围则可达到 120～140 dB，所以更适用于水下探测领域。

4) 指向性

指向性描述了水听器接收声信号的能力与方向之间的关系，其物理定义与传声器的一样。此处仅给出图 3.1.20 中 4 款水听器对应的指向性图(图 3.1.21)作为示例，当然，同样型号、不同水听器的指向性会有所差异。

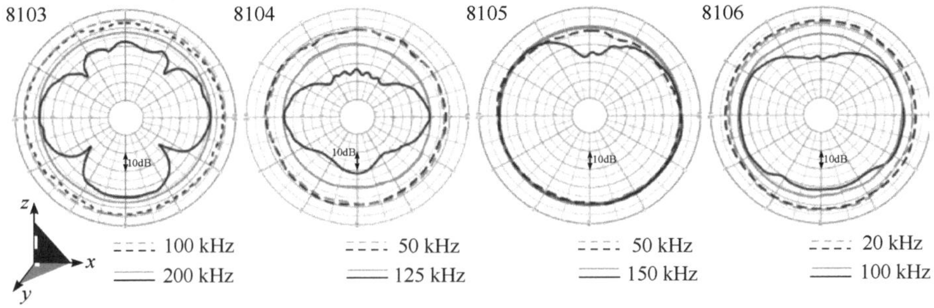

图 3.1.21　B&K 4 款水听器指向性

3. 水听器的校准

不同类型水听器的校准内容不一样，比如，标量水听器只需要校准声压灵敏度；矢量水听器除了校准声压外，还需要校准加速度，光纤矢量水听器则需要进一步校准相移灵敏度。不管是声压校准，还是加速度校准、相移校准，都有相应的标准做相应的规定。

为使水听器校准国际标准适应技术发展的需要，国际电工委员会启动了 IEC 60565:2006 国际标准的修订工作，将该国际标准进行拆分，分成自由场校准和声压场校准两部分，其中，第一部分为 IEC 60565-1:2020《水声 水听器 水听器校准，第 1 部分：自由场水听器校准步骤》，第二部分为 IEC 60565-2：2019《水声 水听器 水听器校准，第 2 部分：低频声压场校准步骤》。中国科学院声学研究所等单位对 GB/T 3223—1994《声学 水声换能器自由场校准方法》和 GB/T 4130—2017《声学 水听器低频校准方法》分别开展修订工作，起草了《声学 水听器校准 第 1 部分：自由场校准方法》、《声学 水听器校准 第 2 部分：低频声压场校准方法》。此外，加速度校准可参考 GB/T 17251—1998《声学 水听器加速度灵敏度校准方法》，相移校准参考 GB/T 42559—2023《声学 干涉型光纤水听器相移灵敏度测量》。

按使用目的和校准不确定度,校准级别或校准方法分为一级校准和二级校准,也称为绝对校准和相对校准，相对校准有时也称比较校准或者替代校准。两级校准的区分是：一级校准中，可以使用已校准的振荡器、放大器、电压表和阻抗电桥等仪表，但不能使用已校准的换能器；二级校准中，可以使用已校准的换能器作为参考标准。

一级校准法中，最典型的是利用电压互易原理校准换能器，称为互易法，最常用的互易法有常规自由场球面波互易法、柱面波互易法、耦合腔互易法等。另外，双发射器零值法、振动液柱法和静态法等，也是一级校准法，所不同的是，这些方法是为了解决 3 kHz 以下的低声和次声频段的水听器校准。一级校准法用于校准标准水听器(也称一级标准水听器)，它用作计量标准器具或作精确的声学测量，一级校准法校准精度高，但所用仪器较多、较昂贵，且方法烦琐。

二级校准法中，比较校准法较为典型。该方法所用测量仪器少、测量程序简单，多用于校准测量水听器(也称二级标准水听器)。也正是由于方法简单、易操作、误差来源少这些优点，它在水声测量中应用十分广泛。比较校准法是将一个未知灵敏度的水听器(即待校准水听器)和一个已经校准好的参考水听器(即标准水听器)先后放入声场的同一位置，让它们接收相同的自由场声压，然后比较这两个水听器的开路输出电压。根据自由场电压灵敏度的定义，替换前后两个水听器的等效声中心应重合在声场的同一位置，测量条件不作任何改变，在该点的自由场声压 p 前后也是相同的，则有

$$p=\frac{e_{\mathrm{d}}}{M_{\mathrm{d}}}=\frac{e_{\mathrm{s}}}{M_{\mathrm{s}}} \tag{3.1.16}$$

式中，e_{d} 和 e_{s} 分别表示待校水听器和标准水听器的开路输出电压；M_{d} 和 M_{s} 分别表示待校水听器和标准水听器的自由场电压灵敏度。

根据式(3.1.16)，可以得到待校准水听器的灵敏度(分贝数形式)：

$$\boldsymbol{M}_x=\boldsymbol{M}_{\mathrm{s}}+20\lg \boldsymbol{e}_x-20\lg \boldsymbol{e}_{\mathrm{s}} \tag{3.1.17}$$

由式(3.1.17)可知，只要测得前后放入的标准水听器和待校准水听器的开路输出电压 e_{s} 与 e_{d}，再结合已知的标准水听器灵敏度 M_{s}，即可求得待校水听器的自由场电压灵敏度 M_{d}。

由于比较校准法是建立在自由场平面波的条件下，所以通常在开阔水域或消声水池进行此类实验。若没有这两种实验环境，则需要使用脉冲声技术，在脉冲持续时间内建立一个等效的自由场。在测量前，要清楚换能器的水平和垂直指向性图，以便选定校准方向。对于指向性水听器，应选其声轴方向作为校准方向。在测量时，水听器必须放置在发射换能器声场的远场区域，以获得近似的平面波

声场。

3.1.3　声传感器阵列

声传感器阵列最早源于 NASA Ames 研究中心的 Soderman 和 Noble 使用一维传声器阵列测量喷流噪声，随后采用二维阵列进行声源定位的研究，主要由 Brooks、Unerbrink 和 Dougherty 等开展。从 20 世纪 90 年代开始，声传感器阵列技术在气动声学实验中获得大量应用，已成为声学测量的一种基本工具，目前已广泛应用于航空、航天、船舶、车辆等领域。例如，在汽车 NVH(noise, vibration, harshness)研究中，传声器阵列用于识别风噪声来源，以及在设计和量产阶段获知整车异响来源，最终提高驾乘人员的舒适性。

1. 传声器阵列

由多个传声器组成的声阵列可用于声源定位、声音识别、故障诊断等领域。利用传声器阵列进行声成像以测量声场分布，声像图与视频图像透明叠加，可以直接分析噪声状态，用于测量物体在不同频率下发出声音的位置和辐射声能量的情况，以及开展有效的降噪设计。

从形状角度，传声器阵列有一维直线阵、二维圆形阵、三维球形阵、多臂螺旋阵以及漏斗阵等。根据所使用的传声器类型，有传统传声器阵列和 MEMS 传声器阵列。根据大小有微型、小型、中型、大型和分布式。图 3.1.22 是一个典型的球形传声器阵列，图 3.1.23 是用声像仪采集到的风扇噪声声场。

图 3.1.22　球形传声器阵列

图 3.1.23　风扇噪声声场

图 3.1.24 是成都声策科技有限公司的 UltraSound 工业声学成像仪，由 72 个 MEMS 传声器、1 个光学摄像头、1 个集成的数据采集和分析系统、1 个带有触摸屏和硬件按钮的显示和控制单元组成，具有体型小巧、便于携带、实时定位声源的特点。利用波束形成和声全息技术，该公司还研发了 3D 矩形阵列(图 3.1.25)。

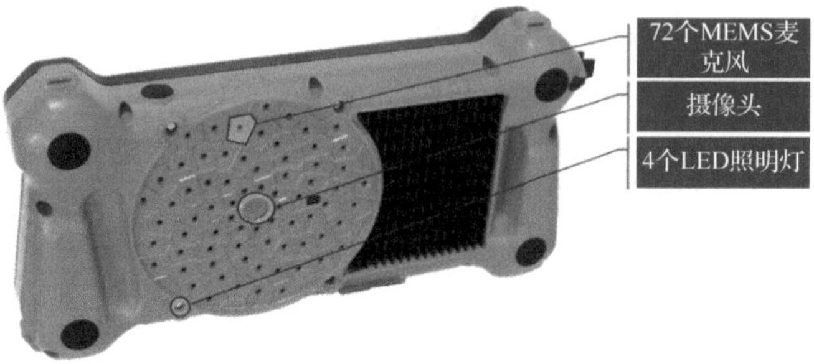

图 3.1.24　UltraSound 工业声学成像仪

图 3.1.25　3D 矩形阵列

传声器阵列的声源定位算法主要是基于时间到达差(time difference of arrival, TDOA)、波束形成(beamforming)和声全息(holography)等原理。时间到达差原理比较简单，使用的传感器数量少，所以计算量小，易于实现。它的核心原理是通过互相关或广义互相关算法计算声源到达各传感器的时间差。波束形成方法是将阵列中各传感器采集到的信号进行滤波、加权叠加、形成波束，扫描完整个接收空间，即对一个平面的声压分布进行成像，实现可视化。这种方法鲁棒性较强，不需要先验知识，通常也被形象地称为声学照相机。声全息算法能够重构被测物周围的整个声场，从而可以获得任何面上的声压大小分布。相对于波束形成算法，其最大的优势是对于低频声源，也具有很好的分辨率。

2. 水听器阵列

和传声器一样，水听器应用中也有阵列。根据水听器和传输线缆的不同，水听器阵列有标量阵、矢量阵、复合式标矢量阵和光纤阵。根据阵列形状，可以分为线阵列、圆形阵和多边形阵等，图 3.1.26 为一个十字交叉型水听器阵列。

图 3.1.26　十字交叉型水听器阵列

矢量水听器阵列对阵列输出声压和振速矢量进行加权组合处理，能够提高测量方位角的精确度，能够在发现距离上对目标进行左右舷分辨，在端射方向具有更好的指向性，可以有效抑制拖线阵的拖船噪声。因此，矢量水听器阵列效果要优于标量水听器阵，更加适合于小型基阵的应用。

由于矢量水听器自身尺寸的限制，接收信号波长必须大于矢量水听器自身尺度的 6 倍，那么，在外形尺寸一定的情况下，工作频段就集中在低频，无法利用高频信号，工作带宽也相对较窄。目前，人们开始研究复合式标矢量水听器阵列，采用分立的振速水听器与多个声压水听器，按照特定的空间分布规律组装，其中利用振速水听器获取水下声场的质点矢量振速信息，利用声压水听器接收标量的宽带声压信号。

光纤水听器阵列(图 3.1.27)是一种建立在光纤、光电子技术基础上的水声信号传感器阵列。通过高灵敏度的光学相干检测，将水声信号转换成光信号，通过光纤传至信号处理系统提取水声信息，具有灵敏度高、频响特性好、阵列规模大和传输距离远等特点。光纤水听器阵列主要用于海洋环境中声传播、噪声、混响、海底声学特性、目标声学特性等探测，也是现代海军反潜作战、水下兵器试验、海洋石油勘探等领域的先进探测手段。

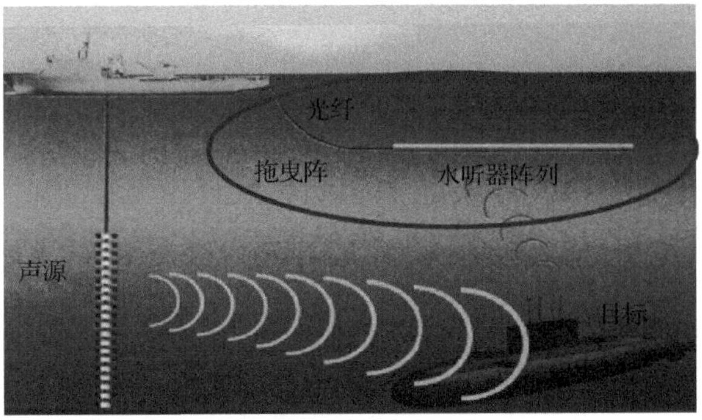

图 3.1.27　光纤水听器阵列用于水下目标探测

3.2　多功能声学测量系统

3.2.1　声级计

1. 概述

声级计(sound level meter，SLM)是一种按照一定的频率计权和时间计权测量声压级的仪器。世界上第一台声级计于 1925 年由美国贝尔电话公司发明，用于城市交通噪声的普查。声级计是声学测量中最常用的基本仪器，可广泛用于环境噪声、工业噪声、交通噪声以及其他各种噪声的测量，也可用于电声学、建筑声学等领域的测量。

为了使世界各国生产的声级计的测量结果可以相互比较，IEC 制定了声级计的有关标准，并推荐各国采用。1979 年 5 月，在斯德哥尔摩通过了 IEC 651《声级计》标准，我国当时有关声级计的国家标准是 GB/T 3785—83《声级计的电、声性能及测试方法》。1984 年，IEC 又通过了 IEC 804《积分平均声级计》国际标准，我国于 1997 年颁布了 GB/T 17181—1997《积分平均声级计》。它们与 IEC 标准的主要要求是一致的。2013 年，IEC 发布 IEC 61672-1：2013《电声学 声级计 第 1 部分：规范》和 IEC 61672-3：2013《电声学 声级计 第 3 部分：周期试验》新的国际标准。该标准代替原 IEC 61672—2002《声级计》。我国根据该标准制定了 JJG188—2017《声级计》。新的声级计国际标准和国家检定规程与老标准相比作了较大的修改。

声级计的种类有多种。按用途可以分为一般声级计、积分声级计、脉冲声级计、噪声暴露计(或噪声剂量计)、统计声级计、频谱声级计等；按电路组成方式可以分为模拟声级计和数字声级计两种；按体积大小可以分为台式声级计、便携式声级计和袖珍声级计；按其指示方式可分为模拟指示(电表、声级灯)声级计和数字指示声级计。

1980 年以前，声级计一般只分精密及普通两种等级，分别根据 IEC 123 及 IEC 179 和 179A 标准设计。1979 年起，IEC 公布了 IEC 651 标准，把声级计分为 4 种类型：0 型、1 型、2 型和 3 型声级计。0 型声级计作为标准声级计，1 型声级计作为实验室用精密声级计，2 型声级计作为一般用途的普通声级计，3 型声级计作为噪声监测的普查型声级计。4 种类型的声级计的各种性能指标具有相同的中心值，仅仅是容许误差不同。各类型声级计在参考频率、参考入射方向、参考声压级和基准温湿度等相同的条件下，容许的固有误差如表 3.2.1 所示。

表 3.2.1　各类型声级计的固有误差　(单位：dB)

声级计类型	0	1	2	3
固有误差限值	±0.4	±0.7	±1.0	±1.5

2. 基本组成

1) 基本原理

各种类型声级计的工作原理基本上是相同的，所不同的往往是附加的一些特殊性能，这些特殊性能使它们能完成不同的任务。声级计一般由传声器、放大器、衰减器、计权滤波器、检波器、指示器及电源等部分组成，其工作原理如图 3.2.1 所示。

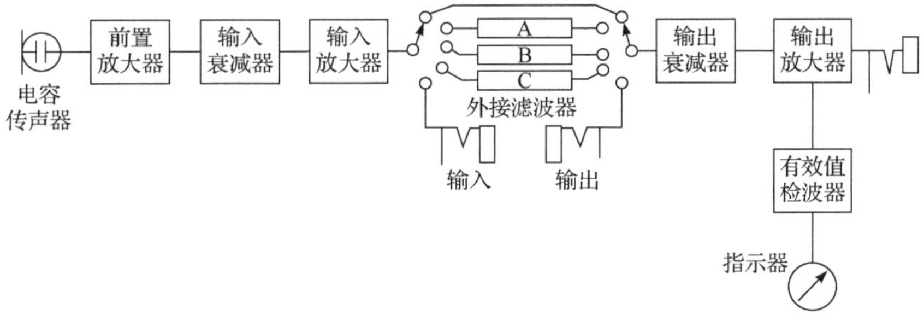

图 3.2.1　声级计工作原理方框图

被测量的声音由传声器接收，传声器将声波转换成电信号，微小的电信号经前置放大器送到输入衰减器和输入放大器，放大器将信号放大，衰减器对较大的输入信号加以衰减，以便在指示器上获得适当的指示，也使测量量程扩大。计权滤波器对通过的信号进行频率滤波。

使声级计的整机频率响应符合规定的频率计权特性的要求，以便能测量计权声级。信号再经输出衰减器和输出放大器后被送到检波器进行检波，交流信号变成直流，并由显示器以“dB”指示出来。检波器还使声级计具有“快”、“慢”、“脉冲”或“保持”等时间计权特性。电源部分将交流市电或电池电压进行变换，供给声级计各部分所需要的电源电压。有的声级计还具有“外接滤波器”插孔，用来与其他滤波器连接进行频谱分析。“放大器输出”插孔输出交流信号，以观察信号波形或进行测量记录与分析。

下面详细介绍声级计的几个主要功能模块。

2) 频率计权

声级计中的计权滤波器是一组根据一定要求进行频率滤波的电路网络。声级计的计权特性已由 IEC 标准化，IEC 651《声级计》标准中规定了 A、B 和 C 三种频率计权特性的要求。由于 A 声级应用最广泛，因此一般声级计中都具有 A 计权特性，有的还具有 C 计权，B 计权已用得很少。有的声级计还具有“线性”频率响应，这时声级计对传声器输出电信号的频率特性不加改变。为了测量航空噪声，有的声级计还具有“D”计权特性，在 IEC 537《飞机噪声测量用频率计权(D 计权)》标准中规定了 D 计权特性的要求。几种频率计权特性的频率响应如表 3.2.2 所示，它们的形状如图 3.2.2 所示。

表 3.2.2　声级计频率计权

频率/Hz	A 计权	B 计权	C 计权	D 计权	频率/Hz	A 计权	B 计权	C 计权	D 计权
10	−70.4	−38.2	−13.4	−26.6	500	−3.2	−0.3	−0.0	−0.3
12.5	−63.4	−33.2	−11.2	−24.6	630	−1.9	−0.1	−0.0	−0.5
16	−56.7	−28.5	−8.5	−22.6	800	−0.8	−0.0	−0.0	−0.6
20	−50.5	−23.3	−6.2	−20.6	1000	0.0	0.0	0.0	0.0
25	−44.7	−20.4	−4.5	−18.7	1250	0.6	−0.0	−0.0	2.0
31.5	−39.4	−17.1	−3.0	−16.7	1600	1.0	−0.0	−0.1	4.9
40	−34.6	−13.3	−2.0	−14.7	2000	1.2	−0.1	−0.2	7.9
50	−30.2	−11.6	−1.3	−12.8	2500	1.3	−0.2	−0.3	10.4
63	−26.2	−9.3	−0.8	−10.9	3150	1.2	−0.4	−0.5	11.6
80	−22.5	−7.4	−0.5	−9.0	4000	1.0	−0.7	−0.8	11.1
100	−19.1	−5.6	−0.3	−7.2	5000	0.5	−1.2	−1.3	9.6
125	−16.1	−3.3	−0.2	−5.5	6300	−0.1	−1.9	−2.0	7.6
160	−13.4	−3.0	−0.1	−4.0	8000	−1.1	−2.9	−3.0	5.5
200	−10.9	−2.0	−0.0	−2.6	10000	−2.5	−3.4	−4.5	3.4
250	−8.6	−1.3	−0.0	−1.6	12500	−3.4	−6.1	−6.2	1.4
315	−6.6	−0.8	−0.0	−0.8	16000	−6.6	−8.4	−8.5	−0.7
400	−4.8	−0.5	−0.0	−0.4	20000	−9.3	−11.1	−11.2	−2.7

对于不同类型的声级计，其容许公差是不同的。应当指出，频率计权特性是声级计在自由声场中在参考入射方向上的相对响应，它不仅与计权滤波器的频率特性有关，也与传声器的频率响应、放大器和检波指示器的频率响应有关。但是由于测试传声器的频率响应基本上是平直的，因此可以用电信号测量声级计的电响应来代替测量自由场响应。必要时，可根据传声器的频率响应对测量进行修正。这种修正只是在高频时才有必要。

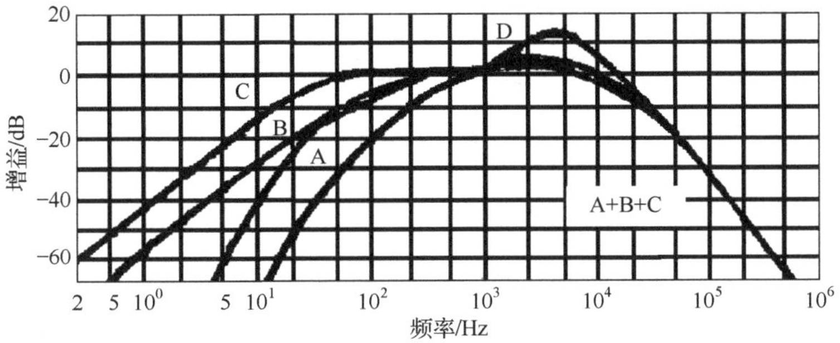

图 3.2.2　计权频率响应曲线

3) 时间计权

声级计还必须有相应的时间计权特性与前边的频率计权配合使用，这样才能使测试结果在一定程度上反映人的主观感觉特性。所谓的时间计权特性，实际上就是时间平均特性。对声级计而言，其时间平均特性包括三种检波指示特性，即“快”(F)，“慢”(S)及“脉冲”(I)检波特性。

快、慢检波特性主要用于对连续波的测试，具有快、慢检波特性的仪器见方框图 3.2.3。“快”特性的检波电路的时间常数为 125ms，“慢”特性的检波电路的时间常数为 1000ms，两者测量稳定的连续声时，一般没有差别，但由于平均时间的长短不一样，如被测量的声波有较大起伏，则用“慢”平均往往起伏比较小，亦即在其平均值附近摆动小。不过，由于平均时间长，会使峰值与谷值的测量产生误差，所以如果需要准确地了解声波涨落的峰、谷值时，则用“快”平均比较好。

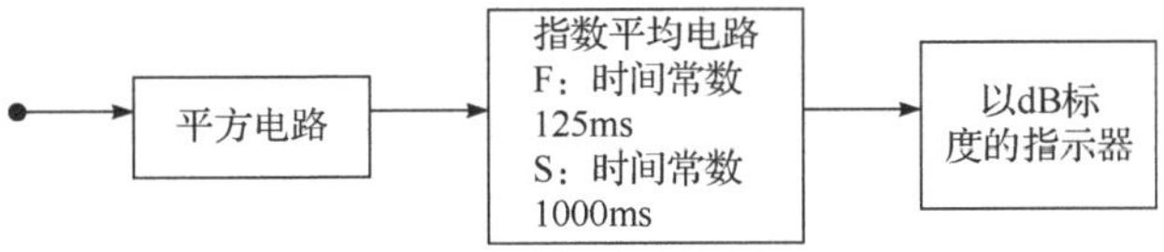

图 3.2.3　声级计的检波特性

至于脉冲计权特性，其来源是这样的：因为人耳对短促脉冲声的响度感觉与对稳态声的响度感觉不一样，有人曾用不同宽度的脉冲声和稳态声进行响度比较，其结果如图 3.2.4 所示。图中 L_i 为脉冲声级，L_D 为稳态声级，不同曲线及符号代表不同人所做的实验结果，实验结果的差异是由不同人选择不同脉冲宽度及仪器等所致。从图 3.2.4 可以看到，脉冲宽度越大，其响度感觉与稳态声响度越接近；相反，如脉冲宽度变窄时，必须增加脉冲声级才能与稳态声级的响度相比较，而且对单个正弦波的响应与连续正弦波的响应也各不相同。因此，要使声级计反映人耳的这一特性，除了必须有频率计权外，对时间计权特性也必须特殊设计。国际电工委员会规定，适合测试脉冲声的时间计权特性称为脉冲(I)检波指示特性，具有 I 检波指示器特性的仪器应包括图 3.2.5 所示各部分。

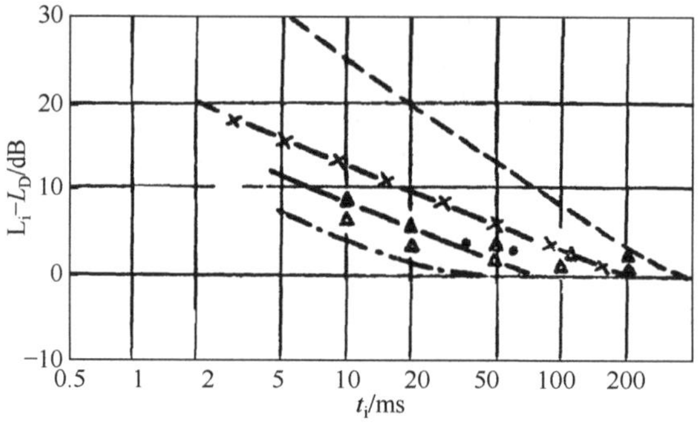

图 3.2.4　脉冲响度测试结果

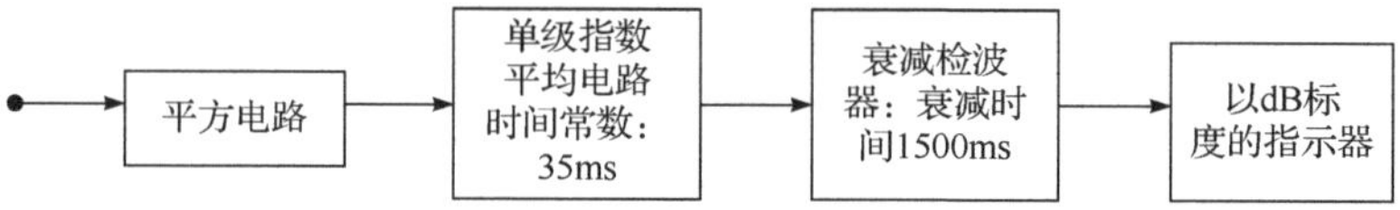

图 3.2.5　声级计检波器指示器方框图

应当指出，图 3.2.3，图 3.2.4 只是对声级计作出的原则规定。事实上，若对声级计时间计权特性作检定，它对正弦波(单个的及连续的)的响应必须符合一定的规定(见 IEC 651)。这类规定对从事声学计量及声学仪器制造的读者是必须掌握的，但对一般使用者，只要注意合理选择声级计的类型，就并不需要根据这些规定再作检定。另外，时间计权特性与频率计权特性一样，就也只能作为“参考”加以考虑。因为，正如前边已指出的，人们原来希望通过频率计权和时间计权，使测试数据能反映人耳的听觉特性，而事实上近年来的工作并没有能证明这种联想。

在实际应用的许多场合，尤其对于非稳定噪声，需要测量噪声的等效连续声级 L_{eq}。但是，一般声级计是不能直接测量等效连续声级的。只能通过测量不同声级下的暴露时间，然后计算等效连续声级。当然，这种方法是非常花费时间和人力的，而且测量结果的准确性也有一定限制。使用积分声级计就能够直接测量并显示出某一测量时间内被测噪声的等效连续声级，使测量变得非常简单、快捷和准确。

积分声级计又称为积分平均声级计或平均声级计，它除应符合 IEC 651《声级计》标准中有关指向特性、频率计权特性和各种环境下的灵敏度要求外，还应符合 IEC 804《积分平均声级计》中规定的积分和平均特性、指示器特性、过载检测及指示特性的要求，这些特性要求对于测量稳态声、断续声、起伏声和脉冲声

的等效连续声级 L_{eq} 是必须的。

积分声级计通常由传声器、具有规定频率计权的放大器、积分器、时间平均器及指示器组成。随着计算机技术的发展，在积分声级计中已普遍使用单片计算机技术和数字信号处理技术。积分声级计也分为 0、1、2、3 型，它们的固有误差及适用场合与一般声级计的相同。

积分声级计比一般声级计具有更宽的线性度范围，对于 0 型积分声级计至少为 70 dB，1 型为 60 dB，2 型和 3 型为 50 dB，它们相应的脉冲范围分别至少为 73 dB、63 dB 和 53 dB。不管是模拟式的还是数字式的积分声级计，指示器范围应至少为 30 dB。积分声级计具有检测峰值过载的监视器。在积分期间的任何时刻，若发生过载，则监视器应能给予锁定指示。只有当重新开始计算等效连续声级时，过载指示才被复位。

积分声级计和一般声级计都对频率计权声压进行平均，然而平均过程在两个方面有所不同。首先，一般声级计仅有有限个固定的，且持续时间相对较短的指数平均特性，最通用的就是前面讲述的 F(快)和 S(慢)两种。相比之下，积分声级计的线性平均时间就要长得多，可达几分钟甚至几个小时。其次，积分声级计对发生在选定的平均时间内的所有声音给予同等重视，而一般声级计则对最新发生的声音比先前发生的声音要重视得多。一般声级计的时间计权按指数衰减，这样，如使用 1s 特性，则起主要作用的是最近 1s 内的声音，而对之前 10s 的声音很少起作用。

4) 方向特性

理想的声级计应该对任何入射方向传来的声波有相同的响应，这样才能使测试数据符合实际的声场情况。然而，由于传声器及机体本身具有一定的方向特性，声级计测量不同方向的入射声波时呈现出方向特性。为此，IEC 对各种类型声级计(包括传声器)的方向特性作表 3.2.3 和表 3.2.4 所示的规定，要求予以满足。

表 3.2.3　偏离基准方向 $\pm 30^{\circ}$ 角范围内灵敏度的最大变化　(单位：dB)

频率/Hz	0 型	1 型	2 型	3 型
31.5～1000	0.5	1.0	2.0	4.0
1000～2000	0.5	1.0	2.0	4.0
2000～4000	1.0	1.5	4.0	8.0
4000～8000	2.0	2.5	9.0	12.0
8000～12500	2.5	4.0	—	—

表 3.2.4　偏离基准方向 ± 90° 角范围内灵敏度的最大变化　(单位：dB)

频率/Hz	0 型	1 型	2 型	3 型
31.5～1000	1.0	1.5	3.0	8.0
1000～2000	1.5	2.0	5.0	10.0
2000～4000	2.0	4.0	8.0	16.0
4000～8000	5.0	8.0	14.0	30.0
8000～12500	7.0	16.0	—	—

3. 数字式声级计

数字式声级计(或数字声级计)是数字式声学测量仪器的一种。与模拟式仪器相比，数字仪器具有以下特点。

(1) 可以进行复杂运算。随着微处理器和数字信号处理器运算速度的不断提高，现代的数字测量仪器越来越像一台专用的计算机。它可以完成传统模拟式仪器无法完成的大量计算任务，如 FFT、相关、频谱分析等。

(2) 读数清晰直观。数字仪器不仅能用数字的形式直接显示被测量的数值，而且相应的符号、单位、极性、小数点等也能显示，它能消除指针式仪器存在的视差，可以几个人同时进行现场观测。随着发光二极管(LED)和液晶显示器的应用，功耗进一步下降，读数视角也更宽阔，色彩更为柔和，减少了测量者因长时间观察而引起的疲劳。

(3) 测量速度快。数字仪器很容易与其他仪器组成一个完整的测试网络，其测量速度可通过采样时间灵活控制，可由每秒 0.1 次到每秒几万次，还可进行人工控制、单次采样和手工操作，这样就给自动化测量提供了条件。

(4) 测量准确度高。数字仪器比模拟仪器的测量准确度提高很多倍，有的甚至提高几个数量级。这是因为数字显示器件对测量准确度没有限制，频率或时间的数字测量准确度高，以及数字信号不容易受噪声和外界干扰的影响。

(5) 测量范围宽，灵敏度高。目前灵敏度高的数字电压表的测量下限可达到 0.1μV 或 10nV，一般的数字电压表也均能达到 10μV 或 1μV，而测量上限可高达 1500V。几乎覆盖了直流电位计、分压箱和电表的所有量限范围。

(6) 使用方便，自动化程度高。使用数字仪器只需将仪器开机预热、预调之后就可使用。操作十分简便。由于数字仪器具有编码信息输出，所以其测量结果可以送入存储器长期保存，可以配接打印机、记录仪等进行自动计数，也可带自动化设备进行自动控制和遥控测量。配上相应的转换器后还可以进行各种电参量和非电量的数字化测量。更重要的是数字仪器更容易与电子计算机结合组成测试系统，进行程控、数据采集、数据处理、逻辑运算等。

由于数字仪器的种种优点，在声学测量领域，声学仪器的数字化已成为主流。目前，声级计基本上已完全数字化，而声强测量系统只能依靠数字式分析仪器。

数字声级计与模拟式声级计的关键区别在于：数字声级计将测量传声器输出的模拟电信号转换为数字信号，其核心功能(如平方、时间计权、频率计权、对数运算等)通过数值运算得到。数字声级计的核心器件是单片机或数字信号处理器，有些商业宣传中将测量结果是数字显示的声级计宣称为数字声级计，本质上这类声级计仍然是模拟式的。

数字声级计具有一般数字测量仪器的基本功能，在传声器之后，是测量放大器、抗混叠滤波器、采样/保持器、模数转换器，A/D 转换之后的数字信号按设定功能完成运算后，其结果可直接显示，同时亦可将某些变量经过 D/A 转换和重建滤波器作为模拟量输出，扩展声级计的功能。需要指出的是，为了降低成本，数字声级计中的某些功能(如时间计权、频率计权等)可采用模拟器件完成，这取决于厂家的策略。

与模拟式声级计相比，数字声级计的准确度大大提高、测量范围更宽、灵敏度更高、读数清晰直观。更重要的是，由于数字声级计具有强大的运算功能，同时与计算机进行接口，高端数字声级计集声学测量、分析与声信号处理为一体，已经演变为多功能声学信号处理系统。

各声学仪器制造商纷纷推出各种功能的数字声级计。以 B&K 公司为例，现产数字声级计有：B&K 2245、B&K 2270、B&K 2250 和 B&K 2250L。B&K 2245 声级计的单一测量范围超过 120 dB(A)，具有扩散场修正、风罩自动检测与修正功能。2270、2250 和 2250L 系列声级计选配不同的软件模块可满足噪声测量、恒百分比带宽(CPB)和 FFT 频谱分析、纯音评估、数据记录和混响时间测试等应用，标配的 BZ-5503 测量套组软件可为分析仪提供数据浏览、导出和维护应用功能。B&K 声级计可支持的软件模块简介如表 3.2.5 所示。

表 3.2.5　B&K 声级计可支持软件模块

产品序号	名称	主要功能	支持平台
BZ-7222	声级计软件	标配，符合最新的 IEC 61672-1/ ANSI 1 级声级计标准的各项要求	2250 2270
BZ-7223	倍频程分析软件	1/1 和 1/3 倍频程滤波实时分析，每个频带动态范围超过 140 dB，同时自动评判噪声评价曲线(NR)、噪声标准曲线(NC)和响度级值	2250 2270
BZ-7224	日志软件	以 1s 的间隔记录所有宽带参数、频谱和统计分析结果，生成噪声轮廓图，用于评估工厂环境	2250 2270

续表

产品序号	名称	主要功能	支持平台
BZ-7225	增强型日志软件	包含 BZ-7724 的所有功能，并支持连续记录分析参数，可定制最短至 1min、最长至 24h 间隔的周期性报告，测量昼夜等效声级(Ldn)、昼-晚-夜声级(Lden)等参数	2250 2270
BZ-7226	数据记录选项	记录原始时域信号，存储为测量项目附件，再通过 BK Connect 等软件进行后处理	2250 2270 2250L
BZ-7227	混响时间模块	支持鸣枪或气球破裂的脉冲声激励和中断声源法混响时间测量	2250 2270
BZ-7228	隔声测量软件	基于 2250 和 2270 的分析功能，进行空气隔声、外墙隔声、冲击声隔音的测量	2250 2270
BZ-7229	双通道测量选件	将 2270 的声级计、CPB 分析、日志、隔声应用和低频选项、记录选项扩展到双通道	2270
BZ-7230	FFT 分析软件	用于实时 FFT 分析，自动根据预设允差进行产品质检，提供自动探测峰值、谐波、参考、窄带等读数功能(2270 仅支持单通道 FFT)	2250 2270
BZ-7231	纯音评估软件	配合 FFT 分析软件，按照 ISO 1996-2 标准识别环境噪声中的纯音成分	2250 2270 2250L
BZ-7233	声强软件	配合 3654 型声强探头进行噪声源识别、按照 ISO 9614-2 扫描法确定声功率	2270
BZ-7234	低频和振动增加选项	结合 4193 或 4964 次声传感器执行 G 计权测量，结合 8344 加速度计执行建筑震动测量，将 1/3 倍频程分析延伸至 0.8 Hz 时域积分获得速度、位移，人体振动(手臂和全身)计权	2250 2270
BZ-7130	声级计软件	标配，符合最新的 IEC 61672-1 声级计标准的各项要求	2250L
BZ-7131	倍频程分析软件	1/1 和 1/3 倍频程滤波实时分析，每通道动态范围超过 140 dB，自动评判 NR、NC 和响度级值	2250L
BZ-7133	日志软件	以 1s 的间隔记录所有宽带参数、频谱和统计分析结果，生成噪声轮廓图，用于评估工厂环境	2250L

AW6288 是杭州爱华智能科技有限公司生产的一款多功能数字声级计，图 3.2.6 为其外观组成，图 3.2.7 给出了按键面板上每个按键的具体作用。此仪器的工作温度范围为–10～50℃，在无雨雪、无雷电的天气，风速为 5 m/s 以下时可以进行测量。该声级计需进行参数设置和校准，其操作流程如下所述。

1) 参数设置

按下仪器复位键，移动光标到“设置”菜单上，按确定键进行如下参数的设置。

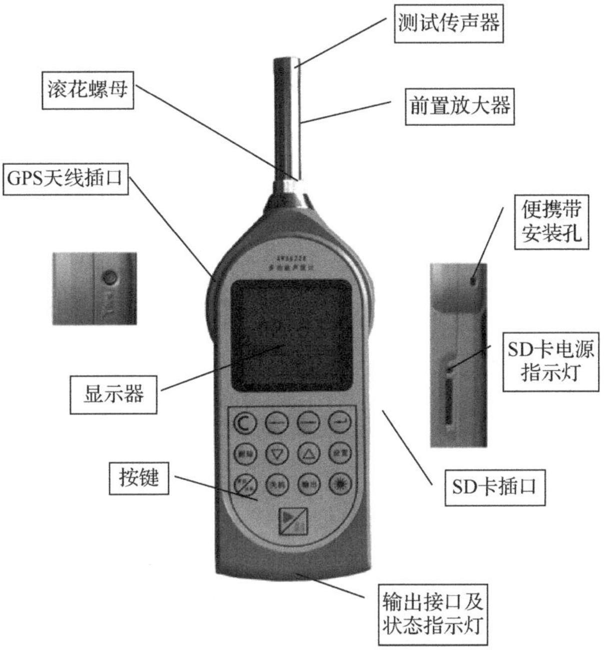

图 3.2.6　多功能声级计 AW6288 的外观组成

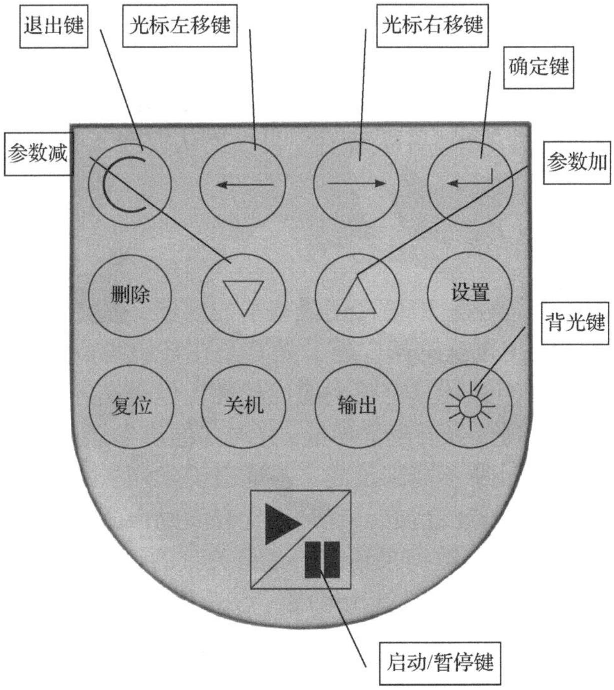

图 3.2.7　多功能声级计 AW6288 的按键功能

(1) 日历时钟调整。将光标移到调整日历时钟处按确定键调整。每月至少让仪器开机工作 8h，以便为内部后备电池充电，确保时钟显示的准确性。

(2) 测量时间设置。将光标移到测量时间的 h,m,s 上。用参数键任意设置测量时间。

(3) 组名(测点名称)输入及选择。将光标移到“组名”处，按下确定键进入组名(测点名称)编辑界面，为每个测量结果编辑不同的组名(测点名称)，任意输入英文或中文。

(4) 统计用频率计权的选择。在启动分析统计之前，可以改为对所需频率计权或时间计权进行统计分析。

(5) 液晶显示器(LCD)显示对比度调节。主菜单下按下参数键对液晶显示器的对比度大小进行调节，也可进入参数设置菜单，将光标移到“对比度”上，按参数键进行调节。

2) 校准

使用 AWA6221 型声级校准器或其他同类型声级校准器，要求声级校准器的工作频率为 1000 Hz±1%，谐波失真小于 1.5%[13]。

将 AWA6221 型声级校准器套到传声器上，打开电源，稳定几秒后，将仪器的光标移到“校准”按钮上，按下“确定”键，仪器开始自动校准。在“LC”后显示声压级，在“Lpx”后显示灵敏度级。在显示器的左上角显示一个数值，从 0 跳到 9 后停下来。将光标移到“应用”按钮上，按下分析仪面板上的“确定”键。

如果新校准出的灵敏度级与上一次保存的灵敏度级相差 3 dB 以上，仪器提示“两次灵敏度级相差超过 3 dB，不能保存。再次确认校准无误”，应检查传声器是否损坏。

3.2.2 多通道声学测量系统

数字式声级计是声学测量中最常用最基本的仪器，基于数字技术构建的声强计(声强测量系统)的应用也越来越广泛，尤其是在环境噪声测量及其现场声学测量中，便携式声级计及声强计具有很大的优越性，但是在声学研究及其他声学测量场合，往往要求同时测量多个声学参量，并对各通道参量作不同的处理及运算，这是一般声级计及声强计所不能满足的。多通道声学测量系统一般由传声器组、多路数据采集器和通用计算机组成，有时还含有激励声源及相应功率放大器，如图 3.2.8 所示。测量系统中，数据采集前端是最关键的组件之一，由一个独立的配有标准输入/出及通信接口的仪器单元组成，实现多路声信号的调理、采样及 A/D 转换，转换后的数字信号被送入计算机进行处理，同时还要接收计算机的命令及数据，控制数据采集并实现信号发生器的功能，通过 D/A 转换可得到所需要的各种信号波形。通过不同的测量分析软件，对获得的测量数据进行各种分析，以获得所需要的结果。下面简要介绍北京声望声电技术有限公司的 MC3322、B&K 公司的 LAN-XI 以及 NTS、LAB 大型结构动力学测试分析平台。

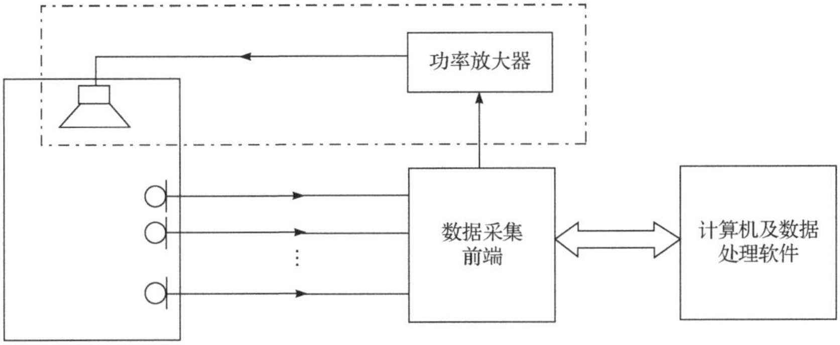

图 3.2.8　多通道声学测量系统示意图

1. MC3322 两通道数据采集分析仪

MC3322 是两通道数据采集分析仪(图 3.2.9)，通过 USB 接口与计算机连接，是即插即用的虚拟仪器系统。配合测量软件 VA-LAB，可用于通用噪声测试、建筑声学测试、电声测量、故障诊断、声品质分析等领域。

图 3.2.9　MC3322 两通道数据采集分析仪

MC3322 两通道数据采集分析仪具有 90 dB 的动态范围，内置 4mA/24V 的恒流源信号调理，适用于各种恒流源供电(ICCP，简写为 ICP)型传声器和加速度计。两个模拟输入通道提供最高 96 kHz 的采样率且每个通道存在三个挡位：−20 dB、0、20 dB，适用于实验室等要求低本底的测试场所。MC3322 不仅可以实时分析处理各种声振信号，还可结合软件组成信号发声系统。

下面对 MC3322 分析仪的传声器、功能及操作过程给予介绍。

1) ICCP 传声器

传统的传声器供电需要 7 芯电缆，其中有 200 V 极化电压、28 V 供电电压、信号线、地线。这种供电方式要求有特殊的接头，电缆的长度受到限制。20 世纪 90 年代出现的 ICCP 型传声器克服了传统传声器的许多缺点，可进行多路和长距离测量(距离可达 500m)，直接与任何 ICP 输入端相连，进行有关声和振动的测试。

(1) 供电原理。

ICP 供电是由仪器的信号输入端提供一个 4 mA 的电流，电流通过同轴电缆到 ICP 前置放大器，放大器内的电路将 4 mA 的电流转换为前置放大器的供电电压，同时高通滤波器将信号与直流电分离，即两条线既是前置的供电电源线，又是前置的信号输出线。

ICP 供电传声器由预极化(驻极体电容式)传声器和 ICP 前置放大器组成(图 3.2.10)，它本身不具备提供 200 V 极化电压的功能，它不能与传统的(需要 200V 极化电压)传声器相连。

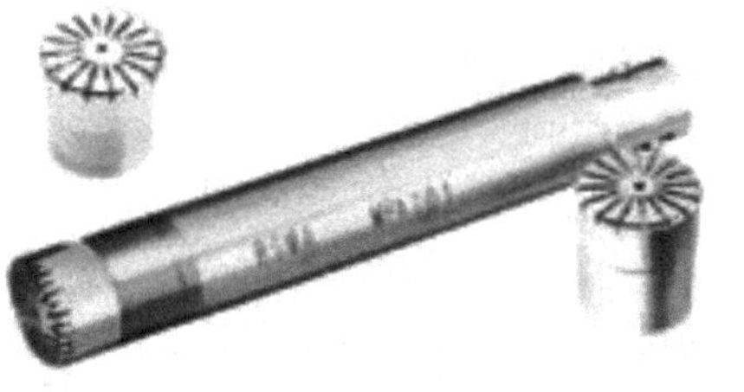

图 3.2.10　ICP 供电传声器

(2) 与传统传声器的频响的比较。

图 3.2.11 为 ICP 供电传声器与传统传声器的频响的比较结果。测量时采用同一个传声器头(MP201)，配置北京声望声电技术有限公司的 MA201ICP 前置放大器和 B&K 公司 2669 前置放大器。在相同的传声器、不同的两种前置放大器下，用静电激励器测量频响。

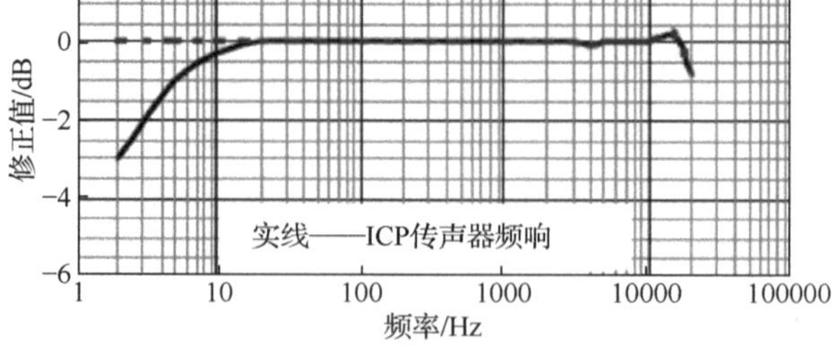

图 3.2.11　ICP 供电传声器与传统传声器的频响的比较结果

从图中可以看出，ICP 供电传声器与传统传声器的频响，在 20 Hz 以下开始衰减，在 2 Hz 时的衰减为 3 dB，低频的差异是由于 ICP 前置放大器在设计时，需要对直流信号进行隔离造成的。在 20 Hz～20 kHz，频响的差别在 0.05 dB 以内。

(3) 信号线对测量的影响。

ICP 传声器的信号线采用 BNC 电缆，这样使电缆的长度可以很长。用 2m 和 500m 电缆进行测试试验，结果表明：电缆的长度对传感器频响的影响很小。在传感器整个频率范围内，灵敏度仅降低了 0.3 dB。

(4) 动态范围。

ICP 传声器的最大输出电压为±7 V。这使得采样灵敏度为 50 mV/Pa 传声器时的最大测量声压级在 130 dB。当声压级超过 130 dB 时，将产生饱和。图 3.2.12 为 ICP 传声器的测量的动态范围。可见，采用 ICP 传声器时测量的范围可达到 15～130 dB(A)。如果需要测量高于 130 dB(A)的噪声，则需要选用低灵敏度的传声器。

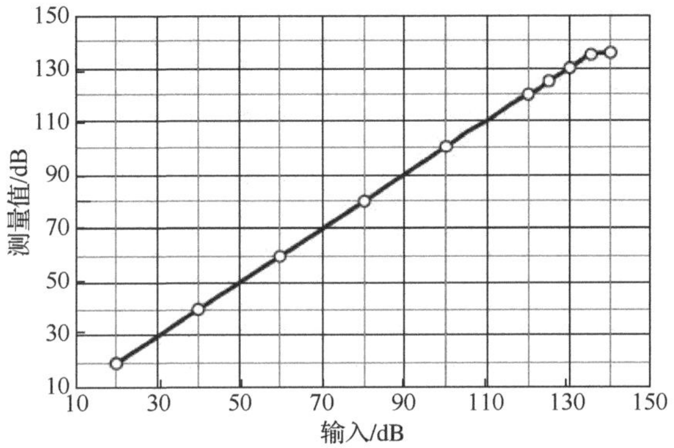

图 3.2.12　ICP 传声器的测量的动态范围

总的说来，ICP 传声器有如下特点：

(1) ICP 传声器能够达到 IEC 651 和 IEC 82828 Ⅰ型的测量标准；

(2) ICP 传声器的测量范围在 15～130 dB(A)，这比传统的传声器要低；

(3) 在 20 Hz～20 kHz 的频率范围内，ICP 传声器的测量精度与传声器相差在 0.05 dB 以内。

ICP 传声器由于在价格和使用方面上都优于传统的传声器。在常规噪声测量时，采用 ICP 传声器完全满足Ⅰ型测量精度的要求。

2) MC3322 两通道数据采集分析仪的主要功能

MC3322 提供两通道输入，具有–20 dB、0 dB、20 dB 可调增益，输入信号过载指示，内置 4 mA/24V 的 ICCP 供电(可关闭)，适用于各种 ICCP 型传声器和加速度计，输入/输出采样频率可达 96 kHz，推荐搭配 VA-Lab2、VA-Audio2，主要功能如下所述。

(1) 通用噪声测试。

通过功率谱，频率响应，或者倍频程实时分析现场噪声情况，原始信号可以被真实录音，然后进行后处理回放及分析。

(2) 环境声学测试。

环境噪声测试，每个通道都具备一般声级计的功能，能够测试各种声学参数、统计声级、倍频程分析等，同时记录声级及频谱随时间变化的曲线。

(3) 声强测试。

搭配北京声望声电技术有限公司的声强探头，MC 3322 提供了一套经济的声强测试系统，可方便地进行户外测试。

(4) 阻抗管声学测试。

搭配北京声望声电技术有限公司 SW 系列阻抗管，MC 3322 能够用于小样品试件的吸声系数测试。

(5) 建筑声学测试。

MC 3322 仪器本身的便携性使其方便用于现场测试。搭配笔记本电脑使用，MC 3322 能够用于现场混响时间， 建筑单元的现场隔声测试，会议室、演奏室等的本底测试，均匀度测试等。但是对于某些要求高的场所，需要同时测试多点的场合，最好选择其他更合适的数据采集设备。

(6) 电声测试。

MC 3322 具备输入输出功能，能够用于测试电声单元性能测试，包括扬声器、受话器、拾音器等。这些电声性能包括灵敏度、频率响应、谐波失真及指向性等。

2. B&K 公司 LAN-XI 数据采集系统

LAN-XI 数据采集硬件外形如图 3.2.13 所示，是由 B&K 公司研发的多用途模块化硬件系统，单模块既可以作为独立前端，也可通过局域网同步技术组成分布式系统，或是集成到 5 或 11 插槽的机箱内。LAN-XI 硬件系统能够非常灵活地组成 2～1000 个以上通道的系统，可选配的频率范围有 25.6 kHz、51.2 kHz、102.4 kHz 或 204.8 kHz，且没有数据传输量的限制。

数据采集的软件部分可通过 B&K 公司研发的 BK Connect®或 PULSE™ 软件平台控制。下面以 PULSE 7700 型平台软件为例，介绍其系统特点与基础操作。

1) PULSE 多分析仪系统的特点

(1) PULSE 多分析仪系统在 Windows 2000 或 Windows 2000XP 系统下工作。

(2) 不同模块通道性能不完全相同，对于 3109 模块，每个输入通道具有 BNC 及 lemo 两种输入方式。

(3) 对同一输入信号同时进行多种分析，减少了测试所需时间。

(4) 同时使用多种分析仪和采用多个同类型分析仪作不同参数分析。

图 3.2.13　LAN-XI 系列前端

(5) 支持外部控件和数据导出(对象连接与嵌入(OLE)自动化和 Axtive 控件)，很容易通过 VB 、VC、Delphi 等常用的编程语言进行二次开发；内置 VBA(visiual basic for application)，不安装任何额外的编程语言也可方便地对 PULSE 进行编程控制。

(6) 利用 MS Word 快速及自动地生成测量报告。

(7) 自动检测前端硬件，自动检测带传感器电子数据表的传感器(IEEE 1445.4 标准，即插即用)。

(8) 标准输入配置包括电压、恒流线驱动(CCLD)、传声器和电荷型选件。

(9) 采集前端的数据通过局域网(LAN)传至个人计算机(PC)时，通信距离可达 150m(用无线 LAN 时更远)，由此可减少传感器长度。

2) PULSE 系统操作基础

一个 PULSE 项目涵盖整个测量过程，并可包含许多不同的任务和分析。PULSE 的设置主要在 Organizer 菜单的三个部分完成：Configuration Organizer (配置管理器)，Measurement Organizer (测量管理器)和 Function Organizer (函数管理器)。

下面分别介绍这三个管理器的设置。

(1) Configuration Organizer。

用于对通道选择传感器，对信号进行命名。若使用智能型传感器，如 4190L 和 4508B 时可以省略本步骤。

打开 Organizer->Configuration，展开机箱和模块图标(图 3.2.14)，单击 input 通道，从右键菜单中单击 Select Transducer,在传感器数据库中选择传感器之后，通道图标会变成一个传感器的形状，如果通道下没有信号名，可以单击通道,右键选择 Add Signal；在完成以上工作后，为了便于记忆关于测量的信息，可以编辑信号名。

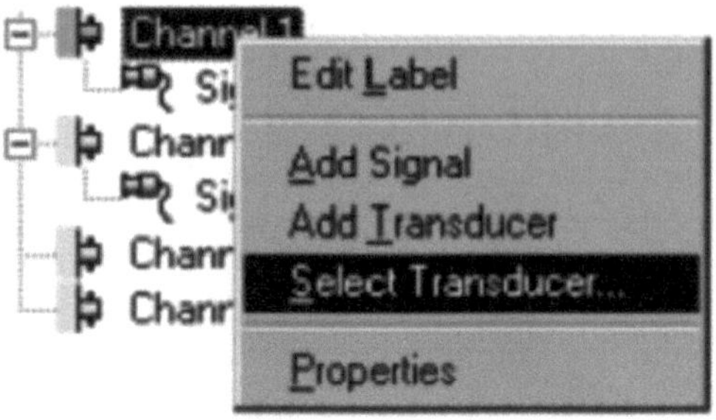

图 3.2.14　配置管理器图标

(2) Measurement Organizer。

该功能用于添加分析仪并设置分析仪、信号的属性，具体步骤包括：

(A) 打开 Organizer->Measurement，弹出测量管理器菜单，单击测量模板 (默认为 Working)，右键选择 Get Configuration 将 Configuration Organizer 中的设置读取到 Measurement Organizer 中来。

(B) 单击”Groups”,右键选择“New Group”，向信号组插入信号，信号编组的目的在于：①可一次设置组中所有信号的属性，而不需要对每个信号单独进行设置；②分析仪以信号组为单位来分析信号；③计算信号之间的互谱 CrossSpectrum 时需要用到一个组或不同组中的不同信号。

(C) 单击 Setup，插入所需要的分析仪，并向分析仪添加信号组：FFT 分析仪选项适合于对谐波成分丰富的信号进行分析，找出纯音的频率；CPB 分析仪选项适合于对声音信号进行等百分比带宽分析；Recorder 分析仪选项用于记录原始时域数据(需要 7701 软件的授权)。

(D) 之后向分析仪加入信号组。

(E) 单击分析仪，右键选择属性，在其 Setup 页面，设置分析仪的属性。

(F) 激活，然后选择合适量程。

激活测量模板 (或按 F2 键)之后，可以打开 Level Meter 图标 (或从 View 菜单下选择 Show Level Meter)来监测输入信号当前的大小，从而判断量程是否合适，合适的量程能够提高测量的信噪比。

测量微弱信号，如消声室本底噪声、仪器本底噪声，一定要用最小量程 7mV 测量。级值表的优点就是可方便地为非稳态信号定量程，在进行实测之前，进行一次试测，然后单击级值表的第二个菜单项系统自动调整到合适的量程，即可进行正式的测量。

如图 3.2.15 所示。当取得合适的量程时，信号显示为绿色，例如 Sound 信号的大小约占该量程满刻度的 1/2～2/3。acc 信号过载显示红色，需要提高量程。级值计显示的其他颜色中，黄色代表信号大小接近该量程满刻度，蓝色代表信号量级远低于量程。

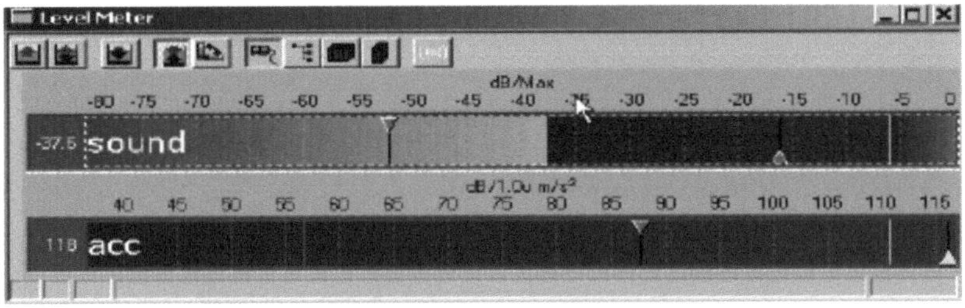

图 3.2.15　级值表

(3) Function Organizer。

该功能用于对测量数据进行后处理，步骤是：

(A) 打开 Organizer->Function,在 Function Group 中添加函数，单击函数的图标，可以选择该函数的类型，双击该函数，可以得到该函数的图形(未单击 Start 之前，函数图形为空白)；

(B) 单击 Start  (或按 F5 键)开始测量，即可观察函数图形。

按以上步骤建立测量项目，并可以保存该项目中的全部设置,包括该次测量的所有结果,保存之后的文件名后缀为“.pls”。下一次可以直接打开此文件，激活，待 Level Meter 级值表中显示值稳定即可直接开始测量。

3) 传感器的使用安装方法

(1) 传感器数据库。

如果所选择的传感器不在 Transducer Database 中，那么在打开 Configuration Organizer 的前提下，打开 PULSE 程序界面菜单栏的 Configuration 菜单项，选择 Transducer Database 项 (倒数第 5 个菜单选项)，进入传感器编辑界面，添加所设置传感器的信息。

可以在传感器数据库的左半个界面中先选择相应的传感器类型，然后在序列号栏输入该传感器的序列号(不能有重复序列号)、在 Accredit Calibration 下的灵敏度栏输入该传感器的灵敏度——Accredit Calibration 下的灵敏度比 Nom.Sensitivity 下的灵敏度优先权高。

如果传感器灵敏度单位的加速度单位(m/s^2)无法输入，请使用重力加速度 g，或者将 Windows 的区域设置改为 USA。

(2) 前端中通道的工作方式(也是传感器工作方式)。

在 Configuration Organizer 中对通道选择了正确的传感器后，最好不要改动信号属性 Channel 页的 Input 项，该项表示传感器的输入方式，如果改错了，将显示过载或者测量结果不对，如图 3.2.16 所示，Input 共有三种输入方式：Direct /

CCLD / Preamp，其通道配置如下所述。

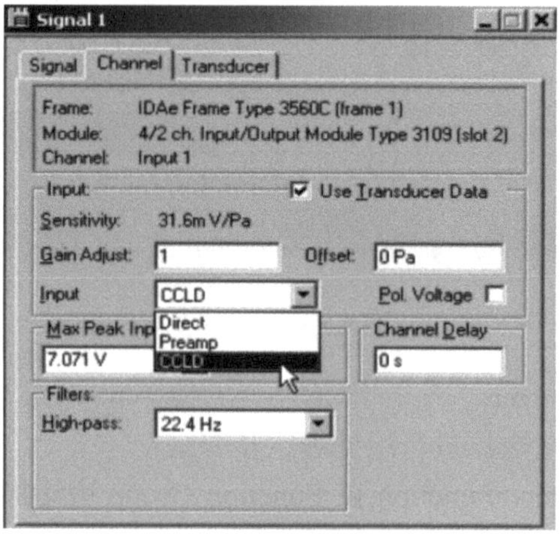

图 3.2.16　前端通道属性选项卡

(A) Direct——可接入直接电压信号或者经过理调后的信号，注意电压单峰值在通道的量程以下，如 3109、3032 A 模块通道量程均为 7 V 峰值，这时需要编辑通道的灵敏度，否则测得结果将只显示电压值。

(B) CCLD——constant current line drive，恒流源线驱动工作方式，该方式需要为传感器内部或外部的放大电路提供电源，电流为 4 mA，电压为 24 V，使用内置放大电路的 B&K 传感器有 4506、4507、4508 等，可由前端供电的外部放大器有 2646、2647 等。 传感器内置放大电路的缺点是不耐高温，因此在高温环境下常使用电荷型加速度计,外接适调放大器，如 2647、2692 系列，再接入前端的输入通道。CCLD 方式的传感器在激活测量模板之后需要经过 5 s 左右的建立时间(供电——会显示短时的过载)才开始工作。

(C) Preamp——使用 7 芯 LEMO 接头对传声器的前置放大器供电。

前置放大器是传声器与 3560 C 输入通道的连接部分，起阻抗变换作用，同时，还经由它为传声器提供极化电压。

预极化类型的(prepolarized，也称为驻极体)传声器不需要加极化电压，外部极化类型(ext. polarized)的传声器需要由前端的通道或外部理调放大器(如 2690)提供极化电压，极化方式错误会导致通道的输入值远低于真实值。

需要注意的是，在直接使用 PULSE 知识库中的范例时，需要对通道进行传感器工作的正确设置。例如 4508 传感器需要恒流源供电；又如某个通道接 4191 传声器，需要 200V 的后极化电压。

3. NTS.LAB 大型结构动力学测试分析平台

汉航(北京)科技有限公司产品的应用包括：模态测试分析、NVH 数据采集分析、振动控制分析、声学测量分析、声学相机声源定位、声学控制和应力应变测量。

根据不同试验需求，硬件系统主要有：适用于外场的猎人系列和用于实验室环境的思想者系列。猎人系列有 4 通道的小型便携式数据采集分析前端到 384 通道机柜式动态信号采集分析前端(图 3.2.17)；“思想者”系列拥有无风扇、低噪声设计，为声学和振动测试提供了理想环境，从 8 通道的模块单元到串联的多通道系统(图 3.2.18)，满足更多动态信号采集和分析场景。

图 3.2.17　汉航猎人系列数采前端

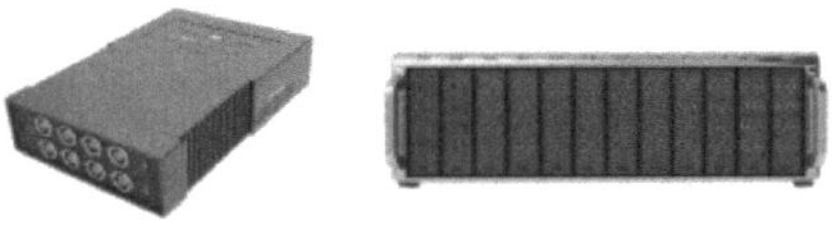
图 3.2.18　汉航思想者系列数采前端

大型结构动力学测试分析平台是一款功能强大的软件，可以实现动态在线信号采集、离线信号采集、应力应变测量、模态测试、声学测量分析、声学相机测试系统、车辆噪声通过测试、车辆换挡性能测试系统和传递路径分析、载荷识别等。

声学测量分析模块提供了基于时域倍频程滤波的倍频程分析功能；依据 ISO 9614-1 标准进行声强测试，分析结果可直接用于声强分析、声功率计算或噪声源识别；进行各种心理声学相关的指标计算和对声音的品质进行主观回放、听审评价。

3.2.3　声成像设备

从数据采集与处理的角度看，声成像识别是多通道声学系统的一种，但它在功能和应用上展现了独特的一面，近 30 年来发展迅速，在包括声学测量在内的声学领域中应用越来越广泛。

声成像是利用声波的传播特性来获取物体或空间内声场分布的技术。早期的声成像研究始于 20 世纪 20 年代末，初始方法是液面形变法，随后发展出常规声成像、扫描声成像、波束形成和声全息等多种方法。其中基于波束形成和声全息方法的声成像设备应用广泛，被称为“声学照相机”。

声成像设备主要依赖传声器阵列进行测量，通过信号处理算法计算出物体或空间内的声场分布。传声器阵列结构决定声成像的空间范围和应用场景。设计传声器阵列时通常需要考虑其性能、空间结构及校准。阵列设计的原则是增大分辨率，减小空间混叠。前者可以通过增大阵列孔径(尺寸)实现，后者则可以通过采用不规则的阵列布局实现。阵列尺寸和传声器间的间距(布局)也决定了安装在阵列上的传感器数量。阵列尺寸决定了在一定分辨率的情况下可以观测到的最低频率。阵列布局则决定了传声器阵列抑制空间混叠的能力。

1. 传声器阵列布局

经典的传声器阵列布局是规则的线阵或面阵，如一字阵、十字阵和矩形阵等。为了减少空间混叠，波束形成阵列需要是非冗余的，因此通常不考虑常规阵列。采用不规则阵列时，一般有两种策略。一种是采用唯一的传声器内部间隔来减少冗余，这种阵列也叫稀疏阵列，常见的稀疏线性阵列包括互质阵列，嵌套阵列和最小冗余阵列。

另一种是为了避免阵列分辨率对方位的依赖，通常采用旋转对称设计，如球阵列、螺旋阵列等。常见螺旋阵列有阿基米德螺旋阵、多臂螺旋阵、多尔蒂(Dougherty)对数螺旋阵、Arcondoulis 指数螺旋阵、B&K 螺旋阵等。螺旋阵列的主要优点是其可以用较少的传声器覆盖大孔径，在宽频带内有较低的最大旁瓣级和良好的旋转对称性。

2. 信号处理算法

信号处理算法通常使用波束形成和声全息方法，其中远场使用波束形成方法，近场使用声全息方法。波束形成是一种基于远场麦克风阵列测量的信号处理技术。当阵列对声场进行空间采样时，波束形成算法执行空间滤波操作，从而使得绘制出与阵列存在一定距离的声源分布图成为可能，并由此确定主要噪声源位置。声全息方法实践中运用较多的则是统计优化的近场声全息(SONAH)方法，该方法是将声场展开为一组正交完备的基函数的线性组合，选取前 N 个基函数来近似展开声场，再通过最小二乘法由全息面数据解出基函数展开式中的待定系数，从而重建声场中声源体表面各声学量在声场中的分布情况。

3. 声成像设备的优势

与传统测量设备相比，声成像设备具有许多的优势。

(1) 将声音可视化：声成像设备通过彩色等高线图的方式呈现声源分布，类似于热成像仪对物体温度的探测效果，从而直观地显示出声源的位置和状态。这种可视化功能极大地提高了噪声检测的精度和效率，使得工程师可以更快速、准确地定位声源并进行故障诊断。

(2) 配备先进的传声器阵列和实时信号处理技术：声成像设备使用先进的大

型传声器阵列进行测量并使用高性能芯片进行实时处理。这使得它们在检测灵敏度、图像分辨率以及检测范围上都具有显著优势。

(3) 应用场景广泛且灵活。在汽车工程中的 NVH(noise，vibration，harshness)优化方面，声成像设备能够精准定位车辆内部的噪声源，帮助工程师快速识别并解决噪声问题，显著提升驾乘舒适性与车辆品质。在电力设施复杂且可能存在潜在危险的环境中，声成像设备能够安全、非接触式地检测设备的声场状态，及时发现并定位潜在故障，确保电力系统的稳定运行与供电安全。此外，在光学摄像头或其他声学仪器因环境限制(如高浊度介质或水下环境)而无法有效工作的情况下，声学照相机凭借其不受光线影响、穿透性强的特点，依然能够稳定地执行检测任务，提供准确的声场信息。这一特性使得声学照相机在海洋探测、水下设施检查以及特定工业环境中具有不可替代的价值。

近几年来，世界知名声学仪器制造厂家纷纷推出各种功能的声成像设备，这些声成像设备主要是传声器阵列和声学阵列分析软件的结合。以 B&K 公司为例，其传声器阵列类型及声成像方法如表 3.2.6 所示。

表 3.2.6　B&K 声成像设备所用阵列类型及声成像方法

阵列类型	应用领域	噪声源识别方法	通道数	大小
球形阵列	汽车、列车、飞机等交通工具和建筑内部噪声	球形阵列波束形成	36 或 50	直径 20 cm
轮式阵列	一般用途	波束形成	42 以上	直径 0.6～4 m
半轮式阵列	路面和轨道交通工具移动声源识别，以及风洞和通过噪声测试	波束形成	42 以上	直径 1.5～4.0 m
网格阵列	一般用途，非移动声源识别	声全息和瞬态计算	6 以上	0.125 m × 0.125 m 及以上(多种间距可选)
扇形阵列	一般目的，发动机、汽车零部件、内饰	波束形成和声全息	18, 36, 60, 84 或 108	直径 0.35～2.0 m
手持阵列(单层或双层) 二维机器人阵列	零部件、内饰等	实时声全息，分块绘图和保形计算声全息	最小 6 × 6 × 1，最大 8 × 8 × 2 2～96	间距：25 mm、30 mm、35 mm、40 mm 和 50 mm，直径：1 m × 1 m 至 10 m × 3 m
	稳态噪声源，大至交通工具和发动机；小至听力辅助装置和牙钻			
星形阵列	室外噪声源，风机	波束形成，抑制阵列后方噪声	30, 42,…,114 (可定制)	直径 3.5 m

3.2.4 噪声自动监测系统

伴随城市化进程的不断推进，人口密集的生产、生活、商业活动区域大量涌现，车辆急剧增加，由此带来的城市区域噪声污染也随之日益严重。这不仅会降低人们的生活幸福感，也会对环境和动植物造成严重的伤害。因此，有效监测噪声污染水平，对于保护城市环境和提升居民生活质量非常重要。噪声自动监测系统由此被研究和开发，旨在提供一种高效、准确监测噪声水平的方法，以便采取相应的控制措施。

噪声自动监测系统由数据采集端、网络传输端、监控数据中心端三部分组成。数据采集端通过噪声检测仪、无线监控摄像头等前端数据采集设备实时对区域内的噪声大小、来源等各类数据进行监控和采集。网络传输端由 ORB305 工业级无线路由器与数据采集端相连接，通过高速、稳定的无线网络，将数据传输至监控数据中心端进行处理和备份。监控数据中心端的服务器通过接收来自前端的传输数据进行储存备份与分析展示，管理人员直观了解某个区域内噪声的时间分布、声音类型和大小等数据，并通过查看远程高清视频及时了解区域内的现场实际情况[13]。

噪声自动监测系统的优点如下所述。

(1) 实时性：自动监测系统可以实时地收集和处理噪声数据，提供给相关部门及时、准确的信息。管理者就能够快速作出反应，并采取措施来控制噪声污染。

(2) 准确性：自动监测系统的核心部件就是传感器和数据后处理平台，得益于传感器技术、计算机技术和数字信号处理技术的快速发展，使得自动监测系统的测量数据非常准确，周围背景噪声等干扰因素的影响很小。

(3) 自动化：自带校准器，实现传感器的自动校准，校准声压级 94 dB，频率 1 kHz，准确度±0.2 dB。传感器自动收集和平台自动处理数据的能力，减轻了人工工作负担，提高了效率，也减少人为错误和时间延迟。

(4) 全天候化：监测用的传声器具有防雨、防风、防鸟停等特殊功能，适用温度范围从−20～+70℃；220 V 交流市电，停电时由备用蓄电池供电。所以可以全天候户外使用。

(5) 可视化：最后的报告可以图表、地图、动画等可视化形式展示，使得数据更易理解和分析，便于管理者制定合适的控制策略。

杭州爱华智能科技有限公司开发研制有：AHAI6218J 环境噪声自动监测系统、AHAI 2001 环境噪声监测仪、AHAI 1001 汽车鸣笛违章监控系统，AHAI6218J 环境噪声自动监测系统(图 3.2.19)可用于多种环境，比如，城市功能区、建筑工地、工业企业、道路交通和机场区域。

图 3.2.19　AHAI6218J 环境噪声自动监测系统

我国民用航空行业标准 MH/T 5109—2013《机场航空器运行与噪声监控系统技术规范》适用于对机场噪声监测站点上方或者周围所发生的航空器噪声事件进行监测，标准中对监测仪器设备(传声器、风罩)、监测位置、监测系统(监测终端、中央工作站、运行的软硬件环境)、监测参数(连续声级、单噪声事件声压级、百分之 N 超过声级)、监测系统校准、环境特征、数据后处理等进行了详细介绍。

3.3　声强测量系统

广义地说，声强是指通过垂直于声波传播方向上单位面积的声功率。从时间上划分，声强分为瞬态声强和平均声强；从功率传输的角度分，声强可以分为无功声强和有功声强[15]。在声辐射研究中，人们通常所说的声强是指有功声强。瞬态声强的数学表达式为

$$\boldsymbol{I}_{\mathrm{i}} = p\boldsymbol{u} = \boldsymbol{I}_{\mathrm{ia}} + \mathrm{j}\boldsymbol{I}_{\mathrm{ir}} \tag{3.3.1}$$

式中，$\boldsymbol{I}_{\mathrm{ia}}$ 为瞬态有功声强；$\boldsymbol{I}_{\mathrm{ir}}$ 为瞬态无功声强。

瞬态声强的时间平均即为平均声强矢量，有

$$\boldsymbol{I} = \frac{1}{T}\int_T \boldsymbol{I}_{\mathrm{i}}\mathrm{d}t = \frac{1}{T}\int_T p\boldsymbol{u}\mathrm{d}t = \left\langle p\boldsymbol{u}\right\rangle_t \tag{3.3.2}$$

瞬态声强的矢量方向正比于声压相位梯度，与声传播方向相同，其时间平均代表声能量的传输能力；瞬态声强矢量的无功分量正比于声压幅值梯度，它的矢量方向是垂直于等声压面的，它不传输声功率，只是在原地作声能振荡。

在声学测量中，由于声压测量的原理简单，方法简便，测量仪器也比较成熟，因此一般情况人们习惯测量声压(或声压级)。测量得到声压或声压级后，可以计算得到声强、声强级，以及声功率、声功率级等声学参量。但是，声压测量受环

境的影响(背景噪声、反射声)较大，往往需要进行修正，有时还需要在特定的声学设施(如消声室、混响室)中进行。随着传感器技术和电子技术的飞速发展，各种直接测量声强的仪器相继问世。由于声强测量及其频谱分析对噪声源的研究有着独特的优越性，能够有效地解决许多现场声学测量问题，因此成为声学研究的一种有力工具。声强特性及其测量方法的研究与应用被誉为20世纪最后20年声学领域的革命性成就之一。

声强测量技术的研究至今已有半个多世纪的历史了。虽然经过国内外声学工作者的不懈努力和对测量装置的不断完善，但由于实验手段短缺，早期声强测量技术的可靠性和应用性是有限的。在数字信号处理技术和FFT谱分析仪问世后，旧的测量技术被抛弃，一种由两个相同传声器组成的声强测量系统得到了发展和完善，被广泛地应用于实际测量中。

3.3.1 P-U 和 P-P 技术

由上面的表述可知，通常情况下，声强值的确定需要测量声场中的声压与质点振速。因而，声强测量归结于如何测量声场中声压和质点振速信号。声压能用传声器直接测量，而质点振速只能间接测量近似估算。因此，即使不存在任何测量误差，声强测量值也只能是其真值的近似。根据质点振速的测量方式，声强测量技术可以分为两大类：直接测量技术和间接测量技术，目前常用的P-U技术和P-P技术是它们的典型代表。P-U技术属于直接测量技术，P-P技术属于间接声强测量技术，它基于有限差分原理，通过测量两邻点的声压信号，近似估算流体声场中的质点振速。下面分别介绍P-U和P-P技术[15]。

1. P-U 技术

基于P-U技术的声强测量仪是根据声强定义式设计制作的，它由1只压力传感器和1只速度传感器组成，测量时声强仪直接输出压强和质点振速信号，将它们相乘则获得声强仪轴向上的瞬态声强值。图3.3.1是目前广泛采用的P-U声强仪原理构造示意图，图中S和R分别表示超声波束发射器和接收器，d是发射器到接收器间的距离，M表示压力传感器。

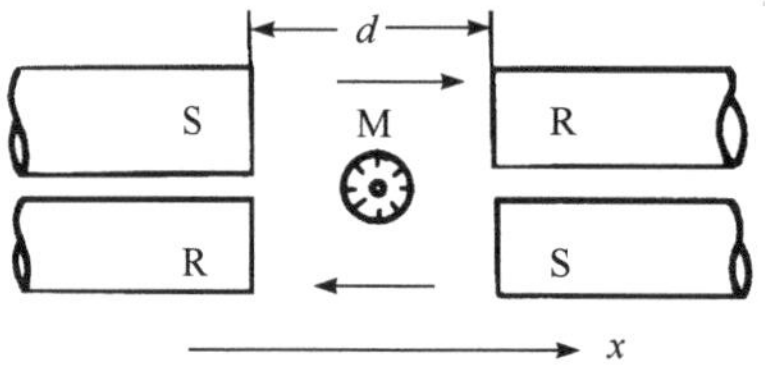

图 3.3.1 P-U 声强仪原理构造示意图

测量时压力传感器放置在被测点处，声强仪轴线方向(设为 x 轴)与指定方向保持一致。两平行超声波束由两发射器同时发射，相向传播，经过距离 d 后分别到达接收器。当声强仪所在空间没有声波传播时，两超声波束由发射器到达接收器所经历的时间应相等，即 $t_0 = d/c_0$ 。若声强仪所在空间有声波传播，则在超声

波束经历路径上任意点处超声波束的传播速度为

$$v(x,t)=c\pm u_x(t) \tag{3.3.3}$$

式中，c 是声速；u_x 是质点振速在声强仪轴线上的投影分量。由于 $d\ll\lambda$，对于稳态声场，$u_x(x,t)$可以用中心点(压力传感器所在位置)处质点振速的 x 轴向分量 u_x 近似代替，因而两超声波束经历间距 d 所需的时间分别为

$$t_+=\frac{d}{c+u_x},\quad t_-=\frac{d}{c-u_x} \tag{3.3.4}$$

两超声波束到达接收器时的相位差为

$$\Delta\varphi=\omega_n t=\left[\frac{1}{c-u_x}-\frac{1}{c+u_x}\right]\omega_n d=\frac{2u_x\omega_n d}{c^2-u_x^2} \tag{3.3.5}$$

式中，ω_n 是超声波束圆频率。当 $u_x\ll c$ 时，式(3.3.5)可简化为

$$\Delta\varphi\approx\frac{2u_x\omega_n d}{c^2} \tag{3.3.6}$$

由此可计算出质点振速在声强仪轴向上的投影分量为

$$u_x\approx\frac{c^2\Delta\varphi}{2\omega_n d} \tag{3.3.7}$$

按式(3.3.7)设计模拟电路，将相位差 $\Delta\varphi$ 转换成为一个质点振速信号。需要注意的是，当超声波束传播速度 c 为空间坐标位置的函数时，式(3.3.4)不能成立，时间间隔 t_+ 和 t_- 必须要采用数值积分方法计算，u_x 的计算表达式很复杂，有关内容需进一步参考相关文献。

当 P-U 声强中有 3 只正交轴向质点振速传感器时，则可以用于测量流体声场中的瞬态声强矢量；当 P-U 声强仪中只有一个质点振速传感器时，则只能用于测量稳态流体声场中的声强矢量(由分别在三个正交轴向上测量的声强分量计算出)。

相比声压测量仪器，P-U 声强仪具有体积大以及传感器相位匹配程度影响测量结果等缺点，因此不适用于测量近场、抗性声场和非稳态声场中的声强矢量。

2. P-P 技术

声压是易于测量的声学量，但声压梯度是无法直接测量的，它只能间接测量。根据有限差分原理，声场中某点 0 处沿 $\boldsymbol{l}$ 方向的声压梯度可以由在 $\boldsymbol{l}$ 方向上两相邻点(参考点 1 和 2)处的声压值近似估算，如图 3.3.2 所示。于是

$$\frac{\partial p}{\partial l}=\frac{p_1-p_2}{\Delta} \tag{3.3.8}$$

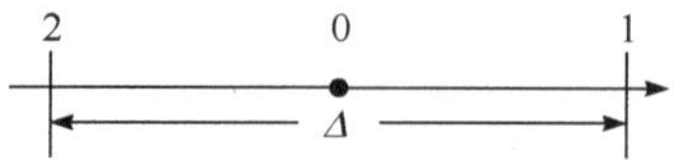

图 3.3.2　场点和参考点相对位置示意图

式中，$\varDelta$ 是两参考点之间的距离，称为测点间距，参考点 1 和 2 到 0 点的间距相等。注意，测点间距 $\varDelta$ 应远小于被测声波波长，否则式(3.3.8)将不成立。

根据运动方程，质点振速与声压之间的关系是

$$\bar{u} = -\frac{1}{\rho_0}\int_{-\infty}^{t} \nabla p \mathrm{d}\tau \tag{3.3.9}$$

由式(3.3.8)和式(3.3.9)可得出 0 点处的质点振速在 $\boldsymbol{l}$ 方向上的投影分量为

$$u_l = -\frac{1}{\rho_0}\int_{-\infty}^{t} \frac{\partial p}{\partial l}\mathrm{d}\tau \approx \frac{1}{\rho_0 \varDelta}\int_{-\infty}^{t}(p_2 - p_1)\mathrm{d}\tau \tag{3.3.10}$$

图 3.3.2 中 0 点处的声压可以近似表示为两参考点处声压的平均值，即 $p \approx (p_1 + p_2)/2$，因而该处瞬态声强矢量在 $\boldsymbol{l}$ 方向上的投影分量可近似表示为

$$I_{i,l} \approx \frac{1}{2\rho_{\varDelta}\varDelta}(p_1 + p_2)\int_{-\infty}^{t}(p_2 - p_1)\mathrm{d}\tau \tag{3.3.11}$$

一般情况下，瞬态声强的测量需要借助积分器来完成。对于简谐稳态声场，参考点 1 和 2 处的声压值可分别表示为

$$p_1 = p_{\mathrm{A}1}\cos(\omega t + \varphi_1) \tag{3.3.12}$$

$$p_2 = p_{\mathrm{A}2}\cos(\omega t + \varphi_2) \tag{3.3.13}$$

式中，$p_{\mathrm{A}1}$ 和 $p_{\mathrm{A}2}$ 分别是参考点 1 和 2 处的声压幅值；φ_1 和 φ_2 分别为两点声压的初始相位，都是常数。将式(3.3.12)和式(3.3.13)取算术平均，并注意到在 $t = -\infty$ 时 $p_1 = p_2 = 0$，则可获得瞬态声强矢量在 $\boldsymbol{l}$ 方向上的投影分量为

$$I_{i,l} \approx \frac{1}{4\rho_0\omega\varDelta}\left[p_{\mathrm{A}2}^2\sin 2(\omega t + \varphi_2) - p_{\mathrm{A}1}^2\sin 2(\omega t + \varphi_1) + 2p_{\mathrm{A}1}p_{\mathrm{A}2}\sin(\varphi_2 - \varphi_1)\right] \tag{3.3.14}$$

此式表明瞬态声强的 $\boldsymbol{l}$ 方向分量值围绕一常数值做简谐波动，波动圆频率为 2ω。

通常情况下，人们感兴趣的不是瞬态声强矢量而是其时间平均值。声强矢量在 $\boldsymbol{l}$ 方向的投影分量为

$$I_l = \lim_{T\to\infty}\frac{1}{T}\int_T I_{il}\mathrm{d}t = -\frac{1}{\rho_0\varDelta}\left\langle p_2(t)\int_{-\infty}^{t} p_1(\tau)\mathrm{d}\tau\right\rangle_t \tag{3.3.15}$$

若声场中声压可表示为两点声压的算术平均，则声强矢量在 $\boldsymbol{l}$ 方向上的投影分量为

$$I_l = \frac{p_{\mathrm{A}1}p_{\mathrm{A}2}}{2\rho_0\omega\varDelta}\sin(\varphi_2 - \varphi_1) \tag{3.3.16}$$

由于测点间距远小于声波波长，故有 $\varphi_2 - \varphi_1 \ll 1$，则式(3.3.16)可简化为

$$I_l \approx \frac{p_{A1}p_{A2}}{2\rho_0\omega\Delta}(\varphi_2-\varphi_1) = -\frac{p_{A1}p_{A2}}{2\rho_0\omega}\frac{\delta\varphi}{\Delta} \tag{3.3.17}$$

式中，$\delta\varphi=\varphi_1-\varphi_2$。当$\delta\varphi=0$时，$I_l=0$，此时瞬态声强等于其无功分量。由式(3.3.14)可得出在$\boldsymbol{l}$方向上瞬态声强无功分量的幅值为

$$J_l = \frac{1}{4\rho_0\omega\Delta}\left(p_{A2}^2-p_{A1}^2\right) = -\frac{p_{A1}+p_{A2}}{4\rho_0\omega}\frac{\delta p_A}{\Delta} \tag{3.3.18}$$

式中，$\delta p_A = p_{A1}-p_{A2}$。

由式(3.3.15)～式(3.3.17)可以看出，瞬态声强和其时间平均值可以由两只压力传感器测量的两相邻点处声压信号来估算。声强值与两测点处的声压相位差成正比，而瞬态声强无功分量幅值与测量的两压强幅值差成正比。因而声强仪可以用两只压力传感器组成，称为 P-P 声强仪。但这两只压力传感器应具有“完全相同”的特性，即具有相同的频率响应特性，相位和幅值应“完全”匹配。相位和幅值的差异(失配)直接影响声强测量值。失配越大，声强测量误差就越大。在稳态声场中可只用一只压力传感器和高分辨率的相位计依次测量各参考点(相对于某参考信号)的相位，然后由其相位测量值计算相位差$\delta\varphi$，这样可以消除由传感器特性差异而引起的测量误差。

测量前，声强矢量的方向是无法预估的。在稳态声场中可用 P-P 声强仪依次测量三个正交轴向上的声强值，然后再求出声强矢量。但在非稳态声场中必须需要 6 只压力传感器(分布在 3 个正交方向上)才能测量声强矢量。

在空气声场中，P-P 声强仪中的压力传感器(传声器)有不同的排列形式，如图 3.3.3 所示，它们各有优缺点。P-P 声强仪中，选择何种压力传感器主要取决于实际测量环境。对于空气流体，声强仪中的传感器通常是电容传声器；而对于水介质，声强仪中的传感器是压电式水听器。实际传感器的频率特性是不可能完全匹配的，总存在一定的相位和幅值失配。因此，测量前必须对声强仪中的传感器进行相位和幅值校准，必要时应采取措施进行适当的补偿，以保证声强测量误差限制在一定的范围之内。

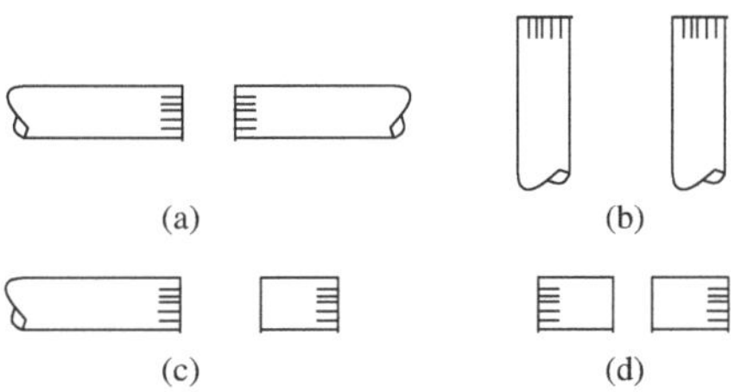

图 3.3.3　P-P 声强仪中传感器排列方式

3.3.2　声强的频谱表达式

实际工程中感兴趣的往往是声强的频率分布特性。获得声强频率分布函数的方法有两种：直接法和间接法。

直接法的测量过程是，首先用两个相同特性的滤波器将声强仪输出的两测量信号中不需要的频率成分抑制衰减掉，然后将两相同频率(或频率带宽中)的测量信号相乘而获得某频率(或频率带宽中)的声强测量值。通过改变滤波器中滤波频率上、下限的设置，重复测量即可获得声强的频率分布函数。对于 P-U 技术，声强仪输出的声压和质点振速测量信号经滤波器衰减不必要的频率成分后直接相乘，即获得所需频域中的声强测量值。对于 P-P 技术，按 $p=(p_1+p_2)/2$ (非稳态声场)或式(3.3.16)(稳态声场)对声强仪测量的声压信号进行必要的加、减、积分运算。这些运算可以选在测量信号通过滤波器之前，也可以在此之后进行，其选择取决于实验条件、操作者的习惯和便利，它不应对声强测量结果产生任何影响，引起任何测量误差。

间接法是对声强仪输出的测量信号进行傅里叶变换，将时域信号转换为频域信号分析。我们知道：声强也可以看作是声压信号和质点振速信号相关程度的一种数学反映。在时域中两列信号的相关程度用相关函数来表征。对于 P-U 技术，声强仪测量的声压和质点振速信号的互相关函数为

$$R(p,u,\tau)=\frac{1}{T}\int_0^T p(t)u(t+\tau)\mathrm{d}t \tag{3.3.19}$$

对于简谐声场，T 为简谐周期的整倍数；对于非简谐声场，T 应趋于无穷大。在时域中，声强等于相同时刻声压与质点振速的相关函数，即

$$I=\frac{1}{T}\int_0^T p(t)u(t)\mathrm{d}t=R(p,u,0) \tag{3.3.20}$$

在频域中，与互相关函数相对应的量称为互谱密度函数，它可以表示为

$$S(p,u,\omega)=\frac{1}{2\pi}\int_{-\infty}^{\infty} R(p,u,\tau)\mathrm{e}^{-\mathrm{j}\omega\tau}\mathrm{d}\tau \tag{3.3.21}$$

式中，将时域中的自相关函数变换为频域中的互谱密度函数。相反地，傅里叶逆变换将频域函数变换为时域中对应的函数，即

$$R(p,u,\tau)=\int_{-\infty}^{\infty} S(p,u,\omega)\mathrm{e}^{\mathrm{j}\omega\tau}\mathrm{d}\omega \tag{3.3.22}$$

结合式(3.3.20)和式(3.3.22)，有

$$I(\omega)=R(p,u,0)=\int_{-\infty}^{\infty} S(p,u,\omega)\mathrm{d}\omega \tag{3.3.23}$$

该式表明压强与质点振速的互谱密度函数 $S(p,u,\omega)$ 是声强在频域中的分布函数。由式(3.3.21)定义的互谱密度函数是双边互谱密度函数，它对于正负频率都有意义，并且

$$\begin{aligned}\mathrm{Re}\{S(p,u,\omega)\}&=\mathrm{Re}\{S(p,u,-\omega)\}\\ \mathrm{Im}\{S(p,u,\omega)\}&=-\mathrm{Im}\{S(p,u,-\omega)\}\end{aligned}\tag{3.3.24}$$

式中， $\mathrm{Re}\{\bullet\}$ 和 $\mathrm{Im}\{\bullet\}$ 分别表示互谱密度函数的实部和虚部。

实际工程中往往采用单边互谱密度函数。单边互谱密度函数 $G(p,u,\omega)$ 与双边互谱密度函数的关系为

$$G(p,u,\omega)=\begin{cases}2S(p,u,\omega), & \omega>0\\ S(p,u,\omega), & \omega=0\\ 0, & \omega<0\end{cases}\tag{3.3.25}$$

因此，声强在频域中的分布函数可表示为

$$\begin{aligned}I(\omega)&=S(p,u,\omega)+S(p,u,-\omega)\\ &=2\,\mathrm{Re}\{S(p,u,\omega)\}=\mathrm{Re}\{G(p,u,\omega)\}\end{aligned}\tag{3.3.26}$$

测量中，如果 P-U 声强仪输出的测量信号经前置放大器后直接输入双通道快速傅里叶变换(FFT)谱分析仪，则 FFT 谱分析仪将按式(3.3.26)将测量信号直接转换为声强的频率分布函数。

互谱密度函数 $G(p,u,\omega)$ 虚部的负值表征着瞬态声强无功分量的幅值，因而互谱密度函数 $G(p,u,\omega)$ 的共轭实际上是复数声强在频域中的表示，即

$$I_{\mathrm{c}}(\omega)=G^{*}(p,u,\omega)=G(p,u,\omega)\tag{3.3.27}$$

对于 P-P 技术，声强仪输出的是两个测量声压信号。在稳态声场中，声强在声强仪轴线上的投影分量可由式(3.3.15)估算。为书写简便，省略下标 l。假设声强仪轴线正向与声强矢量方向一致。若记

$$z(t)=\int_{-\infty}^{t}p_1(\tau)\mathrm{d}\tau\tag{3.3.28}$$

则式(3.3.15)可表示为

$$I=-\frac{1}{\rho_0\varDelta}\frac{1}{T}\int_T p_2(t)z(t)dt=R(p,z,0)\tag{3.3.29}$$

式中， $R(p,z,0)$ 是在相同时刻信号 $p_2(t)$ 和 $z(t)$ 之间的相关函数：

$$R(p,z,\tau)=\frac{1}{T}\int_T p_2(t)z(t+\tau)\mathrm{d}t\tag{3.3.30}$$

相应的双边互谱密度函数为

$$S(p,z,\omega)=\frac{1}{2\pi}\int_{-\infty}^{\infty}R(p,z,\tau)\mathrm{e}^{-\mathrm{j}\omega\tau}\mathrm{d}\tau\tag{3.3.31}$$

因此，声强在频域中的表达式为

$$\begin{aligned} I(\omega) &= -\frac{1}{\rho_0 \Delta}\left[S(p,z,\omega)+S(p,z,-\omega)\right] \\ &= -\frac{1}{\rho_0 \Delta}\mathrm{Re}\{S(p,z,\omega)\} \end{aligned} \tag{3.3.32}$$

在测量中，若将 P-P 声强仪输出的两测量信号直接输入 FFT 双通道谱分析仪中，并将其中一通道信号乘以积分因子，则 FFT 谱分析仪按上式关系给出声强的频率分布函数：

$$I(\omega) = \frac{1}{\rho_0 \omega \varDelta}\mathrm{Im}\{G(p_1, p_2, \omega)\} \tag{3.3.33}$$

式(3.3.33)表明，声强可直接由 P-P 声强仪输出的两声压测量信号的互谱密度函数虚部计算得出。式(3.3.33)也可以采用另外一种方法获得。若假设参考点 2 到 1 的连线与振速矢量方向一致，则根据差分法原理有

$$\frac{\partial u}{\partial t} \approx -\frac{1}{\rho_0}\frac{p_1 - p_2}{\varDelta} \tag{3.3.34}$$

对等式两边取傅里叶变换，则有

$$\frac{1}{2\pi}\int_{-\infty}^{\infty}\frac{\partial u}{\partial t}\mathrm{e}^{-\mathrm{j}\omega t}\mathrm{d}t \approx -\frac{1}{\rho_0 \varDelta}\left[p_1(\omega) - p_2(\omega)\right] \tag{3.3.35}$$

式中，$p_1(\omega)$ 和 $p_2(\omega)$ 分别是声压 p_1 和 p_2 的频域表示。式(3.3.35)左边为

$$\frac{1}{2\pi}u\mathrm{e}^{-\mathrm{j}\omega t}\Big|_{-\infty}^{\infty} + \frac{\mathrm{j}\omega}{2\pi}\int_{-\infty}^{\infty}u\mathrm{e}^{-\mathrm{j}\omega t}\mathrm{d}t = \mathrm{j}\omega u(\omega) \tag{3.3.36}$$

由于在 $t = \pm\infty$ 时，$u = 0$，所以式(3.3.36)第一项为零。结合式(3.4.35)和式(3.4.36)，有

$$u(\omega) \approx \frac{\mathrm{j}}{\rho_0 \omega \varDelta}\left[p_1(\omega) - p_2(\omega)\right] \tag{3.3.37}$$

在频域，测点处的声压为

$$p(\omega) \approx \frac{1}{2}\left[p_1(\omega) + p_2(\omega)\right] \tag{3.3.38}$$

复数声强的频域表示为

$$\begin{aligned} I_{\mathrm{c}}(\omega) &= \frac{1}{2}p(\omega)U^*(\omega) \\ &= -\frac{\mathrm{j}}{4\rho_0 \omega \varDelta}\left[\left|p_1(\omega)\right|^2 - \left|p_2(\omega)\right|^2 - 2\mathrm{j}\,\mathrm{Im}\left\{p_1(\omega)p_2^*(\omega)\right\}\right] \end{aligned} \tag{3.3.39}$$

因而声强值可表示为

$$\begin{aligned}I(\omega)&=\frac{1}{2}\mathrm{Re}\left\{p(\omega)U^{*}(\omega)\right\}\\&=\frac{\mathrm{Im}\left\{p_{2}(\omega)p_{1}^{*}(\omega)\right\}}{2\rho_{0}\omega\varDelta}=\frac{1}{\rho_{0}\omega\varDelta}\mathrm{Im}\left\{G(p_{1},p_{2},\omega)\right\}\end{aligned}\tag{3.3.40}$$

式中，

$$G(p_1,p_2,\omega)=\frac{1}{2}p_2(\omega)p_1^{*}(\omega)\tag{3.3.41}$$

式(3.3.40)和式(3.3.33)完全一样。由式(3.3.39)可获得瞬态声强无功分量幅值的频率分布函数为

$$\begin{aligned}J(\omega)=\mathrm{Im}\left\{I_{\mathrm{c}}(\omega)\right\}&=\frac{\mathrm{j}}{4\rho_{0}\omega\varDelta}\left[\left|p_{2}(\omega)\right|^{2}-\left|p_{1}(\omega)\right|^{2}\right]\\&=\frac{\mathrm{j}}{2\rho_{0}\omega\varDelta}\left[G(p_{2},\omega)-G(p_{1},\omega)\right]\end{aligned}\tag{3.3.42}$$

式中，

$$G(p_i\omega)=\frac{1}{2}\left|p_i(\omega)\right|^2\tag{3.3.43}$$

它是压强 $p_i(i=1,2)$ 的自谱密度函数。式(3.3.43)是瞬态声强无功分量幅值的有限差分形式的频域表示。在稳态声场中用一只普通的声级计和一只传声器就可以确定宽频带中瞬态声强无功分量幅值。由此可判断声场中声压的极值点。

3.3.3　声强探头的校准

相位失配是声强测量的主要误差源之一，测量前应对声强仪进行相位和幅值校准。了解声强仪的相位特性，以便确定声强仪的使用频率范围和声强测量误差极限。由于 P-U 声强仪和 P-P 声强仪的校准方法不一样，下面分别给予讨论。

1. P-P 声强仪的校准

目前已有专用的 P-P 声强仪校准器(如 B&K3541 声强仪校准器)可供选用。这种校准方法方便、简单、准确、速度快，但较昂贵。如果没有声强仪校准器可利用，则可采用其他方法。其中最简单的校准方法是用 P-P 声强仪测量均匀平面波声场中同一波阵面(质点振速和声强值均为零)上的声压传递函数。声压传递函数的相位和幅值分别反映了 P-P 声强仪中传感器间相位差和幅值比的频率特性。

图 3.3.4 给出了几种 P-P 声强仪校准装置简图。其中图 3.3.4 (a)所示校准装置

优于图 3.3.4(b)所示的校准装置，因为吸声材料放在声源端能减少由声谐振而引起的不规则性。由于任何驻波管的末端声压总是最大值，这样就可以减少由信噪比低而引起的传递函数估算误差。在声强仪校准过程中必须要加倍小心，校准装置的微小振动或几何变化都会影响声强仪的校准精度。

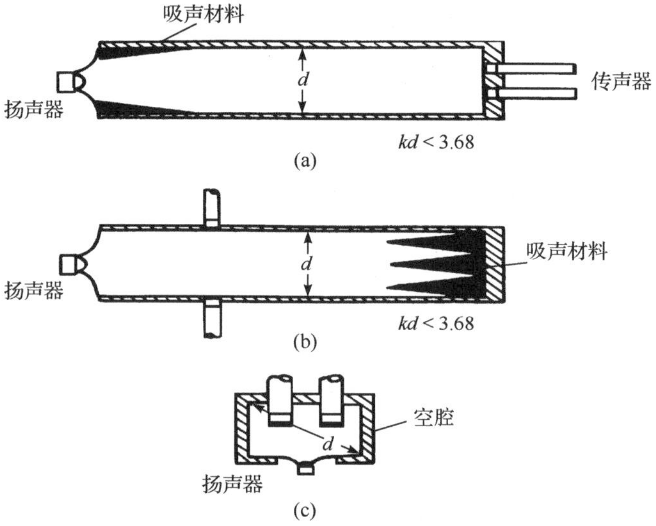

图 3.3.4　几种 P-P 声强仪校准装置简图

此外，还有其他 P-P 声强仪校准方法，例如自由声场法。但一般情况下在自由声场中校准声强仪是不可取、不准确的。虽然原则上 P-P 声强仪的转置(旋转 180º)能消除声场的不均匀性，但实际上很难准确地完成声强仪转置过程的操作，这样势必引进误差。

2. P-U 声强仪的校准

P-U 声强仪中传声器和速度传感器是基于不同原理制作的两种不同类型的传感器，它们之间的相位差很大。传声器的声压相位响应是随频率增大而增加的，如图 3.3.5 所示(以 B&K4133、4134、4149 为例)。而速度传感器的相位响应在所有频率范围内近似为零，因此，必须采取措施(例如，采用数字滤波器等)补偿 P-U 声强仪中传感器间的相位差。

由于各传感器相位响应曲线都是不规则的，P-U 声强仪的相位补偿不是一件容易的事，如果补偿不足就会造成相位不匹配。

传声器的幅值响应可以用比较法或幅值校准器校准。速度传感器的幅值响应可以在自由球面波声场中应用关系式 $u = p/\rho_0 c$，由测量的声压和质点振速的自谱密度函数来校准。在高频域中，P-U 声强仪的相位校准是很困难的。当两传感器

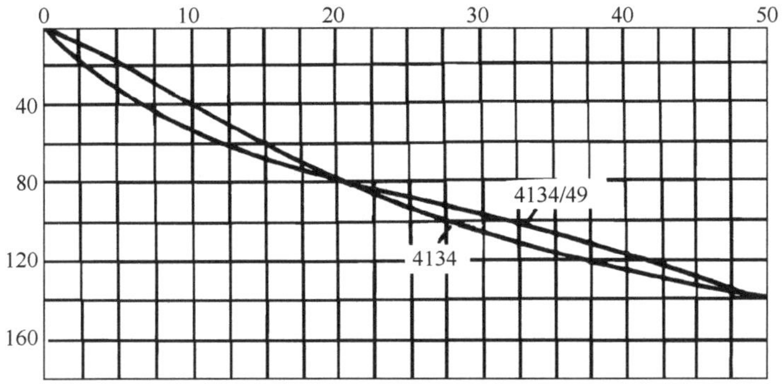

图 3.3.5　1/2″电容传声器声压相位响应曲线

灵敏度已知时，在自由场中，测量球面波的质点振速与声压的传递函数可给出 P-U 声强仪中两传感器间相位差的频率特性，但这种校准方法是有误差的。在低频，最为常用的 P-U 声强仪相位校准方法是驻波管法。用 P-U 声强仪测量一维已知声场中的声强值，则声场中的声压可表示为

$$p = p_A\left[e^{-jkx} + R_A e^{j\theta} e^{jkx}\right] e^{j\omega t} \tag{3.3.44}$$

式中，R_A 和 θ 分别表示反射系数的幅值和相位，它们都是实常数，若记 P-U 声强仪中两传感器相位差为 φ_e，则测量的声强值为

$$I_{mea} = \frac{|p_A|^2}{2\rho_0 c}\left[(1 - R_A^2)\cos\varphi_e + 2R_A \sin(2kx + \theta)\sin\varphi_e\right] \tag{3.3.45}$$

声强测量值与反射系数 $R_A e^{j\theta}$、测点位置和相位差 φ_e 有关。当声压幅值 p_A 和反射系数 $R_A e^{j\theta}$ 为已知时，由式(3.3.45)则可以计算 P-U 声强仪中的传感器相位差 φ_e。在声压最大值和最小值的中间点处，由声强仪相位不匹配而引起的正则声强测量误差为

$$\varepsilon_{\varphi I} \approx \frac{2R_A\varphi_e}{1 - R_A^2} \tag{3.3.46}$$

当已知反射系数幅值 R_A 和声压幅值 $|p_A|$ 时，可由声强测量值估算出 $\varepsilon_{\varphi I}$，P-U 声强仪中的相位差可由式(3.3.46)近似估算。

3.4　虚拟声学测量系统

虚拟仪器的概念由美国国家仪器公司(National Instruments，NI)率先提出。所谓虚拟仪器是指基于计算机软硬件的系统平台，在一定程度上，它可代替传统的

测量仪器(如示波器、信号发生器、频谱分析仪等)，也可以集成于自动控制、工业控制系统之中。它的核心技术思想就是“软件即仪器”，优点是可由用户自由定义仪器系统、功能灵活、容易构建。因此，虚拟仪器是智能仪器之后的新一代测量仪器。虚拟声学测量系统即是为了达到不同的测量目的而开发的虚拟仪器组合。

目前，基于 LabVIEW 的虚拟声学测量系统占有主导地位，本节以它为例进行介绍。

3.4.1 LabVIEW 简介

LabVIEW(Laboratory Virtual Instrument Engineering Workbench)是一种流行的图形化编程语言和集成开发环境(IDE)，主要用于实验室设备的自动化控制和数据采集。所有的 LabVIEW 应用程序，即虚拟仪器(VI)，它包括前面板(front panel)、流程图(block diagram)以及图标/连接器(icon/connector)三部分。

(1) 前面板：前面板是图形用户界面，即 VI 面板，界面上有用户输入和显示输出这两类对象，比如，开关、旋钮、图形等。

(2) 流程图：与前面板对应的还有一个流程图。流程图提供 VI 的图形化源程序。在流程图中对 VI 进行编程，控制和操纵定义在前面板上的输入和输出功能。流程图中包括前面板上的控件，还有一些前面板上没有，但编程必须有的东西，比如函数、结构和连线等。

如果将 VI 与传统仪器相比，那么前面板上的控件对应于传统仪器上的按钮、显示屏等，而流程图上的连线相当于传统仪器内的电路。

(3) 图标/连接器：这部分的设计体现了 VI 模块化程序设计的思想。在设计大型自动检测系统时，不可能一步完成一个复杂系统的设计。而在 LabVIEW 中可把一个复杂系统分为多个子系统，每一个都可完成一定的功能，再用提供的图标/连接工具实现整个系统。

3.4.2 与声学测量相关的模块

在 LabVIEW 中，声信号处理技术广泛应用于声学相关的各个领域。使用 LabVIEW 设计开发的声学测量平台一般由硬件系统和软件系统两部分组成，其中硬件系统主要完成对外部声数据的采集，包括传感器、校准器、声卡等；软件系统包括对声信号的存储、处理和显示等。

LabVIEW 声学测量软件系统的核心是声音和音频信号处理模块，常用的几个重要模块如下所述。

1) 声信号采集模块

LabVIEW 可以通过声卡或其他音频输入设备，例如传声器，采集外部声音，并实时播放或保存为文件。图 3.4.1 为声音函数，包含了输出、输入和文件 3 个子选项，它们分别提供声音输出、声音输入和文件相关的节点，入口为：LabVIEW 程序框图面板右键→函数→编程→图形与声音→声音。

用户可以自定义采样率、位深和数据格式等参数(图 3.4.2)，以满足不同应用场景的需求。设备是计算机的声音设备；持续时间是设置需要采集数据的时间；采样率是设置采样率，通常频率设置为 44.1 Hz、22.05 Hz 和 11.025 Hz；通道数是指定采样的通道数，对于大多数声卡，1 为单声道，2 为立体声。

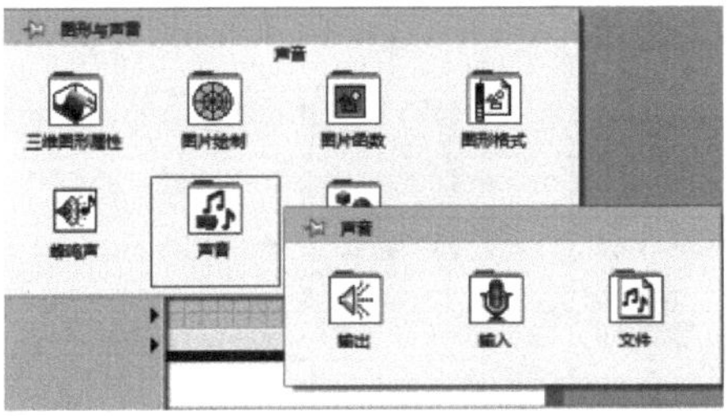

图 3.4.1　声音函数

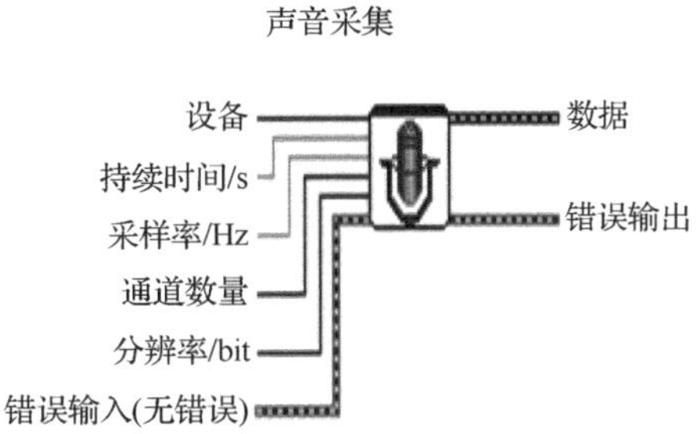

图 3.4.2　声音采集模块

2) 频谱分析模块

频谱分析是声信号处理中的重要任务，可以帮助理解信号的频率成分和特性。LabVIEW 提供了一系列的频谱分析函数和工具，如傅里叶变换、快速傅里叶变换和功率谱密度等(图 3.4.3)，可用于提取频谱信息并进行频域分析。入口为：LabVIEW 程序框图面板右键→函数→信号处理→谱分析。

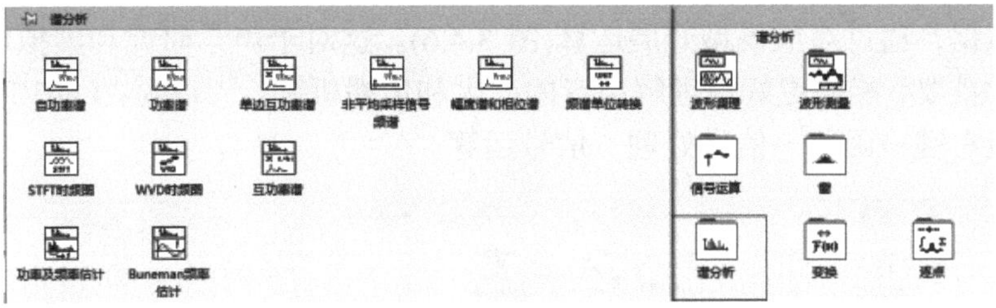

图 3.4.3　频谱分析模块

3) 滤波器与加窗模块

滤波器是声信号处理中的常用工具，用于去除噪声、调节音量和频率响应等。LabVIEW 提供了滤波器模块，包括常见的低通、高通、带通和带阻滤波器等(图 3.4.4)。用户可以根据需求选择不同的滤波器类型，并进行参数调整和性能评估。入口为：LabVIEW 程序框图面板右键→函数→信号处理→滤波器。

同样，还有加窗模块(图 3.4.5)，入口为：LABVIEW 中函数→信号处理→窗。

图 3.4.4　滤波器模块

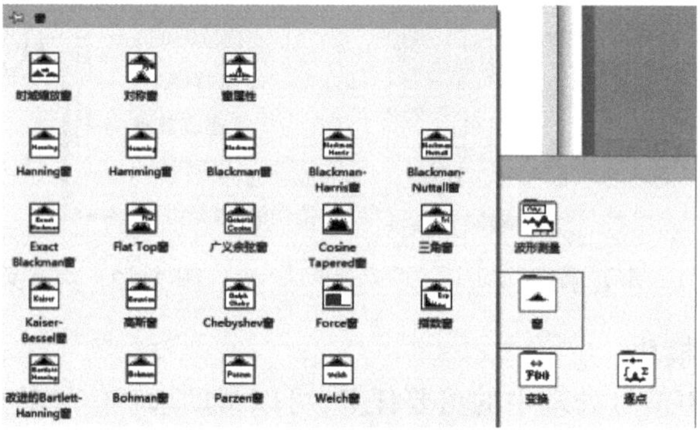

图 3.4.5　加窗模块

4) 信号运算模块

LabVIEW 支持声信号的采样、卷积、归一化和合成等功能，可以基于已有的声信号数据，通过对应模型开展运算(图 3.4.6)。这对于声学研究和虚拟环境模拟来说非常重要，能够更好地理解声音的产生和传播机制。入口为：LabVIEW 程序框图面板右键→函数→信号处理→信号运算。

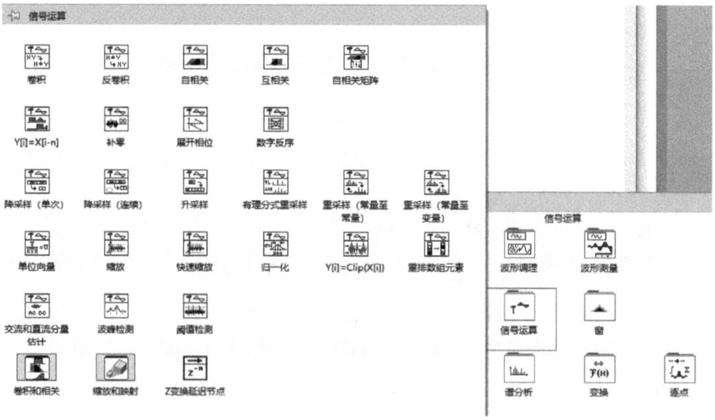

图 3.4.6　信号运算模块

5) 信号可视化模块

LabVIEW 还提供了直观、灵活的数据可视化功能(图 3.4.7)，通过图形化的接口，可以直观地展示声信号的特征和变化趋势，有助于更好地分析和理解声信号的特性。入口为：LabVIEW 前面板右键→控件→图形。

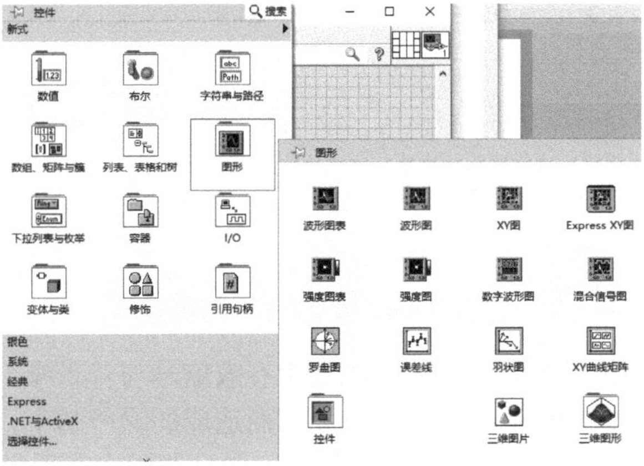

图 3.4.7　信号可视化模块

3.4.3　虚拟声学测量系统的设计与应用

1. 基于 LabVIEW 和声卡的声信号采集系统设计

声卡也叫音频卡，是多媒体技术中最基本的组成部分，是实现声波、数字信号相互转化的一种硬件。声卡的基本功能是把来自话筒等设备的原始声音信号加以转换，输出到耳机、扬声器等设备。

声卡的工作原理如图 3.4.8 所示，无论是独立声卡，还是集成声卡，其基本架构和基本工作原理是相似的，简单地说包括输入和输出两部分。输入部分，麦克风接收外界声音产生模拟信号，模拟信号通过插座接口输入声卡进行模拟信号到数字信号的转换(A/D)，接着由主芯片进行数字信号处理，再由总线传入系统。输出部分，CD 或播放器软件对声音解码后，所得到的数字信号通过总线通道输入声卡，主芯片对数字信号进行处理，最后进行数字信号到模拟信号的转换(D/A)，最终通过插座接口输出到耳机或音箱等播放设备。在开展声学测量中，更多地利用声卡的输入功能，将声信号采集到设备中，然后利用软件进行分析处理。

声卡的技术指标有采样率、采样精度、失真度和信噪比。采样率是指对原始声音波形进行样本采集的频繁程度，采样率越高，记录下的声音信号与原始信号之间的差异就越小。采样精度是指对声音进行“模拟—数字”变换时，对音量进行度量的精确程度，采样精度越高，声音听起来就越细腻。失真度是指表征处理后信号与原始波形之间的差异情况，表示为百分数，其值越小说明声卡越能准确

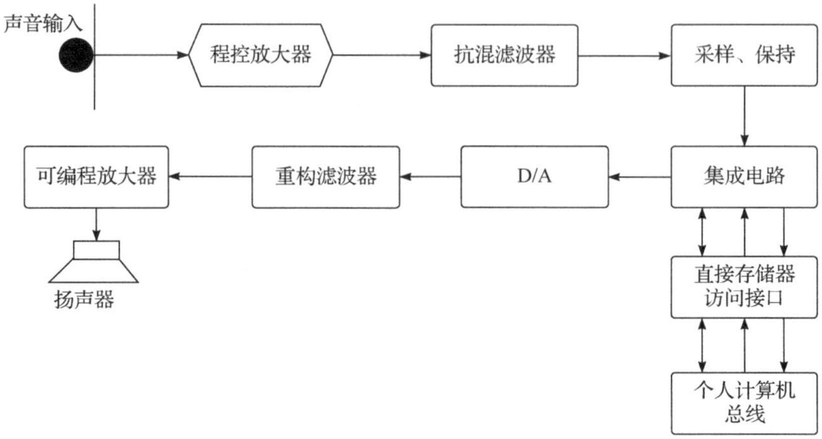

图 3.4.8　信号可视化模块

地记录或再现音乐作品的原貌。信噪比是指有效信号与背景噪声的比值，用百分数表示，其值越高，则说明由设备本身原因而造成的噪声越小。

首先，在 LabVIEW 软件中新建一个 VI，并且调用声音采集子 VI，对来自麦克风的声音进行采集，采样信号的参数如采样率、通道数、分辨率等参数可以根据实际情况修改。然后，播放并显示所采集的声音信号，并对声音文件进行频谱处理(FFT)，测量的结果同样用波形图表显示波形。

另外，从计算机中通过文件路径选择声音文件，在前面板的波形图表显示出来，并播放。加入不同帧实现上述两件不同事件的顺序执行。

所构建的前面板见图 3.4.9，对应的程序框架见图 3.4.10。

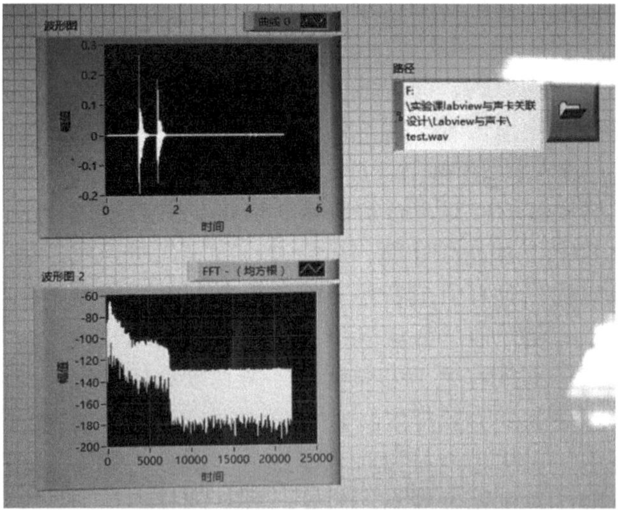

图 3.4.9　前面板(声信号采集系统)

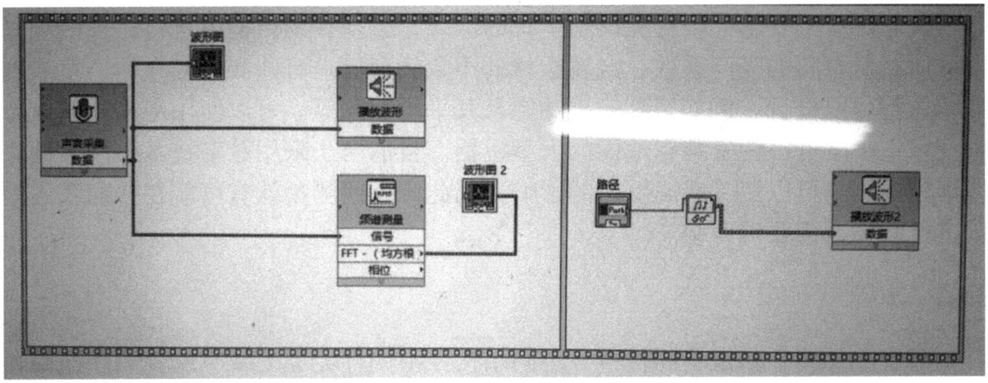

图 3.4.10　程序框图(声信号采集系统)

2. 虚拟声学测量系统的应用

1) 在声学仪器和乐器设计中的应用

(1) 话筒、扬声器和音箱设计。用于评估和优化话筒、扬声器、音箱设备的性能。通过测量话筒、扬声器的声学特性，如频率响应、灵敏度和失真等指标，评估性能，进行声学参数的调整和优化，以获得更好的音质和各向同性。

(2) 乐器音质评估与优化。用于评估和优化各类乐器的音质。通过测量乐器的谐波谱、共振频率等声学参数，进行乐器的声音分析，并通过材料和结构的改进，提高乐器的音质和演奏性能。

2) 在噪声控制工程中的应用

(1) 噪声控制与舒适性评价。在航空、车辆等工程领域，噪声控制和舒适性评价非常重要。虚拟声学测量技术可用于测定发动机、空调等部件的噪声特性，进而进行噪声控制和改进设计，提高舒适性和安全性。

(2) 声学材料和结构研究。通过虚拟测量技术测试获得声学参数，预测和改进材料或者结构的吸声、隔声等效果。

(3) 声学监测与分析。实现设备噪声或者环境声的实时监测，比如建筑工地施工噪声、列车异响监测、海底温度场监测等。

3.5　声学设备与声学设施

某些声学测量必须有特殊的物理环境和声学环境，例如水声测量中的水下环境，基于一维声空间的平面波声场，以及对声学边界有不同要求的自由声场和扩散声场，等等。为了产生理想均匀的平面声波，就需要在一维管道中进行，由此产生了声学管道(声管)的声学测量技术。此外，消声室和混响室是声学测量的基本实验室。对于要求严格避免反射干扰的测量，必须在消声室内进行。在混响室内可以测量材料的吸声系数、金属板材的声致疲劳等。有些测量则在消声室或混响室内都可以进行，例如声源输出功率及其平均频谱等。可以使用半消声室或卦限消声室来测量一些安装在地面的大型机器。目前由于采用数字技术，用脉冲法或声强法测量可以消除墙面反射的影响。因此，有些测量就有可能在普通大房间内进行而不再需要消声室。

3.5.1　声管

声管主要用于测量不同材料、不同结构在不同环境下的吸声或者隔声性能，主要有驻波管、阻抗管和水声管三种，以下分别进行介绍[3,12,16]。

1) 驻波管

驻波管是一种用于测量吸声材料、吸声结构垂直入射吸声系数的装置，如图 3.5.1 所示，它主要由一个具有刚性壁的矩形或圆形截面的管子组成，管子的一端装有扬声器作为声源和一根可移动的探管及传声器，另一端则装有一个可以拆卸的刚性活塞，用于安装测试样品。与驻波管配套使用的还有外部一辆可移动小车、轨道、标尺，以及信号源、滤波器，如果传声器内部没有前置放大器，则还需要一个传声器放大器。

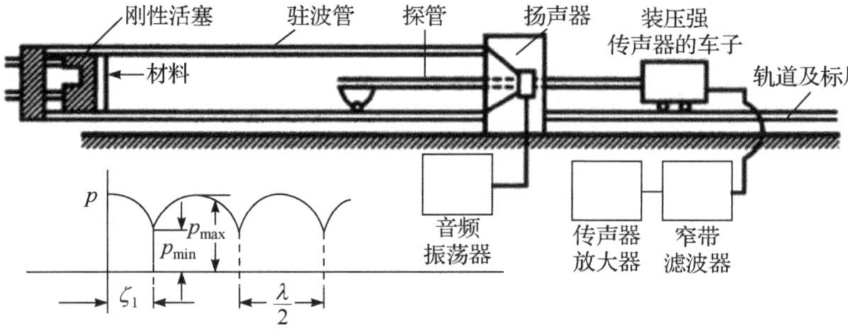

图 3.5.1　驻波管

驻波管的长度要保证在最低测量频率时，管内至少出现一个波腹和一个波节，即限制驻波管中声源频率小于管道截止频率，管道截止频率计算公式为

$$f_{c0}=0.586\frac{c_0}{D} \tag{3.5.1}$$

$$f_{s0}=0.5\frac{c_0}{L} \tag{3.5.2}$$

其中，式(3.5.1)和式(3.5.2)分别适用于圆形截面管和矩形截面管；D 是圆管直径；L 是矩形管直径；c_0 是声速。

声源在管内产生一个平面波，样品处产生部分反射，这样在管内形成驻波。用 G 来表示声压极大值与极小值的比值，称为驻波比。使用传声器测出最靠近样品的波腹与波节的驻波比，即可得到垂直入射时的吸声系数 α_p：

$$\alpha_p = 1 - \frac{(G-1)^2}{(G+1)^2} = \frac{4G}{(G+1)^2} \tag{3.5.3}$$

驻波管测吸声系数的方法既简单又经济，根据测量结果可推算到均匀无规入射条件下的吸声系数,所以在一定意义上可以代替既费时而又不经济的混响室法。

2) 阻抗管

上面采用的单传声器驻波管法存在两个缺点，就是当测试频率较低时，需要很长的管子，同时也只能用纯音进行测量。而声波导管中的双传声器法可以弥补这两个方面的不足。所谓双传声器法就是在管道中用两个相距一定距离的、相同特性的传声器输出，经过适当的延时处理后，可以有效地分离入射波和反射波，这样就可以算出法向入射的声学特性。对这个问题的处理，可以在时域，也可以在频域。

双传声器法的装置也叫阻抗管，如图 3.5.2 所示。传声器 1 和传声器 2 相隔

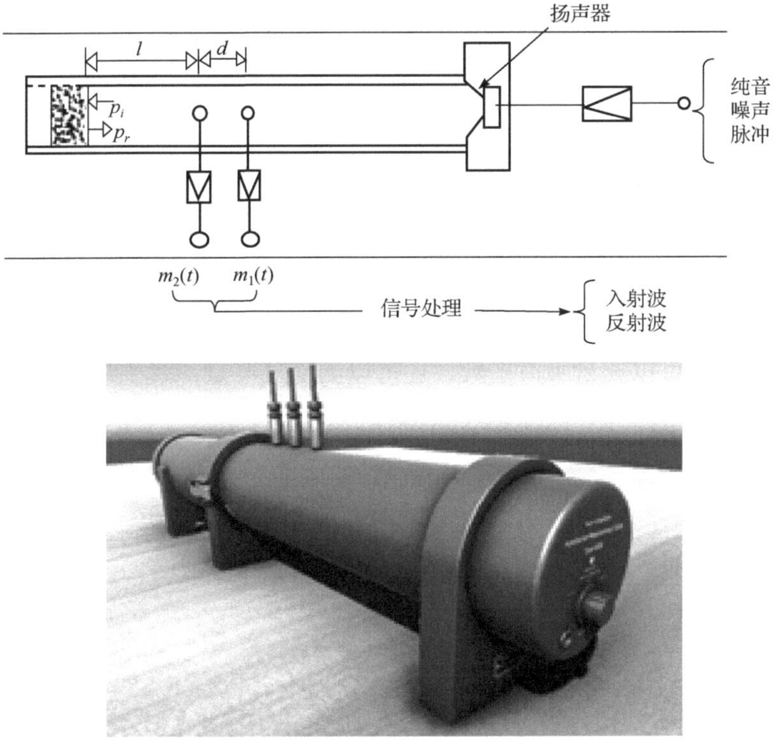

图 3.5.2　双传声器波导管法测试装置

一定的距离 d，传声器 1 距离材料表面的距离为 l，两个传声器分别接收波导管中的声压，电信号输出分别为 $m_1(t)$和 $m_2(t)$，这两个电信号经过时域处理后，将其中的入射波和反射波信号分离，工作原理如图 3.5.3 所示。

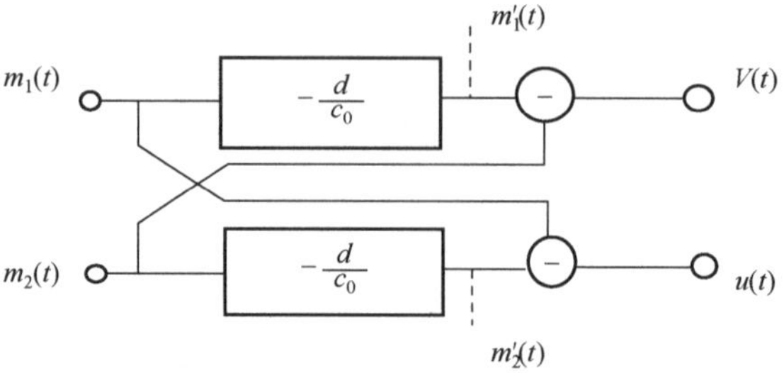

图 3.5.3　双传声波导管法时域处理原理图

基于时域处理方法得到的吸声系数为

$$\alpha_p = 1 - \frac{|V(\omega)|^2}{|u(\omega)|^2} \tag{3.5.4}$$

当用纯音信号作声源时，$V(\omega)$和 $u(\omega)$可以用 $V(t)$和 $u(t)$的均方根值获得。当声源用脉冲信号时，则需要对 $V(t)$和 $u(t)$进行傅里叶变换后，再使用式(3.5.4)进行分析。

上述时域处理方法，也有缺点：测试用的两个传声器的振幅特性和相位特性要求一致；时延必须根据 d 和 c_0 非常精准地调节；管壁吸收的修正较单传声器法更加困难。因此，提出传递函数法。传递函数法原理是测试样品装在一个平直、刚性、气密的阻抗管的一端，管中的平面声波由声源(无规噪声、伪随机序列噪声或线性调频脉冲)产生，在靠近测试样品的两个位置上测量声压，求得两个传声器信号的声传递函数，从而计算测试样品的法向入射吸声系数。

阻抗管除了可以测量吸声系数，还可以测量隔声量，管子最主要的不同之处在于利用了四个传声器，如图 3.5.4 所示。

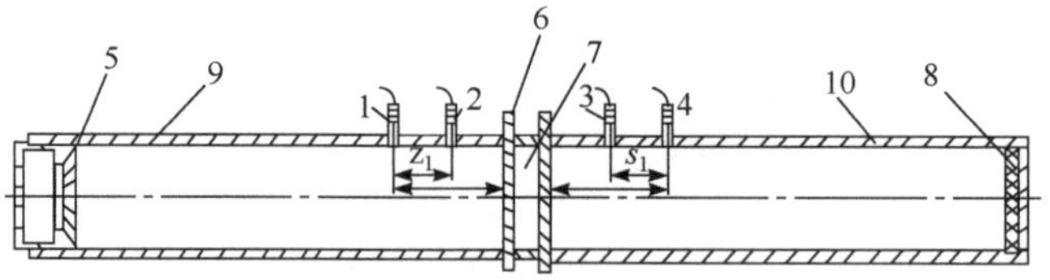

图 3.5.4　阻抗管测量隔声量

1-传声器；2-传声器 2；3-传声器 3；4-传声器 4；5-扬声器；6-样品安装管；7-样品，8-吸声材料；9-前管；10-后管

入射声场采用双传声器来分离正向波和反向波，透射声场也采用双传声器来

分离透射波与末端的反射波。信号发生器产生信号，经扬声器变为声波进入声源管后产生平面声波 A，到达被测隔声材料，一部分被吸收，一部分被反射，形成反射平面声波 B，还有一部分经过被测材料，进入接收管，形成平面声波 C。平面声波 C 于阻抗管吸声末端，一部分被吸收，一部分被反射，形成反射平面声波 D。在测试试件前后分别放置两个传声器，用于测量所在位置处的声压，采用驻波分离方法，可用两个传感器把入射波与反射波分开。由传声器的声压值计算两个传声器之间的传递函数，最后由声压传递函数得到传声透射系数 t_p。声压透射系数的倒数取对数，即为隔声量。

3) 水声管

在水声材料声学性能的测量中，为了模拟海洋水温、压力等物理环境，国内外普遍采用高压消声水罐和水声管等设备。由于管内充水加压，所以高压密封是这些设备设计的难点。水声管测量设备比较容易配置变温、变压系统，设备相对简单，适合对声学覆盖层等水声材料小样品进行测量(图 3.5.5)。

早期的水声管测量技术采用脉冲管法，后来借鉴空气声中阻抗管测量技术发展了水声驻波管法，20 世纪末发展了行波管法。根据水声管尺寸和测量方法的不同，测量频率可以从几十赫兹到几十千赫兹。下面简要介绍几种常用的小样品水声材料声学参数测试系统。

图 3.5.5　水声管系统实物图

脉冲管测量系统的管内径一般为 57 mm 和 120 mm，管高度一般为 5～10 m，测量操作比较方便。将被测水声材料构件样品放置在管口或管中，可测量样品的反声、透声和吸声性能参数，但是由于受脉冲管长度的限制，脉冲管法的测量频率都在千赫兹频段，不能满足低频段声学覆盖层性能的测量要求。

驻波管的管内径一般为 208 mm，管高度一般为 2～6 m。将被测水声材料构件样品放置在声管的管口或管中，水听器组固定在管内合适位置，采用宽带测量信号，可测得样品的反声、透声和吸声性能参数。

行波管的管内径一般为 208 mm 和 300 mm，管高度一般为 5～6 m，被测水声材料构件样品放置在管中央，水听器组固定在管内合适位置，一对发射换能器安装在声管两端实现主动消声，可采用连续波工作，在声管中形成行波场，可测得样品的反声、透声和吸声性能参数。

为了降低测量频率，研究人员在低频换能器技术的基础上，不断探索新的测量方法。西北工业大学“声场感知与隐身技术”科技创新团队经过多年研究，提出了可控脉冲宽带全面滤波测量方法，克服了换能器拖尾所造成的脉冲叠加问题，使水声管吸隔声测量频率下限显著降低，成功研制了低频水声管系统。该系统测量的声学特性参数包括反射系数、吸声系数、透射系数、隔声量等，压力调节范围为常压～12 MPa、有效频率范围为 50 Hz～4 kHz。

在实际使用时，水声管底部法兰上安装了发射换能器，被测样品被水平悬吊于管内任何位置，被测样品和发射换能器之间充满水；被测样品上表面粘贴有刚性背衬，记录发射换能器表面压力、振速和刚性背衬上的振速；最后计算得到被测样品的声压反射系数和吸声系数。

3.5.2　消声室

1. 消声室的声场特性

消声室的主要功能是为声学测试提供一个自由场空间或半自由场空间。自由场是指声波在无限大空间里传播时，不存在任何反射体和反射面。声波在自由场或半自由场空间里传播有特定的物理定义，包括：①对点声源声压随距离衰减，这就是声能的反平方律；②声压级在常温常压下等于声强级。这是在消声室里测量声功率的理论基础。

自由声场要求声场中只有直达声而没有反射声。实际上，只能做到反射声尽可能小，和直达声相比可以忽略不计就可以了。获得自由声场的方法很多，例如，室外的空旷场所，就是近似自由声场。使用这种近似自由声场的缺点是测量工作要受气候的影响。因此，一般都需要在房间内创造出具有自由声场特点的实验室，即消声室。

消声室分全消声室和半消声室两种类型。房间的六个面全铺设吸声层的称为全消声室，一般简称消声室。凡要求测量误差比较小，例如要求在±1 dB 以内，或者有测量声源方向特性等要求的，一般都设计全消声室。房间的六个面中只在五个面或四个面铺吸声层的，称为半消声室。当被测噪声的声源(如机器)很笨重，难以在全消声室中安放，而测量误差允许较大时，就利用半消声室来完成其测试工作。

鉴定消声室内的声场是否是自由声场，主要是通过观察它与理想自由声场接近的程度来决定。一般用声压与点声源距离成反比的定律来检验，允许偏差约为±0.5 dB。

2. 声学性能评价

消声室或半消声室(合称测试室)性能由两项重要指标来描述[17]：截止频率和

本底噪声。截止频率是指在此频率以上，墙面的吸声系统能保证 99%的吸声系数。截止频率的选择由感兴趣的待测噪声最低频率决定。本底噪声(或背景噪声)是指测试室能正常使用所要求的环境噪声的最低值。GB/T 6882—2016《声学 声压法测定噪声源声功率级和声能量级 消声室和半消声室精密法》对测试室背景噪声的要求较修订前的标准(GB/T 6882—2008)有了更严格和细致的要求。GB/T 6882—2016 将 GB/T 6882—2008 中的“背景噪声要求”上升为“背景噪声判据”，分为相对判据和绝对判据两种，其中相对判据是优先判据，也就是在相对判据不能满足的情况下采用绝对判据。相对判据规定：在各频带内，背景噪声与被测噪声源的声级差均至少为 6 dB；对于 250 Hz～5 kHz 的 1/3 倍频程的声级差至少为 10 dB。绝对判据规定了测试室的最大背景噪声级，它不是一恒定值，与待测噪声 1/3 倍频程有关，具体数值由 GB/T 6882—2016 中的表 1 给出。

消声室要在室内模拟自由场或半自由场空间，所以要求墙面吸声系数为 99%以上。半自由场地面的反射系数为 95%以上。设计一种能做到全频带(20 Hz～2 kHz)吸声系数为 1 的吸声体是不可能的。因为通用的材料很容易被高频声波吸收，而低频吸收则与材料的厚度有关。为了消除室内的反射声，消声室内除了没有障碍物外，室内各面(墙壁、天花板、地面)上都铺设高效能的吸声材料或吸声结构，使入射于界面上的声波在一定频率范围内几乎完全被吸收。此外，为了消除外界的干扰，消声室必须有良好的隔声和隔振性能，这些是消声室的基本要求。

3. 消声室的建造

消声室最早出现在 20 世纪 30 年代，最初的吸声结构为多层吸声材料，它们有的与壁面平行地悬挂，并与壁面相隔一定距离；有的与壁面垂直地悬挂。1940 年，梅耶等首先提出并采用了逐渐过渡形式的棱锥形吸声体。这是吸声结构设计上的重大革新。此后，凡是高质量消声室的吸声体设计，从棱锥体到圆锥体直到尖劈体，都是基于逐渐过渡的原理。以后的改进，主要在于吸声体底部与壁面间留有一定空间，使其产生适宜的共振，以改进低频吸声特性。目前采用尖劈体作为吸声体的居多数。实际工程中的(半)自由场空间是指对截止频率以上的声波，消声室内为(半)自由场空间，截止频率越低，尖劈的长度要求就越大。一般而言，尖劈的长度适用于 1/4 波长。

吸声体所用的材料很多，原则上，传统的吸声材料，如棉、麻、毛等纤维，石棉、矿渣棉、玻璃纤维、超细玻璃纤维，以及泡沫塑料和人造纤维等都可以。另外，在吸声材料中掺入石墨粉或钢棉以吸收厘米波或分米波，消声室即可作为电磁波的无反射室。不过，鉴于环保、安全性、维护性等方面的要求，大部分吸声材料不适宜制作测试室吸声层。

过去几十年来，随着大量声学测量工作的增加，出现了造价低、施工简单，而测试误差允许稍大的简易消声室，有的则是一个面或两个相邻面是反射面的半消声室，这些消声室的吸声体有的采用胶合玻璃棉或泡沫塑料的边角料，做成不十分整齐的阶梯形或宝塔形，也有重新采用多层布幕的结构，这就满足了一般机器噪声功率测试的需要。近年来，出现了利用超构吸声体作为吸声层的消声室和半消声室，其最大优点在于吸声层的厚度较小。

需要说明的是，消声室的建造还需根据实际情况考虑暖通、给排水、消防、电气和通信等方面的需求。

3.5.3 混响室

1. 混响室的声场特性

混响声场有两种含义：一种是指扩散声场；另一种是指声源在室内稳定地辐射声波时，室内声场中离声源某个距离外混响声比较均匀的区域。扩散声场是指空间各点的声能密度均匀，从各方向到达某一点声能流的概率相同，并且各方向到达的声波相位是无规的。能够产生扩散声场的实验室就是混响室，它的吸声很小，混响时间很长，室内声波经过多次反射形成声能分布均匀的房间。在混响室中，不同位置的声压级几乎是恒定的。

在声学测量中，需要扩散声场条件的情况有：①有些电声换能器需要知道它的扩散场灵敏度特性；②声源输出功率的混响室测量中，需有扩散声场的假定，使声源功率级与室内声压平方平均值、房间体积、室内吸收发生关系；③在混响室测材料吸声系数实验中,在声级衰减前和衰减过程中需要满足扩散声场的假定；④在隔层的透射损失的混响室法测量中，隔层两边都要满足扩散声场的假定。⑤某些高噪声环境下的实验研究。因此，建造混响室来获得扩散声场条件也是声学实验测试中的一个重要手段。

鉴定混响室的方法是测量声场的衰变曲线。混响声场各点的混响时间应该相同，衰变曲线虽有起伏但接近指数衰减律，各点的声压也应均匀。一般说来，混响室的混响时间越长越好。

2. 混响室的设计[17]

与消声室的劈面材料相反,混响室的各个壁面都是吸声系数很小的建筑材料。经常使用瓷砖、磨石子水泥、大理石、光面油漆、金属板等材料砌成，并且具有良好的隔声、隔振性能。按国际标准 ISO354：2003 的建议，混响室的体积应大于 180 m^3，最好接近 200 m^3。房间形状应满足 $l_{\max} < 1.9\,V^{1/3}$，此处 $l_{\max}$ 是房间边界内最长直线的长度(例如，在矩形房间里就是最长的对角线)。ISO354：2003 还推荐空混响室的混响时间应超过下列各频率相应的数值，如表 3.5.1 所示。

表 3.5.1　推荐的混响时间

混响时间/s	5.0	5.0	5.0	4.5	3.5	2.0
倍频程中心频率/Hz	125	250	500	1000	2000	4000

为了使混响室的衰减声场有充分的扩散，并且在低频区域中的简正振动方式的特征频率分布较均匀，通常采取如下几种措施。

(1) 为使低频范围内简正振动方式的频率分布比较均匀，混响室的形状一般采用边长具有适当比例的长方体，例如取 $l_x:l_y:l_z=1:2^{1/3}:4^{1/3}$，或取如表 3.5.2 所列之值。

表 3.5.2　推荐的混响室尺寸

l_y/l_x	l_z/l_x
0.83	0.47
0.83	0.65
0.79	0.63
0.68	0.42
0.70	0.59

(2) 在壁面上设置固定的扩散元件：用凸半圆柱或半球体以及其他形状的扩散体，砌在墙面和天花板上(面对面可只砌一面)。当声波波长与扩散体尺寸相近或比它小时，扩散体就能起扩散用。壁面扩散体必须足够刚硬坚实，否则由于低频振动会引起不希望有的附加吸收。

(3) 在室内悬吊扩散板：在室内空间无规地悬吊一系列面积不同、本身吸收不大的弧形板。国际标准曾建议弧形板可由数毫米厚的胶合板或其他质地坚硬、表面光滑的板材制成，每块板的面积在 0.8～2.0 m^2(双面在 1.6～4.0m^2)。板的总面积约等于房间的地面面积，并使各个面的投影面积大致成比例。当声波的波长与扩散板尺寸相等或比之小时，能起较好的扩散作用。但也要防止扩散体本身的共振吸收。

(4) 室内安装旋转扩散体：改进声场扩散比较有效的方法是在室内将部分锥体改造为旋转扩散体。扩散体的最小线度至少要等于最低工作频率的波长，并且要足够重，才能对最低频率起到扩散作用。扩散体不要对称，其旋转速率要快到足以使接收信号有良好的平均。一般也不超过 30 r/min，要防止由旋转带来的噪声。

旋转扩散体对声场改进的效果有以下三个方面：扩散体的转动产生房间中各点声压的涨落，从而减少声压对传声器位置的依赖；扩散体的运动能产生多普勒效应，原始的频声成为调频声，于是单线谱变成多线谱，从而减少声压的空间变化，并且增加房间中模式的激发；声源的辐射阻依赖于扩散体的瞬时位置，由于旋转，提供了声功率的平均。

3.5.4　强声室

专门用于产生和模拟高声强环境的实验室称为强声室。随着现代科技的飞速发展，特别是航空航天、国防工业以及材料科学等领域的进步，对高声强环境的模拟和测试需求日益增加。强声室作为重要的声学实验设施，在这些领域中发挥着不可或缺的作用。

1. 强声室的设计与建造

1) 核心设施

在强声室中，核心设施主要包括行波管与混响室。行波管以其独特的结构特性，能够产生自由行波的声场，而混响室则生成漫射波的声场。行波管的优势在于能在较小的截面内高效生成高声压级，且其性能基本不受频率限制，尤其擅长在管内构建低频声场，其声场与频谱的均匀性均表现优异。相对而言，混响室则能在较低的声功率输入下，在较大空间内实现较高的声压级，尽管其在低频段声压级可能存在一定的起伏。这两者的核心差异体现在其空间相关特性的不同上。选择行波管或混响室时，需综合考虑多种因素，如使用的声功率、所需的声压级和频谱以及试件的大小等。

2) 声源选择

在强声室中，对强噪声源的严苛要求体现在多个方面：首先，声功率需足够大，以确保在试验空间内能够产生足够高的声压级；其次，气声效率要高，以优化能量转换过程；再者，声压级的频率范围需广泛覆盖，以满足不同试验场景的需求；同时，频谱形状应具备可调节性，以便模拟多样化的噪声环境；最后，强噪声源还应与被模拟的真实噪声环境在统计特性上保持高度相似。然而，迄今为止，尚未有一种声源能够全面满足上述所有要求。因此，在实际应用中，我们往往需要根据具体需求采取折衷方案。回顾历史，早期曾尝试使用普通电动扬声器作为噪声源，但其膜片前的声压级上限仅为 130～140 dB，且在小型混响室外难以进一步提升声压级。噪声环境试验初期曾直接采用喷管和喷气发动机作为噪声源，但这些设备不仅成本高昂，而且操作复杂，使用不便。自 20 世纪 60 年代起，气流扬声器因其独特的优势而逐渐在环境试验噪声源中占据重要地位。它不仅声功率大，频谱范围宽，而且频谱形状可以根据需要进行调节，从而更好地模拟实际噪声环境。为增大声功率，可以采用多个气流扬声器组合使用的方式。此外，通过优化气流扬声器的开口面积和形状，可以显著提升低频辐射功率。

3) 行波管设计

行波管构造简单，能得到较高的声压级，可以满足一般仪表、元件的噪声试验要求。根据声学理论，行波管内的声强为

$$I = W_A / S \tag{3.5.5}$$

$$L_W = L_p + 10\lg S \tag{3.5.6}$$

其中，W_A 为声源功率(W)；S 为管的截面积(m^2)；L_W 为声功率级(dB)；L_p 为声压级。因此，只要给定所需的声强级或声压级，根据 S 值就可以计算出所需要的声功率。

在设计和建造行波管时，还应考虑如何使得管内声场均匀。通过合理的终端吸收设计(例如使用泡沫塑料吸收尖劈使其吸声系数大于 0.95)，可以保证管内低频声场均匀，避免驻波的产生。其次，高频的干扰来自横向驻波，测量波长应为壁面间距的 1.7 倍以上，才能保证产生的是平面波而不出现横向驻波。

4) 混响室设计

混响室的体积与内部结构对声场的均匀性及混响时间有显著影响。混响室设计主要关注三个指标：混响时间、总声压级和声场分布。

混响时间可以使用塞宾公式进行计算。需要注意的是，由于高声强下的非线性效应，高声强混响室低频混响时间会低于普通混响室。此外，随着声压级的升高，混响时间稍有下降的趋势。

混响室内总声压级计算公式为

$$L_p = L_W - 10\lg\frac{V}{T} + 13.5 \tag{3.5.7}$$

式中，V 为混响室容积；T 为混响时间。

对一般水磨石结构的混响室，在具有合理的排气情况下，混响室内表面的平均吸声系数大约为 0.02，因此式(3.5.7)可化为

$$L_p = L_W - 10\lg S + 22.5 \tag{3.5.8}$$

式中，L_W 为气流扬声器声功率级；S 为混响室表面积。需要注意的是，由于高声强情况下须考虑气流扬声器与混响室的耦合，在此情况下气流扬声器辐射的声功率会比行波管低 4～5 dB。

混响室内声场均匀是设计指标之一。由于试验用混响室声压级高，通常体积也较小，在此条件下模态间的波腹与波节声压级差显著增大，进而在低频段引发了显著的声场起伏现象。因此，在试验时需要相应的增加测点的数目，保证其结果的准确性。对于 250 Hz 以上的频率，一般要求室内声场标准偏差不超过 1.5 dB。

5) 消声管道

强声室使用了气流扬声器作为声源，实验过程中不可避免地会产生大量空气流动，这些空气流需从混响室和行波管中排出。为确保实验室内的高声强环境不受排气过程影响，同时防止噪声外泄而干扰实验室的正常运作及周边环境，必须安装消声管道系统。这一系统的主要功能是将气流扬声器排出的空气流进行消声处理，确保排出的声压级严格控制在 85 dB 以下。

2. 强声室的应用

(1) 国防工业：用于模拟导弹发射和再入大气层时的高强度噪声环境，评估电子设备和结构的抗噪声能力。

(2) 航空航天：为飞机、卫星、航天飞船等航空航天器提供噪声环境加速试验平台，确保其安全性和合理性设计。

(3) 材料科学：研究材料在高声强环境下的疲劳、失效，以及吸声、隔声特性。

(4) 生物医学：研究高强度噪声的生物效应，如对人类听觉器官、神经系统等的影响。

3.5.5 声学风洞

声学风洞可以直观地理解为有气流的消声室，它具有常规风洞的特点，同时内部满足低噪声、低紊流的条件。近代航空声学风洞具有如下特点：较大口径的试验段(试验段当量直径≥5 m)；试验段采用开口射流形式(全开或 3/4 开口)；最大风速在 80 m/s 左右；有一个宽阔的试验大厅，并且其壁面、地板和天花板经声学处理成为无回声或半无回声空间；风洞回路的各部件，包括风扇动力系统、动力段、拐角导流片、拐角段、等直段、第一扩散段、模型支撑等都要经过不同方式的声学处理，使得风洞的背景噪声达到设计指标。

声学风洞试验是开展气动噪声产生机理研究的重要手段，也是验证气动降噪优化设计最直接、有效的途径。气动声学试验最主要的目的是精确地测定出气动噪声源产生的区域，并得到声频谱和声强度的空间分布，为降噪处理提供技术支持。图 3.5.6 是西北工业大学 NF-3 风洞——亚洲最大低速翼型风洞，该风洞配有三个实验段，分别为：二元实验段，实验段尺寸为 8 m×3 m×1.6 m，最大风速为 130 m/s，平均紊流度为 0.045%，最大实验雷诺数为 7×10^6；三元实验段，实验段尺寸为 12 m×3.5 m×2.5 m，最大风速为 90 m/s，平均紊流度为 0.08%；螺旋桨实验段(图 3.5.7)，实验段横截面为正八角形，对边距离为 2.2 m，长为 4.5 m，最大风速为 145 m/s，可同时模拟来流速度和桨尖马赫数，并具有埃菲尔型消声室，能够进行螺旋桨噪声测试。

图 3.5.6　NF-3 低速翼型风洞翼型试验

图 3.5.7　NF-3 低速翼型风洞三元试验段螺旋桨试验

除了航空领域，车辆工程领域同样也需要声学风洞，因为在高速行驶中，气动噪声是车辆的主要噪声源，也是影响人员乘坐舒适性和安全性的重要因素，进行汽车风噪试验是有效降噪的手段之一。中汽研汽车检验中心有限公司耗时 5 年，建造了中国西部第一座整车气动声学风洞。它由两座风洞组成——汽车环境风洞、汽车气动声学风洞。气动声学风洞的出风口高 4 m、宽 7 m，配有直径 9 m、功率 4000 kW 的巨型风机，可产生最高风速达 250 km/h 的气流，相当于 17 级的超级飓风。但是，该气动声学风洞即使在 140 km/h 的高风速运转时，背景噪声也仅为 58 dB(A)，满足汽车气动噪声测量的环境要求。

第 4 章　测量规范与标准

声学测量的目的有多种，可能是科学研究、产品开发或项目验收，但不管是哪一种，要获得令人信服的准确结果，必须遵守一定的测量规范和相应的标准。本章首先讨论声学测量需要完成的事前准备项目以及影响测量精度的环境因素，同时介绍各种测量误差的定义及分析统计，最后列出与噪声测量相关的三类标准的目录，供实际测量时参考。

4.1　测量的事前准备

4.1.1　测量流程设计

科学严密、周到细致的测量前的准备工作(称为事前准备)是确保测量质量的关键。一般来说，一项测量或实验任务，事前准备的工作量通常占总工作量一半以上，事前准备工作是否周到，是决定实际测量工作是否顺利和成功的关键[18]。

1. 测量流程设计

1) 明确测量目的

总体上讲，声学测量的目的表现在三个方面：科学实验、声学工程效果评估、声环境普查与监测，其对精度的要求，基本上分为精密测量、工程测量和普查测量三个层次。由于测量目的不同，测量的事前准备工作的重点也有所不同。例如，对于科学实验研究，对测量的精确性要求很高，测量值之间的细微差别很有可能揭示新的物理现象，成为科学发现的源泉；对于声学工程效果评估的现场测量，不同的声环境将导致不同的结果，因此，对不同的现场环境必须区别对待，辅以适当的修正措施；对于声环境普查或监测，其测量结果是治理环境、解决环境争端依据的第一手资料，因此，如何确保测量过程符合相关法律法规及标准的要求至关重要。

2) 熟悉测量环境

测量环境包括测量现场的自然环境和声环境。自然环境主要是指气象环境，如温度、湿度、气压、风速等，而声环境是指测量现场是自由声场，还是封闭空间声场，以及空间中散射体的分布情况，声学边界的性质等。测量现场的气象环境影响声学仪器，尤其是测量传声器和附件的选择；而声环境不仅影响声学仪器的选择，而且决定着测量方法和数据处理方法。

3) 声源特性的初步分析

所谓声源特性，指的是声源发出的声波的时间特性、空间特性、频率特性及声学参量(如声压、声强等)的动态范围。就声源随时间变化的特性来说，可以分为稳态声源与非稳态声源。非稳态声源又可以分为周期性、无规变化、脉冲声和冲击声源等多种形式。声源的空间特性是指声源辐射声的指向性，这涉及传声器类型和测量方法的选择。就声源频率特性而言，可以区分为宽带声、窄带声以及含有突出纯音成分的声波。声学参量的动态范围主要关注最大声压级，以免所选择的传声器无法适应现场要求，甚至造成传声器的损坏。

声源特性不同，要求声学仪器具有的功能特性不同，下面以声级计为例加以分析。声级计一般具有“快”和“慢”时间计权(电表阻尼)特性，在脉冲声级计中还有“脉冲”和“保持”时间计权特性。测量时要根据测量规范的要求来选择。例如测量车辆噪声规定用“快”特性，测量地下铁道电动机组司机室、客车室内部噪声规定用“慢”特性。在没有规定时，例如测量比较稳定的噪声时，“快”和”慢”特性会得到相同的测量结果；如果噪声不稳定，用“快”特性时，电表指针摆动较大(如大于 4 dB)，就应当用“慢”特性。又如若要测量某一时间内的最大值，则应当用“快”特性。

对于短暂的脉冲和冲击声，应当使用“脉冲”特性。另外可以使用“保持”特性，将测量结果在电表上保持一段时间，以便于读数，这对于测量幅值变化大的噪声尤其方便。

假如需要进行声音的频率分析，则应根据应用场合及所希望的分辨率，选择标准的倍频程带宽或 1/3 倍频程带宽进行测量。对于通风系统所引起的室内噪声评价采用倍频程分析；为评价航空噪声测量感觉级，则要进行 1/3 倍频程分析；对于含有明显纯音成分或者不规则频谱的噪声，则采用窄带分析，以便将主要的频率成分分离出来。如果需要对噪声进行详细分析，则要采用 FFT 技术进行实时分析。

4) 测量流程设计

在明确测量目的、了解测量环境、初步掌握声源特性的情况下，对测量流程要进行精心设计。一般地，测量流程设计主要包括以下内容：①明确测量内容和测量精度；②确定测量方法和数据处理方法；③规划测量步骤；④罗列测量所需仪器。

2. 测量仪器的准备

1) 按测量流程及要求配备所需仪器

在进行任何声学测量前，首先应明确测量的对象和目的以及为达此目的所必须的测量数据，同时编制测量计划。从一开始就应仔细考虑选择合适的声学测量仪器，以保证达到预定的测量要求。选择仪器时要考虑声音本身的特性，例如频谱，地面交通噪声具有宽带频谱，螺旋桨飞机噪声具有窄带频谱，电机具有较高的频率成分。又如连续工业生产作业时的噪声级可认为是恒定的，在建筑施工工地则是间歇的，而在铁路边则是火车不来时长时间保持安静，当火车来时则噪声非常强，有的时候还会遇到脉冲噪声测量问题，如射击、打桩、气锤及工业脉冲噪声等。在进行声环境评价时，所有这些不同噪声源都应考虑，并相应地选择测量仪器和测量方法。

测量数据进行分析的工作量及要求的形式也影响到测量仪器和测量方法的选择。一项基础科学研究通常需要大量的精确的数据和图表，此后要用许多不同的方法对以上资料进行分析处理；噪声控制工程一般要求的图表信息要少些，而作为监测目的测量通常只要求检测并记录噪声随时间的变化情况。

如果要将测量仪器放在现场使用，如测量环境和社会生活噪声，那么这些仪器应当是便携式的，以便于在现场操作和校准。

2) 测量仪器状态检查及校验

为了保证测量的准确性，仪器使用前及使用后都要进行校准。可以使用声级校准器、活塞发声器或其他声压校准仪器来进行声学校准。声学校准时，能够对从传声器、前置放大器、放大器、计权网络直到检波指示器的整个噪声测量仪器进行校准，因此校准的准确性较高。

声级校准器产生声音的频率是 1 kHz，因此，使用声级校准器校准时，测试仪器可以置于任何计权开关位置，校准时都能得到相同的读数。因为在 1 kHz 处，对于任何计权以及线性响应，灵敏度都相同。校准时，把声级校准器套入电容传声器头部，调节仪器的“灵敏度调节”电位器，使读数正好是声级校准器产生的声压级。对于 1″的自由场响应电容传声器，校准值为 93.6 dB；对于 1/2″的自由场响应电容传声器，校准值为 93.8 dB。

使用活塞发声器进行声学校准时，仪器的计权开关应放在“线性”或 C 计权位置。因为活塞发声器所发出声音的频率在 250 Hz，只有“线性”及 C 计权在 250 Hz 处频率响应是平直的，而 B 及 A 计权在 250 Hz 频率处分别有 1.3 dB 和 8.6 dB 的衰减。因此不能进行校准。校准时，把活塞发声器紧密套入电容传声器头部，将活塞发声器的电源开关推至“通”位置，活塞发声器产生 124 dB 声压级。调节仪器的“灵敏度调节”电位器，使仪器读数正好是 124 dB。关闭并取下活塞发声器，声学测试仪器已校准完毕。

电容传声器灵敏度变化一般不大，因此在没有声压校准仪器的情况下，可根据电容传声器的灵敏度修正值，利用测试仪器内部电校准信号来校准。但它仅仅校准了放大器及检波指示器的灵敏度，电容传声器没有被校准，校准的准确性不如声学校准器，因此，有条件的应尽可能使用声学校准器。声学校准后，就不必进行电校准了。在测量过程中，不能再调节“灵敏度调节”电位器。

声学仪器经过一段时间使用后，应送有关计量部门对其主要性能进行全面检定，检定周期规定为 1 年。

3) 测量系统的预连接及试运行

完成以上 2 项准备工作后，为了确保现场测量的顺利进行，需要预演实际测量过程。首先按测量流程设计将所需仪器连接，接通电源，同时利用人工声源模仿实际声源，然后模拟一些主要测量步骤，检查仪器是否工作正常，测量值是否在正常范围等。

4) 附件的准备

声学仪器有各种附件，正确选用这些附件，可以最大限度地避免环境的影响，提高测量的准确度，并满足其他测量需要。

风罩是一种用多孔的泡沫塑料或尼龙细网做成的球，用来降低风噪声的影响。当风吹到传声器上时，传声器膜片上的压力会发生变化，从而引起风噪声。将风罩套在电容传声器头上，就可以极大地衰减风噪声，对被测声无衰减，从而提高了风环境下测量的准确性，这种风罩一般用于野外测量，但当风速大于 5 m/s 时，一般不应进行测量。

当传声器受高速风影响时，在传声器上将会因湍流而产生噪声，这时可以用鼻锥代替正常保护栅来降低风噪声。鼻锥尤其适宜在固定风向和固定风速的情况下使用。为了尽可能减小空气阻力，鼻锥一般做成流线型，四周的金属网允许声波透入传声器膜片上，金属丝网里面截断的锥体减小了膜片前腔的空气容积。另外，鼻锥可改善传声器的全方向特性。

当被测声音不是来自一个方向，而是来自几个方向时，为了改善传声器的全方向特性，可将传声器的正常保护栅旋下，然后旋上无规入射校正器。

如果测量要求传声器与声级计保持一定距离，以减少声级计外壳及人体对测量的影响，此时就需要使用延伸杆。为了减小延伸杆接线的分布电容对传声器灵敏度的影响，延伸杆做成双层屏蔽结构，内层接到前置放大器的输出，通过这一自举作用，减小了分布电容的影响，保证了测量的准确性。

为了把电容传声器延伸到更远的地方，可用延伸电缆。延伸电缆有两种结构，对于前置放大器不能移出来的声级计，使用与延伸杆相同原理的双层屏蔽延伸电缆，延伸电缆连接在电容传声器与前置放大器之间。另一种多芯延伸电缆适用于前置放大器可以移出来的声级计，这种延伸电缆连接在前置放大器与声级计之间，由于前置放大器的输出阻抗较低，因此可以使用较长的延伸电缆(例如 10 m 和 30 m)。

4.1.2 环境因素对测量的影响

1. 气象因素的影响

1) 湿度的影响

任何传声器都应避免长期暴露在非常高湿的环境中。陶瓷传声器能较好地适应潮湿的环境。但是，如果是用罗谢尔盐制作的传声器，则尽管有外套保护着，也不能长期地暴露在十分潮湿或十分干燥的环境中，因为这样就可能分解失效，或干裂损坏。电容传声器暴露在高湿环境中，如果没有适当的预防措施，它的工作就会受到严重干扰。要保证它能正常工作，必须保证在传声器上只有非常小的电泄漏发生。假如电容传声器的绝缘表面已经做过特别处理，则即使在高湿的条件下，也能保证低的电泄漏。如果没有预防措施，则在一定条件下，泄漏会变得过于严重，妨碍正常工作。

2) 温度的影响

虽然大多数的噪声测量是在平均室温范围内进行的，但是一些测量也会暴露在太高或太低温度之中，遇到这种情况时，必须要知道各种传声器的温度限制。

在无损坏的情况下，陶瓷传声器的标准使用温度是–40～65℃。即使在+95℃的温度下，其变化也仅 0.5 dB 左右。而罗谢尔盐的压电传声器在+55.6℃就会发生较大变化。电容传声器的一般操作温度是从–30～65℃，在无损坏的条件下，它可以忍受高温。但是，由于前置放大器不宜于超过+86℃的高温，所以温度不宜过高。驻极体电容传声器应限制在–25～+55℃，这个温度范围可以满足一般声级计的正常使用。它的极限温度是受电池限制的，在+55 时它会使电池的寿命减短。如果没有低温电池的话，一般都不能在–10℃的条件下工作。

传声器的校正一般都是在正常的室温下进行的。因为传声器的灵敏度是随温度而改变的，所以在其他的一些环境温度工作时要做一些修正，不过电容传声器的温度修正是可以忽略的。

2. 自然环境的影响

1) 被测声音的频率范围

陶瓷传声器和电容传声器都能很好地适应低频声的测量。一般精密声级计的频率范围可以低到 20 Hz，这种低频的限制符合最一般的声学测量。而一些要求高的脉冲精密声级计低频范围可低到 10 Hz。测量低频声的限制主要来自声级计电器的低频限制。

在传声器上对高频声做精确的测量，需要用与所测量高频有相同频率响应的小外径尺寸的传声器。对于整个的噪声测量而言，大部分机械噪声不包含强烈的高频成分。即使在高频端包含有重要成分，由于计权的作用，它的能量也有很大的衰减。这就意味着声音的重要能量将很好地落在常用传声器的频率范围之内。如果进行噪声分析时，高频通带内声压级的精确测量是重要的。这时 1/2″的陶瓷、驻极体或电容传声器都可以使用。如果要求传声器的频响超过音频，则 1/4″的压电或电容传声器，或 1/8″的电容传声器可以使用，并且要求所测量的声压级要高出系统的本底噪声。

2) 背景噪声与振动

在各种文献中经常出现环境噪声、本底噪声和背景噪声等称谓，它们是有区别的(不同场景下其含义也有所区别)。在声学测试中，环境噪声是指测试环境(包括实验室或测试现场)所有远场与近场噪声的总和。本底噪声一般是指具体的测试设备本身不希望有的声信号。背景噪声主要是指电声系统中有用信号以外的总噪声，但在工业噪声测量中也指作为待测对象以外的噪声。背景噪声常与本底噪声通用，不加区分。

由于环境中本底噪声的存在，测量结果中就必然包含了本底噪声的贡献，其影响表现为使测量值比真实值增大。因此，应根据本底噪声的大小对测量结果进行修正，即从测量结果中扣除本底噪声的影响。扣除的办法，概括地说，若本底噪声低于被测机器噪声 10 dB 以上，则测量结果不必修正；若低于 3～10 dB，则按分贝相减原理扣除相应的值；若本底噪声仅比被测机器噪声低不到 3 dB，则测量结果无效，即在这样的环境中，将无法测出真实噪声的声级或声压级。

需要指出的是，在声学测量中，背景振动会引起声学测量装置的振动从而引发传声器输出噪声信号。在振动测量中，背景振动必须作为所能测量的最低振动的低限来考虑，接近或等于背景振动的待测振动是不能正确测量的。在有背景振动存在时，应尽量消除其影响。例如把所测装置安装在薄毡子或发泡垫子上，使其与背景振动隔绝起来。不过这时的安装已不属于弹性安装了。与背景振动隔绝的另外办法是，将重而大的钢筋土块用弹性安装悬浮起来进行测量。如果背景振动不便消除的话，可按消除背景噪声的方法消除背景振动。

3) 声级计外形和人体的影响

便携式声级计往往将传声器直接安装在声级计上，这是由于声级计外形的影响，可能给测量带来误差。声级计的体积越大，影响越大；频率越高，影响也越大，一般在 500 Hz 频率以下时，影响可以忽略。

当手持声级计位于测量人的身体和声源之间时，可能对高于 100 Hz 的被测噪声造成 1 dB 或更大的误差。实际使用时，应尽量使声级计和人体远离传声器，这可以借助延伸杆和延伸电缆来达到，或者使被测声波的入射方向与传声器膜片平行，也就是与传声器轴线垂直以减小声级计和人体的影响。

4) 电磁场

用声级计测量大功率电力设备的噪声时，强的电磁场可能会在声级计中引起嗡嗡的干扰，从而影响测量的准确性。此时可以改变声级计的方向(不改变传声器位置)，并注意这时指示的声级是否有明显的变化。如果发现磁场干扰较大，则应当变换声级计的方位或在离磁场更远处进行测量。

3. 声场特性的影响

在有些噪声测量现场，入射到传声器的声波方向是不定的，或者是多变的，也还可能同时接收多个方向来的声源。像在测量车间噪声、飞机噪声、汽车噪声等现场，都会遇到这类情况，这时传声器只有具备全指向特性时才有意义。无规入射校正器就是使入射到传声器的声波加以均衡，使它们变成来自空间的所有方向，即无规入射。由于无规入射与单向垂直入射间存在可以换算的既定关系，因而测得无规入射的数据，就可获得声源简化成单一方向入射时的特性。当然，设计与设想之间总是有差距的，因此具体装置都有各自的特性曲线。

在一般车间现场或一般室内测量，很难达到自由场测量环境的要求，因此必需考虑房间的声学特性给测量结果带来的影响，具体是指房间的吸声量 A 与测量表面面积 S 之比对测量结果的影响，该影响应从测量结果中予以扣除。

对于声场的近场区必须特别注意。近场区域大致可以这样确定，当测量距离小于机器所发射噪声的最低频率的波长时，或者小于机器最大尺度的两倍时(两者之间以大的为准)，可以认为是近场区。近场区的声场是不大稳定的，如太靠近机器测量，那么测点位置稍有变化就会引起声级的变化，测量应尽量避免这一区域。现场测量中近场区以外通常是自由场区，在该区域中，随着声源距离增加一倍，声压降低 6 dB，实际测量应选择在这个区域进行。当测点离声源太远且距墙壁或其他物体太近时，反射很强，该区域称为混响区，应避免在这一区域进行测量。

当存在反射波时，它可能与直达声波相互干涉形成驻波。当发现有驻波时，应采取修正方法来估算声级。若驻波的最大值与最小值之差小于 6 dB，则取这两个值的平均值；若差大于 6 dB，则取比最大声级小 3 dB 的数值。

4.2 测量误差

4.2.1 测量误差及其分类

一般说来，任何一次测量都不可避免地会有误差，即使使用准确的仪器仔细测量，所得结果也不一定就是被测物理量的真值，而只能是近似值。使用相同的仪器，在同一条件下多次重复测量，所得的结果也不完全一样。因此，实际测量值是一些随机量，它与真值之间有误差。为此，声学测量中获得的测量结果一般都要通过统计方法进行处理，使测得的结果更接近于真值。

测量分为直接测量和间接测量，必须测量和多余测量，等精度测量和非等精度测量，等等，其具体的区分如下所述。

(1) 当测量结果直接显示出待测量的数值时称为直接测量。例如，用声级计测量声压级。不直接测量待测的物理量，而是测量其他一些量，得到结果以后，通过计算而求出待测的量，此时称为间接测量。例如，用 P-P 法或 P-U 法测量声强；又如欲测量电阻上的电压降，不直接用伏特计测量，而是测量流过电阻的电流以及电阻的大小，然后计算出电压。

(2) 为了求得某个必不可少的量而进行的测量称为必须测量。例如测量声压，用一台声级计至少要进行一次测量，这一次测量就是必须的。又如用间接方法去测量电阻上的电压降时，必须进行两次测量，一次测量电流，另一次测量电阻。超过必须的测量则是多余测量。例如测量声压级，用声级计测 N 次，那么其中一次是必须的，其余 $N-1$ 次都是多余的。

(3) 对同一量进行多次测量，使用相同的方法、相同的仪表，并且每次都在相同的条件下进行，这一系列测量是等精度的。

在测量过程中，各种原因都会产生误差，要消除所有的测量误差通常是不可能的，但是用多次等精度测量可以减少误差，并且还能根据测量误差的大小来判断测量的准确度。测量的误差越小，测量就越准确；反之，测量结果就不准确。直接测量的误差取决于测量方法以及所用的测量仪器；测量时的环境以及从事测量的人。间接测量的误差取决于直接测量的准确度以及所应用的计算公式的准确度。仅仅进行了必须的测量，是无法判断测量结果的误差的，只有进一步进行多余测量，测量的结果才被认为是可靠的。依靠多余的测量可以提高测量精密度，判断测量的准确度，发现并减小可能产生的计算误差及测量误差，并进一步判断测量结果是否与理论一致。

需要注意精密度、准确度和精确度这三个术语的含义。这些术语的使用在国内外都比较混乱。近年来比较趋向于用精密度表示对同一个量进行重复测量时所得结果之间相互接近的程度，即精密度是测量误差的反映，因此，通常用标准误差来表述。准确度表示测量结果与真值接近的程度，在这样的定义中，准确度隐含着精密度。准确度高，精密度必然是高。但反过来，精密却不要求准确；精密度高的，准确度不见得就高。对于精确度的定量表达，可以用不确定度。本章叙述测量误差处理所必需的基本概念，给出一些有用的近似公式，讨论误差的来源，着重分析随机误差，并列举一些例子。

1. 测量误差及其分类

严格地说，误差是指观察值与真值之差。假设待测物理量的真值为 μ，而实际测量数值为 x，两者之差就称为测量误差。根据测量误差的表示方法可以分为绝对误差和相对误差，它们分别定义如下：

$$\Delta = \mu - x \tag{4.2.1}$$

$$\varepsilon = \frac{\Delta}{\mu} \approx \frac{\Delta}{x} \tag{4.2.2}$$

其中，μ 为待测物理量的真值；x 为实际测量值；Δ 为绝对误差；ε 为相对误差。

在实际测量中，如果 Δ 的数值小到可以忽略不计，则可以认为 x 就等于 μ 。Δ 值小到什么程度才可以忽略不计，取决于测量的目的。

根据产生误差的来源，可以将测量误差分为仪器误差、人员误差和外界误差。根据误差产生规律的特点，可以把测量误差分为系统误差、随机误差和差错。在分析测量误差时，系统误差和随机误差使用完全不同的方法来处理，系统误差是可以识别并加以校准的。而单个随机误差则辨认不出来，但可以通过多次重复测量使随机误差的大小降低，当然其不能完全消除。

2. 系统误差

系统误差是测量过程中未发觉或未确认的因素所引起的误差。例如，由于仪器指示不够准确，测量方法受错误等因素的影响而系统地发生的误差，也称为固定误差。系统误差的数值可以是恒定的，也可以是遵循一定规律变化的，它是由所用公式、常数有误，量具不准或外部干扰而产生的。发现和减小系统误差，只能通过找出公式、常数、量具或其他因素引起的误差加以改正。

在一组测量数据中，系统误差表现为测量结果的平均值和真值之间有固定的偏差。例如在声压测量系统中，传声器灵敏度校准的误差将使测量结果平均偏离一个因子，它就是测量数据中的系统误差。系统误差按其来源可以分为仪器误差、人员误差和外界误差。由于仪器本身的准确度有限而产生的误差称为仪器误差。一般仪表的准确度是以最大相对额定误差来表示的，并据此分为七级：0.1 级、0.2 级、0.5 级、1.0 级、1.5 级、2.5 级和 4.0 级。例如一个满刻度为 150 V 的 1.5 级电压表在测量时所能产生的绝对误差将不会超过 150×1.5=2.25 V。仪器可能产生的绝对误差与被测电压的大小无关，如果用这样的电压表来测量电压，若测得的结果为 100 V，则被测电压的真值将在 97.75～102.25 V。如果测得的数值为 10 V，则被测电压的真值将在 7.75～12.25 V。有些仪器是以最大相对误差来说明其准确度的，则测量值的绝对误差不超过测得数值乘以百分数准确度。人员误差是指由人类感觉器官不完善及操作失当而产生的测量误差。外界误差是由外界环境(温度、湿度、气压、外界电磁场干扰等)的变化而引起的测量误差。

为了消除系统误差，就必须了解实验过程，并能熟练地使用测量仪器。在声学测量中一个经常遇到的系统误差例子是错误地考虑测量系统的频率响应，因此，对测得的频谱数据要进行校正。在测量功率谱时很容易忘掉它与信号波形和测量系统相位的关系而引起系统误差。例如当测量系统有高频相位畸变时，瞬态波就能产生过冲，测得的瞬时值会大于实际数值。某些相位失真可能改变一些波形(如复杂周期波)的外貌，使相位失真对测得的幅度分布函数产生误差。在不用平方律检波器来测量功率谱时，相位失真对某些波形可能改变其频谱形状。测量系统的电噪声或换能器的固有噪声能形成系统误差，在测量幅值时会干扰测量结果。此外，测量环境中其他因素也会引起系统误差，例如传声器振动灵敏度、换能器有限尺寸、电缆噪声等。消除这种偏差的最好方法是了解测量环境中传声器的性能。由于非线性效应引起的谐波畸变能产生原来信号中没有的谱分量，则避免这种误差的最好方法是了解测量系统的非线性特性以及测量系统能测定的最大瞬时值。

3. 随机误差

由大量随机因素干扰而产生的误差称为随机误差。在同样条件下，对同一物理量作多次重复测量发现，随机误差遵循随机过程的统计规律。大多数随机误差是正态分布，由重复测得的数值可以导出概率密度分布函数，以检查测得的数据是否符合正态分布。假设测量系统已经没有系统误差，则真值就在这种分布内。对于正态分布，随机误差与测量的次数有关，随着测量次数的增加，随机误差的算术平均值趋向于零。因此，真值靠近分布的峰，用统计方法还可计算置信度，以及定量地描述真值落在给定区间的概率。

估计随机误差有两种方法。一种方法是利用数据来源，由每一步骤的误差累积成总的误差。例如用应变仪测量一个微小位移时，某部件的位移引起电阻变化，电阻变化可能转变为电压变化，电压变化经放大后加到伏特计而成为指针偏转，由每一步骤的误差可以求出总误差。另一种方法是利用测量数据本身的分布特性，在假定随机误差满足正态分布的条件下，根据多次等精度测量数值求出平均值、标准误差来表示真值和数据分散的程度，并给出平均值与真值相差的估计。

4. 差错

差错是指一种与事实不符合的误差。它主要是由粗心大意、操作失当等人为过错引起的，例如读错刻度数值、记错数据、计算出错等。此类误差没有规律性，所获得的数据称为野点，可以通过细心操作和数据剔除等方式加以避免。误差的表示方法通常有四种。

(1) 误差范围，即指出一组测量中的最高值和最小值之差作为测量误差的变化范围。

(2) 算术平均误差，在一组测量数值中用算术平均误差表示，若观察值为 x_i，平均值为 $\bar{x}$，则算术平均误差为

$$\delta = \frac{\sum_{i=1}^{N}\left|x_i - \overline{x}\right|}{N} \tag{4.2.3}$$

(3) 标准偏差，其定义为

$$\delta = \lim_{N\to\infty}\sqrt{\frac{\sum_{i=1}^{N}\left(x_i - \overline{x}\right)^2}{N}} \tag{4.2.4}$$

在有限次观察值中，标准偏差的估值(或标准误差)表示为

$$\delta = \sqrt{\frac{\sum_{i=1}^{N}\left(x_i - \overline{x}\right)^2}{N-1}} \tag{4.2.5}$$

(4) 或然误差，通常或然误差用γ表示。那么在一组测量中若不计正负号，误差大于γ与小于γ的观察值将各占观测次数的 50%，从概率论可求出

$$\gamma = 0.6745\sigma \tag{4.2.6}$$

4.2.2 测量误差理论

在实验中测量某个物理量的数值，由于测量的随机误差以及物理现象本身的随机性，测得的数据是某个随机变量的一个样本。随机误差的出现通常是遵循正态分布的，因此，可以对测量数据作出统计意义上的判断。

在一定条件下，对某个物理量(假定其真值为μ)进行多次重复测量，得到一组数据为x_1，x_2，…，x_N，则各个测量值出现的概率密度分布可由下述正态分布函数来表述：

$$p(x) = \frac{1}{\sigma\sqrt{2\pi}}\exp\left[\frac{-(x-\mu)^2}{2\sigma^2}\right] \tag{4.2.7}$$

其中，参数σ称为标准偏差，即x的方差的平方根。正态分布的概率密度曲线是单峰的，曲线峰在$x=\mu$处。数学期望μ决定分布的位置，方差σ^2决定曲线轮廓的宽窄。因此，标准偏差σ的大小表示测量数据的弥散程度。从不同σ值的正态分布曲线可知，σ越小，曲线越尖锐，意味着小误差出现的概率越大，而大误差出现的概率越小，故σ越小，表示测量精度越高。

在一组等精度测量中，真误差的绝对值的算术平均值称为平均误差。

$$\delta = \frac{\sum_{i=1}^{N}x_i - \mu}{N} \tag{4.2.8}$$

在概率论中可以证明，当 $N\to\infty$ 时，

$$\lim_{N\to\infty}\delta=\sqrt{\frac{2}{\pi}}\sigma\approx\frac{4}{5}\sigma \tag{4.2.9}$$

因此，当 N 非常大时，δ 与 σ 值对判断测量精密度来说有相同的意义，而 δ 值的计算比较容易。

在一系列等精度测量中，正态分布总结了随机误差的下述四个特性：①绝对值相等的正误差和负误差出现的概率相等；②绝对值小的误差在测量中出现的机会比较多，而绝对值大的误差出现的机会比较少，绝对值很大的误差出现的概率接近于零；③在某一测量环境中，随机误差的绝对值不会超过某一定限度；④随着对同一物理量所进行的等精度测量次数的增加，随机误差的代数和有趋近于零的趋势。由此可知，要减少随机误差对测量结果的影响，唯一的办法是对同一个物理量反复进行多次测量，然后取测量结果的平均值以求出真值的最佳近似值。

随机误差出现在某一区间的概率可通过对概率密度分布曲线积分计算得到，通常把区间取为 σ 的若干倍，即区间为 $\pm k\sigma$ 。不同区间的概率如表 4.2.1 所示。

表 4.2.1　出现各种误差的概率

区间	区间内概率	区间外概率
±0.68	0.5	
±1	0.6827	0.3173
±1.65	0.9010	
±2	0.9545	0.0455
±2.6	0.9906	
±3	0.9973	0.0027
±4	0.9999	

由表 4.2.1 可知，大约每三次测量可能有一次真误差(即测得值 x 离开真值的偏差)的绝对值大于 σ ，大约每 22 次测量中有一次真误差的绝对值大于 2σ ，大约每 1000 次测量中可能有 3 次真误差的绝对值大于 3σ 。测量误差大于 3σ 的测量值所出现的机会几乎不存在。因此，3σ 被认为是极限误差。

由于真值 μ 无法测量出来，因此测量误差的具体数值也是不可能准确地测量出来的。但是常可以由各种判据估计误差绝对值的一个上限 U，使

$$|\Delta|<U \tag{4.2.10}$$

式中，Δ 为随机误差。这个上限 U 称为不确定度，是估计出来的一个总误差限，所谓估计，涉及置信度问题。

对于同一测量结果，如果估计一个较小的 U 值，则 $|\Delta|$ 不小于 U 的可能性就

较大，将冒着估计不足的风险；反之，若估计一个较大的 U 值，则 $|\Delta|$ 不大于 U 就较为可信。如果 $|\Delta|<\infty$，则它是完全可以相信的。由此可见，置信限越宽，则置信概率(即可置信程度)也越大。然而不确定度给得太大，则测量结果就没有意义。能够允许的不确定度取决于测量的目的和测量结果的用途。习惯上，置信概率可取 68%、90%、95%、99%、99.5%、99.7%等数值，其具体要求视测量的重要性而定。

本节讨论具有随机误差测量数据的处理，并且假设随机误差遵循正态分布。上面定义的真值的期望值、标准偏差等都是重复测量无限多次导出的。但是在实际测量中，观察次数是有限的。因此，必须对测量数据作误差处理，以求得最佳值。

令 μ 为某待测物理量的真值，x_1，x_2，…，x_N 分别为待测物理量的 N 次等精度测量的结果。测量的目的是求得待测物理量的真值 μ，由于测量有误差，每次测得的 x 值都不是真值，但是可以根据 N 次等精度测量的结果作出估计。

4.2.3 测量数据的统计分析与检验

1. 真值估计

真值 μ 的最佳估值就是各个 x 的平均值：

$$\overline{x}=\frac{1}{N}\sum_{i=1}^{N}x_i \tag{4.2.11}$$

应该注意，当测量次数 N 为无穷大时，$\overline{x}$ 才收敛于期望值。当 N 为有限时，测得值 x 在 μ 值左右摆动，$\overline{x}$ 也在 μ 值左右摆动，但平均说来，它比一次测得的 x 值更靠近真值 μ。由于 $\overline{x}$ 也是随机量，故每作 N 次测量所得的算术平均值 $\overline{x}$ 都略有不同，可以用 $\overline{x}$ 的标准偏差来表述 $\overline{x}$ 的精密度，即

$$\sigma_{\overline{x}}=\frac{\sigma}{\sqrt{N}} \tag{4.2.12}$$

通常，把 $\sigma_{\overline{x}}$ 称为待测物理量的平均值的标准误差，以区别于标准偏差。平均值 $\overline{x}$ 分布的方差比一次测得值 x 的方差小 N 倍，$\overline{x}$ 的标准误差减小 $\sqrt{N}$ 倍。因此，多次测量的平均值比一次测得的数值更为准确。随着 N 增加，$\sigma_{\overline{x}}$ 值下降，即 $\overline{x}$ 作为 μ 的估值更准确。由于 $\sigma_{\overline{x}}$ 值和 $\sqrt{N}$ 成反比，故 $\sigma_{\overline{x}}$ 的下降速度比 N 增加速度慢得多。故在实际测量中 N 很少超过 50，一般在 4～20。

2. 标准偏差的估值

一个随机样本的标准偏差是在测量次数 $N\to\infty$ 条件下以真误差来定义的。实

际测量时，N 不可能为无穷大，也不知道真值和真误差。仅知有限 N 次的等精度测量结果和由此求出的平均值 $\overline{x}$ 。

若 x_1，x_2，…，x_N 是 N 次等精度的测量值，根据方差定义，常采用各个观察数值对平均值的均方偏差，即

$$\frac{\sum_{i=1}^{N}(x_i-\overline{x})^2}{N} \tag{4.2.13}$$

作为方差 σ^2 的无偏估值。但是均方偏差的期望值并不是 x 的方差 σ^2 而是 $\frac{N-1}{N}\sigma^2$，均方偏差的值并不围绕着 σ^2 而是围绕着 $\frac{N-1}{N}\sigma^2$ 摆动，所以一般采用下述数值

$$S^2=\frac{\sum_{i=1}^{N}(x_i-\overline{x})^2}{N-1} \tag{4.2.14}$$

作为方差的最佳估值。测得数据样本方差估值 S^2 的平方根称为样本的标准误差，并以此作为标准偏差的估值，当 $N\to\infty$ 时，$\overline{x}\to\mu$，$N-1\to N$，上述定义与标准偏差相同。

由于 N 次测量数据所求出的平均值 $\overline{x}$ 的标准误差为 $\sigma_{\overline{x}}=\sigma/\sqrt{N}$，所以样本平均值的标准误差为

$$\sigma_{\overline{x}}=\frac{S}{\sqrt{N}}=\sqrt{\frac{1}{N(N-1)}\sum_{i=1}^{N}(x_i-\overline{x})^2} \tag{4.2.15}$$

3. 测量结果的置信度

测量不可避免地会有误差，测得的数值 x 通常不是被测物理量的真值 μ。通过一系列等精度测量求得 σ 的估值后，利用误差函数可以求出误差值出现在某一指定区间[$-a$, a]内的概率 $P\{|\xi|\leqslant a\}$。指定区间[$-a$, a]称为置信区间，$\pm a$ 称为置信限，而概率 $P\{|\xi|\leqslant a\}$ 称为误差在该置信区间的置信概率。置信限与置信概率结合起来可以说明测量结果的置信度，即可信赖的程度。显然，对于同一测量结果来说，置信区间越宽，置信概率就越大；反之，置信区间越窄，置信概率就越小。

但是，μ 和 σ 值实际上是不可知的，为了估计测得结果的置信度，需进行 N 次等精度测量，然后进行统计分析。已知置信限如下：68.27%，测量数值落在 $\overline{x}$ 的 $\pm\sigma$ 区间；95.45%，测量数值落在 $\overline{x}$ 的 $\pm2\sigma$ 区间；99.73%，测量数值落在 $\overline{x}$ 的 $\pm3\sigma$ 区间。

这里是相对于大量测量结果的统计值，当测量次数比较少时，应该用标准误

差 S 替代标准偏差。这时可用表 4.2.2 和表 4.2.3 进行换算。

表 4.2.2　误差与偏差的换算

N	2	5	10	20	50	100	∞
t_1	1.8	1.15	1.06	1.03	1.01	1.00	1.00
t_2	12.7	2.80	2.30	2.10	2.00	2.00	1.96
t_3	235	6.60	4.10	3.40	3.20	3.10	3.00

表 4.2.3　标准误差与标准偏差的换算

N	2	5	10	20	50	100	∞
$t_1/\sqrt{N}$	1.3	0.51	0.34	1.23	0.14	0.10	0
$t_2/\sqrt{N}$	9.0	1.24	0.72	0.47	0.28	0.20	0
$t_3/\sqrt{N}$	166	3.00	1.29	0.77	0.47	0.31	0

置信度不同则测量值 x 亦不同：68.27%置信度，$x \pm \sigma = \overline{x} \pm t_1 s$；95.00%置信度，$x \pm 1.9\sigma = \overline{x} \pm t_2 s$；99.73%置信度，$x \pm 3\sigma = \overline{x} \pm t_3 s$。

置信度不同，则平均值 $\overline{x}$ 亦不同：68.27%置信度，$\overline{x} \pm \dfrac{1.00\sigma}{\sqrt{N}} = \overline{x} \pm \dfrac{t_1}{\sqrt{N}} s$；95.00%置信度，$\overline{x} \pm \dfrac{1.90\sigma}{\sqrt{N}} = \overline{x} \pm \dfrac{t_2}{\sqrt{N}} s$；99.73%置信度，$\overline{x} \pm \dfrac{3.00\sigma}{\sqrt{N}} = \overline{x} \pm \dfrac{t_3}{\sqrt{N}} s$。

由上述讨论可知，当 N=10～20 时，不论 μ 或 σ，在±1 置信区间内，其置信概率都在 0.99 以上。因此，在一般情况，一系列等精度重复测量次数不必太多。过分增多测量次数，对测量结果的可靠性并无太大好处。

对于观察值 x 服从正态分布的情况，表示测量结果的完整叙述应为：$x \pm \sigma$ (置信水平 68.3%)。通常采用 68.3%作为置信度，但也可以用其他置信度。

如果物理量的真值 μ 不知道，则观察值的期望值就是被测的真值。如果已知测量仪器的标准偏差 σ，作一次测量，测得值为 x，那么通常将结果表述为 $\mu = x \pm \sigma$。这种表述的意义为，对于物理量 μ 的估计值为 x，估计值 x 分布的标准偏差为 σ。如果用同一仪表重复测量 N 次，则得到测量数据样本为 σ。

如果用同一仪表重复测量 N 次，则得到测量数据样本为 x_1，x_2，…，x_N；若采用平均值 $\overline{x}$ 估计真值 μ，则 $\overline{x}$ 的标准误差 $\sigma_{\overline{x}} = \sigma/\sqrt{N}$，测量结果表述为

$$\mu = \overline{x} \pm \sigma_{\overline{x}} = \overline{x} \pm \frac{1}{\sqrt{N}}\sigma \tag{4.2.16}$$

式中，$\overline{x}$ 表示对于物理量 μ 的期望值；$\sigma/\sqrt{N}$ 为平均值的标准误差。

4. 可疑数据的剔除

在一系列等精度测量中，大误差出现的概率是极小的。误差超过3σ的概率每 1000 次中仅为 3 次。因此，遇到剩余误差绝对值超过3σ，那么这个数据就值得怀疑。当出现大误差时，弥散特大的个别测量结果的出现会影响数据处理的可靠性。因此，应该检查这种测量是否有差错，或在相同条件下增加测量次数，以减弱个别数据对统计估值的影响，并根据某种认为令人信服的统计判据来剔除这种可疑数据。

可疑数据的剔除不能凭主观臆断来进行，必须有较客观而可靠的判据为根据。不少人采用3σ作为判据，即把剩余误差绝对值超过3σ的个别数据判断为可疑，从而剔除。但应注意，这个3σ判据实质上是建立在$N \to \infty$的前提下；当N为有限时，特别当N很小时，这个3σ判据是不很可靠的。还应强调说明一下，凡遇到有剔除的数据时，应该在测量报告上详细说明测量条件、测量点数、被剔除的具体数据和剔除的依据等。

5. 测量结果的统计检验

测量数据的获得是一种统计推断过程。不知道被测量的真值μ，只有通过一系列等精度测量进行统计后估计出一个$\overline{x}$值，并且通过推论来判断这个$\overline{x}$值极可能就是μ。此外，借助统计方法来判断$\overline{x}$与μ值接近到某种程度的可能性有多大，即推断出某一置信极限内的置信概率。

测得值与真值μ的函数表达式是否为正态分布，可以根据测得数据样本作出的概率密度分布曲线来比较，也可以用χ^2检验方法。

如果对同一被测物理量x进行两组等精度测量，则可以得到两个平均值$\overline{x}_1$和$\overline{x}_2$，如何检验这两次结果是否一致呢？一般地说，$\overline{x}_1$和$\overline{x}_2$是不相等的，最简单的方法是检查$|\overline{x}_1 - \overline{x}_2| \leqslant \sigma_{\overline{x}_1} + \sigma_{\overline{x}_2}$，若满足上述关系式，则认为$\overline{x}_1$和$\overline{x}_2$是一致的。另一种方法是若满足关系式$|\overline{x}_1 - \overline{x}_2| \leqslant \sqrt{\sigma_{\overline{x}_1}^2 + \sigma_{\overline{x}_2}^2}$，则认为$\overline{x}_1$与$\overline{x}_2$是一致的，更好的判据是用$t$检验法，若

$$t = \frac{\overline{x}_1 - \overline{x}_2}{S}\sqrt{\frac{N_1 N_2}{N_1 + N_2}} \tag{4.2.17}$$

当$\overline{x}_1$与$\overline{x}_2$一致时，概率为

$$P_t = \frac{1}{2}(1 - P) \tag{4.2.18}$$

式中，P为t分布数表中的概率。

若算出t值相应于t分布表中P=0.9(相应于P_t=0.05)一栏中所对应的k值，则

可认为 $\bar{x}_1$ 与 $\bar{x}_2$ 一致。若 t 值介于 P=0.9(相应于 P_t=0.05)与 P=0.98(相应于 P_t=0.01)所对应的 k 值之间，则数据处理应该慎重。若 t 大于 P=0.98 对应的 k 值，则可认为 $\bar{x}_1$ 与 $\bar{x}_2$ 不一致。

测量时在选择测量仪器之前必须估计容许的误差数值。如果有可能选择极限误差小于实验容许误差的测量仪器，则可以进行单次测量并将测量结果写为 $\alpha \pm \Delta_{\max}$，它表示被测量的真值以接近 1 的概率处在 $\alpha \pm \Delta_{\max}$ 的范围内。

通常，利用替代法测量可以减小系统误差。为了减少随机误差要进行多次测量，使测量结果的平均值代表被测量的最大概率值。对多次测量结果的处理归结为计算测量结果的算术平均值及均方偏差的估值，然后确定置信区间或测量的可靠性。在处理一系列测量结果时可能会出现一个与其他结果相差很大的情况，这时应该剔除这个结果。

4.2.4　测量不确定度

测量不确定度用于表征测量值的分散性、准确性和可靠程度，或者说它是对测量值在某一范围内的一种评定，很多与声学测量有关的标准中都有关于待测参量测量不确定度的计算和要求。测量不确定度分为 A 类标准不确定度和 B 类标准不确定度[19]。

一个完整的测量结果不仅要给出该测量值的大小，同时还应给出它的不确定度。用不确定度来表征测量结果的可信赖程度，测量结果应写成如下标准形式：

$$x = \bar{x} \pm U \tag{4.2.19}$$

式中，x 为测量值；对等精度多次测量而言，$\bar{x}$ 是多次测量的算术平均值；U 为不确定度。

测量不确定度可以用来评价测量的水平和质量。不确定度越小，测量结果的可疑程度就越小；可信程度越大，测量结果的质量越高，水平越高，其使用价值越高，反之亦然。

测量中不确定度来源于以下几个方面：

(1) 被测量的定义不完整；

(2) 被测量定义的复现不完善；

(3) 取样的代表性不足，即所测量的样本可能不能完全代表定义的被测量；

(4) 对测量受环境条件的影响认识不足或对环境条件的测量不完善；

(5) 模拟指示仪表的人员读数偏移；

(6) 仪器分辨力或识别阈值的限制；

(7) 测量标准和标准物质的量值不准确；

(8) 从外部得到并在数据简约算法中使用的常数和其他参数的值不准确；

(9) 测量方法和程序中的近似和假设；

(10) 在看似相同的条件下，被测量在重复观测中的变异性。

1. A 类标准不确定度

A 类标准不确定度是在一系列重复测量中，用统计方法计算的分量，其表征值可用平均值的标准偏差表示，记为U_A，即

$$U_A = \frac{\delta_x}{\sqrt{N}} = \sqrt{\frac{\sum_{i=1}^{N}(x_i - \overline{x})^2}{N(N-1)}} \tag{4.2.20}$$

2. B 类标准不确定度

测量中凡是不符合统计规律的不确定度统称为 B 类标准不确定度，记为U_B。其中，对一般有刻度的量具和仪表，估计误差在最小分格的 1/10～1/5，通常小于仪器的最大允差$\Delta_{仪}$，所以通常可以用$\Delta_{仪}$表示一次测量结果的 B 类标准不确定度。然而，在实际中，仪器的误差在$[-\Delta_{仪}, \Delta_{仪}]$内是按一定概率分布的。因此一般测量结果的 B 类不确定度U_B可以表示为

$$U_B = \frac{\Delta_{仪}}{C} \tag{4.2.21}$$

式中，C为置信系数，其取值与仪器误差的概率分布形式有关，如果置信概率取 100%，则在仪器误差满足正态分布条件下，$C=3$；在仪器误差满足均匀分布条件下，$C=\sqrt{3}$。

3. 合成标准不确定度和扩展不确定度

测量值的合成标准不确定度定义为

$$U = \sqrt{U_A^2 + U_B^2} \tag{4.2.22}$$

将合成标准不确定度乘以一个与一定置信概率P相联系的置信因子(或称覆盖因子)K，得到增大置信概率的不确定度，就称为扩展不确定度。这里，在一定概率分布形式下，不同的置信概率P对应有不同的置信因子，在正态分布条件下，其置信概率P对应的置信因子见表 4.2.4。

表 4.2.4　标准误差与标准偏差的换算

P	K
0.500	0.675
0.683	1

续表

P	K
0.900	1.65
0.950	1.96
0.955	2
0.990	2.58
0.997	3

4. 标准不确定度分析的数学建模方法

假设某一间接测量量有如下关系，即

$$y = f(x_1, x_2, \cdots, x_n) \tag{4.2.23}$$

式中，如果 $x_1, x_2, \cdots, x_n$ 为相互独立的直接测量量，则间接测量量 y 的不确定度为

$$U(y) = \sqrt{\sum_{i=1}^{n}\left(\frac{\partial y}{\partial x_i}\right)^2 U^2(x_i)} \tag{4.2.24}$$

式中，$U(x_i)$ 为直接测量 x_i 的标准不确定度。

求间接测量结果的不确定度的步骤如下：

(1) 对函数求全微分(对加减法)，或先取对数再求全微分(对乘除法)；

(2) 合并同一分量的系数，合并时，有的项可以相互抵消，从而得到最简单的形式；

(3) 系数取绝对值；

(4) 将微分号变为不确定度符号；

(5) 求平方和。

5. 测量不确定度分析实例

在环境噪声污染控制和小型汽油机性能评估中，噪声测量的准确性至关重要。测量不确定度是评估测量结果可靠性的关键指标。下面介绍如何根据 GB/T 1859.1—2015《往复内燃机 声压法声功率级的测定 第 1 部分：工程法》以及测量不确定度的评定和表示，对通用小型汽油机的噪声测量结果进行不确定度评定。

1) 数学模型的建立

声功率级是声学中常见的概念，表示声源在单位时间内辐射声能的量度，通常用于表征噪声源辐射声能的能力，单位为 dB。计算公式为

$$L_W = \overline{L'_p} - K_1 - K_2 + 10\lg(S / S_0) \tag{4.2.25}$$

式中，L_W 为声功率级；$\overline{L'_p}$ 为测得的表面声压级；K_1 为背景噪声修正值；K_2 为环境修正值；S 为测量表面面积；S_0 为基准面积。

2) 测量不确定度的来源分析

根据试验方法和实际经验，本例中测量不确定度的来源主要有：

(1) 现场测量所引起的标准不确定度的评定(A 类)；

(2) 测量仪器标准不确定度的评定(B 类)。

3) A 类标准不确定度分析

根据 GB/T 1859.1—2015 对发动机进行近场声压级的测量，分别独立重复测量 5 组数据并计算声功率级为：100.66 dB、100.52 dB、100.47 dB、100.58 dB、100.86 dB，平均值为

$$\overline{L_{W1}} = \frac{\sum_{i=1}^{n} L_{WAi}}{n} = 100.62\text{dB} \tag{4.2.26}$$

根据式(4.2.20)可得

$$U_{\text{A}} = 0.07\text{dB} \tag{4.2.27}$$

4) B 类标准不确定度分析

测量时所使用的声级计校准声压级最大允差为 $\pm 0.1\text{dB}$，按照正态分布取置信系数 $C = 3$。因此声级计的 B 类标准不确定度可以通过式(4.2.21)计算：

$$U_{\text{B}} = 0.0333\text{dB} \tag{4.2.28}$$

5) 合成标准不确定度和扩展不确定度分析

合成标准不确定度可以根据式(4.2.22)计算，有

$$U = 0.0775\text{dB} \tag{4.2.29}$$

扩展不确定度取置信因子 $K = 2$ 时的扩展不确定度 U_k，有

$$U_k = K \times U = 0.155\text{dB} \tag{4.2.30}$$

4.3 噪声标准

噪声标准是与噪声有关的各类标准(国家标准、国家军用标准、团体标准、行业标准等)的总称，它是环境标准的一部分。环境标准是我国环境与资源保护法体系中一个独立的、特殊的、重要的组成部分。一般来说，国家级的环境标准是具有法律性质的技术规范，具有法律约束力。环境标准在国家环境管理中起着重要作用，是制定国家环境计划和规划的主要依据，是国家环境管理的技术基础。

按环境学的分类，环境标准分为三类：方法标准、环境质量标准和污染物排

放标准。具体到噪声污染问题，噪声及其测量标准也可分为三类：声学测量基础标准、噪声限值标准和噪声测量标准。此外，还有一些法律法规也与噪声测量有关，例如《中华人民共和国噪声污染防治法》(见附录一)、《关于我国统一实行法定计量单位的命令》，以及一些重要的环境噪声限值标准(见附录二)等。

国内外各种机构已经公布了许多有关声学测量的标准[20]。在这些标准中叙述了测量方法、测量设备和明确的测量程序，借以规范声学测量技术。本节选择与声学测量有关的常用基础标准、限值标准和测量国家标准(GB)，其中声学测量基础标准还给出了国际电工委员会(IEC)标准和国际标准化组织(ISO)的一些标准号和标准名称供参考。另外，随着对听觉感知机理和心理声学研究的不断深入，近年来也逐步推出了与噪声主观评价和应用密切相关的各类标准；2024 年，中国声学学会发布了第一批团体标准，其中大部分与声学测量有关，上述标准也纳入本节的标准目录里。

此外，部分标准的具体内容和实际应用将在本书后续相关章节中展示。

4.3.1 声学测量基础标准

1. 中华人民共和国国家标准

(1) GB 3100—1993	国际单位制及其应用
(2) GB/T 3101—1993	有关量、单位和符号的一般原则
(3) GB/T 3947—1996	声学名词术语
(4) GB/T 3102.7—1993	声学的量和单位
(5) GB/T 3238—1982	声学量的级及其基准值
(6) GB/T 3239—1982	空气中声和噪声强弱的主观和客观表示法
(7) GB/T 3222.1—2022	声学 环境噪声的描述、测量与评价 第 1 部分：基本参量与评价方法
(8) GB /T 3240—1982	声学测量中的常用频率
(9) GB/T 3241—2010	电声学 倍频程和分数倍频程滤波器
(10) GB/T 3451—1982	标准调音频率
(11) GB/T3769—2010	电声学 绘制频率特性图和极坐标图的标度和尺寸
(12) GB/T 3770—1983	木工机床噪声声功率级的测定
(13) GB/T 3785.1—2023	电声学 声级计 第 1 部分：规范
(14) GB/T 3785.2—2023	电声学 声级计 第 2 部分：型式评价试验
(15) GB/T 3785.3—2018	电声学 声级计 第 3 部分：周期试验
(16) GB/T 15173—2010	电声学 声校准器
(17) GB/T 32706—2016	实验室仪器和设备安全规范 噪声测量仪器

2. 国际电工委员会(IEC)

(1) IEC—60034-9-2021　旋转电机 第九部分：噪声限制
(2) IEC—60263-2020　绘制频率特性和极坐标图用的标度和尺寸
(3) IEC—61183-1994　电声学 声级计的无规定射声场及扩散声场的校正
(4) IEC—61260-1-2014　电声学 分倍频程和频程频带滤波器 第 1 部分：规范
(5) IEC—61260-2-2016　电声学 分倍频程和频程频带滤波器 第 2 部分：型式评定试验
(6) IEC—61260-3-2016　电声学 分倍频程和频程频带滤波器 第 3 部分：周期性测试
(7) IEC—61672-1-2013　电声学 声级计 第 1 部分：规范
(8) IEC—61672-2-2013　电声学 声级计 第 2 部分：型式评定试验
(9) IEC—61672-3-2013　电声学 声级计 第 3 部分：周期性试验

3. 国际标准化组织(ISO)

(1) ISO/TR 389-5-2006　声学 校正听力设备的基准零级 8 kHz-16 kHz 频率范围内的纯音的等效阈声压级
(2) ISO 532-1-2017　声学 响度的计算方法：Zwicker 方法
(3) ISO 532-2-2017　声学 响度的计算方法：Moore-Glasberg 方法
(4) ISO 532-3-2023　声学 响度的计算方法：Moore-Glasberg-Schlittenlacher 方法
(5) ISO 80000-8-2020　物理量与度量单位-第 8 部分：声学
(6) ISO 1683-2015　声学 基准声学量
(7) ISO 717-1-2020　声学 建筑和建筑构件的隔声标定 第 1 部分：空气声隔声
(8) ISO 16832-2006　声学 利用类别法定义噪声等级

4.3.2　噪声限值标准

1. 环境噪声限值标准

(1) GB 3096—2008　声环境质量标准
(2) GB 12348—2008　工业企业厂界环境噪声排放标准
(3) GB 12523—2011　建筑施工场界环境噪声排放标准
(4) GB 22337—2008　社会生活环境噪声排放标准

2. 交通运输噪声限值标准

(1) GB 1495—2002	汽车加速行驶车外噪声限值及测量方法
(2) GB 4569—2005	摩托车和轻便摩托车 定置噪声限值及测量方法
(3) GB 5980—2009	内河船舶噪声级规定
(4) GB 6376—2008	拖拉机 噪声限值
(5) GB 9660—1988	机场周围飞机噪声环境标准
(6) GB/T 9911—2018	船用柴油机辐射的空气噪声测量方法
(7) GB 11871—2009	船用柴油机辐射的空气噪声限值
(8) GB 12525—1990	铁路边界噪声限值及其测量方法
(9) GB/T 13669—1992	铁道机车辐射噪声限值
(10) GB/T 14227—2024	城市轨道交通车站站台声学要求和测量方法
(11) GB 14892—2006	城市轨道交通列车噪声限值和测量方法
(12) GB 16169—2005	摩托车和轻便摩托车 加速行驶噪声限值及测量方法
(13) GB 16170—1996	汽车定置噪声限值
(14) GB 19757—2005	三轮汽车和低速货车加速行驶车外噪声限值及测量方法(中国Ⅰ、Ⅱ阶段)
(15) GJBz 20355—1996	直升机噪声限值
(16) GB/T 25982—2010	客车车内噪声限值及测量方法

3. 通用机械设备噪声限值标准

(1) GB/T 10069.1—2006	旋转电机噪声测定方法及限值 第 1 部分：旋转电机噪声测定方法
(2) GB/T 10069.3—2024	旋转电机噪声测定方法及限值 第 3 部分：噪声限值
(3) GB/T 14097—2023	往复式内燃机 噪声限值
(4) GB 16710—2010	土方机械 噪声限值
(5) GB/T 25615—2010	土方机械 司机位置发射声压级的测定 动态试验条件
(6) GB/T 24389—2009	剪切机械 噪声限值
(7) GB/T 24388—2009	折弯机械 噪声限值
(8) GB/T 26484—2011	液压机 噪声限值
(9) GB/T 26483—2011	机械压力机 噪声限值
(10) GB 19997—2005	谷物联合收割机 噪声限值

(11) GB 19872—2005　凿岩机械与气动工具 噪声限值
(12) GB 18321—2001　农用运输车 噪声限值

4. 家用电器噪声限值标准

(1) GB 19606—2004　家用和类似用途电器噪声限值

5. 噪声控制方法及限值标准

(1) GB/T 50087—2013　工业企业噪声控制设计规范
(2) GB 50118—2010　民用建筑隔声设计规范
(3) HJ/T 379—2007　环境保护产品技术要求 隔声门
(4) JG/T 803—2007　吸声用穿孔石膏板
(5) GB/T 17249.1—1998　声学 低噪声工作场所设计指南 噪声控制规划
(6) GB/T 18698—2002　声学 信息技术设备和通信设备噪声发射值的标示
(7) GB/T 19886—2005　声学 隔声罩和隔声间噪声控制指南
(8) GB/T 50121—2005　建筑隔声评价标准
(9) T/SASC 01001—2024　有源噪声控制：术语、系统组成及降噪性能表征
(10) T/SASC 01002—2024　封闭空间有源噪声控制降噪量的测量

4.3.3 噪声测量标准

1. 区域环境噪声测量

(1) GJB 692A—2012　海洋环境噪声特性测试方法
(2) GB/T 3222.1—2022　声学 环境噪声的描述、测量与评价 第 1 部分：基本参量与评价方法
(3) GB/T 3222.2—2022　声学 环境噪声的描述、测量与评价 第 2 部分：声压级测定
(4) GB/T 9661—1988　机场周围飞机噪声测量方法
(5) GB/T 10071—1988　城市区域环境振动测量方法
(6) GB 12348—2008　工业企业厂界环境噪声排放标准
(7) GB 12523—2011　建筑施工场界环境噪声排放标准
(8) GB/T 15190—2014　声环境功能区划分技术规范
(9) GB/T 22157—2018　声学 测量道路车辆和轮胎噪声的试验车道技术规范

2. 交通运输工具噪声测量

(1) GB 4569—2005	摩托车和轻便摩托车 定置噪声限值及测量方法
(2) GB/T 4583—2007	电动工具噪声测量方法 工程法
(3) GB/T 4595—2020	船上噪声测量
(4) GB/T 4964—2010	内河航道及港口内船舶辐射噪声的测量
(5) GB/T 5111—2024	声学 轨道机车车辆发射噪声测量
(6) GB/T 14365—2017	声学 机动车辆定置噪声声压级测量方法
(7) GB/T 17250—1998	声学　市区行驶条件下轿车噪声的测量
(8) GB/T 18697—2002	声学　汽车车内噪声测量方法
(9) GB/T 19118—2015	三轮汽车和低速货车 噪声测量方法
(10) GB/T 3449—2011	声学 轨道车辆内部噪声测量
(11) GB/T 40578—2021	轻型汽车多工况行驶车外噪声测量方法
(12) GB/T 40625—2021	汽车加速行驶车外噪声室内测量方法
(13) GB/T 19322.1—2021	小艇 机动游艇空气噪声 第 1 部分：通过测量程序
(14) GB/T 39970—2021	汽车轮胎惯性滑行通过噪声限值和等级
(15) GB/T 19322.3—2017	小艇 机动游艇空气噪声 第 3 部分：用计算和测量程序进行噪声评估
(16) GB 24929—2010	全地形车加速行驶噪声限值及测量方法

3. 通用机械设备噪声测量

(1) GB/T 4214.1—2017	家用和类似用途电器噪声测试方法 通用要求
(2) GB/T 4759—2009	内燃机排气消声器 测量方法
(3) GB/T 14573.1—1993	声学 确定和检验机器设备规定的噪声辐射值的统计学方法 第一部分：概述与定义
(4) GB/T 14573.2—1993	声学 确定和检验机器设备规定的噪声辐射值的统计学方法 第二部分：单台机器标牌值的确定和检验方法
(5) GB/T 14573.3—1993	声学 确定和检验机器设备规定的噪声辐射值的统计学方法 第三部分：成批机器标牌值的确定和检验简易(过渡)法
(6) GB/T 14573.4—1993	声学 确定和检验机器设备规定的噪声辐射值的统计学方法 第四部分：成批机器标牌值的确定和检验方法

(7) GB/T 14574—2000　声学　机器和设备噪声发射值的标示和验证
(8) GB/T 16955—1997　声学 农林拖拉机和机械操作者位置处噪声的测量　简易法
(9) GB/T 17248.1—2022　声学　机器和设备发射的噪声　测定工作位置和其他指定位置发射声压级的基础标准使用导则
(10) GB/T 17248.2—2018　声学 机器和设备发射的噪声 在一个反射面上方可忽略环境修正的近似自由场测定工作位置和其他指定位置的发射声压级
(11) GB/T 17248.3—2018　声学 机器和设备发射的噪声 采用近似环境修正测定工作位置和其他指定位置的发射声压级
(12) GB/T 17248.5—2018　声学 机器和设备发射的噪声 采用准确环境修正测定工作位置和其他指定位置的发射声压级
(13) GB/T 17697—2014　声学 风机和其它通风设备辐射入管道的声功率测定 管道法
(14) GB/T 18313—2001　声学 信息技术设备和通信设备空气噪声的测量
(15) GB/T 18698—2002　声学 信息技术设备和通信设备噪声发射值的标示
(16) GB/T 42687—2023　船舶与海洋技术 船用起重机 噪声要求与测量方法
(17) GB/T 41971—2022　农林拖拉机 动态噪声测量
(18) GB/T 41161—2022　往复式内燃机 燃烧噪声测量方法
(19) GB/T 41311.1—2022　声学 描述船舶水下噪声的量及其测量方法 第 1 部分：用于比对目的的深水精密测量要求
(20) GB/T 14098—2020　燃气轮机和燃气轮机机组 气载噪声的测量 工程法/简易法
(21) GB/T 17213.14—2018　工业过程控制阀 第 8-2 部分：噪声的考虑 实验室内测量液动流流经控制阀产生的噪声
(22) GB/T 21231.1—2018　声学 小型通风装置辐射的空气噪声和引起的结构振动的测量 第 1 部分：空气噪声测量
(23) GB/T 18490.3—2017　机械安全 激光加工机 第 3 部分：激光加工机和手持式加工机及相关辅助设备的噪声降低和噪声测量方法(准确度 2 级)
(24) GB/T 20062—2017　流动式起重机 作业噪声限值及测量方法
(25) GB/T 34388—2017　铸造机械 噪声声功率级测量方法

(26) GB/T 34074—2017　数码照相机 噪声的测量
(27) GB/T 33928—2017　往复式内燃机 排气消声器测量方法 声压法排气噪声声功率级和插入损失及功率损失比
(28) GB/T 25753.4—2015　真空技术 罗茨真空泵性能测量方法 第 4 部分：噪声的测量
(29) GB/T 17213.8—2015　工业过程控制阀 第 8-1 部分：噪声的考虑 实验室内测量空气动力流流经控制阀产生的噪声
(30) GB/T 22516—2015　风力发电机组噪声测量方法
(31) GB/T 29529—2013　泵的噪声测量与评价方法
(32) GB/T 28386—2012　印刷、纸加工、造纸机械和辅助设备的噪声测量方法 准确度等级 2 和 3
(33) GB/T 28245—2012　自动锻压机 噪声限值
(34) GB/T 27693—2011　工业车辆安全 噪声辐射的测量方法
(35) GB/T 10491—2010　航空派生型燃气轮机成套设备噪声值及测量方法
(36) GB/T 25371—2010　铸造机械 噪声声压级测量方法
(37) GB/T 23281—2009　锻压机械噪声声压级测量方法
(38) GB/T 7441—2008　汽轮机及被驱动机械发出的空间噪声的测量
(39) GB/T 2888—2008　风机和罗茨鼓风机噪声测量方法
(40) GB/T 5898—2008　手持式非电类动力工具 噪声测量方法 工程法(2 级)
(41) GB/T 21425—2008　低噪声内燃机电站噪声指标要求及测量方法
(42) GB/T 21271—2007　真空技术 真空泵噪声测量
(43) GB/T 3871.8—2006　农业拖拉机 试验规程 第 8 部分：噪声测量
(44) GB/T 2820.10—2002　往复式内燃机驱动的交流发电机组 第 10 部分：噪声的测量(包面法)

4. 噪声源功率级的测定

(1) GB/T 3767—2016　声学 声压法测定噪声源声功率级和声能量级 反射面上方近似自由场的工程法
(2) GB/T 3768—2017　声学 声压法测定噪声源声功率级和声能量级 采用反射面上方包络测量面的简易法
(3) GB/T 3770—1983　木工机床噪声声功率级的测定
(4) GB/T 4129—2003　声学 用于声功率级测定的标准声源的性能与校准要求
(5) GB/T 6881—2023　声学 声压法测定噪声源声功率级和声能量级

混响室精密法

(6) GB/T 6881.2—2017　声学 声压法测定噪声源声功率级和声能量级 混响场内小型可移动声源工程法 硬壁测试室比较法

(7) GB/T 6881.3—2002　声学　声压法测定噪声源声功率级 混响场中小型可移动声源工程法　第 2 部分: 专用混响测试室法

(8) GB/T 6882—2016　声学 声压法测定噪声源声功率级和声能量级 消声室和半消声室精密法

(9) JB/T 7665—2023　通用机械噪声声功率级现场测定 声强法

(10) GB/T 9068—1988　采暖通风与空气调节设备噪声声功率级的测定 工程法

(11) GB/T 9069—2008　往复泵噪声声功率级的测定 工程法

(12) JB/T 10504—2005　空调风机噪声声功率级测定—混响室法

(13) GB/T 14367—2006　声学 噪声源声功率级的测定 基础标准使用指南

(14) GB/T 16404—1996　声学 声强法测定噪声源的声功率级　第 1 部分: 离散点上的测量

(15) GB/T 16404.2—1999　声学 声强法测定噪声源的声功率级　第 2 部分: 扫描测量

(16) GB/T 16404.3—2006　声学 声强法测定噪声源声功率级　第 3 部分: 扫描测量精密法

(17) GB/T 16538—2008　声学 声压法测定噪声源声功率级　现场比较法

(18) GB/T 16539—1996　声学 振速法测定噪声源声功率级　用于封闭机器的测量

(19) GB/T 20246—2006　声学 用于评价环境声压级的多声源工厂的声功率级测定 工程法

(20) GB/T 21229—2007　声学 风道末端装置、末端单元、风道闸门和阀噪声声功率级的混响室测定

(21) GB/T 23282—2009　锻压机械噪声声功率级测量方法

(22) T/SASC 04001—2024　混响声场测定水下声源辐射声功率

5. 声学材料与结构的测量

(1) GB/T 19889.1—2005　声学 建筑和建筑构件隔声测量 第 1 部分：侧向传声受抑制的实验室测试 设施要求

(2) GB/T 19889.2—2022　声学 建筑和建筑构件隔声测量 第 2 部分：测量

不确定度评定和应用
(3) GB/T 19889.3—2005　声学 建筑和建筑构件隔声测量 第 3 部分：建筑构件空气声隔声的实验室测量
(4) GB/T 19889.4—2005　声学 建筑和建筑构件隔声测量 第 4 部分：房间之间空气声隔声的现场测量
(5) GB/T 19889.5—2006　声学 建筑和建筑构件隔声测量 第 5 部分：外墙构件和外墙空气声隔声的现场测量
(6) GB/T 19889.6—2005　声学 建筑和建筑构件隔声测量 第 6 部分：楼板撞击声隔声的实验室测量
(7) GB/T 19889.7—2022　声学 建筑和建筑构件隔声测量 第 7 部分：撞击声隔声的现场测量
(8) GB/T 19889.8—2006　声学 建筑和建筑构件隔声测量 第 8 部分：重质标准楼板覆面层撞击声改善量的实验室测量
(9) GB/T 19889.10—2006　声学 建筑和建筑构件隔声测量 第 10 部分：小建筑构件空气声隔声的实验室测量
(10) GB/T 19889.14—2010　声学 建筑和建筑构件隔声测量 第 14 部分：特殊现场测量导则
(11) GB/T 19889.18—2017　声学 建筑和建筑构件隔声测量第 18 部分：建筑构件雨噪声隔声的实验室测量
(12) HJ/T 90—2004　声屏障声学设计和测量规范
(13) JT/T 646.1—2016　公路声屏障 第 1 部分：分类
(14) JT/T 646.2—2016　公路声屏障 第 2 部分：总体技术要求
(15) JT/T 646.3—2017　公路声屏障 第 3 部分：声学设计方法
(16) JT/T 646.4—2016　公路声屏障 第 4 部分：声学材料技术要求及检测方法
(17) JT/T 646.5—2017　公路声屏障 第 5 部分：降噪效果检测方法
(18) TB/T 3122—2019　铁路声屏障声学构件
(19) GB/T 4760—1995　声学 消声器测量方法
(20) GB/T 16405—1996　声学 管道消声器无气流状态下插入损失测量实验室简易法
(21) GB/T 16406—1996　声学 声学材料阻尼性能的弯曲共振测试方法
(22) GB/T 18022—2000　声学 1～10 MHz 频率范围内橡胶和塑料纵波声速与衰减系数的测量方法
(23) GB/T 18696.1—2004　声学 阻抗管中吸声系数和声阻抗的测量 第 1 部分：驻波比法

(24) GB/T 18696.2—2002　声学 阻抗管中吸声系数和声阻抗的测量 第 2 部分：传递函数法
(25) GB/Z 27764—2011　声学 阻抗管中传声损失的测量 传递矩阵法
(26) GB/T 18699.1—2002　声学 隔声罩的隔声性能测定 第 1 部分：实验室条件下测量(标示用)
(27) GB/T 18699.2—2002　声学 隔声罩的隔声性能测定 第 2 部分：现场测量(验收和验证用)
(28) GB/T 19884—2005　声学 各种户外声屏障插入损失的现场测定
(29) GB/T 19885—2005　声学 隔声间的隔声性能测定 实验室和现场测量
(30) GB/T 19886—2005　声学 隔声罩和隔声间噪声控制指南
(31) GB/T 19887—2005　声学 可移动屏障声衰减的现场测量
(32) GB/T 20247—2006　声学 混响室吸声测量
(33) GB/T 21228.1—2007　声学 表面声散射特性 第 1 部分：混响室中无规入射声散射系数测量
(34) GB/T 20243.1—2006　声学 道路表面对交通噪声影响的测量 第 1 部分：统计通过法
(35) GB/T 21232—2007　声学 办公室和车间内声屏障控制噪声的指南
(36) GB/T 25516—2010　声学 管道消声器和风道末端单元的实验室测量方法 插入损失、气流噪声和全压损失
(37) GB/T 36079—2018　声学 单元并排式阻性消声器传声损失、气流再生噪声和全压损失系数的测定 等效法
(38) T/SASC 01003—2024　泡沫铝板吸声结构技术规范
(39) GB/T 5265—2009　声学 水下噪声测量
(40) T/SASC 04002—2024　水声换能器的混响声场校准方法
(41) GB/T 7965—2002　声学 水声换能器测量
(42) GB/T 7967—2002　声学 水声发射器的大功率特性和测量
(43) GB/T 5266—2006　声学 水声材料纵波声速和衰减系数的测量 脉冲管法
(44) GB/T 14369—2011　声学 水声材料样品插入损失、回声降低和吸声系数的测量方法

6. 与听觉相关的标准

(1) GB/T 14259—1993　声学 关于空气噪声的测量及其对人影响的评价的标准的指南
(2) GB/T 14366—2017　声学 噪声性听力损失的评估

(3) GB/T 7584.1—2004　声学 护听器 第 1 部分：声衰减测量的主观方法
(4) GB/T 7584.2—1999　声学 护听器 第 2 部分：戴护听器时有效的 A 计权声压级估算
(5) GB/T 42473—2023　声学 噪声烦恼度的评价和预测方法
(6) GB/T 42395.1—2023　人类工效学 家电噪声声品质限值和测试方法 第 1 部分：冰箱
(7) GB/T 41283.1—2022　声学 声景观 第 1 部分：定义和概念性框架
(8) GB/Z 21233—2007　声学 应用社会调查和社会声学调查评价噪声烦恼度
(9) T/CAS 341—2019　吸油烟机噪声声品质测试方法
(10) T/CAS 519—2021　吸油烟机噪声声品质满意度等级及评价方法
(11) T/SASC 02001.1—2024　中小学校声环境设计 第 1 部分：指标及要求
(12) T/SASC 02002—2024　养老建筑声环境技术要求

第 5 章　噪声源测量

噪声控制是指包括降低噪声污染的各种措施，它要求综合考虑经济社会成本与技术可行性等约束条件，达到“可允许”的指标。所谓的“可允许”的指标主要是根据国家有关的噪声法律法规、相关国家标准及行业标准等规定的噪声限值。控制噪声的措施主要包括行政措施、社会措施和工程措施，而工程措施主要是指吸声、隔声、使用消声器、振动控制等技术性措施。技术性措施的使用，离不开对噪声特性的定量评价。

为了给噪声控制提供分析依据以及评价噪声控制的效果，噪声测量是基础。噪声源测量是噪声测量的重要内容，主要包括两部分：噪声强度及其特性测量，以及声源参数与特性测量。噪声强度主要是指噪声级和声功率，其特性主要是指它的时间分布和空间分布等；声源参数与特性主要是指声源识别与定位，它是噪声控制的关键问题之一。本章仅讨论与噪声控制技术有关的噪声源测量，某些与声学材料和声学结构有关的声学参数测量方法安排在第 6 章中介绍。

5.1　噪声级测量

噪声级的测量只需要使用声级计。早先设想在声级计中设置 A、B、C 等计权网络，以符合人耳对不同特性声音的响度特性，因而规定：声级小于 55 dB 的噪声用 A 计权网络测量；在 55～85 dB 的噪声用 B 计权网络测量；大于 85 dB 的噪声用 C 计权网络测量。后来进行的研究并没有证实这种设想。经过多年的实践和研究，人们发现 A 声级是一种相对较好的用来评价噪声烦恼的测度，因此噪声测量中越来越多地使用 A 声级。需要说明的是，A 声级在刻画人对噪声主观反应方面的准确程度是较为有限的，目前关于噪声烦恼度的研究和应用是声学领域的一个前沿和热门研究课题。

准确使用声级计的时间响应很重要。使用快挡时，模拟声级计的表针指示或数字声级计的数字显示值(以下以模拟声级计为例进行说明)大约在 0.2 s 达到稳定读数，故用它测量短脉冲不合适，因此需要用慢挡对起伏很大的信号取平均；对于持续时间为 0.20～0.25 s、频率为 1000 Hz 的脉冲声，快挡指示的准确度用 1 级声级计测量时大约在 2 dB 以内，用 2、3 级声级计测量时大约在 4 dB 范围内；对于持续时间为 0.5 s、频率为 1000 Hz 的脉冲信号，用慢挡测量时在 1 级声级计读数比最大值低 3～5 dB，用 2、3 级声级计读数比最大值低 2～6 dB；对于稳态声，两种速度响应的读数是一样的。

为了准确测量噪声，应该选择合用的测量设备并进行校准，要正确选择测量点的位置和数量，并正确放置传声器的位置和方向。当传声器电缆较长时，应对电缆引起的衰减进行校正。在环境噪声较高的条件下进行测量，则应修正背景噪声的影响。在室外测量时，要考虑气候，即风噪声、温度和湿度的影响；在室内测量时，要考虑驻波的影响。对稳态噪声则测量平均声压级，对起伏较大的噪声，除了测量平均声压级外，还应该给出标准误差。平均不但是对时间而言，也应该对空间平均。对于噪声频谱分析通常用倍频程和 1/3 倍频程声压级谱。常用的 8 个倍频程的中心频率为 63 Hz、125 Hz、250 Hz、500 Hz、1000 Hz、2000 Hz、4000 Hz 和 8000 Hz。有时还分别测量 L_A 与 L_C 以大致了解噪声频谱的情况。如果 $L_C>L_A$，则表示低频声分量较多；如果 $L_C=L_A$，则表示高频声分量较多。下面简单讨论各类噪声的测量方法。

5.1.1　稳态噪声测量

稳态噪声的声压级用声级计测量。如果用快挡来读数，当频率为 1 kHz 的纯音输入时，在 200～250 ms 以后就可以指出真实的声压级。如果用慢挡读数，则需要在更长时间才能给出平均声压级。

对于稳态噪声，快挡读数的起伏小于 6 dB，如果某个倍频程声压级比邻近的倍频程声压级大 5 dB，就说明噪声中有纯音或窄带噪声，必须进一步分析其频率成分。对于起伏小于 3 dB 的噪声可以测量 10s 时间内的声压级，如果起伏大于 3 dB 但小于 10 dB，则每 5s 读一次声压级并求出其平均值。更详细的分析可以测量声压级的统计分布。

测量时背景噪声的影响可用表 5.1.1 给出的数值作修正。例如噪声在某点的声压级为 100 dB，背景噪声为 93 dB，则实际声压级应为 99 dB。需要说明的是，表 5.1.1 给出的修正值也可以应用于每个倍频程声压级。

表 5.1.1　环境噪声的修正值

测量噪声级与环境噪声级之差/dB	3	4	5	6	7	8	9	10
应由测得噪声级修正的数值/dB	−3.0	−2.3	−1.7	−1.25	−0.95	−0.75	−0.6	0

测得 N 个声压值后，可以求得平均值为

$$\overline{p}=\frac{1}{N}\sum_{i=1}^{N}p_i \tag{5.1.1}$$

其标准误差

$$\delta = \frac{1}{\sqrt{N-1}}\left[\sum_{i=1}^{N}(p_i - \overline{p})^2\right]^{1/2} \tag{5.1.2}$$

若用声压级表示，则有

$$\overline{L}_p = 20\lg\frac{1}{N}\sum_{i=1}^{N}10^{L_i/20} \tag{5.1.3}$$

式中，p_i和L_i分别为第i次测得的声压和声压级。

对于n个分贝数非常接近的声压级求平均时，可根据下列的近似公式求平均值和标准方差：

$$\overline{L}_p = \frac{1}{N}\sum_{i=1}^{N}L_i \tag{5.1.4}$$

$$\delta = \frac{1}{\sqrt{N-1}}\left[\sum_{i=1}^{N}L_i - N(\overline{L}_p)\right]^{1/2} \tag{5.1.5}$$

对于上述平均计算，若N个L_i的数值相差小于 2 dB，则计算误差小于 0.1 dB；若N个L_i的数值相差 10 dB，则计算误差可达 1.4 dB。

在噪声测量中广泛使用 A 声级。可以用 A 计权网络直接测量，也可以由测得的倍频程或 1/3 倍频程声压级转换为 A 声级，其转换公式如下：

$$L_{\mathrm{A}} = 10\lg\sum_{i=1}^{n}10^{0.1(R_i+\Delta_i)} \tag{5.1.6}$$

式中，R_i为测得的倍频程声压级；Δ_i为修正值，由表 5.1.2 给出。

表 5.1.2 倍频程和 1/3 倍频程声压级换算为 A 声级的修正值

中心频率/Hz	修正值/dB	中心频率/Hz	修正值/dB
100	−19.1	800	−0.8
125	−15.1	1000	0
160	−13.4	1250	0.6
200	−10.9	1600	1.0
250	−8.6	2000	1.2
315	−6.6	2500	1.3
400	−4.8	3150	1.2
500	−3.2	4000	1.0
630	−1.9	5000	0.5

续表

中心频率/Hz	修正值/dB	中心频率/Hz	修正值/dB
6300	−0.1	10000	−2.5
8000	−1.1		

5.1.2 非稳态噪声测量

1. 不规则噪声测量

对于不规则噪声，根据需要，可以测量声压级的时间-频率分布特性，具体测量值有：①最大值、最小值和平均值；②声压级的统计分布(如累积百分声级 L_x)；③等效连续声级；④噪声的频谱分布。

在测量声压级的时间分布特性时，可每隔 5 s 读一次，获得约 50 个数值，然后按大小顺序排列，可获得最大值、最小值、平均值，以及累积百分声级，如 L_{10}、L_{90} 等。等效连续声级反映按能量平均的声级，如被平均的声级被加权，则可形成不同形式的等效连续声级，最常用的是等效连续 A 声级，其表达式为

$$L_{\mathrm{eq}}=10\lg\frac{1}{T}\int_0^T 10^{0.1L_{\mathrm{A}}}\,\mathrm{d}t \tag{5.1.7}$$

式中，L_{eq} 为连续等效声级(dB(A))；T 为测量的总时间(s)；L_{A} 为瞬时 A 声级(dB(A))。

实际测量时，可将声级划分为 n 个区间内加以处理，即

$$L_{\mathrm{eq}}=10\lg\left[\sum_{i=1}^{N}(p_i)(10^{0.1L_{\mathrm{A}i}})\right] \tag{5.1.8}$$

式中，p_i 为第 i 个声级区间内持续时间在总时间间隔中所占的比例；$L_{\mathrm{A}i}$ 为第 i 个区间内 A 声级。时间间隔取得越小，测量越精确，但计算工作量较大。可以直接用积分声级计测量 L_{eq}。例如丹麦 B&K 公司的 2218 型精密积分声级计，它由模拟式精密声级计和数字式指示 L_{eq} 部分组成，测量范围为 25～145 dB，分辨率为 0.1 dB，测量结果每秒更新一次，测量的准确度为±0.5 dB。

对于起伏很大的噪声应该用统计方法测量，并且以不同噪声级出现的概率或累积概率来表示。累积声级 L_N 定义为测量时间内 N%时间所超过的噪声级，例如 L_{10}、L_{50}、L_{90} 分别为在整个测量期间有 10%、50%、90%时间超过的噪声级。通常 L_{10} 相应于峰值平均噪声级，L_{50} 相应于平均噪声级，L_{90} 相应于背景噪声级。测量 L_N 时从某一时刻开始，每隔 5 s 测一次声级，连续测量 50 次。将测量结果从大到小排列。其中第 5 个声级就是 L_{10}，第 25 个声级是 L_{50}，第 45 个声级是 L_{90}。

当然，也可以用噪声级分析仪直接测量和显示 L_N，其中 N 可任意选择。例如，B&K 公司的 4426 噪声级分析仪，它包含模拟输入和数字处理两部分。检波器输出送到 8 位模数转换器，将 64 dB 的动态范围分为 266 挡，每挡为 0.25 dB。L_N 由 N 个通路计数器的存储量来计算，采用逐次逼近方法，也就是累积百分数被反复计算，直到它等于被选择的 N 值，找出正确的 L_N 并显示。

另外，如果需要噪声的频域特性，其频谱可用倍频程或 1/3 倍频程声压级谱来表示，也可以用 L_C 或 L_A 来近似描述。

2. 脉冲噪声测量

脉冲噪声是指大部分能量集中在持续时间短于 1 s 而间隔时间长于 1 s 的猝发噪声。关于 1 s 的选择当然是任意的，在极限情况下，如果脉冲时间无限短而间隔时间无限长，这就是单个脉冲。

脉冲噪声对人的影响通常是能量，而不是峰值、持续时间和脉冲数量。因此，对连续的猝发声序列，应该测量声压级和功率；对于有限数目的猝发声，则测量暴露声级。

常用记忆示波器测量脉冲峰值声压和持续时间，或用脉冲声级计测量。如果只需声压级则可以用峰值指示仪表测量。

5.1.3　噪声剂量测量

噪声对听觉器官的损伤不仅与声压级有关，还与它的持续时间有关。评价噪声对听觉器官损伤的效应，通常用噪声剂量计测量。对于稳态声，噪声剂量计测得声压与暴露时间有关。对于声压级起伏很大的噪声则要计算连续等效声级和持续时间。如果声源做不规则变化，则用噪声剂量计自动计算允许暴露噪声剂量。噪声剂量计的规格有两种。一种是由国际标准化组织 ISO-R1996 和 R1999 规定，噪声增加 3 dB(A)，允许暴露时间减半，这为欧洲国家所采用。我国的标准是参照 ISO-R1999 标准制定的。另一种是由职业安全与健康标准(OSHA)规定的，噪声级增加 5 dB(A)，允许暴露时间减半。

典型噪声剂量计框图如图 5.1.1 所示。传声器接收的声压输出给 A 计权网络，信号经检波，平均后给出等效于 A 计权和慢挡的有效值信号，送入具有标准积分特性的积分器；因为在积分过程中不包括低限以下的声级，所以应该插入一个比较器。对小于下限的安全噪声不予计量。积分电路的输出转换成脉冲，用数字电路累计输出并监示。测量结果常以标准噪声剂量的百分数表示，有些噪声剂量计还附有监示超过危险声级的信号检查器。

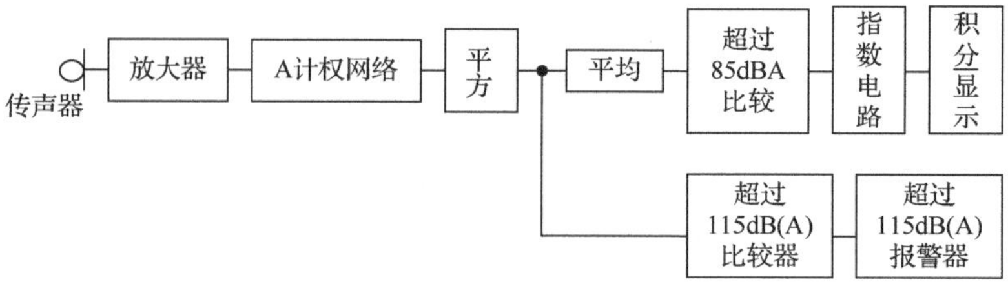

图 5.1.1　典型噪声剂量计框图

目前，满足 ISO-R1999 标准的噪声剂量计为个人佩戴用，接收时的噪声剂量用液晶显示，以最高允许每日暴露量的百分率表示累积的噪声剂量，当声级超过 140 dB 就发出警告声。这与按照 OSHA 标准设计的噪声剂量计的原理类似，但计算方法不同，通常超出 115 dB(A)就给出警告声。近年有些产品是用一段时间内的等效声级显示测量结果。如果记录时间小于 8 h，等效声级就直接与噪声剂量有关。

新型可编程序噪声剂量计能够测量各种噪声的 A 声级、极大声级、峰值声级、等效声级等。仪器由模拟电路和数字变换及 CPU 两大部分组成。仪器的编码由使用者通过内部开关进行，可以按照各种声学测量标准的规定选用编程的参数、常数。例如测量 L_{eq} 时可选用 3 dB、4 dB、5 dB 等的变换比率；测量噪声剂量时可选择 ISO 或 OSHA 标准。

5.1.4　测量实例

新舟 60 飞机 APU 排气噪声测量和分析[21]

新舟 60 飞机(MA60)是西安飞机工业(集团)公司在运-7 短/中程运输机的基础上研制生产的 50～60 座双涡轮螺旋桨发动机支线飞机。该飞机在停机待客的过程中，安装在飞机上的一台辅助动力装置(APU，一种小型涡轴发动机)辐射的噪声较为严重。为了改善飞机在地面停机状态的声环境质量，需要对该噪声进行监测并提出相应的降噪措施。APU 的排气噪声包括燃烧噪声、涡轮噪声和喷流噪声，总噪声所含频率范围较宽，总噪声级较高，为了获取排气噪声可靠声场信息和声源的特征，确定最佳消声方案，在西安飞机工业(集团)公司实施了现场测量。

(1) 实验条件及仪器设备。

APU 喷气管为钛合金硬壁弯管，如图 5.1.2 所示。测量系统由传声器、延伸电缆、声级计和计算机组成。测点布置原则是，既能获取源噪声的频谱特性和指向性，又要尽可能地避免排气流的冲击。最终选定的测点布置如图 5.1.3 所示，即在排气口外侧 180°范围内每隔 30°布置一测点，所有测点在同一水平面内，传声器离地高度都是排气口最高点再加 100 mm，传声器距离排气口中心点 1.0 m，传声器轴线顺气流方向，感受面指向下游。测量时发动机分满载和轻载两种工作状态，每个工作状态下测量 0°～180°范围内 7 个测点的声级和频谱信号,每点重复记录 3 次。

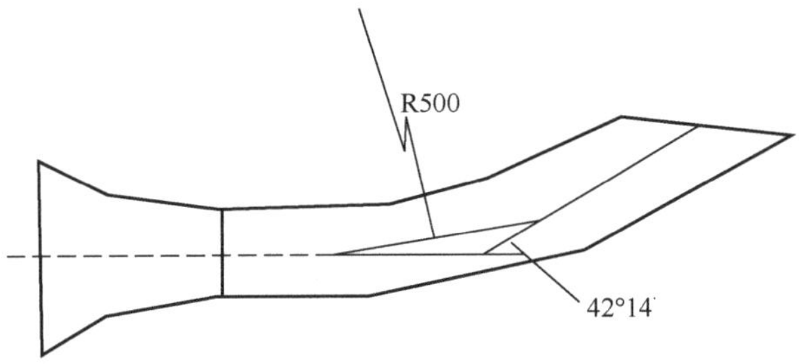

图 5.1.2 喷气管结构

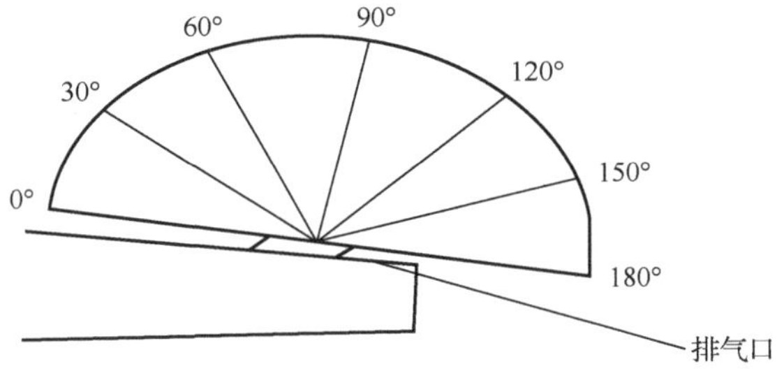

图 5.1.3 测点布置示意图

(2) 测量结果及分析。

根据上述测量安排，获得发动机在两种工作状态下，60°、120°两个位置上排气噪声的频谱特性及相应的 1/3 倍频程频谱，分别如图 5.1.4 和图 5.1.5 所示。

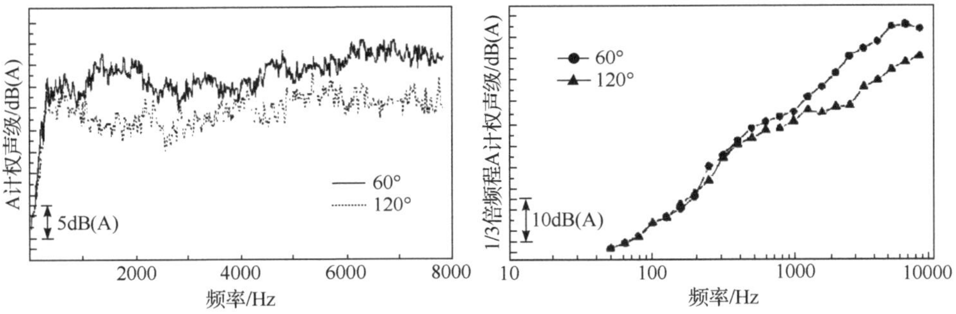

图 5.1.4 空载时 60°和 120°的频谱及 1/3 倍频程频谱图

由图 5.1.4 和图 5.1.5 可见，无论在哪一种工作状态下，排气噪声均属于宽频噪声。轻负载状态下的排气噪声主要是 1000 Hz 以上的高频噪声，而满负载状态下的排气噪声除了高频含量之外，在 400～1000 Hz 范围内也有较强的噪声。高频噪声主要是由流过涡轮叶片的随机气流或湍流，包括边界层、叶片尾迹、进口气

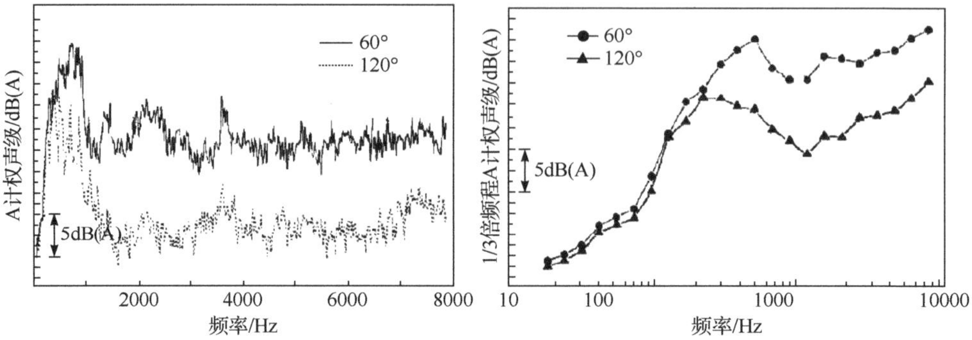

图 5.1.5　满载时 60°和 120°的频谱及 1/3 倍频程频谱图

流等中的湍流产生的涡轮宽频噪声。在 400～1000 Hz 范围内的噪声，主要是由燃烧室产生的燃烧噪声。燃烧噪声是由燃烧过程中强烈的湍流流动产生的，因此燃烧噪声的频谱表现为典型的宽频带噪声谱。此外，燃气涡轮发动机排气噪声有非常强的方向性，由表 5.1.3 测量值可明显地看出，在 60°方向噪声辐射较强。

表 5.1.3　各测点测量值

麦克风位置	测量值/dB(A)	
	无载荷	有载荷
0°	112.4	106.6
30°	118.1	109.1
60°	124.0	112.9
90°	122.0	109.6
120°	116.8	104.9
150°	115.9	104.3
180°	117.2	104.3
登机门处	88.0	87.0

从测量的噪声值可以看出，在排气口一侧，噪声非常大，在登机门附近(发动机和登机门在飞机的两侧)，噪声也达到了 88.0 dB(A)。因此，必须采用一定的降噪措施来降低发动机排气口的喷流噪声。

5.2　声功率测量

5.1 节中介绍了基于声压级测量描述噪声源辐射特性的方法，其测量结果与测量位置和声环境密切相关，不能全面刻画噪声源辐射声波的强度及特性。因此，声学测量中声功率的测量占有非常重要的地位。声功率指单位时间内辐射声波的平均声能量，单位为瓦(W)，$1\,\mathrm{W}=1\,\mathrm{J}/\mathrm{m}^2$。若用声功率级表示，则有

$$L_W = 10\lg W_A + 120 \tag{5.2.1}$$

式中，W_A 为声源辐射的声功率；L_W 是声功率级，单位为分贝(dB)，基准声功率为 10^{-12}。声源声功率级的频率特性可以用声功率级的频率函数或频谱表示。

国际标准化组织已颁布了一系列关于测定机器声功率方法的国际标准，如表 5.2.1。参考 ISO 标准，我国自 20 世纪 80 年代开始，先后制定了 12 条与测量噪声源声功率相关的国家标准，其中 GB/T 14367—2006 和 GB/T 4129—2003 是关于一般测量准则和测量设备的，其余 10 项标准分为 4 类方法，适用不同测试环境和测试精度，总体上它们与 ISO 标准都是等效的或有渊源关系，具体情况见表 5.2.2。

噪声源声功率的测量方法，从待测参量分有：声压法、声强法和振速法；从测量环境分有：自由场法(消声室或半消声室)、混响室法(专用混响室或硬壁测试室)和户外声场法；从测量精度分有：精密法、工程法和简易法(又称为 1 级、2 级和 3 级精度，其特征由 GB/T 14367—2006 规定，不同精度级的国家标准见表 5.2.3)。另外，作为一种比较方法，标准声源法也是一类重要的方法。下面按表 5.2.2 中列出的国家标准的方法进行分类叙述，如需了解更详细的内容，可参看各标准的具体内容。

表 5.2.1 ISO 颁布的噪声源声功率测试标准

标准编号	精度分类	测试环境	声源体积	噪声特性	可得到的声功率	可供选择的信息
3741	精密	满足特殊要求的混响室	最好小于测试间体积的 1%	稳态、宽带	1/3 倍频程或倍频程	A 计权声功率级
3743	工程	专用混响室	最好小于测试间体积的 1%	稳态、宽带、窄带或离散频率	A 计权和倍频程	其他计权的声功率级
3744	工程	户外或在大房间内	最大尺寸小于 15 m	任意	A 计权 1/1 和 1/3 倍频程	指向性和声压级随时间变化
3745	精密	消声室或半消声室	最好小于测试间体积的 0.5%	任意	A 计权、1/1 或 1/3 倍频程	指向性和声压级随时间变化
3746	调查	没有专用的测试环境	只受现有测试环境限制	任意	A 计权	声压级随时间变化，其他计权声功率级

表 5.2.2　我国颁布的噪声源声功率测试标准

方法分类	标准编号	精度分类	主要特点	声源体积	对应的 ISO 标准
声压法	GB/T 6882—2016	精密	消声室和半消声室精密法	小于测试房间体积的 0.5%	3745:2012
	GB/T 3767—2016	工程	反射面上方近似自由场的工程法	无限制，由有效测试环境限定	3744:2010
	GB/T 3768—2017	简易	反射面上方采用包络测量表面的简易法	无限制，由有效测试环境限定	3746:2010
	GB/T 6881—2023	精密	混响室精密法	小于混响室体积的 1%	3741:2010
	GB/T 6881.2—2017	工程	硬壁测试室中工程法	小于混响室体积的 1%	3743-1:2010
	GB/T 6881.3—2002	工程	专用混响室中工程法	小于混响室体积的 1%	3743-2:1994
声强法	GB/T 16404—1996	精密	离散点上的测量	无限制，测量表面由声源尺寸确定	9614-1:1993
	GB/T 16404.2—1999	精密	扫描测量	无限制，测量表面由声源尺寸确定	9614-2:1996
	GB/T 16404.3—2006	精密	扫描测量精密法	无限制，测量表面由声源尺寸确定	9614-3:2002
标准声源法	GB/T 16538—2008	简易	使用标准声源简易法	无限制	3747:2000
振速法	GB/T 16539—1996	精密	封闭机器的测量	无限制	7849:1987

表 5.2.3　声压法确定机器与设备声功率的国家标准与国际标准一览表

参数	GB/T 6881—2023 精密级	GB/T 6881.2—2017 工程级	GB/T 6881.3—2002 工程级	GB/T 3767—2016 工程级	ISO 3745：2012 精密级	GB/T 3768—2017 简易级	ISO 3747：2010 工程级或简易级
试验环境	混响室	硬壁室	专用混响测试室	一个反射面上方的近似自由场	消声、半消声室	无特殊实验环境	现场的近似混响室符合规定要求
试验环境适宜判断	合格的试验室体积和混响时间	体积≥40 m³ 吸声系数≤0.20	70 m³≤体积≤300 m³ $0.5\text{s} \le T_{\text{nom}} \le 1\text{s}$	$K_2 \le 2$ dB	特殊要求	$K_2 \le 7$ dB	特殊要求

续表

参数	GB/T 6881—2023 精密级	GB/T 6881.2—2017 工程级	GB/T 6881.3—2002 工程级	GB/T 3767—2016 工程级	ISO 3745：2012 精密级	GB/T 3768—2017 简易级	ISO 3747：2010 工程级或简易级
声源体积	小于实验室 2%	小于实验室 1%	小于实验室 1%	无限制	特征尺寸小于测量半径的一半	无限制	无限制
声源的噪声特性	稳定，宽带，窄带或离散频率	任意，但没有孤立猝发音	任意，但没有孤立猝发音	任意	任意	任意	稳定，宽带，窄带或离散频率
背景噪声的限值	$\Delta L \geqslant 10$ dB $K_1 \leqslant 0.5$ dB	$\Delta L \geqslant 6$ dB $K_1 \leqslant 1.3$ dB	$\Delta L \geqslant 4$ dB $K_1 \leqslant 2$ dB	$\Delta L \geqslant 6$ dB $K_1 \leqslant 1.3$ dB	$\Delta L \geqslant 10$ dB $K_1 \leqslant 0.5$ dB	$\Delta L \geqslant 3$ dB $K_1 \leqslant 3$ dB	$\Delta L \geqslant 6$ dB $K_1 \leqslant 1.3$ dB

5.2.1　声压法

声压法是指通过测量声压值换算声功率的测量方法。从声环境来讲，总体上分为自由场法和混响室法两类，下面分类给予介绍。

1. 自由场法

产生自由场的环境可以是消声室或半消声室，以及近似满足自由场条件的室内或户外，因此，所测量的精度有所不同，共分为三级：精密级、工程级和简易级，即 1 级、2 级和 3 级精度，其特征由 GB/T 14367—2006 规定，不同精度级的国家标准见表 5.2.3。表中有几点需要说明：K_2 为对 A 计权或频带的环境修正值，等于所测得的声功率级减去标准声源校准的声功率级；$K_1 = 10\lg(1-10^{-0.1\Delta L})$ 为背景噪声修正值，ΔL 等于被测声源工作期间的测量表面平均声压级减去测量表面平均背景噪声声压级，T_{nom} 由 GB/T 6881.3—2002 规定的极限曲线之间 T 测量值的中心化(归一化于 1000 Hz 的混响时间)来确定。

利用声压法可以测量无指向性和有指向性声源的声功率，以及指向性声源的指向性指数和指向性因数，下面分别叙述。

1) 无指向性声源辐射的声功率测量

若声源是置于自由空间中的无指向性声源，则在声源的远场处某个位置上，测量其声压级或频带声压级就可以计算出声功率，有

$$L_W = L_p + 20\lg r + 11 \tag{5.2.2}$$

式中，r 是声源与传声器的距离(m)；L_p 为距离声源 r 处的声压级(dB)。

对于精密测量，测量要求在消声室内进行的，消声室内各表面的吸声系数要大于 0.99。传声器的位置选择 2～5 倍于被测声源的尺寸，通常不应小于 1 m。传

声器位置离墙面的距离则不应小于被测信号声波波长的 1/4。

2) 指向性声源的声功率测量

对于指向性声源，当声源置于自由空间中时必须测量出声源周围固定距离处假想球面上许多点的声压级，球的半径应该使测量点位于远场。测量点的数目不能太少，测得数值之间的最大变化不得超过 6 dB 左右，否则必须在更多的点上进行测量。

求声源声功率时，应将假想球面分成与测量点数目相同的面积。如果传声器测点占有的测试球(或半球)的面积相等，可用下式求出表面平均声压级：

$$\bar{L}_p = 10\lg\frac{1}{N}\left[\sum_{i=1}^{N}10^{0.1L_{pi}}\right] \tag{5.2.3}$$

式中，$\bar{L}_p$ 是表面声压级，即测量表面上所有传声器位置处，经背景噪声修正后的平均声压级；L_{pi} 是第 i 个传声器位置测得的并经背景修正后的声压级；N 是传声器数。

如果传声器测点所属测量表面的占有面积不相等，则可应用下式求表面平均声压级：

$$\bar{L}_p = 10\lg\frac{1}{S}\left[\sum_{i=1}^{N}S_i 10^{0.1L_{pi}}\right] \tag{5.2.4}$$

式中，$\bar{L}_p$ 是表面声压级；L_{pi} 是第 i 个传声器位置测得的并经背景修正后的声压级；S_i 是第 i 个传声器位置在球面(或半球面)上的占有面积；S 是测量球(或半球)的总面积。

这时，在自由空间中，噪声级的声功率为

$$L_W = \bar{L}_p + 10\lg S_1 \tag{5.2.5}$$

式中，$\bar{L}_p$ 是测量球面上表面的平均声压级；$S_1 = 4\pi r^2$。若采用半球法，则噪声级的声功率为

$$L_W = \bar{L}_p + 10\lg S_2 \tag{5.2.6}$$

式中，$S_2 = 2\pi r^2$。表 5.2.4 给出了以声源声中心为原点球面上传声器的位置(x,y,z)，z 轴选择垂直于水平面向上的方向。表 5.2.5 给出了以声源声中心为原点半球面上传声器的位置(x,y,z)。

表面声压级的获取还可采用其他方法，如传声器沿圆形路径移动、沿子午弧线或螺旋路径移动，具体可参考 GB/T 6882—2016。

表 5.2.4　自由场中传声器位置阵列

编号	x/r	y/r	z/r
1	−1.00	0	0.05
2	0.49	−0.88	0.15
3	0.48	0.84	0. 25
4	−0.47	0.81	0.35
5	−0.45	−0.77	0.45
6	0.84	0	0.55
7	0.38	0.66	0.65
8	−0.66	0	0.75
9	0.26	−0.46	0.85
10	0.31	0	0.95
11	1.00	0	−0.05
12	−0.49	0.86	−0.15
13	−0.48	−0.84	−0.25
14	0.47	−0.81	−0.35
15	0.45	0.77	−0.45
16	−0.84	0	−0.55
17	−0.38	−0.66	−0.65
18	0.66	0	−0.75
19	−0.26	0.46	−0.85
20	0.31	0	−0.95

表 5.2.5　反射面上方自由场传声器位置

编号	x/r	y/r	z/r
1	−1.00	0	0.025
2	0.50	−0.86	0.075
3	0.50	0.86	0.125
4	−0.49	0.85	0.175
5	−0.49	−0.84	0.225
6	0.96	0	0.275
7	0.47	0.82	0.325
8	−0.93	0	0.375
9	0.45	−0.78	0.425
10	0.88	0	0.475
11	−0.43	0.74	0.525
12	−0.41	−0.71	0.575

续表

编号	x/r	y/r	z/r
13	0.39	−0.68	0.625
14	0.37	0.64	0.675
15	−0.69	0	0.725
16	−0.32	−0.55	0.775
17	0.57	0	0.825
18	−0.24	0.42	0.875
19	−0.38	0	0.925
20	0.11	−0.19	0.975

3) 指向性指数和指向性因数

噪声源通常是有方向性的。若将某方向给定距离的声强以 I 表示，与之相同距离的声的各方向平均声强以 $\bar{I}$ 表示，则指向性因数 Q 和指向性指数 DI 定义如下：

$$Q = \frac{I}{\bar{I}} \tag{5.2.7}$$

$$\mathrm{DI} = 10\lg Q = L_{p\theta} - \bar{L}_p \tag{5.2.8}$$

式中，$L_{p\theta}$ 是半径为 r 球面上角度 θ 处的声压级；$\bar{L}_p$ 为半径为 r 的球面上测得的平均声压级。

指向性指数通常可直接测量。沿特定方向(由 θ 与 φ 角决定)的指向性指数 $\mathrm{DI}(\theta,\varphi)$ 与在距离 r 处测得的声压级 $L_p(r,\theta,\varphi)$ 有下述关系：

$$\mathrm{DI}(\theta,\varphi) = L_p(r,\theta,\varphi) - \bar{L}_p \tag{5.2.9}$$

将指向性指数 $\mathrm{DI}(\theta,\varphi)$ 的数值由分贝转换为功率比值，即得指向因数：

$$Q(\theta,\varphi) = \lg^{-1}\frac{\mathrm{DI}(\theta,\varphi)}{10} \tag{5.2.10}$$

在自由场中，声源在反射面上的指向性图案通常比较复杂。但当声源直接装置在坚硬反射面上时，则可考虑反射面是声源的一部分，以求出声源的指向性指数和指向性因数。

声源指向性指数 DI 可以从反射面上自由场中的测量算出，有

$$\mathrm{DI} = L_{pi} - \bar{L}_p + 3 \tag{5.2.11}$$

式中，L_{pi} 是在需要计算 DI 方向上测得的离声源距离为 r 的声压级；$\bar{L}_p$ 是半径 r 的测试半球上的平均声压级。

2. 混响室法

将噪声源置于混响室内，测得室内平均声压级后可以求出噪声源功率级。在混响室内，除了非常靠近声源处，离开壁面半波长的其他任何地方的声压级都基本相同。这时声压和声源总功率的关系可表示为

$$W_{\mathrm{A}} = \frac{\alpha S}{4} \frac{p^2}{\rho_0 c_0} \tag{5.2.12}$$

其声功率级为

$$L_W = \bar{L}_p + 10\lg(\alpha S) - 6.1 \tag{5.2.13}$$

式中，αS 为室内总吸声量；$\bar{L}_p$ 为室内平均声压级。上述公式没有考虑空气吸收对高频声的影响。如作高频空气吸收修正，则式(5.2.13)可改写为

$$L_W = \bar{L}_p + 10\lg(\alpha S + 4mV) - 6.1 \tag{5.2.14}$$

测量时应该使用无规响应传声器。传声器的位置离墙角和墙边至少为$3\lambda/4$，离墙面至少为 $\lambda/4$ (λ 是最低频率声波的波长)；传声器不能太靠近声源，至少相距 1 m，平均声压级至少要在一个波长的空间内进行。测量位置为 3～8 点，与噪声源频谱有关，如噪声源有离散频率，则需要更多的测点。

混响室的总吸声量是通过测量混响时间来计算的，这时噪声源声功率级用下式计算：

$$L_W = \bar{L}_p + 10\lg\frac{V}{T} + 10\lg\left(1 + \frac{S\lambda}{8V}\right) - 14 \tag{5.2.15}$$

式中，V 为混响室体积(m^3)；T 为混响时间(s)；λ 为相应于测试频带中心频率的声波波长(m)；S 为混响室内表面的总面积(m^2)；$\bar{L}_p$ 为平均声压级。

混响室法要求的条件比自由场法要简单，近年来使用较多。需要注意的是，测量混响时间(特别是在低频率)须根据衰变曲线开始 10 dB 的斜度，否则算出的 L_W值可低很多。

5.2.2　声强法

与声压法相比，应用声强技术进行声功率测量有两个优点：①不需要使用消声室或混响室等声学设施；②在多个声源辐射叠加声场中能区分不同声源的辐射功率。这意味着声强技术能用于测量现场条件下各种噪声源的辐射功率。

从理论上讲，任何情况下、任意形状声源(或功率吸收源)辐射(或耗散)的声功率都能用声强技术测定。只要封闭曲面唯一包围被测声源(或功率吸收源)，测量结果就与曲面的形状和大小选择无关，同时与曲面外是否有其他噪声源存在也无

关。但实际上并非如此，声强测量伴随有许多测量误差。例如，有限差分近似估算误差、声强仪中传感器间相位不匹配而引起的声强测量误差等。声功率测量精度不仅与流体声强技术有关，而且还与测量曲面的形状和大小(即测点与声源距离)、声源和声场性质、环境噪声的强弱、采样时间的长短等多种因素有关，其中测量曲面形状较为重要。测量曲面应根据实际声源形状和其辐射声场特性选择。一般情况下测量曲面应相对于声源对称，其形状应与声源形状相似。

应用声强技术测量声源辐射声功率的方法有两种：定点式测量方法和扫描式测量方法。与此相关的国家标准是：① GB/T 16404—1996《声学　声强法测定噪声源的声功率级　第 1 部分：离散点上的测量》；② GB/T16404.2—1999《声学　声强法测定噪声源的声功率级　第 2 部分：扫描测量》；③ GB/T16404.3—2006《声学　声强法测定噪声源声功率级　第 3 部分：扫描测量精密法》。下面分别讨论。

1. 定点式测量方法

声源辐射声功率可以由在包围该声源的封闭曲面上多点处测量的声强法向分量值估算。很明显，声源辐射功率的测量精度取决于测点数目的多少和声强测量误差的大小。在声强测量误差一定的情况下，测点数目越大，声源辐射功率的测量精度应该越高。但事实上并非如此简单。图 5.2.1 给出了在实验室条件下正方形平面(5 个等面积正方形平面和刚性地面组成的封闭测量曲面，声源放置在刚性地面中心)上几种不同测点数目和位置分布与声功率测量误差的关系。图中的正方形平面为 1 m×1 m，测量误差级为 ΔL_W；○表示测点位置。该图表明，声功率测量精度不但与测量曲面上的测点数目成正比，而且与测点位置选择有关。如果测点位置选择恰当，则即使测点数目少，也能获得较高的声功率测量精度；如果测点位

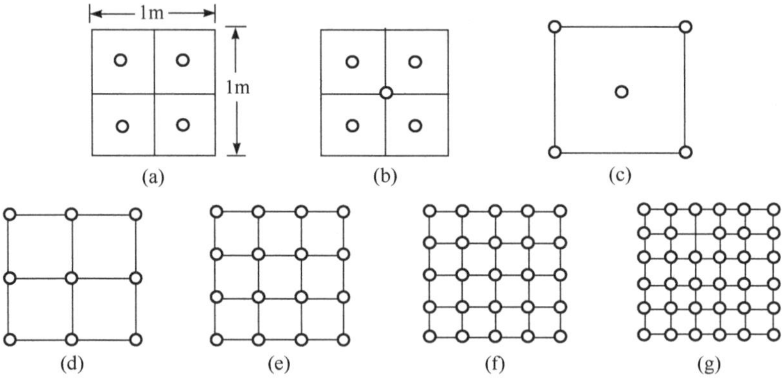

图 5.2.1　测点数目和位置分布与声功率测量误差的关系

(a) ΔL_W= 1.0 dB；(b) ΔL_W= 0.9 dB；(c) ΔL_W= 1.4 dB；(d) ΔL_W= 1.1 dB；
(e) ΔL_W= 0.9 dB；(f) ΔL_W= 0.8 dB；(g) ΔL_W= 0.9 dB

置选择不当，则增加测点数目不一定能提高功率测量精度。一般情况下曲面上测点面密度每平方米不应小于 1 个。

2. 扫描式测量方法

测量面上各小曲面积分别可表示为小曲面表面积 S_k 与其声强法向分量的空间平均值 $\bar{I}_{nk}$ 之积，因而通过测量曲面的声功率可表示为

$$\Pi_s = \sum_{k=1}^{N} \bar{I}_{nk} S_k \tag{5.2.16}$$

由声强探头在第 k 个小曲面上移动时采集的数据可以估算 $\bar{I}_{nk}$，它是时间和空间的平均结果。运动的声强探头采集的是非稳态信号，势必影响声功率测量精度。为抑制声强探头移动对声场产生的影响，声强探头移动速度应当很慢并且保持为常数。若声强探头移动速度为 u，每采集一次信号移动距离为 d，则应满足不等式：

$$\frac{d}{u} \gg B_{\mathrm{e}} \tag{5.2.17}$$

式中，B_{e} 是谱线带宽。对于宽频带声功率测量，应根据分析仪中谱线带宽选择声强仪移动速度；美国国家标准协会(ANSI)标准草案建议：声强仪移动速度应在 0.1～0.5 m/s 范围内，最大极限速度为 3 m/s；各小曲面上声强探头移动路径为正交平行线，即在数学上声功率测量值等价于两次曲面积分平均值。很显然声强探头运动速度的快慢和运动路径的形状对声功率测量精度是有影响的，有关定量的研究结果可参看相关文献。

扫描式测量方法中，声强法向分量的曲面积分是由其曲线积分近似代替的，这势必产生声功率的估算误差。但数值模拟结果表明，在理想条件下扫描式测量方法(即使在声强探头移动速度不是常值的情形下)比定点式测量方法的测量精度高；扫描式测量方法的近似估算误差和由声强探头移动速度变化(但满足不等式(5.2.17))而引起的测量误差都很小。当用 P-P 技术测量声功率时，无论声强探头移动速度多慢，采样的信号不是处于同一空间位置的声压信号，测量的声压信号相关函数通常较低。因为声压互谱密度函数是空间位置的函数，但这并不意味着扫描式声功率测量值的随机误差大。研究表明，只要声强探头移动缓慢，例如 0.1 m/s，扫描式测量方法和定点式测量方法具有相似的随机测量误差，它主要取决于声源和声场特性以及采样时间等因素，与测量方式无关。在较为理想的声场条件下，声功率测量值的随机误差较小。当测量曲面上有负向功率存在时，无论采样时间多长或者声强仪移动速度多慢，声功率的随机测量误差总是较大。

与定点式测量方法相比，扫描式测量方法具有测量速度快、操作简便等优点，

已被广泛地应用在工程测量中。已有很多文献报告对这两种测量方法进行了比较，其结论是两种测量方法获得的结果“等同”，其差异在测量精度范围内。

5.2.3 标准声源法

与标准声源法有关的国家标准是：①GB/T 16538—2008《声学 声压法测定噪声源声功率级 现场比较法》；②GB/T 4129—2003《声学 用于声功率级测定的标准声源的性能与校准要求》。

测量时已知标准声源的声功率级为 L_{Wr}，使标准声源和待测声源在同样条件、同样测量点产生的声压级分别为 L_{pr} 和 L_{px}，则噪声源的声功率级 L_{Wx} 为

$$L_{Wx} = L_{Wr} - L_{pr} + L_{px} \tag{5.2.18}$$

使用标准声源的方法有下述三种：①置换法，把机器移开，用标准声源代替它作测量；②并摆法，若机器不便移动，则可以把标准声源放在对称的位置；③比较法，把标准声源放在厂房另一点，周围反射面位置和机器旁相似。需要说明的是，GB/T 16538—2008 仅推荐了比较法。

标准声源有空气动力式、电声式和机械式三种。空气动力式标准声源是一种特殊设计的风扇，由风扇的旋转速度和风扇叶片大小形状决定声功率输出和频谱特性。电声式标准声源由数只扬声器组成，并由无规噪声信号激发。机械式标准声源是将标准冲击机放入金属罩内打击薄板而辐射噪声。从声功率来看，基本上有两类，一类为(90±5)dB，另一类则为大于 100 dB。标准声源的另一个特性是它的功率谱特性，通常在 200～6000 Hz 范围的功率谱是比较平直的，此外标准声源应该基本上没有方向性。

5.2.4 振速法

在实际工作中，经常会遇到下列情况：①背景噪声比被测机器直接辐射的噪声还要高；②需要将结构噪声与空气动力噪声分类开；③需要确定整个声源的噪声是来自机器的结构噪声还是来自机组的另一部分；④需要确定机器负载的噪声，又要排除被拖动负载及其他噪声的影响。

遇到上述情形就需要采用所谓的振速法测量声源声功率。国家标准中只有一项与振速法有关，即 GB/T 16539—1996《声学 振速法测定噪声源声功率级 用于封闭机器的测量》。

标准中的封闭机器是指机械结构振动噪声主要通过封闭于机器外表面辐射的那类机器设备。测量时将振动传感器安装在机器表面上，作为宽频率范围的振动测量，优先采用压电加速度计。在规定的运行条件下，各测点在规定的频率范围内按频带测定振动速度级，对于第 i 个测点，有

$$L_{Vi} = L'_{VI} - K_{Ii} + K_{mi} \tag{5.2.19}$$

式中，L'_{VI} 是未修正的实测振动速度级；K_{Ii} 是附加结构修正因数；K_{mi} 是传感器质量修正因数。一般情况下，上述修正因数可以忽略。

测点分为均匀分布和不均匀分布两种情况。当从初始结果中已知振动测试面的某些部分比其他部分的振动更强烈时，则应该在较强的那部分更密集地配置测点，这就是不均匀分布测点。对于均匀分布测点，以分贝值表示的平均速度级为

$$L_V = 10\lg\left[\frac{1}{N}\sum_{i=1}^{N}10^{0.1L_{Vi}}\right] \tag{5.2.20}$$

对于不均匀分布测点，以分贝值表示的平均速度级为

$$L_V = 10\lg\left[\frac{1}{S_\mathrm{S}}\sum_{i=1}^{N}S_{\mathrm{S}i}10^{0.1L_{Vi}}\right] \tag{5.2.21}$$

式中，S_S 为振动测量面面积。注意，L_V 的基准速度为 50 mm/s。

于是，声功率级为

$$L_{W\mathrm{S}} = L_V + \left[10\lg\frac{S_\mathrm{S}}{S_0} + 10\lg\sigma + 10\lg\frac{\rho_0 c_0}{(\rho c)_0}\right] \tag{5.2.22}$$

式中，$\rho_0 c_0$ 为空气介质的特性阻抗；$(\rho c)_0 = 400\mathrm{N\cdot s/m}$；$S_0 = 1\mathrm{m}^2$；$\sigma$ 为辐射指数。各种类型机器的辐射指数通常是经过大量试验取得的，具体方法可参看 GB/T 16539—1996 中附录 D 的规定。如果被测机器可作为一种零阶振动球形声辐射模式考虑，则辐射指数的理论计算公式为

$$10\lg\sigma = -10\lg\left[1 + 0.1\frac{c_0^2}{(fd)^2}\right] \tag{5.2.23}$$

式中，f 、c_0 分别为频率和空气中的声速；d 为声源特征尺寸，$d \approx \sqrt{S/\pi}$ 或 $d \approx \sqrt[3]{2V}$ ，这里 S 为声源近似的辐射面积，V 为声源体积。

5.2.5　测量实例

1. 声强法测定声功率[22]

下面以电机/油泵组件为例，介绍利用声强法测量声源声功率的过程。

1) 被测声源和实验条件

被测声源为 LoherGmbh 异步电机，额定功率为 20kW，转速为 1470 r/min；所带油泵为 DanfossVpA20，工作压力为 180×10^5 Pa，活塞数为 7，活塞排量为 20 cm^3；供油频率为 7×1470/60=171.5s^{-1}，储油箱容积为 100 cm×67 cm×75 cm。电机安装在储油箱的顶部，整套组件安装在 200 m^3 的混响室中，以便按照 ISO

3741，用常规的声压测量法确定声源的声功能率，并与声强法测量结果相比较。

2) 仪器设备

由于油泵产生的噪声不能从电机产生的噪声中分离出来，因此，不能用声压法来确定电机或油泵辐射的声功率，但声压法测量得到的空载电机的 A 计权声功率级近似等于 65 dB，而电机与油泵共同工作时，A 计权声功率级近似为 88 dB。因此，可初步判定油泵是主要的噪声源。

要分别确定电机和油泵在正常负荷状态下所发出的声功率，只有采用声强测量法。测量所使用的仪器是 B&K 公司的 2270-S 型双通道手持式分析仪，其具有声强软件 BZ-7233，以及 2270 用 3654 型声强探头套件，声强测量分析系统如图 5.2.2 所示。

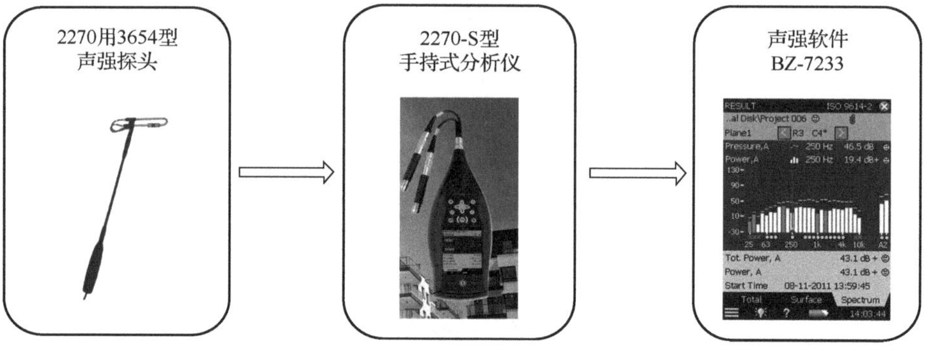

图 5.2.2　实时声强测量分析系统

3) 测量表面和测点

电机和油泵均采用矩形箱型封闭面为测量面，共 11 个(电机 5 个面，油泵 6 个面)。除油泵背面布置 20 个测点外，每一个测量面上均有 25 个测点，总共 270 个测点。电机周围每一个测点代表离散面积 0.09 m²，油泵周围每个测点代表 0.01 m²。为了便于探头定位，制作了一个间距为 10 cm 的格栅式矩形框架，如图 5.2.3 所示。

为了保证测量精度(5 kHz 内为±1 dB，10 kHz 内为±1～4 dB)，选用由一对 1/2″相位匹配的传声器和 12 mm 分隔器组成的声强探头。探头固定在三脚支架上，并装有球形风罩以降低电机风扇所产生的气流的影响。在每个测点，选取的线性平均时间为 8s，因此，总的测量时间为 33 min。

4) 测量结果及降噪措施

表 5.2.6 列出了用声强法测出的声功率级值。声强法测出的电机和储油箱的 A 计权声功率级比油泵高出 2.5 dB，这说明电机及储油箱比油泵发出的噪声功率多。根据上述测量结果可以采取相应的降噪措施(例如使储油箱与整个泵站形成相对

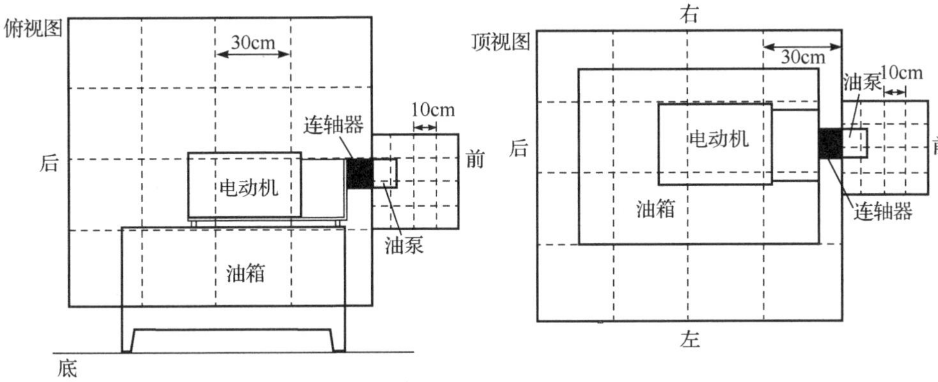

图 5.2.3　测量面及测点布置图

隔离)，可以使声功率级下降 2.5 dB。

表 5.2.6　声强法测量声功率的结果

	声强法	
声功率级	dB	dB(A)
电机及储油箱	86.7	85.8
油泵	83.5	83.3
差值	3.2	2.5
电机及油泵	88.4	87.8

2. 声压法测定机器声功率

被测声源为一台大宇牌手电钻(图 5.2.4)，工作电压 220 V，功率 320 W，空载转速 2800 r/min。将被测手电钻放置在半消声室地面上，按照国家标准 GB/T 6882—2016，采用半球测量表面，用声级计及其延长线测量半球面上规定点的声压级。

图 5.2.4　被测声源实物图

主要实验仪器为 HS6288B 型噪声频谱分析仪，连接 10 m 专用延长电缆，测量范围为 40～130 dB，频率范围为 31.5 Hz～8 kHz。将传声器经延长电缆与声级计相连，校准后用支架夹持并指向声源，仪器设置为线性频率计权和慢时间计权，根据球面半径尺寸(1 m)依次确定各测点位置，测量 10 s 的等效连续声级，实测数据如表 5.2.7 所示。

表 5.2.7　测量数据

测点	1	2	3	4	5	6	7	8	9	10
第 1 次测量/dB	81.8	82.3	79.3	79.8	80.1	84.0	83.5	83.0	81.5	84.3
第 2 次测量/dB	80.0	82.7	78.8	79.6	81.8	84.1	82.0	83.0	81.5	84.5

由实测数据可知，测量表面声压波动不超出 6 dB，因此可按分贝相加原理分别计算出：$\bar{L}_{p1}=82.1\,\text{dB}$，$\bar{L}_{p2}=81.8\,\text{dB}$。于是，计算出总的声压级为 81.9 dB，由此可推算出被测声源的声功率级为 89.9 dB。

3. 混响室法测量声源声功率级

为确定 B&K4296 无指向性扬声器的最大声功率，根据 GB/T 6881—2023，采用混响室精密法测量该扬声器的声功率。

测试用的混响室为长方体，尺寸为 5.74 m×3.20 m×4.86 m。测得该混响室 1/3 倍频程混响时间，如表 5.2.8 所示。

表 5.2.8　1/3 倍频程混响时间

频率/Hz	时间/s	频率/Hz	时间/s
100	8.2	800	4.5
125	7.9	1000	4.2
160	7.5	1250	3.9
200	7.1	1600	3.7
250	6.1	2000	3.6
315	5.0	2500	3.3
400	5.0	3150	2.8
500	5.0	4000	2.4
630	5.0	5000	2.4

将被测声源置于地面上不对称的位置，输入相应于最大噪声功率的粉红噪声电压，将 6 个传声器按 GB/T 6881.1—2002 的要求布放，通过前端与系统相连。测得的 6 个传声器平均声压级 $\bar{L}_p$ 如表 5.2.9 所示，按式(5.2.15)计算的声功率级如表 5.2.10 所示，声功率级谱图见图 5.2.5。

表 5.2.9　1/3 倍频程平均声压级

频率/Hz	$\bar{L}_p$ /dB	频率/Hz	$\bar{L}_p$ /dB
100	104.7	160	115.8
125	108.7	200	118.0

续表

频率/Hz	$\bar{L}_p$ /dB	频率/Hz	$\bar{L}_p$ /dB
250	116.0	1250	105.6
315	114.6	1600	108.3
400	111.9	2000	108.2
500	100.0	2500	103.8
630	108.8	3150	101.2
800	107.6	4000	98.2
1000	106.6	5000	98.2

表 5.2.10　1/3 倍频程声功率级

频率/Hz	L_W /dB	频率/Hz	L_W /dB
100	103.1	800	106.9
125	106.9	1000	106.1
160	113.9	1250	105.4
200	116.1	1600	108.3
250	114.6	2000	108.3
315	113.9	2500	103.8
400	111.0	3150	102.3
500	109.0	4000	100.0
630	107.7	5000	100.0

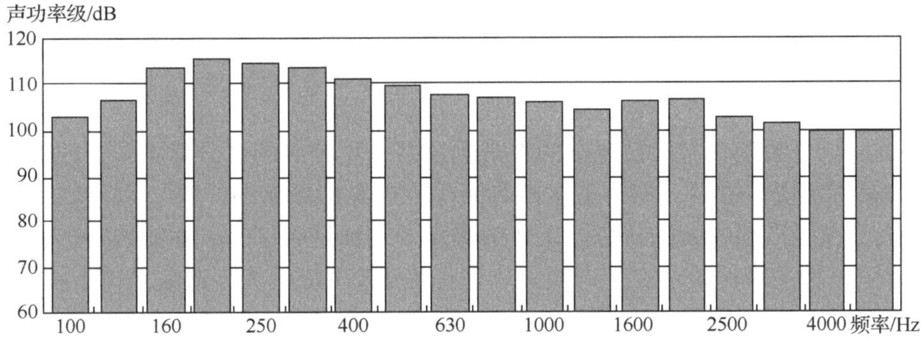

图 5.2.5　B&K4291 测得的 1/3 倍频程声功率级

5.3　噪声源识别与定位

噪声测量的一项重要内容就是估计和寻找产生噪声的声源。确定噪声源位置是实施控制噪声措施的先决条件。从声源上控制噪声可以极大地减轻噪声治理的工作量，而且对促进生产低噪声产品研制、提高产品质量和寿命有直接效果，同时，噪声源识别技术是声学测量技术的综合运用，具有很强的技术性。因此，噪声源识别有很大的现实意义。

噪声源识别的本质在于正确判断作为主要噪声源的具体发声零部件以及主要辐射部分。有时还要求对噪声源的特点及其变化规律有所了解。噪声源识别的要求主要有以下两个方面。

(1) 确定噪声源的特性，包括声源类别、频率特性、变化规律和传播通道等。在复杂的机械中，用一种测量方法来明确区分声源的主次及其特性，实际上往往是比较困难的。因此经常需要综合应用多种测量方法和信号处理技术，以便最终达到明确识别的目的。

(2) 确定噪声产生的部位、主要的发声部件等，以及确定各噪声源在总声级中的比重。对多声源噪声，控制噪声的主要方法之一是找到发声部件中在噪声总声级中所占比重最大的声源噪声，采取措施进行降噪，可达到事半功倍的效果。

噪声源识别方法很多，从复杂程度、精度高低以及费用大小等方面均有不小的差别，实际使用时可根据研究对象的具体要求，结合人力物力的可能条件综合考虑后予以确定。具体说来，噪声源识别方法大体上可分为两类：第一类是常规的声学测量与分析方法，包括分别运行法、分别覆盖法、近场测量法、表面速度测量法等；第二类是声信号处理方法，它是基于近代信号分析理论而发展起来的，如声强法、表面强度法、谱分析、倒频谱分析、互相关与互谱分析、相干分析等都属于这一类方法。在不同研究阶段可以根据声源的复杂程度与研究工作的要求选用不同的识别方法或将几种方法配合使用。

5.3.1 声学测量法

人的听觉系统具有比最复杂的噪声测量系统更精确的区分不同声音的能力，经过长期实践锻炼的人，有可能主观判断噪声声源的频率和位置。有经验的操作、检验人员在生产现场就能从机器运转的噪声中判断是否正常，并能判定造成异常的原因。这种主观评价法在生产实际中往往是很有用的。为了避免其他干扰因素，还可以借助医用听诊器等。然而，主观判断法并非是人人能达到判断效果的，因为其带有主观因素，同样的机器噪声，不同的人鉴别的结果往往不一致。此外，主观评价法也无法对噪声源作定量的评价。因此，人们常常采用声学测量和信号分析等方法。

1. 声压法

1) 近场测量法

这种方法简便易行，通常用于寻找机器的主要噪声源。具体做法是用声级计在紧靠机器的表面扫描，并根据声级计的指示值大小来确定噪声源的部位。

根据声学原理，近场测量法的正确性是有条件的。传声器测得的声级主要应是靠近的某个噪声源所引起的，而其他噪声源对测量值没有影响或影响很小。但是某一点的声场总会受到附近其他声源的干扰，尤其是在车间现场，所以近场测量法不能提供精确的测量值。因此这种方法通常用于机器噪声源的粗略定位。

2) 选择运行法

选择运行法就是设法将机器中的运转零部件按测量要求逐级连接或逐级分离进行运行，分别测得部分零件的声级以及其在机器整体运行时总声级中所占的份额，从而确定主要噪声源。这种方法对复杂的机器，尤其是多级齿轮传动机器的噪声源识别相当有用。当然这种方法只有在机器的各部分可以分别脱开运行的情况下才能使用。

例如要估计风机的电机和风扇产生的噪声，可以断开风扇，只开动电机，测量电机的噪声，由电机的噪声级和频谱以及风机总噪声级和频谱，根据声级叠加原理可估计出风扇噪声的声级和频谱。在测量电机的噪声时，应该保持电机的负荷不变。风机噪声与电机噪声的差别越大，风扇噪声的估计准确度越高。

3) 选择覆盖法

对于不能改变运行状态的情况，通常采用选择覆盖法识别噪声源。这种方法是用隔声材料(铅板)把机器各部分分别覆盖起来，测定未覆盖部分的噪声以确定噪声源。覆盖层(隔声罩)要专门设计以保证覆盖后的噪声比覆盖前小 10 dB。测某一部位的噪声时要将其他部位覆盖起来，这样就相当于分别测取了各个独立的噪声源。将各部位测得的噪声大小进行比较即可找出主要噪声源。

隔声罩可用 1～1.5 mm 厚的铅板罩住机器的某部分,罩内填矿棉或玻璃纤维。这种覆盖技术可以降低噪声 10～15 dB(A)，故易与未覆盖的振动面区分开。不过，这种方法适用于识别中频和高频噪声，因为隔声罩的低频隔声能力很差。也可以根据噪声特性来区分，例如测量发动机的机械噪声和排气噪声时可以把排气管引到墙外，并对缝隙密封。在室内可以测得发动机的机械噪声，在墙外可以测量排气噪声。

2. 声强法

在三维流体声场中，声强矢量等于有效声强矢量与声强偏差的矢量和。声强偏差表征声场中局部区域内声能流，其矢量流线为环状。窄频域中声强偏差通常是非零有旋矢量，因此，窄频带中声强矢量不一定是沿径向背离声源的。各频率点声强矢量流线通常是曲线形状，特别是在近场或反射波较强的区域，声强流线的曲率半径较小，有些频率点声强矢量甚至指向声源，这说明由声场中几点处单一频率声强矢量不能推断出声源所在方位。随着频率带宽的增加，声强偏差的影响减少。当声强偏差值可以忽略时，声强矢量等于有效声强矢量。声强矢量流线代表声场中实际功率流线，即由声源出发到无限远区域或功率吸收点终止。在这种情况下根据不在一个平面上的几点声强矢量可以判断声源所在方位。用于声源定位的分析频率带宽一般不应窄于 1/3 倍频程带宽；根据经验，最好选用包含几个倍频程带宽的频带作为分析频率带宽。某点处声强矢量由该点处 3 个正交方向上声强测量值估算。例如，在笛卡儿坐标空间中，若在 3 个正交轴向上声强测量值为 I_x、I_y 和 I_z，则声强矢量幅值为

$$I=\sqrt{I_x^2+I_y^2+I_z^2} \tag{5.3.1}$$

声强矢量与 x、y、z 轴向的夹角分别为

$$\phi_x=\arccos\left(\frac{l_x}{l}\right),\quad \phi_y=\arccos\left(\frac{l_y}{l}\right),\quad \phi_z=\arccos\left(\frac{l_z}{l}\right) \tag{5.3.2}$$

通常情况下，用声强技术定位声源是非常耗费时间的，除非声强仪能同时测量声强矢量的三个正交轴向分量，否则每点处要进行三次测量才能确定其声强矢量。声源定位精度主要与流体声场特性有关，对于阻性声场，声源定位精度通常较高。

应用少数几点处声强矢量定位声源时，定位精度与测点位置选择有关。测点位置最好均匀地分布在声源周围，一旦声源位置初步确定后，与声源相距较远的测点处的声强矢量应当抛弃。如果声场中声强矢量空间分布已测定，则声源和功率吸收点的位置就能容易地确定。声强技术还能非常有效地用于寻找隔墙或封闭空间的漏声位置，检查隔声室、消声室和隔声罩等封闭空间的隔声质量。在隔声实验以前，声强技术可以用于检查测试构件的密封情况。当声场是几个声源辐射场的叠加时，声强技术可以用于寻找主要辐射声源；按辐射声功率大小顺序排列声源。对于复杂机器的声辐射，可以应用扫描式测量方法测量机器的各部分(表面)声辐射功率，找出主要声辐射区域或部件。

我们知道，在点声源或其组合声源辐射近场中，瞬态声强无功分量远大于其有功分量。但反过来就不一定成立，即当某物体表面附近有很强的瞬态声强无功分量时，并不意味着该物体是声源。例如，在封闭室内混响声场中。此外，近场中瞬态声强无功分量的大小不能反映声源辐射效率的强弱。因此，瞬态声强无功分量(复数声强的虚部)只能是声源定位的一种辅助手段，用于初步分析。

3. 阵列法

传声器阵列是由许多传声器按一定几何构型排列组成的阵列，具有强指向性，可用来测定声源的空间分布，即求出声源的位置和强度，因而可识别机车行进时

的噪声源。将数字技术应用于声望远镜，可以实现声望远镜的空间自动扫描。因此，可以对高速运动的声源(如火车、飞机)进行分析，并对接收的声信号进行频谱分析，从而得出不同频段内声源的空间分布。目前使用最广泛的方法是把传声器排列在直线上，此系统称为线列阵指向性系统。

线列阵可利用许多拾声点上接收信号的干涉效应，从而产生指向性。但这种等间距、等强度的线列阵的旁瓣比较大，如果各传声器的信号按一定规则修正，则可以抑制旁瓣。常用传声器阵按照切比雪夫(Chebyshev)级数的系数修正。这样可使主瓣变宽但旁瓣下降 30 dB。

传声器阵可用模拟电路来完成，但目前一般采用数字方法处理。将传声器输出信号采样，经模数转换送入计算机，通过计算机自动更换聚焦点位置，在 xy 线上扫描，得出 xy 线上声源强度的分布，同时用 FFT 计算出各点的频谱。

用线列阵传声器每次只能测定分布在一条线上的声源，如果要同时分析几个方向的声源的分布情况，则必须使用几个传声器阵列或方阵。

传声器阵望远镜的另一原理是：首先对声望远镜中两个传声器输出信号做互相关，然后利用时延做 FFT 求出频谱。频谱与两个传声器的距离有关，用两个传声器距离做 FFT 即可得到从不同方向传来的不同频带声波的强度关系。

4. 传递路径分析法

传递路径分析(transfer path analysis，TPA)是一种基于“源-路径-接收者”模型的分析方法，通过路径与目标点之间的传递函数以及工作状态下作用到路径上的载荷，量化从激励源到接收者的不同传递路径的贡献大小，其理论公式为

$$y_k = \sum_{i=1}^{n} \mathrm{VTF}_{ik} \times F_i + \sum_{j=1}^{p} \mathrm{NTF}_{jk} \times Q_j \tag{5.3.3}$$

其中，y_k 是各路径传递到目标点 k 的振动或噪声总贡献量；n 和 p 分别表示结构传递和空气传递的路径数；VTF 和 NTF 表示传递路径到目标点的传递函数；F_i 表示结构传递路径处的结构载荷；Q_j 表示空气传递路径处的声载荷。由于载荷通常无法直接测量，绝大多数情况下需要借助工况数据，通过间接方法获得。因此，TPA 最终需要两类数据：传递函数和工况数据。

传递函数可能是针对力-振、力-声或声-声路径，还可能是多种路径传递函数的组合。正向测量需要在每条路径上进行激励，测量目标点的声压响应，这样做费时费力，同时可能受空间限制，不方便激励。可以通过互易原理进行反向测量，在目标点放置体积声源，测量路径位置的振动加速度，从而通过一次测量得到所有路径到目标的传递函数。

工作载荷的获取方法包括直接法、悬置刚度法和逆矩阵法等，其中直接法是通过力传感器测量结构载荷，难以获得声学载荷；悬置刚度法需要动刚度曲

线，当悬置为硬连接或位移很小时，并不适用；逆矩阵法则将载荷表示为响应乘以频响函数的逆矩阵，通常使用奇异值分解方法进行求解。

5.3.2 信号分析法

1. 时域分析法

根据各声源或声源各部分辐射噪声时间特性的差别来进行声源识别，它对有离散谱的信号更为合适。如果机器产生脉冲噪声，可记录噪声的时间历程。在双线性示波器上显示，另用一路显示标记脉冲，由机器某运动部分触发以使噪声和机械动作相联系。一旦噪声信号与机械振动联系起来就可确定噪声来自振动部分。

平均技术是时域分析法的进一步发展。有时在噪声和振动时间历程中，由于背景噪声太高，难以区分离散重复事件。把背景噪声按机器工作一周分段，用许多周的信号求平均，无周期性部分信号多次平均后增长较慢，而周期信号增长较快，因此可检出周期信号。通常取 10～100 工作周期进行信号平均，以明显区别出重复事件。平均过程利用计算机来完成。

2. 频域分析法

如果噪声源的噪声在不同频率区域，可以采用窄带频谱分析法。例如，用加速度计测量噪声源的振动，用传声器测量某点的声压，求出它们的频谱进行分析。如果某噪声源的振动信号频谱的主要部分和声信号频谱的主要部分位于相同频率区域，或在某些频率都有峰值，即可认为这一噪声源是主要噪声源。

当几部机器(或一部机器各部分)发声的频谱不同并且已知时，测量总噪声谱可以分析出各部分对总噪声的贡献。

3. 时频掩码法

时频掩码法建立在声源稀疏性的基础之上，即对每一时频单元，如果只有一个声源占主导地位，则可通过对声源在时频域上施加掩码以抑制非目标声源，从而实现分离。由于自然条件下，绝大多数声源信号的时域波形复杂多变，处理难度大，且不易提取显著且稳定的特征，因此掩码估计的过程通常在频域上进行。

上述过程可以自然地表示为有监督的学习过程，可通过支持向量机等机器学习方法，根据输入信号特征，使用分类器对时频单元进行分类与标记，再根据分类结果进行组合与逆变换从而实现分离。

随着深度学习技术的快速发展，基于神经网络的分离模型已经被广泛应用于各类音频分离任务中。此类分离系统不再需要人工提炼的复杂特征，通常是将信号时频谱或时域波形作为输入，其中分离性能较好的网络结构有 TasNet、

Conv-TasNet、SepFormer 等。

需要注意，并非所有基于神经网络的音频分离方法都是基于时频掩蔽理论设计的，例如 Wave-U-Net 的设计思路是直接构建由波形到波形的映射关系。

4. 相关分析法

如果同时存在许多噪声源，用相关分析法测量声源处和观察点之间声信号与某波形或滤波包络的互相关函数，就可识别噪声源并判断该噪声源对观察点的总噪声的贡献。较强的互相关性所对应的机器为主要噪声源。

5. 相干分析法

在声源识别中，用时域互相关函数方法得到的信息也可用频域的相干函数得到。相干函数值越大，说明该声源对测量点声音的影响越大。分别求出各个声源与测量点信号之间的相干函数，通过比较便可确定主要噪声源。求相干函数可用 FFT 算法。

6. 盲源分离法

盲源分离是指在源信号与传输信道参数未知的情况下，仅由观测信号恢复或分离得到源信号的过程，是人工神经网络、统计信号处理及信息理论相结合而产生的一种方法。这里，“盲”体现在两个方面：源信号未知及混合系统未知。根据混合方式的不同，可分为线性瞬时混合模型、线性卷积混合模型与非线性混合模型。

盲源分离算法众多，可以从高阶统计量、二阶统计量、非平稳性、稀疏性等角度出发对信号进行分离，以下列举三种较为有代表性的方法。

(1) 独立成分分析：在源信号与混合方式未知的情况下，将随机变量表示为统计独立变量的线性组合，通过最小化各成分之间的统计依赖性，突显源信号的本质结构。

(2) 稀疏成分分析：在源信号与混合方式未知的情况下，找到一个合理的混合矩阵，使得提取出来的源信号矩阵在尽可能准确的同时尽可能稀疏。

(3) 非负矩阵分解：将任意给定非负矩阵分解为左右两个非负矩阵的乘积，即在原空间中寻找一组新的基底，并对原数据进行投影。

第 6 章　声学材料与声学结构的测量

噪声控制和建筑声学等各种声学工程中要使用大量的声学材料和声学结构，其声学性能的测试是开展相关内容的科学研究、工程设计、施工与验收的重要内容，也是声学测量技术的重要组成部分。主要包括两方面：吸声性能测量，包括对吸声系数和声阻抗率两个参数的测量；隔声性能测量，主要是对隔声量的测量。本章对上述参数的各种测量方法分别加以介绍。

6.1　吸声性能测量

使用吸声材料是一种重要的噪声控制方法，同时它还是一种控制室内音质的重要方法。一个好的剧院、礼堂、录音室、会议厅等建筑物，除结构强度、建筑美学等方面的考虑外，还必须具有良好的音质条件。所谓良好的音质条件是指，对于音乐和语言来说要有良好的听闻条件和足够低的噪声水平。一般说来，室内音质除与它的空间形状和几何尺寸有关外，在很大程度上还取决于建筑物墙壁和室内物品对声音的吸收程度。绝大多数物体对声音都有或多或少的吸收作用，但为了控制音质，时常需要采用以吸声为主的吸声材料。在工程实践中，首先要测定备选声学材料的吸声系数，然后根据厅堂功能，结合室内空间形状、体积和表面积计算出要达到理想音质所需要的吸声量，最后在设计要求指导下铺设合乎要求的吸声材料。由此可见，声学材料吸声系数的测量是一项重要的基础性工作。另外，由声学基础知识可知，材料的吸声系数与其声阻抗率有直接关系，因此，它们常作为同一类声学参量予以考虑。

吸声系数作为描述吸声材料吸声性能的物理量，定义为被吸声材料吸收的声能与入射声能之比。在中国国家标准中，与吸声系数和声阻抗率有关的是：GBJ 88—1985《驻波管法吸声系数与声阻抗率测量规范》；GB/T 20247—2006《声学 混响室吸声测量》；GB/T 18696.1—2004《声学 阻抗管中吸声系数和声阻抗的测量 第 1 部分：驻波比法》；GB/T 18696.2—2002《声学 阻抗管中吸声系数和声阻抗的测量 第 2 部分: 传递函数法》。

归纳起来，测量吸声系数的测试方法主要分三类：声管法、自由声场法和混响室法。前两种方法所测的是吸声材料的垂直入射或斜入射吸声系数，后者所测的是吸声材料的无规入射吸声系数。下面分别予以介绍。

6.1.1　声管法

1. 驻波管法[18]

1) 吸声系数测量

用驻波管法只能测定吸声材料的垂直吸声系数，该方法既简单又经济，根据测量结果可推算到均匀无规入射条件下的吸声系数，所以在一定意义上可以代替既费时而又不经济的混响室法。当然，这种换算只适用于吸声材料是“局部反应”(local reactive)的材料。

(1) 测量装置。

由本书第 1 章中有关声波导管的知识可知，如果在管中声波频率低于管道截止频率，则管道中只传播平面波。利用平面波在有限长管道中驻波分布的特点即可得到管道末端声学材料的吸声系数。

由有限长管道构成的驻波管，其结构见图 6.1.1，其主要部分是一根内壁坚硬光滑、截面均匀的管道，管道的末端安装被测材料样品。限制驻波管中声源频率在管道截止频率以下，这样由扬声器向管道下游辐射的声波在管中以平面波形式传播。驻波管法测量吸声系数的频率上限是管道的截止频率，对于圆管和方管，其截止频率 f_{c0} 和 f_{s0} 的计算公式分别是

$$f_{c0}=\frac{1.84}{\pi}\cdot\frac{c_0}{D} \tag{6.1.1}$$

$$f_{s0}=\frac{c_0}{2L} \tag{6.1.2}$$

式中，D 为圆管直径；L 为方管边长；c_0 为空气中的声速。

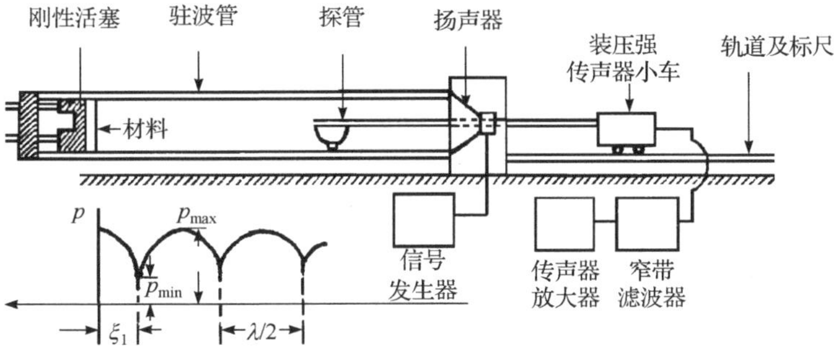

图 6.1.1　驻波管的结构及测量装置简图

图 6.1.1 所示的驻波管为单传声器驻波管。在管中，平面波在材料表面被反射回来，其结果是在管中建立起驻波声场。从材料表面算起，管中出现了声压极大值和极小值的交替分布。利用可移动的探管传声器测出声压极大值与极小值的

声级差(或极大值与极小值的比值)，由此便可确定垂直入射吸声系数。虽然信号源输给扬声器的是单频电信号，但扬声器发出的并不一定是纯音，所以在接收端必须进行滤波才能除去不必要的高次谐波分量。由于要满足在管中传播的声波为平面波和必要的声压极大值、极小值的数目的要求，常设计有低、中、高频三种尺寸和长度的驻波管，分别适用于不同频率范围。对于整个测量范围，要求反射面的驻波比的对数($20\lg G$)在 40 dB 以上。

(2) 测试原理。

如前所述，当声波的频率满足关系式 $f < f_{c0}$ 时，圆管中只能传播平面声波，声波从试件表面(参考平面)反射回来，在管中形成驻波。设 p_i 为入射波，可写成

$$p_i = p_0 e^{j(\omega t - kx)} \tag{6.1.3}$$

式中，k 为波数。设材料的反射系数为 r，则反射声波的声压 p_r 可表示为

$$p_r = r p_0 e^{j(\omega t + kx)} \tag{6.1.4}$$

引进相角

$$\theta = -kx = -2\pi x / \lambda \tag{6.1.5}$$

式中，λ 为波长。式(6.1.5)表明，当探管末端从被测材料表面离开时，θ 由零变为正值与($-x$)成正比例地变化，每移过一个波长的距离，θ 增加 2π 。

将式(6.1.5)代入式(6.1.3)和式(6.1.4)，并略去时间因子，则管内任意一点处的总声压可写成

$$p = p_i + p_r = p_0[e^{j\theta} + r e^{-j\theta}] \tag{6.1.6}$$

因反射系数一般是复数，可写成 $r = |r| e^{j\delta}$ ，这里 r 是一个比 1 小的数值，δ 是反射时的相位移。从式(6.1.4)知，声压极大值与声压极小值分别为

A 当 $\theta = n\pi + \delta / 2$ (n=0, 1, 2,…)时，

$$|p_{max}| = p_0(1 + |r|) \tag{6.1.7}$$

B 当 $\theta = \left(\dfrac{2n+1}{2}\right)\pi + \dfrac{\delta}{2}$ (n=0, 1, 2,…)时，

$$|p_{min}| = p_0(1 - |r|) \tag{6.1.8}$$

根据垂直入射吸声系数的定义，有

$$\alpha = 1 - |r|^2 \tag{6.1.9}$$

若规定驻波比为

$$G = \frac{|p_{max}|}{|p_{min}|} \tag{6.1.10}$$

将式(6.1.6)、式(6.1.8)代入式(6.1.10)，得

$$G=\frac{1-|r|}{1+|r|}=\frac{1-\sqrt{1-\alpha}}{1+\sqrt{1-\alpha}} \tag{6.1.11}$$

最后得到

$$\alpha=\frac{4G}{(1+G)^2} \tag{6.1.12}$$

式(6.1.12)说明，只要确定极大声压和极小声压的比值，就可以求出垂直入射的吸声系数。

如果驻波比以分贝为单位，即实际测定的是声压级极大值和极小值间的声压级差 L，即 $L=20\lg G$，则可由下式求得 α：

$$\alpha=\frac{4\times10^{\frac{L}{20}}}{\left(1+10^{\frac{L}{20}}\right)^2} \tag{6.1.13}$$

式(6.1.12)和式(6.1.13)中的 G、L 和 α 三个参数是等价的，测定了其中的一个就可以求出其他两个。G、L 和 α 值之间的数值关系可查阅表 6.1.1 得到。

表 6.1.1　G、L 和 α 的关系

α	$1/S$	S	L/dB	α	$1/G$	G	L/dB
0.01	398	0.0025	52.0	0.51	5.67	0.1765	15.1
0.02	198	0.0050	45.9	0.52	5.51	0.1815	14.8
0.03	131.3	0.0076	42.3	0.53	5.36	0.1865	14.6
0.04	96.7	0.0103	39.7	0.54	5.22	0.1917	14.4
0.05	78.0	0.0128	37.8	0.55	5.08	0.1970	14.1
0.06	64.7	0.0155	36.2	0.56	4.94	0.202	13.9
0.07	55.1	0.0181	34.8	0.57	4.81	0.208	13.6
0.08	48.0	0.0208	33.6	0.58	4.68	0.214	13.4
0.09	42.4	0.0236	32.6	0.59	4.56	0.219	13.2
0.10	38.0	0.0263	31.6	0.60	4.44	0.225	13.0
0.11	34.3	0.0291	30.7	0.61	4.33	0.231	12.7
0.12	31.3	0.0319	29.9	0.62	4.21	0.237	12.5
0.13	28.7	0.0348	29.2	0.63	4.11	0.244	12.3
0.14	26.5	0.0377	28.5	0.64	4.00	0.250	12.0
0.15	24.6	0.0406	27.8	0.65	3.90	0.257	11.8

续表

α	1/S	S	L/dB	α	1/G	G	L/dB
0.16	23.0	0.0436	27.2	0.66	3.78	0.263	11.6
0.17	21.5	0.0466	26.6	0.67	3.70	0.270	11.4
0.18	20.2	0.0496	26.1	0.68	3.61	0.277	11.1
0.19	19.0	0.0526	25.6	0.69	3.51	0.285	10.9
0.20	17.4	0.0557	25.1	0.70	3.42	0.292	10.7
0.21	16.99	0.0589	24.6	0.71	3.33	0.300	10.5
0.22	16.12	0.0620	24.2	0.72	3.25	0.308	10.2
0.23	15.33	0.0652	23.7	0.73	3.16	0.316	10.0
0.24	14.60	0.0685	23.3	0.74	3.08	0.325	9.8
0.25	13.93	0.0718	22.9	0.75	3.00	0.333	9.5
0.26	13.31	0.0751	22.5	0.76	2.92	0.342	9.3
0.27	12.74	0.0785	22.1	0.77	2.84	0.352	9.1
0.28	12.20	0.0820	21.7	0.78	2.77	0.361	8.8
0.29	11.71	0.0854	21.4	0.79	2.69	0.371	8.6
0.30	11.24	0.0890	21.0	0.80	2.62	0.382	8.4
0.31	10.81	0.0925	20.7	0.81	2.55	0.393	8.1
0.32	10.40	0.0961	20.3	0.82	2.47	0.404	7.9
0.33	10.02	0.0998	20.0	0.83	2.40	0.416	7.6
0.34	9.66	0.1035	19.7	0.84	2.33	0.429	7.4
0.35	9.32	0.1037	19.4	0.85	2.26	0.442	7.1
0.36	9.00	0.1111	19.1	0.86	2.20	0.455	6.8
0.37	8.70	0.1150	18.8	0.87	2.13	0.470	6.6
0.38	8.41	0.1190	18.5	0.88	2.06	0.485	6.3
0.39	8.13	0.1230	18.2	0.89	1.99	0.502	6.0
0.40	7.87	0.1270	17.9	0.90	1.93	0.520	5.7
0.41	7.62	0.1311	17.7	0.91	1.86	0.539	5.4
0.42	7.39	0.1353	17.4	0.92	1.789	0.559	5.1
0.43	7.16	0.1396	17.1	0.93	1.720	0.581	4.7
0.44	6.95	0.1439	16.8	0.94	1.649	0.606	4.4
0.45	6.74	0.1484	16.8	0.95	1.576	0.635	4.0
0.46	6.59	0.1518	16.4	0.96	1.500	0.667	3.5
0.47	6.35	0.1574	16.2	0.97	1.419	0.705	3.0
0.48	6.17	0.1620	15.8	0.98	1.329	0.752	2.5
0.49	6.00	0.1668	15.6	0.99	1.222	0.818	1.7
0.50	5.83	0.1716	15.3	1.00	1.000	1.000	0.0

(3) 测试方法。

利用驻波管测定吸声材料垂直吸声系数的方法如下：①调整信号源的频率到指定的数值，并调节信号源输出以得到适宜的声压大小；②让传声器小车停留在除极小值外的任一位置，改变接收滤波器通带的中心频率，使指示仪表得到最大读数；③将探管端部移至试件表面处，然后慢慢离开，找到一个声压极大值，并改变放大器增益，使仪表指针正好满刻度，再小心地找出相邻的第一极小值，可算出 G 或 L，由表 6.1.1 即可查得 α 值。

2) 声阻抗率的测量

用驻波管法可测定吸声材料的法向声阻抗率。法向声阻抗率的定义为

$$Z_n=\left(\frac{p}{u}\right)_{x=0} \tag{6.1.14}$$

式中，p 为声场任意一点的总声压；u 是相应点处的质点振动速度。

根据运动方程，平面波质点振动速度与声压有如下的关系：

$$u=-\frac{1}{\mathrm{j}\omega\rho_0}\frac{\partial p}{\partial x} \tag{6.1.15}$$

将式(6.1.6)代入式(6.1.15)，可求得管内任一点处的质点速度为

$$u=\frac{p_0}{\rho_0 c_0}\left(\mathrm{e}^{\mathrm{j}\theta}-r\mathrm{e}^{-\mathrm{j}\theta}\right) \tag{6.1.16}$$

将式(6.1.6)和式(6.1.16)代入式(6.1.14)，考虑到在 $x=0$ 处，$\theta=0$。于是，有

$$\xi=\frac{Z_{\mathrm{s}}}{\rho_0 c_0}=\frac{1+r}{1-r} \tag{6.1.17}$$

式中，ξ 称为比声阻抗率，表示材料声阻抗率与空气特性阻抗率($\rho_0 c_0$)的比值，是一个无量纲的量，而且一般情况下是复数，有

$$\xi=|\xi|\,\mathrm{e}^{\mathrm{j}\varphi}$$

由式(6.1.17)可推导得

$$|\xi|^2=\frac{1+|r|^2+2|r|\cos\delta}{1+|r|^2-2|r|\cos\delta} \tag{6.1.18}$$

$$\tan\phi=\frac{2|r|\sin\delta}{1-|r|^2} \tag{6.1.19}$$

如果在确定驻波比外又测得第一个声压极小值的位置(即图 6.1.1 中的距离 ξ_1)，即可由式(6.1.3)和式(6.1.7)解得 $k\xi_1=\frac{\pi}{2}+\frac{\delta}{2}$，因此

$$\frac{2\xi_1}{\lambda}=\frac{1}{2}+\frac{\delta}{2\pi}=b \tag{6.1.20}$$

将式(6.1.9)和式(6.1.20)代入式(6.1.18)和式(6.1.19)，可以得到

$$\left|\xi\right|^2=\frac{(2-\alpha)-2\sqrt{1-\alpha}\cos 2\pi b}{(2-\alpha)+2\sqrt{1-\alpha}\cos 2\pi b} \tag{6.1.21}$$

$$\tan\phi=\frac{-2\sqrt{1-\alpha}}{\alpha}\sin 2\pi b \tag{6.1.22}$$

由式(6.1.21)和式(6.1.22)可知，测定声阻抗率的操作过程实际上并不复杂，只要在测定垂直吸声系数α的同时，读出第一个声压极小值至试件表面的距离ξ_1即可。至于半波长$\lambda/2$，可以根据第一和第二个声压极小值之间的实际距离决定，也可以根据测试时实验室的温度，算出相应的声速，以及测试时声波的频率(由式$\lambda=c_0/f$算出)。

3) 两项校正

(1) 探管声中心的校正。

由于探管对声波的衍射作用，探管所测得的极小声压位置，实际上不在探管几何末端处，而是在其前方$\varDelta$处。根据理论的计算，$\varDelta$值约为探管内半径的 0.8 倍，所以对于测量声阻抗率时的第一极小值ξ_1，必须扣去$\varDelta$。

(2) 管内声波的衰减对测试的影响及修正。

如果测试的吸声材料的吸声系数较小，这时候管壁的吸收(只考虑空气的黏性和热传导效应所引起的吸收，不考虑管壁的振动吸收)会给测量带来很大的误差，所以要将测量结果加以修正。

设吸声系数为β(一般管内空气的体积吸收可忽略不计)，考虑到管中平面声波受吸收的影响，则管内任一点的声压表示成

$$p=p_0(\mathrm{e}^{-\mathrm{j}kx}\mathrm{e}^{\beta x}+r\mathrm{e}^{\mathrm{j}kx}\mathrm{e}^{-\beta x}) \tag{6.1.23}$$

所以，离开样本距离为x的总声压绝对值为

$$|p|=p_0\sqrt{\mathrm{e}^{2\beta x}+|r|^2\mathrm{e}^{-2\beta x}+2|R|\cos(2kx-\delta)} \tag{6.1.24}$$

图 6.1.2 给出了$|p|$与距离x的关系。

从材料表面算起第M个声压极大和紧跟其相邻的第N个声压极小之比为

$$[S]_{MN}=\left[\frac{|p_{\max}|}{|p_{\min}|}\right]_{MN}\approx\left(\frac{1+|r|\mathrm{e}^{-2\beta x_M}}{1-|r|\mathrm{e}^{-2\beta x_N}}\right)\mathrm{e}^{\beta(x_M-x_N)} \tag{6.1.25}$$

由图 6.1.2 可知，极大值随距离的变化较小，所以在式(6.1.25)中可令

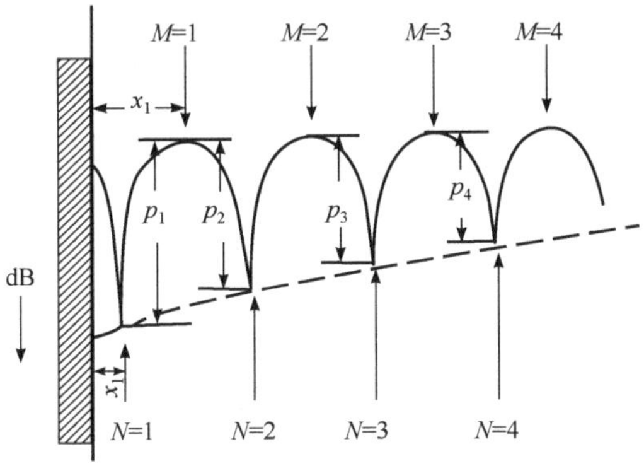

图 6.1.2　驻波管中声压幅值随距离的变化

$$1+|r|e^{-2\beta x_M} \approx 1+|r|e^{-2\beta x_N}$$

而且有 $0.9937 < e^{\beta(x_M - x_N)} = e^{\pm\pi\beta/2R} < 1.0063$，因此令 $e^{\beta(x_M - x_N)} \approx 1$。于是式(6.1.25)可写成如下形式：

$$[S]_N \approx \frac{1+|r|e^{-2\beta x_N}}{1-|r|e^{-2\beta x_N}}$$

则

$$|r| = \left(\frac{[S]_N - 1}{[S]_N + 1}\right)e^{2\beta x_N} \tag{6.1.26}$$

在式(6.1.26)中，如果令

$$|r_N| = \frac{[S]_N - 1}{[S]_N + 1}$$

则式(6.1.26)可写成

$$|r_N| = |r|e^{-2\beta x_N} \tag{6.1.27}$$

对正常的频率和管的线度情况下，如 $n \leqslant 5$，则可估计出 $2\beta x_N \approx 1 - 2\beta x_N$，代入式(6.1.27)最后得到

$$|r_N| \approx |r|(1 - 2\beta x_N) \tag{6.1.28}$$

以 $|r_N|$ 为纵坐标、x_N 为横坐标作图，应该是一条直线，将直线延长交于纵轴，其交点之值即为 $|r|$，求得 $|r|$ 后可由式(6.1.9)算出吸声材料的垂直吸声系数 α。

2. 阻抗管法

上面采用的单传声器驻波管的缺点是，当测试的频率较低时，需要很长的管

子，同时只能用纯音进行测量。而声波导管中的双传声器法可以弥补这两方面的缺陷。所谓双传声器法就是在管道中用两个相距一定距离的相同特性的传声器的输出，经过适当的延时处理后，可有效地分离入射波和反射波，单独地测出入射波和反射波就可算出材料法向入射的声学特性。对上述问题的处理可以在时域处理也可以在频域处理，下面分别介绍。

1) 双传声器法

测试装置如图 6.1.3 所示。传声器 1 和传声器 2 相隔一定距离 d，传声器 1 离材料表面的距离为 l，两个传声器分别接收到波导中的声压，传声器 1 和传声器 2 的电信号输出分别用 $m_1(t)$ 和 $m_2(t)$ 表示，这两个电信号经时域处理后，可将其中的入射波信号和反射波信号分离开来，其工作过程见图 6.1.4。

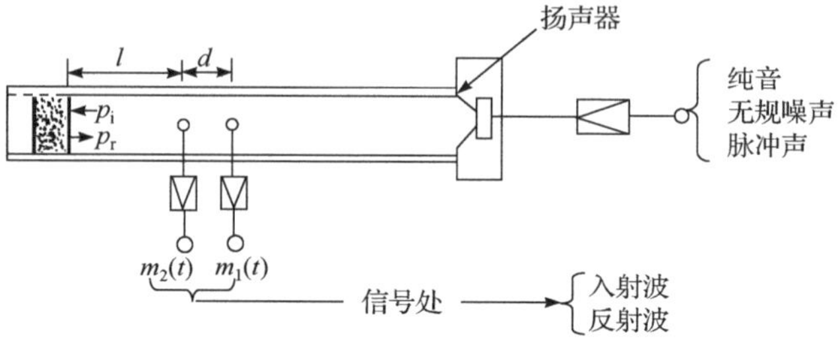

图 6.1.3　双传声器驻波管示意图

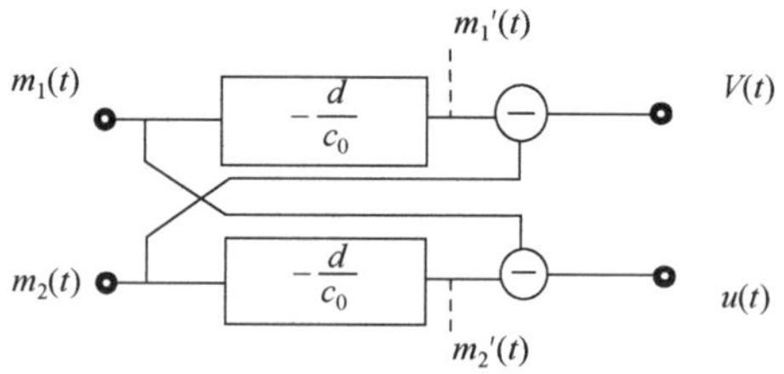

图 6.1.4　信号时域处理框图

双传声器法的工作原理如下：设传声器 1、2 的输出信号 $m_1(t)$ 和 $m_2(t)$ 经延时 $\tau = d/c_0$ 后分别用 $m_1'(t)$ 和 $m_2'(t)$ 表示，其数学表达式为

$$m_1(t) = A_1\left[p_i\left(t+\frac{l+d}{c_0}\right)+p_r\left(t-\frac{l+d}{c_0}\right)\right] \tag{6.1.29}$$

$$m_2(t) = A_2\left[p_i\left(t+\frac{l}{c_0}\right)+p_r\left(t-\frac{l}{c_0}\right)\right] \tag{6.1.30}$$

$$m_1'(t) = A_1\left[p_i\left(t+\frac{l}{c_0}\right)+p_r\left(t-\frac{l+2d}{c_0}\right)\right] \tag{6.1.31}$$

$$m_2'(t) = A_2\left[p_{\mathrm{i}}\left(t+\frac{l-d}{c_0}\right)+p_{\mathrm{r}}\left(t-\frac{l+d}{c_0}\right)\right] \tag{6.1.32}$$

式中，p_{i}、p_{r} 分别表示材料表面处入射波和反射波声压；A_1、A_2 分别表示与传声器 1 和传声器 2 的灵敏度有关的量；c_0 为声速。

由图 6.1.4 知，输出信号 $u(t)$、$V(t)$是由以上四个方程组合而成的，如果传声器 1 和传声器 2 的输出振幅和相位都一样，即符合条件 $A_1 = A_2 = A$，则

$$\begin{aligned} u(t) &= m_1(t) - m_2'(t) \\ &= A\left[p_{\mathrm{i}}\left(t+\frac{l+d}{c_0}\right)-p_{\mathrm{i}}\left(t+\frac{l-d}{c_0}\right)\right] \end{aligned} \tag{6.1.33}$$

$$\begin{aligned} V(t) &= m_2(t) - m_1'(t) \\ &= A\left[p_{\mathrm{r}}\left(t-\frac{l}{c_0}\right)-p_{\mathrm{r}}\left(t-\frac{l+2d}{c_0}\right)\right] \end{aligned} \tag{6.1.34}$$

显然，式(6.1.33)中只含有 p_{i}，式(6.1.34)只含有 p_{r}，这说明 $u(t)$只是入射声波的函数，而 $V(t)$只是反射波的函数。如果分别对 $u(t)$和 $V(t)$进行傅里叶变换，则可得到

$$u(\omega) = A\cdot 2\sin\frac{\omega d}{c_0}p_{\mathrm{i}}(\omega)\exp\left[\mathrm{j}\left(\frac{\omega l}{c_0}+\frac{\pi}{2}\right)\right] \tag{6.1.35}$$

$$V(\omega) = A\cdot 2\sin\frac{\omega d}{c_0}p_{\mathrm{r}}(\omega)\exp\left[\mathrm{j}\left(\frac{\pi}{2}-\frac{\omega(l+d)}{c_0}\right)\right] \tag{6.1.36}$$

由式(6.1.35)和式(6.1.36)即可求得复数声压反射系数：

$$r(\omega) = \frac{p_{\mathrm{r}}(\omega)}{p_{\mathrm{i}}(\omega)} = \left[\frac{V(\omega)}{u(\omega)}\right]\exp\left[\mathrm{j}\frac{\omega(2l+d)}{c_0}\right] \tag{6.1.37}$$

于是，法向声阻抗率以及垂直入射声吸声系数均可由下式算得

$$\xi(\omega) = \frac{Z(\omega)}{\rho_0 c_0} = \frac{[1+r(\omega)]}{[1-r(\omega)]} \tag{6.1.38}$$

$$\alpha = 1-\left|r(\omega)\right|^2 = 1-\frac{\left|V(\omega)\right|^2}{\left|u(\omega)\right|^2} \tag{6.1.39}$$

从上述的测量原理可知，由于能分别测得入射声波和反射声波，所以除可用纯音信号作测试声源外，无规噪声和脉冲声也可用作测试声源。当用纯音信号作声源时，$\alpha(\omega)$ 可直接由 $u(t)$和 $V(t)$的均方根值求出，即

$$\alpha = 1 - \frac{V_0^2(\omega)}{u_0^2(\omega)} \tag{6.1.40}$$

式中，$u_0(\omega)$、$V_0(\omega)$分别表示 $u(t)$和 $V(t)$的均方根值。如果再测量出 $u(t)$和 $V(t)$的相位差$\arg V(t) - \arg u(t)$，则可用下式算出声压反射系数$r(\omega)$：

$$r(\omega) = \frac{V_0(\omega)}{u_0(\omega)} \exp\left\{ \mathrm{j}\left[\arg V(t) - \arg u(t)\right] + \frac{\mathrm{j}\omega(2l+d)}{c_0} \right\} \tag{6.1.41}$$

于是，由式(6.1.38)求得比声阻抗率$Z(\omega)/\rho_0 c_0$。

当采用无规噪声信号作声源时，$r(\omega)$的绝对值可以通过测量 $u(t)$和 $V(t)$的功率谱函数来求得。分别用$G_u(\omega)$和$G_v(\omega)$表示 $u(t)$和 $V(t)$的功率谱函数，则

$$\left|r(\omega)\right|^2 = G_u(\omega)/G_v(\omega) \tag{6.1.42}$$

另外，还可通过测量 $u(t)$和 $V(t)$的互功率谱函数$G_{uV}(\omega)$，于是可用下式求得$r(\omega)$：

$$r(\omega) = \left[G_{uV}(\omega)/G_u(\omega)\right] \exp\left[\mathrm{j}\frac{\omega(2l+d)}{c} \right] \tag{6.1.43}$$

将式(6.1.42)和式(6.1.43)分别代入式(6.1.39)和式(6.1.38)，即可求得$\alpha(\omega)$和$\xi(\omega)$。

实际测量总是在一定带宽的频谱范围内进行的，因此，$\alpha(\omega)$和$r(\omega)$必须对这些频率取平均：

$$\alpha(\omega_1 \sim \omega_2) = 1 - \frac{\int_{\omega_1}^{\omega_2} G_V(\omega)\mathrm{d}\omega}{\int_{\omega_1}^{\omega_2} G_u(\omega)\mathrm{d}\omega} \tag{6.1.44}$$

$$r(\omega_1 \sim \omega_2) = \frac{1}{\omega_2 - \omega_1}\int_{\omega_1}^{\omega_2} r(\omega)\mathrm{d}\omega \tag{6.1.45}$$

当声源用的是脉冲信号时，则对 $u(t)$和 $V(t)$进行傅里叶变换后，再使用 FFT 技术进行分析。

必须注意的是，式(6.1.35)和式(6.1.36)右边都包含有$2\sin(\omega d/c_0)$，它意味着入射波函数$u(t)$和反射波函数$V(t)$都有一权重函数$2\sin(\omega d/c_0)$。图 6.1.5 中给出了$20\lg\left[\sin(\omega d/c_0)\right]$与$2d/\lambda$的关系曲线。

从图 6.1.5 中可知，为使测量具有较高的灵敏度，则两测试传声器的距离 d 和测试频率之间必须满足$0.2 < 2d/\lambda < 0.8$。显然，要使测试能在较宽的频带中进行，则根据测试的频率，两个测试传声器的距离最好能设计成可变。

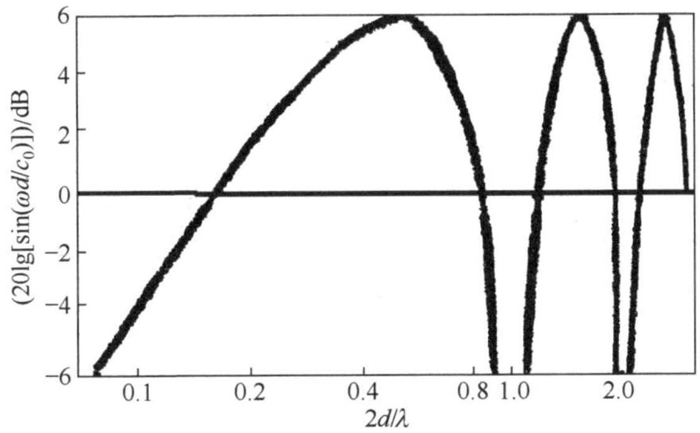

图 6.1.5　$20\lg[\sin(\omega d/c_0)]$ 与 $2d/\lambda$ 的关系

与单传声器驻波管相比，双传声器法驻波管具有下列优点：①所用的管子较短，相应的下限测试频率可以降低；②可采用噪声信号和脉冲信号作声源；③利用计算机作信号处理，可以实现自动化测量。当然，该方法也是有缺点的，具体表现在：①测试用的两个传声器的振幅特性和相位特性要求一致；②时延必须根据 d 和 c_0 非常精确地进行调节；③管壁吸收的修正比驻波管法更困难。

2) 传递函数法

(1) 测量原理。

将测试样品装在一个平直、刚性、气密的阻抗管的一端(图 6.1.6)，管中的平面声波由声源(无规噪声、伪随机序列噪声或线性调频脉冲)产生，在靠近测试样品的两个位置上分别测量声压，可求得两个传声器之间的声传递函数，由此计算测试样品的法向入射吸声系数。

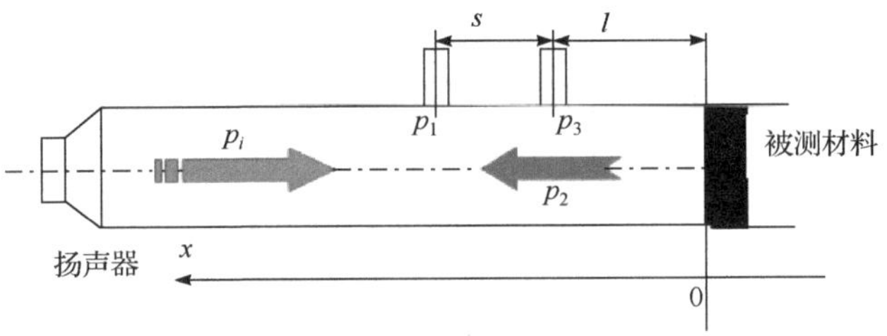

图 6.1.6　传递函数法测量示意图

驻波管中的入射波和反射波可分别表示为

$$p_{\mathrm{i}} = p_{\mathrm{I}}\mathrm{e}^{-\mathrm{j}k_0 x} \tag{6.1.46a}$$

$$p_{\mathrm{r}} = p_{\mathrm{R}}\mathrm{e}^{-\mathrm{j}k_0 x} \tag{6.1.46b}$$

式中，p_{I} 和 p_{R} 分别是材料表面(基准面)处声压上 p_{i} 和 p_{r} 的幅值；k_0 是复波数。传声器位置 1 处的声压 p_1 和传声器位置 2 处的声压 p_2 可分别表示为

$$p_1 = p_{\mathrm{I}}\mathrm{e}^{\mathrm{j}k_0(s+l)} + p_{\mathrm{R}}\mathrm{e}^{-\mathrm{j}k_0(s+l)} \tag{6.1.47}$$

$$p_2 = p_{\mathrm{I}}\mathrm{e}^{\mathrm{j}k_0 l} + p_{\mathrm{R}}\mathrm{e}^{-\mathrm{j}k_0 l} \tag{6.1.48}$$

式(6.1.47)和式(6.1.48)分别为相应位置处入射声压和反射声压之和。定义位置 1 到位置 2 处入射波及反射波的传递函数分别为 H_{i} 和 H_{r}，则有

$$H_{\mathrm{i}} = \frac{p_{2\mathrm{i}}}{p_{1\mathrm{i}}} = \mathrm{e}^{-\mathrm{j}k_0 s} \tag{6.1.49}$$

$$H_{\mathrm{r}} = \frac{p_{2\mathrm{r}}}{p_{1\mathrm{r}}} = \mathrm{e}^{\mathrm{j}k_0 s} \tag{6.1.50}$$

定义总声场的传递函数为 H_{12}，并考虑到 $p_{\mathrm{r}} = rp_{\mathrm{I}}$，则有

$$H_{12} = \frac{p_2}{p_1} = \frac{\mathrm{e}^{\mathrm{j}k_0 l} + r\mathrm{e}^{-\mathrm{j}k_0 l}}{\mathrm{e}^{\mathrm{j}k_0(s+l)} + r\mathrm{e}^{-\mathrm{j}k_0(s+l)}} \tag{6.1.51}$$

将式(6.1.49)、式(6.1.50)代入式(6.1.51)，则

$$r = \frac{H_{12} - H_{\mathrm{i}}}{H_{\mathrm{r}} - H_{12}}\mathrm{e}^{\mathrm{j}2k_0(s+l)} \tag{6.1.52}$$

由此可见，如测得传递函数，距离 s 、l ，以及波数 k_0，则可由式(6.1.52)确定反射系数 r。进一步通过式(6.1.53)、式(6.1.54)可计算出材料的吸声系数和法向声阻抗率：

$$\alpha = 1 - |r|^2 \tag{6.1.53}$$

$$z = \frac{1+r}{1-r}\rho c_0 \tag{6.1.54}$$

(2) 传声器失配修正。

采用双传声器法测量声学材料或声学结构的声学性能时，要求两个传声器及其输入通道具有完全相同的性能，否则会带来较大的测量误差。事实上，要求两个传声器及其通道特性完全相同是不可能的，因此，只有设法对传声器及通道特性进行修正(校准)，才能减小测量误差。双传声器法是通过两个传声器的互谱计算获得传递函数，因此，两传声器的相位或幅度失配必然导致计算误差。通过互换校准，取其几何平均，再将此值加到具有相同设置的传递函数上，就可有效地消除由传声器失配产生的误差。

校准时，测出标准位置的频响函数 H_{c1}，互换位置为 H_{c2}，可算出校准因数 H_{c}，即

$$H_{\mathrm{c}} = \sqrt{|H_{\mathrm{c1}}| \cdot |H_{\mathrm{c2}}|} \tag{6.1.55}$$

$$\varphi_{\mathrm{c}} = \frac{1}{2}(\varphi_1 + \varphi_2) \tag{6.1.56}$$

将校准因数“加”到任一个频响函数上，从而给出一个不受两个传声器失配影响的值。例如，在标准位置测得的频响函数为 $H = |H|e^{j\varphi}$，“加”上修正因数后，给出正确的频响函数 H_{12}，即

$$H_{12} = \frac{|H|}{|H_c|} \tag{6.1.57a}$$

$$\varphi_h = \varphi - \varphi_c \tag{6.1.57b}$$

然后，再用频响函数 H_{12} 来计算试件的声学特性。

(3) B&K4206 阻抗管声学材料测试系统。

B&K4206 阻抗管是一种用来测量材料声学性能的设备，其外部结构如图 6.1.7 所示，有大管、小管和中管三种不同的管径，其测量的频率范围有所不同。B&K4206 的主要部件是一个一端装有 80 mm 声源及频率计权单元的大测量管，其结构如图 6.1.8 所示。频率计权通过该端外部的开关控制。管上装有 3 个传声器插孔(夹)，相隔 50 mm，标有 1、2、3。插孔(夹)与带有前置放大器的1/4″ B&K4187 型传声器及哑元 DP0821 相配，大管另一端装有可调的带有安全扣的基座，可以与不同尺寸的测量管相互组合，实现不同频率范围的测量。

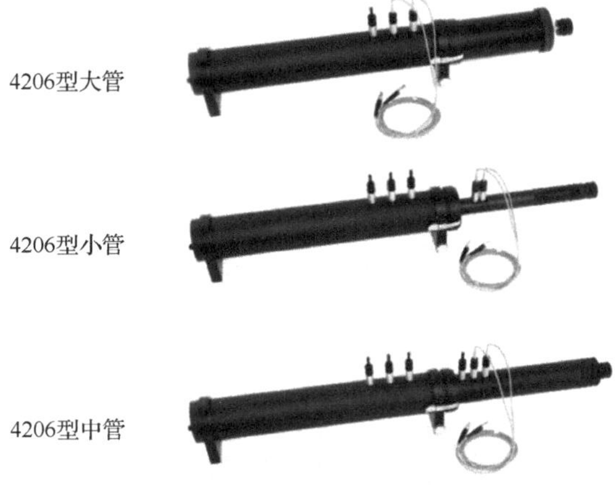

图 6.1.7　B&K4206 阻抗管外部结构

与该阻抗管相配的应用软件是 B&K PULSE 7758，通过使用 B&K4187 型双传声器测量 B&K4206 阻抗管内声源发出的白噪声的法向入射声和反射声，来计算吸声系数、反射系数(频率范围 50 Hz～6.4 kHz)。

管内噪声的反射成分由样品的声学特性决定。系统使用的 B&K4187 传声器及其放大器经过特别设计，符合严格的相位匹配要求，并采用 B&K3560C 数据采集系统输入模块的最后两个通道(也经过特别的设计，符合严格的相位匹配要

求)来测量。

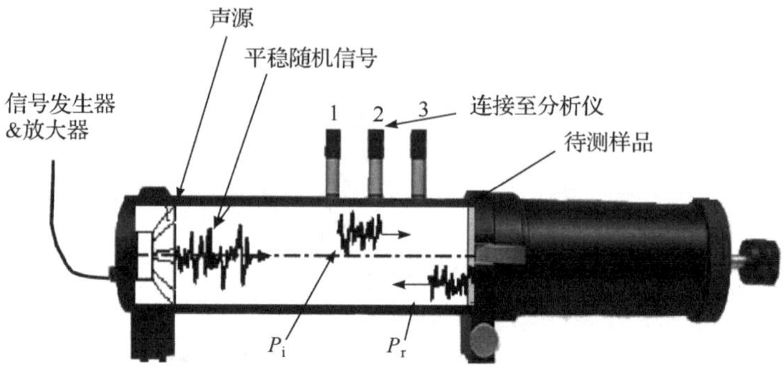

图 6.1.8　B&K4206 阻抗管内部结构图

使用该系统时应该注意以下几点。

A. 测量时，对 B&K4206 中不使用的空洞(holder)要插入哑元进行密封，在取出 B&K4187 传声器前要松开卡紧螺母，再重新插入后要锁上螺母。

B. 声源输入端的频域加权模拟滤波器选项："高通"适用于小管进行的高频测量；"低通"适用于大管(大间距)进行的低于 100 Hz 以下的频率测量；"线性"适用于大管测量。

C. 测试样品制作要求：大管内样品直径 100 mm；中管内样品直径 63.5 mm；小管内样品直径 29 mm；样品表面尽量保证是一个平面，不要太松而与管内径形成间隙，也不要太紧而压迫样品的中心；如果不能保持表面为平面，可以截取材料的两块典型表面进行两次测量取平均。样品的背面最好也是平面，否则可以在推杆和样品背面中间填充橡皮泥，这样两者之间就没有间隙。

有三种标准的配置方案对应不同频率范围的测量，如图 6.1.9 所示。

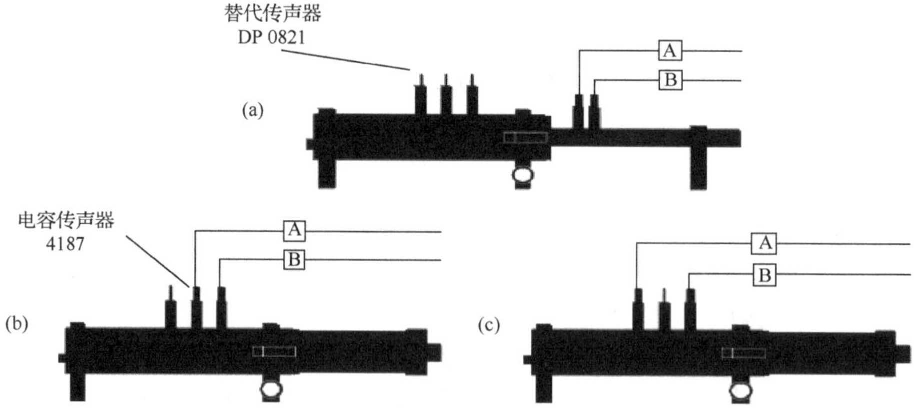

图 6.1.9　B&K4206 阻抗管组合

(a)小管；(b)大管(窄间距)；(c)大管(宽间距)

用 B&K4206 阻抗管完成声学材料声学性能测试，项目过程如下所述。

A. 根据测量频率范围选择不同大小的管径。

在 PULSE 项目中选择合适的管件，原则是：小管为 500 Hz～6.4 kHz；大管为 50 Hz～1.6 kHz，在 100 Hz 以下能给出更准确的结果。大管、小管适用于 ISO 10534-2 标准，中管适用于美国材料与试验协会(ASTM)标准；延长管主要用于测试较厚的材料。

B. 在 Measurment 栏输入合适的频率范围，在 Front End 栏中单击 Connect Signal，对输入通道进行正确配置。

C. 对使用 Random 信号激励声场的 FFT 分析，建议取较细的频谱分辨率，这样可以增大 FFT 分析的数据块长度。

D. 建议选择 100 次以上的线性平均以提高信噪比。

E. 通道校准(每次必须执行，只在使用同一 PULSE 项目、同一序列号传声器、同一管子时可以跳过)，取出 B&K4187 传声器对，使用 B&K4231 校准器，进行常规的幅值增益校准。

F. 信噪比测量。

分别选择背景噪声测量和信号测量(建议按照先背景噪声后信号的顺序进行)，系统将自动计算信噪比，如果在测量完成后没有警告出现，即可继续下一步，在测量时，建议选择 Autorange 自动定量程以避免发生过载。

G. 传递函数修正。

分别选择互换传声器位置测量和正常传声器位置测量(建议按先互换、后常规的顺序进行)，系统将自动完成修正(两次测量的传递函数作几何平均)。如果测量完成后没有警告出现则可继续下一步(在分析频率范围高达 6.4 kHz 时，一般幅值误差均能满足容限差，但是可能出现相位误差超出容限值，这时可以返回第一步的设置栏，调大相位误差容限)，在测量时，一般选择 Autorange 自动定量程。

H. 样品测量。

在 Add New Measurment 中添加测量次数和样品名称，然后单击 Add 加入添加信息，之后即可在 Measurment Control 栏中选中某个，单击 Start 进行测量。

I. 后处理。

在 Average 栏可以按照管的类型，输入平均后希望出现的名称，选择某几次测量结果，单击 Average 进行平均。

在 Combine 栏可以组合大管和小管的测量数据后单击 Combine 进行组合(注意：Tube low 表示测量低频范围——大管，Tube high 表示测量高频范围——小管，不可以颠倒顺序)。

在 Extract 栏可以按照管的类型，从 FFT 频响法测量结果中合成 $1/n$ 倍频程方式的结果。

最后在 Result 栏，在希望显示的函数名称前打钩，显示图形(注意：如果没有数据在图形上显示，可以在图形中央单击右键，选择属性，在 Function 页，选择 Result 函数组，在组中单击要显示的函数，-c 表示数据经过大小管的组合，-e 表示数据是从 FFT 线性谱合成为 1/*n* 倍频程方式)。

J. 报告存储。

注意，在 Excel 表格的左下角的多表格选项中存有各个函数结果。

3. 水声管法

以上的单传声器法和双传声器法多应用于测量空气中声学吸声材料的特性，而为了测量水中声学吸声材料则采用水声管法，也称为脉冲管法。所谓水声管法(脉冲管法)，就是位于水声管底部的换能器向水声管中发射正弦波脉冲，被位于水声管中的水声材料样品反射和透射。其中样品反射波再由同一换能器或水听器接收，样品的透射波在脉冲管末端被声学刚性 (或声学柔性)标准反射体反射，第二次透过样品，被同一换能器或水听器接收。通过该方法可以有效分离反射波和透射波，结合测出的入射波就可算出材料法向入射的水中声学特性。

1) 测量装置

水声材料声学性能脉冲管测量系统如图 6.1.10 所示，系统由脉冲管、收发合置换能器、标准反射体和电子仪器组成。有的系统还包括调节声管内部水温和水压的辅助系统，以及声管盖子开启密封的机电机构。为确保测量结果的准确性，以上各装置须满足以下条件。

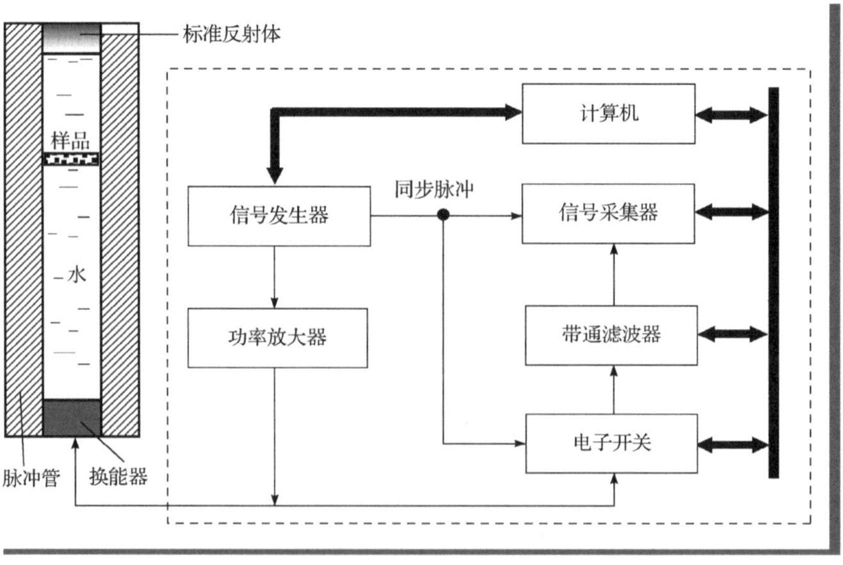

图 6.1.10　水声材料声学性能脉冲管测量系统图

(1) 脉冲管一般为厚壁不锈钢充水圆管，壁厚不小于管的内半径，高度 5～10 m 不等，垂直放置。脉冲管的内半径由测量频率上限决定，有效长度(H)由测量频率下限决定。

(2) 换能器应采用平面活塞型发射换能器，可采用同一换能器或另一水听器接收回波。在变温变压测量条件下，应具有良好的温度稳定性及压力稳定性。同时换能器的安装应避免与脉冲管壳体的振动耦合。

(3) 标准反射体分为声学柔性标准反射体(反射系数 R 近似为 1，相位180°)和声学刚性标准反射体(反射系数 R 近似为 1，相位 0°)，常压下声学柔性标准反射体一般为管端的水与空气界面，高静水压下一般使用氮气；而声学刚性标准反射体常压和高静水压下均可采用不锈钢圆柱，其厚度满足测量中心频率为 f_0 时对应声波在不锈钢圆柱中波长的四分之一。对于在脉冲管中测量声压反射系数、声压透射系数和吸声系数的样品，应制成圆柱形，圆柱度应不大于 0.1 mm，样品与脉冲管内壁的间隙应不大于 0.3 mm，同时保持样品端面平整，平面度应不大于 0.5 mm。而对于在管口测量声压反射系数和吸声系数的样品则要求形状为轴对称结构，样品末端与脉冲管内壁的间隙应不大于 0.3 mm；样品末端表面平面度同样应不大于 0.5 mm；采用声学柔性标准反射体时，样品末端和水面的间距应不超过 1 mm。

2) 测量频率范围

脉冲管测量频率上限的计算方法如下所述。

测量频率上限 f_2 与脉冲管内径 a 有关，取决于在脉冲管内径传播平面波的条件，由下式表示：

$$f_2 = \frac{1.84c_{\mathrm{w}}}{2\pi a} \tag{6.1.58}$$

当换能器表面的振速分布中心对称时，测量频率上限 f_2 可提高，由下式表示：

$$f_2 = \frac{3.83c_{\mathrm{w}}}{2\pi a} \tag{6.1.59}$$

脉冲管测量频率下限的计算方法如下所述。

测量频率下限 f_1 与脉冲管的有效长度 H 有关，应避免脉冲管内发射脉冲与样品反射、透射脉冲声信号的相互叠加干扰，还应避免与样品和换能器表面声信号的多次反射叠加。安装时，样品应位于距脉冲管水面的 1/3 深处，脉冲宽度满足下式：

$$\tau \leqslant \frac{2H}{3c_{\mathrm{w}}} \tag{6.1.60}$$

测量频率下限 f_1 还与换能器的品质因数 Q 值有关，取决于在脉冲管内传播稳态正弦波的条件，若要求脉冲声波中至少有 K 个稳态波个数，则脉冲宽度 τ 应满足下式规定的条件：

$$\tau \geqslant \frac{Q}{f_r} + \frac{K}{f} \tag{6.1.61}$$

测量下限频率 f_1 按下式计算：

$$f_1 = \frac{3Kc_w f_r}{2Hf_r - 3Qc_w} \tag{6.1.62}$$

3) 测量方法

首先，在脉冲管内充满蒸馏水，首次注水或换水后应稳定至 48h，使脉冲管管壁与水介质充分浸润，达到温度平衡。测量开始前应清除脉冲管内存在的气泡，并记录其中水介质的温度。对于样品及标准反射体，应清洗擦拭干净，并放入水中浸泡至 24h 使样品表面充分浸润；放入脉冲管前须多次测量样品厚度与高度，记录平均值；最终样品及标准反射体放入脉冲管内时，应避免带入气泡，至少等待 5 min，使样品与水介质之间达到温度平衡后方可开始测量。

测量开始，位于脉冲管一端的换能器向脉冲管中发射某个频率的正弦脉冲声波，收发合置换能器(或水听器)先后接收样品的反射声波和经脉冲管另一端标准反射体反射的样品二次透射声波；在测量频率点上，管中先未放样品，用信号采集器记录与标准反射体反射声脉冲相对应的电信号，经离散傅里叶变换(DFT)处理后得到信号电压幅值 A_i，也可用数字示波器读出与标准反射体反射声脉冲相对应的信号电压幅值 A_i；在测量频率和装置状态不变的情况下，管中放入样品，用同样的信号处理方法测出与样品反射声脉冲相对应的信号电压幅值 A_r 和与样品透射脉冲相对应的信号电压幅值 A_t；也可用数字示波器读出 A_r 和 A_t。

最终，按式(6.1.63)和式(6.1.64)分别计算得到样品的声压反射系数 R 和声压透射系数 T，按式(6.1.65)和式(6.1.66)分别计算得到样品的回声降低 ER 和插入损失 IL，按式(6.1.67)计算得到吸声系数 α。

$$R = A_r / A_i \tag{6.1.63}$$

$$T = (A_t / A_i)^{\frac{1}{2}} \tag{6.1.64}$$

$$\mathrm{ER} = 20\lg\frac{1}{R} \tag{6.1.65}$$

$$\mathrm{IL} = 20\lg\frac{1}{T} \tag{6.1.66}$$

$$\alpha = 1 - R^2 - T^2 \tag{6.1.67}$$

6.1.2 斜入射法

在 6.1.1 节中曾提到过，如果吸声材料是“局部反应”的材料，则由驻波管法测得的垂直吸声系数，可以转换成无规入射的吸声系数。所谓“局部反应”的材料是指该材料的法向声阻抗率与声波的入射方向无关。而事实上有些吸声材料不是“局部反应”的，其法向声阻抗率与声波的入射角度有关。因此吸声材料法向声阻抗率与声波入射角的关系引起了人们的注意。测量声波斜入射时材料的吸声系数和法向声阻抗率，大致可分三类方法：①自由声场方法；②声波导管法；③传播特性方法。下面就自由声场方法和声波导管法分别加以介绍。

1. 自由声场法

1) 双传声器法测量斜入射吸声系数[23]

声学材料的反射系数与材料的比声阻抗有关系。已知声波入射角为 θ ，比声阻抗为 z ，则声压反射系数为

$$R(\theta)=\frac{z\cos\theta-1}{z\cos\theta+1} \tag{6.1.68}$$

其中，比声阻抗为声阻抗率除介质特性阻抗，而声阻抗率等于材料表面声压除以介质法向质点振速，即

$$Z=\frac{z}{\rho_0c_0}=\frac{1}{\rho_0c_0}\frac{p}{v_n} \tag{6.1.69}$$

求得声压反射系数后，即可计算出材料的吸声系数，有

$$\alpha(\theta)=1-|R(\theta)|^2 \tag{6.1.70}$$

因此，只要求得比声阻抗，就可得到吸声系数，而比声阻抗可以用双传声器法测量，这就是双传声器法测量斜入射吸声系数的基本思路。

假定有两传声器 A、B，其间距为 $2d$，两传声器连线垂直于材料表面，连线中点与材料表面距离为 h(图 6.1.11)。在频域，如果传声器 A、B 的输出信号分别为 $p_{\mathrm{A}}(f)$、$p_{\mathrm{B}}(f)$ ，那么两传声器连线中点处的声压和质点振速可近似为

$$p(f)=\left[p_{\mathrm{A}}(f)+p_{\mathrm{B}}(f)\right]/2 \tag{6.1.71}$$

$$V(f)=(1/(\mathrm{j}2\omega\rho_0 d))[p_{\mathrm{A}}(f)-p_{\mathrm{B}}(f)] \tag{6.1.72}$$

于是，我们就可通过 $p_{\mathrm{A}}(f)$、$p_{\mathrm{B}}(f)$ 得到比声阻抗，有

$$z=\frac{\mathrm{j}\omega d}{c_0}\frac{G_{\mathrm{AA}}-G_{\mathrm{BB}}+\mathrm{j}2\,\mathrm{Im}(G_{\mathrm{AB}})}{G_{\mathrm{AA}}+G_{\mathrm{BB}}-2\,\mathrm{Re}(G_{\mathrm{AB}})} \tag{6.1.73}$$

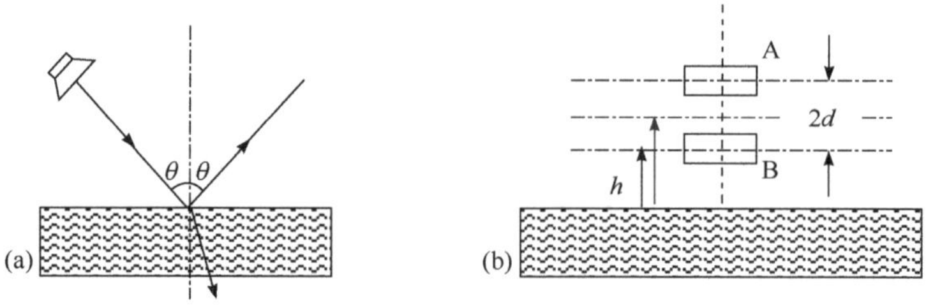

图 6.1.11　双传声器法测量斜入射吸声系数示意图
(a) 斜入射声波；(b) 传声器布放

其中，G_{AA}、G_{BB}、G_{AB}分别为$p_A(f)$的自功率谱、$p_B(f)$的自功率谱，以及$p_A(f)$和$p_B(f)$的互功率谱。

双传声器法测量斜入射吸声系数的具体步骤是：①测量G_{AA}、G_{BB}、G_{AB}；②根据式(6.1.73)计算比声阻抗；③根据式(6.1.68)和式(6.1.70)计算斜入射吸声系数。

从上述过程可以看出，该方法固有的误差来源主要是两传声器的有限间距和测量$p_A(f)$、$p_B(f)$两通道的相位失配。实际中，$p_A(f)$、$p_B(f)$的测量一般采用声强探头，G_{AA}、G_{BB}、G_{AB}的计算采用专门的频谱分析仪，其相位失配可控制在最小范围内。而双传声器间距、双传声器与材料表面距离等参数对测量结果的影响也必须弄清楚。

2) 各参数对测量结果的影响

假定入射声波为平面波，入射角为θ，材料声压反射系数的准确值为R_E ($R_E=|R_E|e^{j\phi}$)，那么从式(6.1.73)可得到比声阻抗的准确值为

$$z_E=\frac{1}{\cos\theta}\frac{1+R_E}{1-R_E} \tag{6.1.74}$$

在距材料表面x处，其声压表达式为

$$p(x)=P_0[e^{j(\omega t-kx\cos\theta)}+R_E e^{j(\omega t+kx\cos\theta)}] \tag{6.1.75}$$

其中，P_0为入射声波振幅。传声器 A、B 离材料表面的距离分别为$h-d$和$h+d$。从式(6.1.75)可推导出

$$G_{AA}=P_0^2\left\{1+|R_E|^2+2|R_E|\cos\left[2k(h-d)\cos\theta+\phi\right]\right\} \tag{6.1.76a}$$

$$G_{BB}=P_0^2\left\{1+|R_E|^2+2|R_E|\cos\left[2k(h+d)\cos\theta+\phi\right]\right\} \tag{6.1.76b}$$

$$G_{AB}=P_0^2[e^{-j2kd\cos\theta}+|R_E|e^{j2kd\cos\theta}+2|R_E|\cos(2kh\cos\theta+\phi)] \tag{6.1.76c}$$

将以上三式代入式(6.1.73)，可得到双传声器法测得的比声阻抗，有

$$z_M=C\frac{1-|R_E|^2+j2|R_E|\sin(2kh\cos\theta+\phi)}{1+|R_E|^2-2|R_E|\cos(2kh\cos\theta+\phi)} \tag{6.1.77}$$

其中，

$$C = kd\frac{\sin(2kd\cos\theta)}{1-\cos(2kd\cos\theta)} \tag{6.1.78}$$

如果 $kd\cos\theta \to 0$，也就是 $d\cos\theta \ll \lambda$ (最高频率成分声波波长)，则有

$$\sin(2kd\cos\theta) \approx 2kd\cos\theta$$

$$\cos(2kd\cos\theta) \approx 1-\frac{1}{2}(2kd\cos\theta)^2 = 1-2(kd\cos\theta)^2 \tag{6.1.79}$$

将式(6.1.79)代入式(6.1.77)，有

$$z_{\mathrm{M}} = \frac{1}{\cos\theta}\frac{1-|R_{\mathrm{E}}|^2 + \mathrm{j}2|R_{\mathrm{E}}|\sin(2kh\cos\theta+\phi)}{1+|R_{\mathrm{E}}|^2 - 2|R_{\mathrm{E}}|\cos(2kh\cos\theta+\phi)} \tag{6.1.80}$$

这就是说，如双传声器间距远小于入射声波最高频率成分所对应的声波波长，则间距 $2d$ 对测量结果的影响就可忽略。式(6.1.80)进一步整理，有

$$z_{\mathrm{M}} = \frac{1}{\cos\theta}\frac{(1+R_{\mathrm{E}}\mathrm{e}^{\mathrm{j}2kh\cos\theta})(1-R_{\mathrm{E}}^*\mathrm{e}^{-\mathrm{j}2kh\cos\theta})}{(1-R_{\mathrm{E}}\mathrm{e}^{\mathrm{j}2kh\cos\theta})(1-R_{\mathrm{E}}^*\mathrm{e}^{-\mathrm{j}2kh\cos\theta})} = \frac{1}{\cos\theta}\frac{(1+R_{\mathrm{E}}\mathrm{e}^{\mathrm{j}2kh\cos\theta})}{(1-R_{\mathrm{E}}\mathrm{e}^{\mathrm{j}2kh\cos\theta})} \tag{6.1.81}$$

比较式(6.1.81)和式(6.1.74)可看出，即使忽略间距 $2d$ 的影响，由于传声器与材料表面有一定间距，比声阻抗的测量值与其准确值也是有差别的。将式(6.1.81)代入式(6.1.80)，得到声压反射系数的测量值为

$$R_{\mathrm{M}} = R_{\mathrm{E}}\mathrm{e}^{\mathrm{j}2kh\cos\theta} \tag{6.1.82}$$

由此可得到吸声系数的测量值为

$$\begin{aligned}\alpha_{\mathrm{M}} &= 1-|R_{\mathrm{M}}|^2 = 1-\left|R_{\mathrm{E}}\mathrm{e}^{\mathrm{j}2kh\cos\theta}\right|^2 \\ &= 1-|R_{\mathrm{E}}|^2 = \alpha_{\mathrm{E}}\end{aligned} \tag{6.1.83}$$

以上两式说明，由于双传声器与材料表面有一段距离，测量值中声压反射系数与真实值之间有相位偏差，但吸声系数的测量值没有影响。但 h 也不能任意取，因为材料面积有限，h 大到一定程度，材料边缘效应将影响测量结果。

总体上讲，自由声场双传声器法测量斜入射吸声系数，在低频范围内较精确；双传声器与材料表面的距离对测量吸声系数没有影响；用双传声器法测量斜入射吸声系数，所需材料面积在 1m^2 左右即可。

2. 声波导管法

1) 基本原理

我们知道，当声源的频率大于 (n_x, n_y) 型波的截止频率时，(n_x, n_y) 型波就能

在管中传播；相反，当 $f < f_{n_x,n_y}$ 时，(n_x,n_y) 型波就会衰减掉，不能远距离地传播。对平面波而言，其截止频率为零，所以平面波在管中总是能传播的。在进行斜入射测量时，我们所需要的只是某一个方向入射的平面波。从理论上可证明，对任一个 $(n_x,0)$ 型的高次波，总可以将它分解为两组倾斜入射的平面波，它与壁面交角(即入射角)为 $\cos\theta = \lambda_0/\lambda_n$，式中 λ_0 和 λ_n 相应为平面波和高次波的波长。因此，假如能设法获得一单纯的某种高次波 $(n_x,0)$，那么只要改变声源频率就可在管中得到各种方向入射的声波，如在管的一端放置吸声材料，则根据管中驻波图形就可以求出各种不同入射角度的材料吸声系数和法向声阻抗率[1]。

2) 获得单纯 $(n_x,0)$ 高次波的方法

设有一矩形截面的管道，XY 方向的尺寸分别为 l_x 和 l_y，如果 $l_y \ll l_x$，则只有前面几个 $(n_x,0)$ 波能在管中传播，取管道截面的一个角落为坐标原点，有

$$p = \sum P_{n_x,0} \cos\left(\frac{n_x \pi}{2l_x}\right) \mathrm{e}^{\mathrm{j}(\omega t - \beta_{n_x,0} z)} \tag{6.1.84}$$

若要使管中只有一种振动方式的波存在，则必须使式(6.1.84)右端级数中只保留一项，而使其他的 $P_{n_x,0}$ 都为零。只要适当地安排声源，并调节它们的振幅和位相，就可以获得所需要的单纯高次波。

由于(1,0)型高次波在 x=0 处有一节面，而(2,0)型波在 $x = \pm(l_x/2)$ 处各有一节面，因此只要通过探管测量沿管轴 x=0(当 $f_{1,0} < f < f_{2,0}$)及 $x = \pm(l_x/2)$ (当 $f_{2,0} < f < f_{3,0}$)处的声压是否为零，即可决定管中是否只剩下相应的(1,0)和(2,0)型波。

3) 吸声材料法向声阻抗率的计算

设在管的一端 z=0 处，放一法向声阻抗率为 Z_s 的吸声材料，另一端置声源。若忽略管子本身对声波的衰减，且假设吸声材料是完全均匀的，则对 $(n_x,0)$ 型波而言，有

$$|p| = 2p_{n_x,0}^{+} \mathrm{e}^{-\psi_1} \cos\left(\frac{n\pi}{2l_x} x\right) \times \left[\cosh^2 \psi_1 - \cos^2(\psi_2 - \beta_n z)\right]^{1/2} \tag{6.1.85}$$

从式(6.1.85)可求得

$$|p|_{\max} = 2p_{n_x,0}^{+} \mathrm{e}^{-\psi_1} \cos\left(\frac{n\pi}{2l_x} x\right) \cosh\psi_1 \tag{6.1.86}$$

$$|p|_{\min} = 2p_{n_x,0}^{+} \mathrm{e}^{-\psi_1} \cos\left(\frac{n\pi}{2l_x} x\right) \sinh\psi_1 \tag{6.1.87}$$

同样规定驻波比为 G，则由式(6.1.86)和式(6.1.87)可得

$$G=\frac{|p|_{\min}}{|p|_{\max}}=\tanh\psi_1$$

令第一个 $|p|_{\min}$ 离开材料表面(z=0)的距离为 d_1，$\psi_2=\pi+\beta_n d_1$，于是由式(6.1.85)可求得 Z_s 的实部

$$R_s=\frac{\omega\rho_0}{\beta_n}\frac{G[1+\tan^2(\beta_n d_1)]}{1+G^2\tan^2(\beta_n d_1)} \tag{6.1.88}$$

以及 Z_s 的虚部

$$X_s=\frac{\omega\rho_0}{\beta_n}\frac{(1-G^2)\tan(\beta_n d_1)}{1+G^2\tan^2(\beta_n d_1)} \tag{6.1.89}$$

4) 仪器装置及测量方法

通常都是采用管道中的(1,0)、(2,0)型波测量材料的斜入射的法向声阻抗率，仪器装置如图 6.1.12 所示。声波导管为一宽 20 cm、高 5 cm、长 150 cm 的矩形铁管，它所产生高次波(1,0)、(2,0)谐波的频率范围为 850～2550 Hz(其中一次波是 850～1700 Hz，二次波是 1700～2550 Hz)而入射角可由 30°变到 80°。图中 S 为被测材料，在管子的另一端设置三个声源孔，它由三只高音喇叭经橡皮管耦合到声源孔，其中一根管子的长度是可以调节的。a、b、c、d、e 为五根探管，c 管在中心，a、e 两根靠近两侧壁面处，b、d 两根各位于 $\pm(l_x/2)$ 处。它们都可通过活动橡皮管与传声器 M 相连接。N 为传声器滑车，它可以在有刻度的架子上移动，以决定声压的极大值和极小值的位置。如果是采用(1，0)型波，则仅用边上两个声源，同时将探管 c 与 M 相接，如果被测量样品结构均匀且安装对称，则按理论值分别调节声源输出强度及相移，可使中间探管沿整个管轴接收到的声压为零。然后将 M 接至 a 或 e，测量声压极大值与极小值以及第一极小值位置与

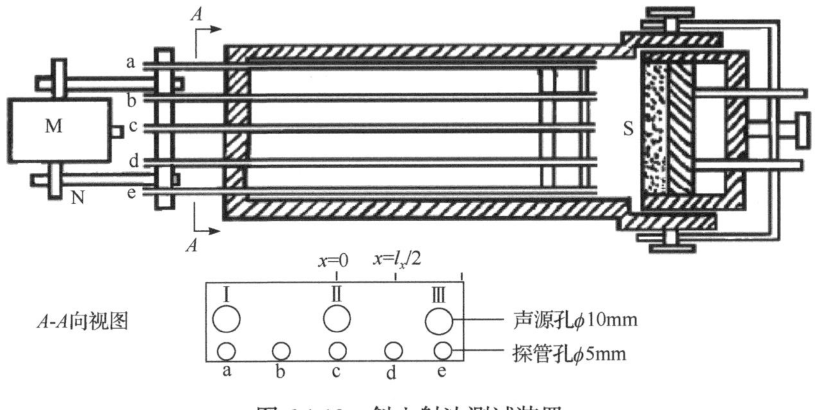

图 6.1.12　斜入射法测试装置

材料之间的距离。如果所用的材料不均匀或样品不对称，往往不能使中间探管接收到的声压调到零，此时单开声源Ⅰ或Ⅲ，探管测出的平面波是不对称的，并且极大和极小位置有了偏移。图 6.1.13(a)为样品对称均匀时，图 6.1.13(b)为样品不对称均匀时，单开声源Ⅰ或Ⅲ时，中间管测得声压随距离的变化，所以在实验时必须选择均匀的样品，同时也要细心地安装。

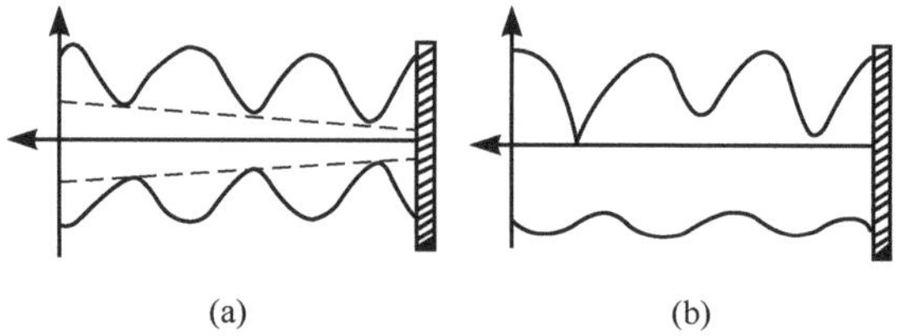

图 6.1.13　样品的均匀性对中间轴线上声压的影响
(a) 样品对称均匀；(b) 样品不对称均匀

调节二次波(2,0)型波时，需调节声源Ⅰ、Ⅲ的振幅相位皆相同，然而声源Ⅱ之振幅为Ⅰ、Ⅲ之和，而相位恰好相反。这时如果声源Ⅰ和Ⅲ用两个独立的声源供给，则要满足以上要求，调节起来是非常困难的。解决的办法可采用一个声源通过两根橡皮管与孔Ⅰ、Ⅲ耦合(用调节橡皮管之长短作为相位的细调节)，采用此方法后可很容易地将Ⅰ、Ⅲ的声压调到大小相位皆相同。这样Ⅰ、Ⅲ组声源各自激发的一次波互相干涉。而声源Ⅱ是处于管之正中间点上，该点正好处于(1,0)型波的波节处，因此也不能激发(1,0)型波，所以只要调节声源Ⅱ之相位使其与声源Ⅰ、Ⅲ相反，调节其振幅恰好等于Ⅰ、Ⅲ之和，即可消去平面波。

5) 频率及入射角的限制

对于一定类型的简正振动，其频率受限于管子的口径，除了在低频时高次波无法在管中传播，因而频率有一低限外，对于高频而言，由于激发的高次波很多，要设法从其中分离出一个单纯的高次波在技术上有很大的困难，因此能测定的频率亦有一高限。

另外利用波导管法的一个缺点是对同一频率不能获得不同角度的入射。克服的办法是将波导管的宽度做成可变的。

6.1.3　混响室法

1. 常规混响室法

随着声源的启动，封闭空间内就将产生混响声；而声源一停止工作，混响声就逐渐衰减。通常用混响时间作为描述这一现象的主要参量。混响时间的定义是在声源停止工作后，声级衰减 60 dB 所需的时间。计算混响时间的公式为

$$T_{60} = 0.161\frac{V}{S\overline{\alpha} + 4mV} \tag{6.1.90}$$

上式称为修正的赛宾公式。式中，$\overline{\alpha}$ 为房间的平均吸声系数；S 和 V 分别为封闭空间内部表面积和体积；m 为空气的声强吸声系数。一般说来，当频率低于 1 kHz 时，空气介质的吸收可以忽略不计。令房间的吸声量 $A = S\overline{\alpha}$ ，则式(6.1.90)可表示为

$$A = \frac{55.3V}{c_0 T} - 4mV \tag{6.1.91}$$

混响时间的长短显然与房间的吸声本领及其体积有关，因为前者决定了每次反射所吸收的声能，后者决定了每秒钟声波的反射次数。所以在房间大小固定后，混响时间只与房间对声音的吸收本领有关，故吸声材料或吸声物体的吸声系数可在混响室里通过对混响时间的测量来得到。

1) 测试装置及方法

测试混响时间的装置如图 6.1.14 所示。接通电源后，信号发生器使混响室内扬声器激发较多的简正振动方式，使室内建立的稳态声场尽量接近于扩散声场，建立稳态声场所需的时间大致与混响时间相同。然后很快关闭信号源，传声器输出信号的衰减曲线可由电平记录仪记录，根据电平记录仪的纸速即可算出混响时间，或用信号分析仪采集数据，由衰减曲线计算出混响时间。

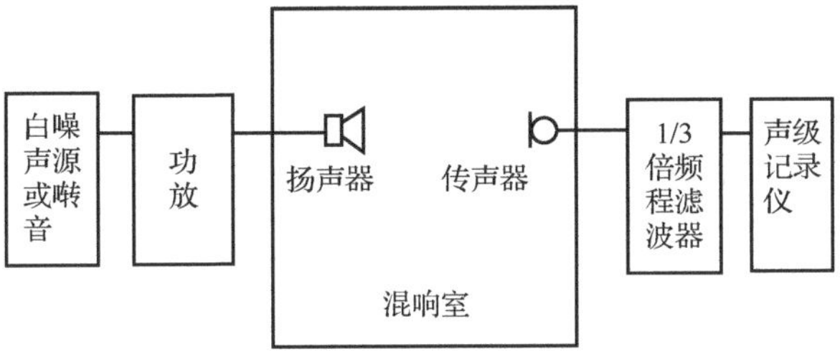

图 6.1.14　混响时间的测试装置

测试方法。开始时，先测出空室中某频率时的混响时间 T_1，然后放进被测的吸声材料，再测出各相应频率时混响时间 T_2，则根据式(6.1.91)可推导出

$$A_2 - A_1 = 55.3V\left(\frac{1}{c_2 T_2} - \frac{1}{c_1 T_1}\right) - 4(m_2 - m_1)V \tag{6.1.92}$$

式中，V 为混响室的体积；c_2、c_1 为两次测量时的声速；m_2、m_1 为两次测量时的声强吸收系数。如果两次测量时室内温度及湿度相差很小，则 $c_2 \approx c_1 = c_0$ ，$m_2 \approx m_1$ ，于是式(6.1.92)可简化成

$$\Delta A = A_2 - A_1 = \frac{55.3V}{c_0}\left(\frac{1}{T_2} - \frac{1}{T_1}\right) \tag{6.1.93}$$

另外，若试件是安装在房间的地板、墙壁或天花板上的平面吸声体，而其面积与整个混响室表面积相比很小，再考虑到试件覆盖的那部分壁面的吸声系数很小，则有

$$\Delta A = \alpha_{\mathrm{s}} \cdot S_1 \tag{6.1.94}$$

式中，α_{s}为试件的无规入射的吸声系数；S_1为被测试件的面积。于是根据式(6.1.94)即可求出试件的无规入射吸声系数。

当试件为不良吸声体的情况下，可以认为ΔA实际上是实验材料的等效吸声面积与被试件覆盖那部分面积的等效吸收面积之差。于是，式(6.1.94)需改写为

$$\alpha_{\mathrm{s}} = \frac{\Delta A}{S_1} + \alpha_{\mathrm{s}_1} \tag{6.1.95}$$

式中，α_{s_1}是被试件覆盖那部分壁面面积的吸声系数。这个量只能非常粗略地由空混响室的混响时间T_1的估计值求出。

2) 对测量设备的要求

(1) 声场的产生。

混响室内的声场由扬声器产生。为使扬声器尽可能多地激发室内简正振动方式，一般使用两个直接辐射式扬声器分别置于两角隅并朝向主对角线方向。测试信号应当使用由1/3倍频程(至多为1/2倍频程)的滤波器限制的白噪声或用啭音，对啭音的要求是，在500 Hz以下频率啭音的频偏至少应为中心频率的±10%，调制频率约为6 Hz。在500 Hz以上频率，±50 Hz的频偏也就够了。

(2) 对接收系统的要求。

可以采用一个或几个无指向性的传声器接收，各个传声器间的距离至少相隔2 m，并且离任何墙壁或地板的距离要大于半个波长，离角隅距离要小于1/10波长。接收传声器放大器必须有足够大的信噪比，滤波器一般用1/3倍频程。

(3) 试件及安装。

大量的测量发现，在吸声材料的面积不大时，α_{s}的值会随着吸声材料面积的增加而减少，当面积达到一极限值后α_{s}的值就不变了。这一现象的原因是，吸声材料的边缘会散射声波而使吸收增加，故称之为边缘效应。因此有人认为，为了便于比较不同实验室的测量结果，应该使用极限面积测量，但一般说来极限面积都很大(几十平方米)，这就给测量带来很多困难。为此国际标准ISO/R 354作如下规定：

A. 待测材料的单块面积应在10～12m^2；

B. 试件面积应为矩形，宽对长之比应为 0.7～1，实验样品的边缘应当用宽度不超过 1 cm、厚度与试件厚度相等的反射面包着。

C. 由于较多的简正振动方式的声压在两个墙面的交界处为极大，故同一材料在交界处的吸声效果比在墙面中心处为大，所以规定试件应安置在使其离房间界面的任何边棱不小于 1 m 处。

2. 小型混响室法

常规混响室对试件的尺寸有着较为严格的要求，通常需要采用表面积为 10～12m^2 的标准试件在标准混响室中进行测量，但在部分行业(如汽车行业)中，其需要测量的通常为小型不规则试件，不能够满足标准混响室法测量所要求的标准试件大小。基于这种情况，美国汽车工程师学会提出了使用小型混响室来测量小型试件无规入射吸声系数的方法，即小型混响室(alpha-cabin)法。

小型混响室一般来说需要将容积控制在 6～25m^3，室内有若干个声源以及 4 个以上传声器，要求其功能满足小型混响室内声场为扩散声场，即室内各点的平均能量密度相等；室内各点从各方向来的平均能量流相等；到达某点的各波束间相位是无规的。

1) 测试装置及方法

混响时间的测试装置如图 6.1.15 所示。小型混响室法测量过程及方法与混响室法基本一致，需要注意的是，为减少室内特征频率的简并，小型混响室的长、宽、高一般满足一个比例关系，即 $1:2^{1/3}:4^{1/3}$。为保证小型混响室内声场更接近扩散声场，小型混响室的尺寸有着以下限制：

(1) 小型混响室内部任意两个面相互不平行；

(2) 小型混响室内任意两条棱的长度不相等；

(3) 小型混响室的最大限度满足 $l_{max}<1.9V^{1/3}$；

(4) 小型混响室内需安装扩散体来进一步趋近扩散声场。

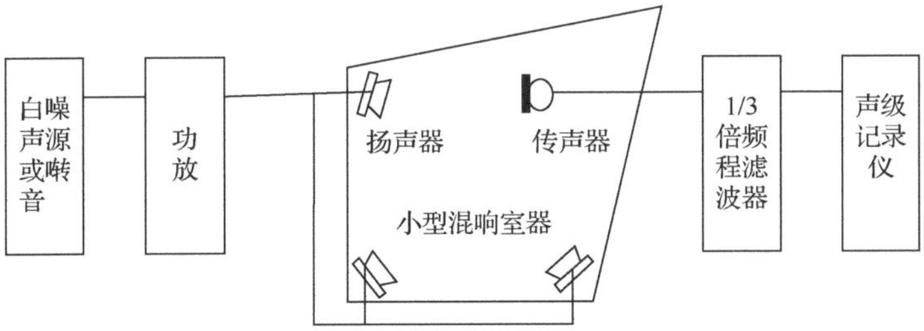

图 6.1.15　混响时间的测试装置

2) 对测量设备的要求

(1) 声场的产生。

声场的产生与常规混响室基本一致，声源应为一个或多个扬声器，最好为全向扬声器。若使用多个声源，则声源间距离至少为 1/4 波长。在有声源运行的房间内测量的声压级应至少比该房间在每个测量频带内的背景噪声高 45 dB。

(2) 对接收系统的要求。

用于测量的传声器应具备全指向性特征，在任何 1/3 倍频程频率范围和所测量的声压级内，其平坦随机入射振幅响应在±1 dB 范围内，该实验中应设置多个传声器位置进行测量。

(3) 试件及安装。

根据美国汽车工程师学会制定的标准 SAE J2883 2015 以及江苏省新材料产业协会制定的团体标准 T/JAMIA003—2023 规定：

A. 试件面积需控制在 $1\sim1.2\text{m}^3$，且不超过地板面积的 30%；

B. 测试测量试件应放置在地板上，避免与地板长度和宽度具有任何对称性，即样品的任何侧面均不得与房间的墙壁平行，试件的边缘应用框架进行密封，其框架本身不应有明显的吸声性能。

6.1.4　多孔材料参数测量

1. 多孔吸声材料模型[24]

多孔材料是声学材料的重要组成部分，主要功能在于吸收声波。多孔材料声学模型和吸声机理研究对噪声控制具有重要的借鉴价值。基于刚性框架假设，多孔吸声材料声学等效模型分为经验模型和唯象模型两种。经验模型是在取得了大量实验数据的基础上，用统计学方法对实验数据进行分析和总结而得出的；唯象模型的适用性更加广泛，基本囊括了所有多孔材料，如半/全开孔泡沫、纤维材料，以及金属/非金属多孔材料，更加深入地阐释了声波在多孔材料中传播的物理机理。

1) 经验模型

Delany 和 Bazley 测量了孔隙率接近 1 的纤维多孔材料的声学特性，发现了材料特性阻抗和传播常数是频率与流阻率比值的幂函数关系，通过测量材料特性阻抗和传播常数，获得了特性阻抗和传播常数的经验公式，由此建立的经验公式称为 D-B(Delany-Bazley)模型，其形式简单，准确地反映了频率和流阻率两个参数对多孔吸声材料声学特性的重要作用，是最常用的经验模型。D-B 模型的具体公式如下：

$$Z(f)=\rho_0 c_0\left[1+9.08\left(10^3\frac{f}{\sigma}\right)^{-0.75}-\mathrm{j}11.9\left(10^3\frac{f}{\sigma}\right)^{-0.73}\right] \tag{6.1.96}$$

$$\beta(f)=\frac{2\pi f}{c_0}\left[1+10.8\left(10^3\frac{f}{\sigma}\right)^{-0.70}-\mathrm{j}10.3\left(10^3\frac{f}{\sigma}\right)^{-0.59}\right] \tag{6.1.97}$$

式中，$Z(f)$为空气特性阻抗；$\beta(f)$为空气传播常数；j 为虚数单位，

2) 唯象模型

声波在多孔材料中传播时，摩擦和黏滞力的作用，使得相当一部分声能转化为热能，从而使声波衰减，以此获得良好的吸声效果。之所以与经验模型不同，唯象模型从微观上考虑了声波在材料孔隙和空腔中的传播。典型的唯象模型是JCA(Johnson-Champoux-Allard)模型，它被广泛运用。

JCA 模型通过引入孔隙率ϕ、流阻率σ、曲折度α_∞、黏性特征长度Λ、传热特征长度Λ'作为变量，将多孔材料作为等效流体模型进行计算，该模型提出的有效体积模量和有效密度表达式为

$$\rho_{\mathrm{eq}}(\omega)=\frac{\rho_0\alpha_\infty}{\phi}\left[1-\mathrm{i}\frac{\eta\phi}{\omega\hat{k}_0\rho_0\alpha_\infty}\sqrt{1+\mathrm{i}\frac{\omega\rho_0}{\eta}\left(\frac{2\alpha_\infty\hat{k}_0}{\phi\Lambda}\right)^2}\right] \tag{6.1.98}$$

$$K_{\mathrm{eq}}(\omega)=\frac{\varsigma P_0}{\phi}\Bigg/\left\{\varsigma-(\varsigma-1)\Bigg/\left[1-\mathrm{i}\frac{8\eta}{\omega\rho_0 Pr\Lambda'^2}\sqrt{1+\frac{\mathrm{i}\omega\rho_0 Pr}{\eta}\left(\frac{\Lambda'^2}{4}\right)^2}\right]\right\} \tag{6.1.99}$$

式中，ρ_0为空气静态密度；ςP_0为空气静态体积模量；ς为空气比热比；η为空气动态黏度系数；P_0 为环境气压；$Pr=\eta C_p/\kappa$为普朗特数，这里κ为空气导热系数，C_p为空气定压比热容；ω为入射声波角频率；ϕ为孔隙率；$\hat{k}_0$为黏性渗透率；α_∞为曲折度；Λ为黏性特征长度；Λ'为传热特征长度。

阻抗Z_{c}可以通过有效体积模量K_{eq}和有效密度ρ_{eq}得到，有

$$Z_{\mathrm{c}}=\sqrt{\rho_{\mathrm{eq}}K_{\mathrm{eq}}} \tag{6.1.100}$$

表面阻抗Z_{s}为

$$Z_{\mathrm{s}}=-\mathrm{j}\frac{Z_{\mathrm{c}}}{\phi}\cot\left(K_{\mathrm{eq}}d\right) \tag{6.1.101}$$

则吸声系数α为

$$\alpha=1-\left|\frac{Z_{\mathrm{s}}-Z_{\mathrm{air}}}{Z_{\mathrm{s}}+Z_{\mathrm{air}}}\right|^2 \tag{6.1.102}$$

式中，d 为材料厚度；Z_{air} 为空气特性阻抗；j 为虚数单位，$\mathrm{j}^2=-1$。

由此可见，通过分别考虑多孔材料骨架与其间空气在低频极限($f\to 0$)下的黏性和传热相互作用，以及在高频极限($f\to\infty$)下的惯性作用，空气静态密度和体积模量可拓展为随频率变化的等效密度和体积模量。具体而言，黏性渗透率用来衡量黏性流流过多孔材料的困难程度，其与静流阻呈反比关系。曲折度代表非黏性流流过周期单元的无序程度；黏性和传热特征长度分别描述中频和高频的黏性和传热作用，分别代表周期单元孔隙中较窄和较宽部分的水力半径。

实际上，在 JCA 模型中，传热渗透率 $\hat{k}_0'$ 是通过近似关系式 $\hat{k}_0'=\phi\Lambda'^2/8$ 求得的，它描述了低频极限下多孔材料骨架和其间空气之间的热量交换强度。而在 JCAL(Johnson-Champoux-Allard-Lafarge)模型中，则在等效体积模量中引入了确切的 $\hat{k}_0'$，如式(6.1.104)所示，等效密度则保持不变。

$$\rho_{\mathrm{eq}}(\omega)=\frac{\rho_0\alpha_\infty}{\phi}\left[1-\mathrm{i}\frac{\eta\phi}{\omega\hat{k}_0\rho_0\alpha_\infty}\sqrt{1+\mathrm{i}\frac{\omega\rho_0}{\eta}\left(\frac{2\alpha_\infty\hat{k}_0}{\phi\Lambda}\right)^2}\right] \tag{6.1.103}$$

$$K_{\mathrm{eq}}(\omega)=\frac{\varsigma P_0}{\phi}\Bigg/\left\{\varsigma-(\varsigma-1)\Bigg/\left[1-\mathrm{i}\frac{\phi\kappa}{\hat{k}_0'C_p\rho_0\omega}\sqrt{1+i\frac{4\hat{k}_0'^2C_p\rho_0\omega}{\kappa\Lambda'^2\phi^2}}\right]\right\} \tag{6.1.104}$$

2. *多孔吸声材料输运参数实验测量*

JCA 模型的输入系数都可以通过实验测量得到，以下介绍其输运参数的实验测量方式。

1) 流阻率

流阻是指空气在通过多孔吸声材料时受到的阻力，即在稳定气流下，当体积速度为 U 的空气通过表面积为 A 的多孔吸声材料时，会在材料两边形成一个静压差 Δp，流阻即为压差与气流体积速度的比值(图 6.1.16)；比流阻是指多孔吸声材料两端的压差与通过材料的气流线速度之比；流阻率是指比流阻与多孔吸声材料厚度之比。它们的公式分别表示如下：

$$R_{\mathrm{f}}=\frac{\Delta p}{U} \tag{6.1.105}$$

$$R_{\mathrm{s}}=\frac{\Delta p}{u}=\frac{\Delta p\cdot A}{U}=R_{\mathrm{f}}\cdot A \tag{6.1.106}$$

$$u=\frac{U}{A} \tag{6.1.107}$$

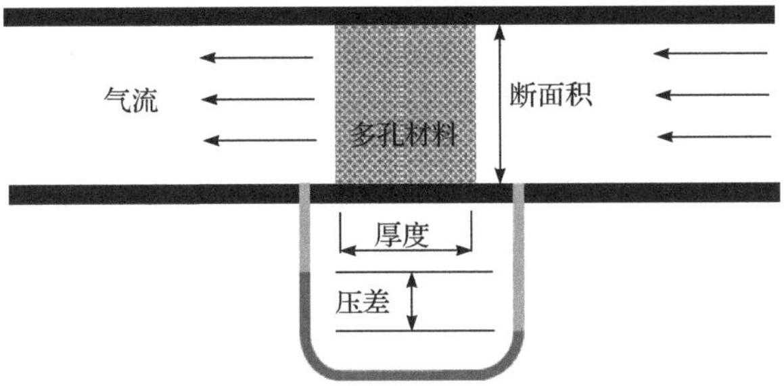

图 6.1.16　流阻定义示意图

$$\sigma = \frac{R_s}{d} = \frac{\Delta p \cdot A}{d \cdot U} \tag{6.1.108}$$

式中，R_f 为流阻，单位为 $Pa \cdot s/m^3$；Δp 为材料两边的压差；R_s 为比流阻，单位为 $Pa \cdot s/m^3$；u 为通过多孔吸声材料表面的气流的线速度；U 为气流体积速度；A 为通过气流的材料的表面积；σ 为流阻率，单位为 $Pa \cdot s/m^3$；d 为多孔吸声材料的厚度。

直接气流法是测量静态流动流阻的常用方法，基本原理为控制单向气流以圆柱或矩形平行六面体的形式通过试样，并测量试样两个自由面之间产生的压降。该方法所需装置包括以下几部分：放置试样的测量单元、稳定气流源、容积空气流量的测量装置、试样两侧压差的测量装置。

对于放置试样的测量单元，测量单元应为圆柱体或方形截面平行六面体形状，测量单元的直径或最小边缘必须根据要测试的材料样本选择，在任何情况下，测量单元的最小直径或最小边缘应大于 29 mm；测量单元的总高度应确保进入和离开试样的为层流单向气流；待测试样应放置在测量单元内，必要时可在测试单元内采用穿孔支架固定，该支架须满足开口面积大于整个支架面积的 50%，穿孔分布均匀，支架上的穿孔直径不得小于 3 mm。支架的气流阻力应小于测试试样时测得的流阻的 1%。

对于稳定气流源，一般采用储水罐或空气压缩机。采用储水罐时，如图 6.1.17 所示，通过虹吸原理从大瓶子 D 中抽取水，通过管道 C 和旋塞阀 S，使空气通过样品后保持稳定流动状态，在给定时间内从 C 流出到刻度盘的水被流经样品和 B 管的等量空气所代替，通过 A 管连接到样品架上的压力计测量穿过样品的压力差。采用空气压缩机产生稳定气流，整体装置则更为简化，样品两侧压降可采用微压计，空气流量则采用流量计即可。但无论使用何种气流源，装置应能对气流进行精细控制，并应确保被测样品下部气流的稳定性，且气流源提供气流速度必须足够低，以确保测量的气流阻力与气流速度无关。

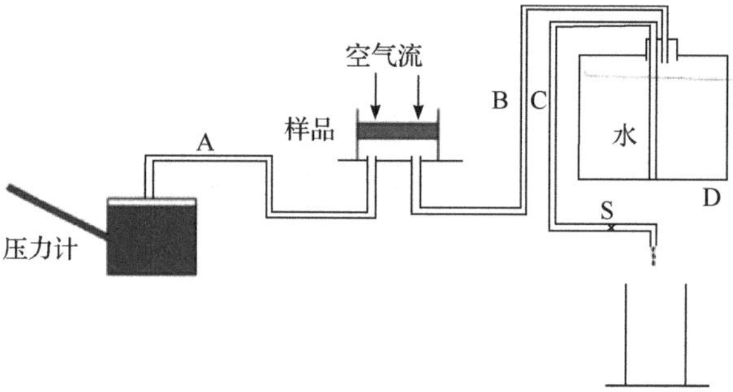

图 6.1.17 储水罐水箱测试流阻示意图

对于容积空气流量的测量装置，测量仪器的测压口应放置在气源和试样之间，测量精度须达到准确值±5%的范围内；试样两侧压差的测量装置应可以测量低至 0.1Pa 的压力，测量精度须达到准确值±5%的范围内。

标准阻抗管也可以测试流阻，其原理示意图如图 6.1.18 所示。假设多孔材料厚度为 $2l$ ，后空腔深度为 L (多孔材料后表面和刚性壁的距离)，多孔材料参考面的表面阻抗 Z_s 为

$$Z_s = \frac{1+r}{1-r}\rho c \tag{6.1.109}$$

式中， ρc 为空气介质的特性阻抗； r 为反射系数。

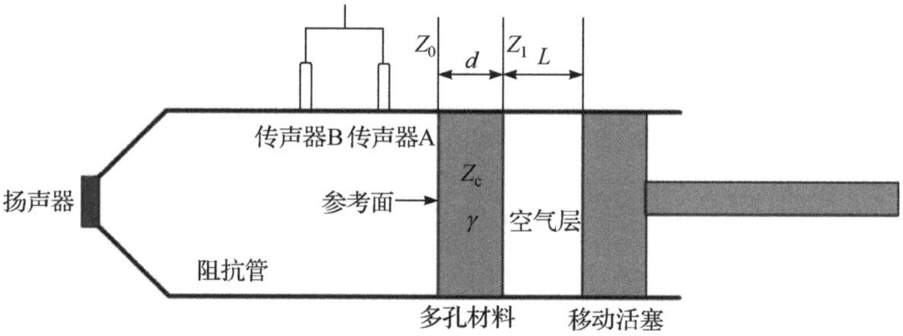

图 6.1.18 标准阻抗管示意图

根据阻抗平移定理，可以得到

$$Z_s = Z_c(\omega)\frac{Z_L + jZ_c(\omega)\tan(2\gamma l)}{Z_c(\omega) + jZ_L\tan(2\gamma l)} \tag{6.1.110}$$

式中， $Z_c(\omega)$ 为材料特性阻抗； γ 为传播常数； Z_L 为多孔材料远离扬声器端的表面阻抗， $Z_L = -j\rho c\cot(k_0 L)$ ，这里 k_0 为空气中的波数。当多孔材料完全放在刚性壁(移动活塞)上时， $L=0$ ， $Z_L \to \infty$ ，阻抗平移定理公式简化为 $Z_c(\omega) = jZ_s\tan(2\gamma l)$ 。

假设当L为零时，试样前表面上的表面阻抗测量为Z_s；当L不为零时，试样前表面上的表面阻抗测量为Z'_s，传播常数γ如下式：

$$\gamma = \frac{1}{2l}\arctan\sqrt{\frac{Z_L}{Z_s} - \frac{Z'_s(Z_s + Z_L)}{Z_s^2}} \tag{6.1.111}$$

对于多孔材料，其流阻可由$\sigma = -\lim\limits_{\omega \to 0}\left[\mathrm{Im}\left(Z_c(\omega)\gamma\right)\right]$计算。

2) 孔隙率

孔隙率ϕ是指相互材料中空气体积与总体积的比率。声学材料的孔隙率是影响多孔材料吸声效果的重要参数，孔隙率过低导致流阻过高，声音很难通过材料；孔隙率过高导致流阻过低，多孔材料衰减声音效果弱。多孔材料的孔隙率测试分为直接测试法和声学阻抗管测试法。

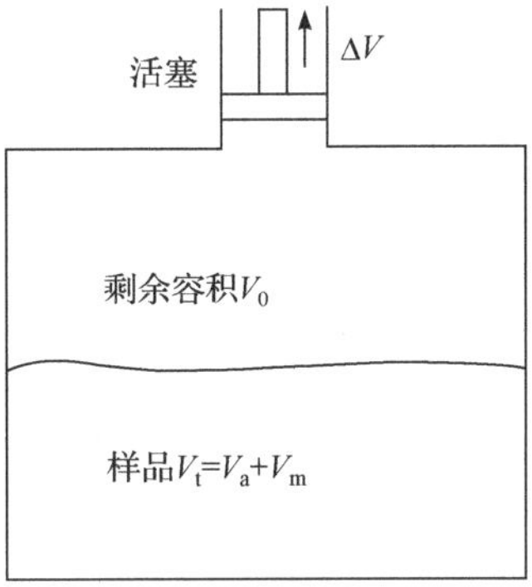

图 6.1.19　直接测试法孔隙率测量系统示意图

直接测试法测量孔隙率装置如图 6.1.19 所示，该容器为密封容器，多孔吸声材料总体积为V_t，多孔材料孔隙中充满的空气为V_a，所以孔隙率ϕ可表示为

$$\phi = \frac{V_a}{V_t} \tag{6.1.112}$$

测量容器的总空气量为$V' = V_0 + V_a$，其中V_0为测量容器中多孔材料之外的剩余容积。起始测量容器的压力为大气压p_0，通过移动活塞，体积增加ΔV，压力变化$\Delta p'$。根据理想气体在测量容器的等温膨胀原理，有

$$p_0 V' = \left(p_0 p'\right)\left(V'\right) \tag{6.1.113}$$

通过测量得到$\Delta p'$，已知大气压p_0和体积增加ΔV，可得测量容器内的总空气量为

$$V' = \left[p_0 p' p'\right]\Delta V \tag{6.1.114}$$

多孔材料的空气体积V_a如下：

$$V_a = V' - V_0 \tag{6.1.115}$$

对于声学阻抗管测试法，利用特制的阻抗管，通过测得的阻抗推出多孔材料的导纳，基于 Lafarge-Allard 理论的低频近似，刚性壁支撑的多孔的低频表面导纳的虚部取决于频率和孔隙率，有

$$\frac{1}{Z} = \omega^2\left[\frac{e\varphi}{\omega'_0}\left[\left(1 + \frac{M'}{4}\right) - \frac{1}{\gamma}\left(1 + \frac{M'}{4}\gamma\right)\right] + \omega_0\frac{\rho_0\alpha_\infty\varphi}{P_0^2}\cdot\frac{e^3}{3}\right] + \mathrm{j}\frac{\omega d}{P_0}\varphi \tag{6.1.116}$$

当阻抗管内静态压力 p_0 已知时，即可从低频测量的多孔材料表面导纳推断出孔隙率 ϕ，有

$$\phi = \frac{p_0}{\omega d}\mathrm{Im}\left(\frac{1}{Z}\right) \tag{6.1.117}$$

然而，试验验证数个多孔材料发现其测量值偏低，后续该方法进行改进，将刚性壁面更换为并非完全刚性壁面，同时引入多孔材料表面阻抗的修正，使该方法的精确度更加可靠。

3) 曲折度、黏性特征长度、热特征长度

曲折度，也称为结构形状因子，是描述孔隙的不规则形状和在多孔材料的厚度方向上单位厚度的孔非均匀分布的参数。其可被视为是声波垂直入射多孔吸声材料时声波的实际传播路径长度与材料厚度的比值。曲折度越高，声音衰减越大。

黏性特征长度描述的是中高频范围内流体介质的黏性对多孔吸声材料的影响。黏性特征长度的取值仅与孔的形状有关，与其他因素无关。

热特征长度描述的是中高频的热耗散效应。

该三个多孔材料转运参数可以利用超声波直接进行测试，测试系统如图 6.1.20 所示，利用空气和氩气的物理性质差异，结合超声波测量结果，推导出多孔材料在室温下空气饱和状态下的曲折度、黏性特征长度和热特征长度的数值。

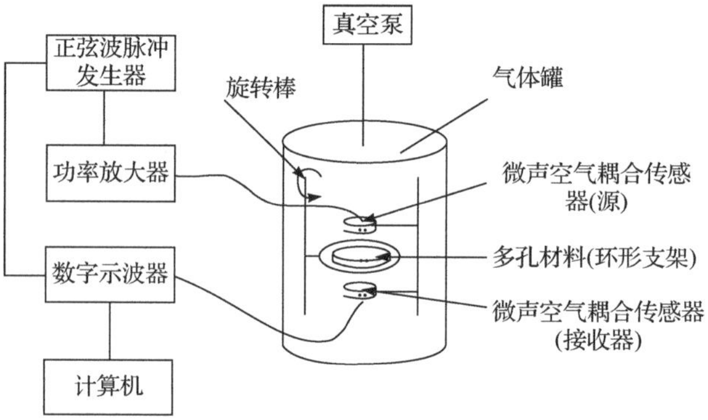

图 6.1.20　曲折度、黏性特征长度和热特征长度测量系统

对于多孔材料，高频波数由式(6.1.118)～式(6.1.120)给出。式(6.1.120)可由式(6.1.118)推导得到，等式右边为关于 $f^{-1/2}$ 的线性函数。根据等式将 $(c_0/c_{\text{high}})^2$ 的值绘制为 $f^{-1/2}$ 的函数图像，结合测量频率范围内的实测数据推导出其线性近似。其中 Λ 为黏性特征长度，Λ' 为传热特征长度，η 为空气黏度，k 为高频波数，c_0/c_{high} 为折射率，c_{high} 为多孔材料中的声速，其计算公式如下：

$$k=\frac{\omega}{c_0}\sqrt{\alpha_\infty}\left[1+(1-\mathrm{j})\frac{\delta}{2}\left(\frac{1}{\Lambda}+\frac{\gamma-1}{\sqrt{Pr}\Lambda'}\right)\right] \tag{6.1.118}$$

$$\delta=\sqrt{\frac{2\eta}{\omega\rho_0}} \tag{6.1.119}$$

$$\left(\frac{c_0}{c_{\text{high}}}\right)^2=\alpha_\infty\sqrt{\frac{\nu}{\pi}}\left(\frac{1}{\Lambda}+\frac{\gamma-1}{\sqrt{Pr}\Lambda'}\right)\frac{1}{\sqrt{f}}+\alpha_\infty \tag{6.1.120}$$

$$c_{\text{high}}=\frac{c_0}{\sqrt{\alpha_\infty}}\left[1-\frac{\delta}{2}\left(\frac{1}{\Lambda}+\frac{\gamma-1}{\sqrt{Pr}\Lambda'}\right)\right] \tag{6.1.121}$$

从线性近似线与纵轴的截距推出曲折度α_∞，联立两种介质线性近似线的斜率解出黏性特征长度Λ和传热特征长度Λ'：

$$\text{Slope}_{\text{air}}=\alpha_\infty\sqrt{\frac{\nu_{\text{air}}}{\pi}}\left(\frac{1}{\Lambda}+\frac{\gamma_{\text{air}}-1}{\sqrt{Pr_{\text{air}}}\Lambda'}\right) \tag{6.1.122}$$

$$\text{Slope}_{\text{argon}}=\alpha_\infty\sqrt{\frac{\nu_{\text{argon}}}{\pi}}\left(\frac{1}{\Lambda}+\frac{\gamma_{\text{argon}}-1}{\sqrt{Pr_{\text{argon}}}\Lambda'}\right) \tag{6.1.123}$$

其中，$\text{Slope}_{\text{air}}$和$\text{Slope}_{\text{argon}}$分别为空气和氩气中$(c_0/c_{\text{high}})^2$的值关于$f^{-1/2}$的函数线性近似线的斜率；$\nu_{\text{air}}$为空气动力黏度；$\nu_{\text{argon}}$为氩气动力黏度；$Pr_{\text{air}}$和$Pr_{\text{argon}}$分别为空气和氩气的普朗特数。

6.1.5　测量实例

1. 利用阻抗管测量材料吸声系数

在建造某录音室的工程中，欲选用一种 25 mm 厚的密质海绵做吸声处理，为了解该材料的吸声性能，采用传递函数法对其吸声系数进行测量。

测量设备为 B&K4206 阻抗管套件，大管直径为 100 mm，小管直径为 29 mm；配套设备为 B&K Pulse3560C 前端、功率放大器 2716C、计算机(装有测量软件)及声级校准器。

样品制作：取海绵材料加工成$100^{0}_{-0.1}$及$29^{0}_{-0.1}$两种样品。

测量步骤如下：

(1) 连接测试系统，如图 6.1.21 所示；

(2) 系统配置及材料安装，按照 6.1.1 节 2.所介绍的阻抗管进行系统配置，同时将被测材料安装在规定位置，并与后衬板紧密相贴；

(3) 传声器校准，用B&K4231声级校准器分别对两个1/4″传声器进行校准；

(4) 传递函数修正；

(5) 样品测量，对于两种尺寸的样品，在同样的测量条件下分别测量10次，用软件平台获得平均值及数据组合给出该材料的测试结果，如图6.1.22所示。

图 6.1.21　阻抗管测量吸声系数系统

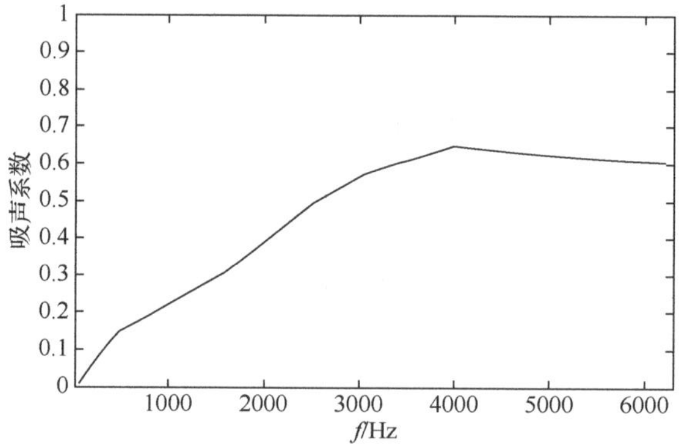

图 6.1.22　某型海绵吸声系数测试结果

2. 利用混响室法测量材料吸声系数

对某歌厅进行室内声学设计时，使用地毯作为地面饰材兼做吸声材料，为了解所选材料的无规入射吸声系数，采用混响室法对其吸声系数进行了测量，被测材料样品尺寸为3 m×4 m，厚2.5 mm。

测试设备为B&K Pulse3560C前端、B&K 2716功率放大器、B&K4296无指向性声源、声望MAP201传声器、计算机及其测量软件、声级计HS6288；在西北工业大学混响室(图6.1.23)进行，该混响室尺寸为5.74 m×3.20 m×4.86 m。

测量步骤：

(1) 连接好测试系统，如图6.1.24所示，其中声级计HS6288作为室内声级

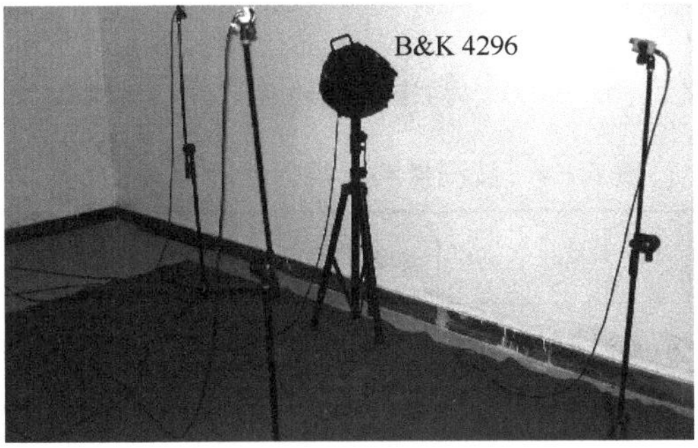

图 6.1.23 混响室测吸声系数示意图

监视器，测量过程中要求声级尽可能高，最好达到 100 dB 以上，以便更准确地测得混响时间。

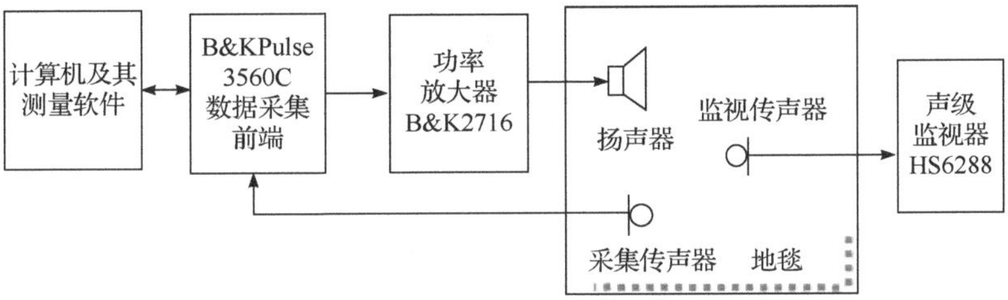

图 6.1.24 混响室法测量吸声系数系统连接示意图

(2) 空室混响时间 T_1 测量。采用中断声源法测量空室混响时间 T_1，按 GB/T 20247—2006 的规定放置声源和传声器，然后打开测量软件 interrupted noise method，按其菜单提示进行测量并保存记录，改变声源位置和传声器位置各 3 次，得到 6×4 组数据，启动混响时间计算，可得到测量结果平均值，如表 6.1.2 所示。

表 6.1.2 混响时间 T_1

频率/Hz	200	250	315	400	500	630	800	1000	1250	1600	2000	2500	3150	4000	5000
混响时间/s	7.1	6.1	5..0	5.0	5.0	5.0	4.5	4.2	3.9	3.7	3.6	3.3	2.8	2.4	2.4

(3) 放入被测材料后测量混响时间。

放入被测材料后，测得混响时间 T_2(表 6.1.3)；

表 6.1.3 混响时间 T_2

频率/Hz	200	250	315	400	500	630	800	1000	1250	1600	2000	2500	3150	4000	5000
混响时间/s	5.1	4.1	5.0	3.7	4.0	3.4	3.3	3.4	3.2	2.8	2.3	2.3	2.1	1.9	1.8

(4) 无规入射吸声系数计算。

根据式(6.1.91)及式(6.1.92)计算出无规入射吸声系数 α_s，如表 6.1.4 所示。

表 6.1.4　被测材料无规入射吸声系数 α_s

频率/Hz	200	250	315	400	500	630	800	1000	1250	1600	2000	2500	3150	4000	5000
吸声系数	0.066	0.096	0	0.084	0.060	0.113	0.097	0.067	0.067	0.104	0.188	0.158	0.142	0.131	0.166

3. 利用小型混响室法测量超材料吸声系数

为验证所设计的超材料的吸声性能，测试其无规入射吸声系数，采用小型混响室法对其吸声系数进行测量。小型混响室容积为 9m^3，被测材料样品尺寸为 0.84 m×1.2 m，厚 50 mm。

测试设备为 B&K Pulse3560C 前端、B&K 2716 功率放大器、B&K4296 无指向性声源、声望 MAP201 传声器、计算机及其测量软件、声级计 HS6288。

测量步骤：

(1) 连接好测试系统，其中声级计 HS6288 作为室内声级监视，测量过程中要求声级尽可能高，最好达到 100 dB 以上，以便更准确地测得混响时间；

(2) 采用中断声源法测量混响时间，按 T/JAMIA003—2023 的规定放置声源和传声器，具体测量流程与常规混响室相同，得到测量结果平均值，如图 6.1.25 所示。

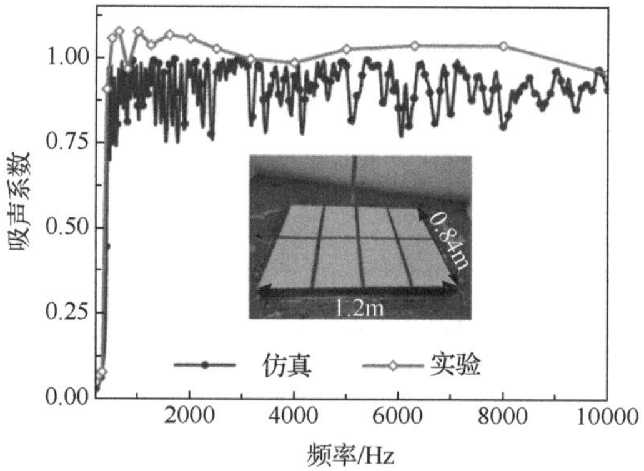

图 6.1.25　吸声超材料吸声系数测试结果

6.2　隔声性能测量

众所周知，隔声是噪声控制的主要技术之一。例如，降低室内噪声的根本办法是使用构件将噪声源和建筑物隔开，使噪声源辐射的噪声尽可能少地传入室内，因此，该构件隔声能力的大小就是一个关键问题。噪声传入室内的途径很多。除沿着开向房间的洞孔、隙缝等通道传入室内，还有下列两种主要的途径：①声波通过空气传到结构上(如墙壁)引起结构相应的振动而向室内辐射声音；②当物体在结构上产生撞击时，引起室内表面(楼板)的振动而向室内辐射声音。前者称为空气传声，后者称为固体传声，因而测试方法也不一样。

6.2.1　隔声性能表征

建筑结构(如墙)的隔声性能经常用传声损失(transmission loss，TL)描述。传声损失的定义是入射到结构上的声能和透过结构能之比的对数乘以 10，单位为 dB。其数学表达式如下：

$$\mathrm{TL}=10\lg\frac{1}{\tau} \tag{6.2.1a}$$

式中，τ 为结构传递系数，有

$$\tau=\frac{W_{\mathrm{t}}}{W_{\mathrm{i}}} \tag{6.2.1b}$$

式中，W_{i} 为入射声功率，W_{t} 为透射声功率。

隔声测量就是对隔声构件隔声量的测量，总体上分为混响室法和现场测量法两种。在国家标准中，与隔声测量相关的是：①GBJ 75—1984《建筑隔声测量规范》；②GB/T 18699.1—2002《声学　隔声罩的隔声性能测定　第 1 部分：实验室条件下测量(标示用)》；③GB/T 18699.2—2002《声学　隔声罩的隔声性能测定　第 2 部分：现场测量(验收和验证用)》；④GB/T 19885—2005　《声学　隔声间的隔声性能测定　实验室和现场测量》。

除此之外，见于文献的还有相关函数测量法、脉冲测量法等。

6.2.2　混响室法

1. 隔声室

用于测量传声损失的混响室一般称为隔声室。实际上，隔声室由两个相邻的混响室组合而成，如图 6.2.1 中的 A、B 两室。其中 A、B 两室之间有一安装待测隔声结构的试洞(或试件架)。实验证明，当结构的面积较小时，由于边界条件的改变，边界对声场的影响会影响结构的隔声性能。同时，用隔声室测量构件的传声损失时，总是将构件看成“局部反应”的，即构件表面某点处的振动只与该处声压有关而与其他点上的声压无关。也就是说，测量频率要比构件产生弯曲振动的最低频率要高，因而构件的尺寸不能太小，在 100～4000 Hz 的范围内，按

ISO-140 中规定，构件的基准面积为 10m^2，并且较短边的长度不得小于 2.3 m。

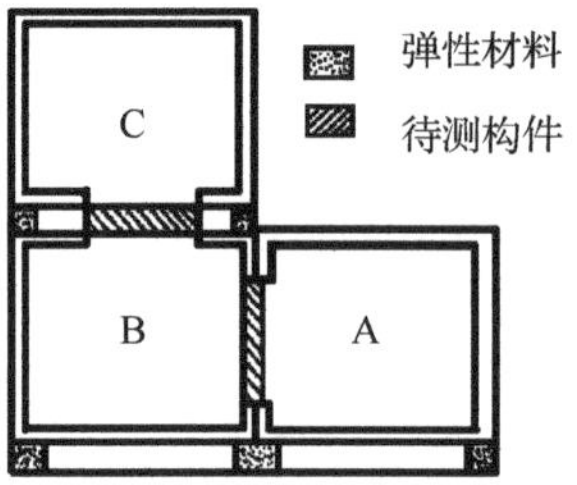

图 6.2.1　隔声室分布图

为了能在隔声室内获得混响声场，每个混响室都应具有坚硬的壁面和足够大的体积，按 ISO-140 规定，每个混响室体积不得小于 50m^2。

在测量传声损失时，任何间接传声与通过构件的传声相比都应该可以忽略，要达到这一要求的一种方法是声源室和接收室之间要有足够的隔振，最好是将它们分别造在独立的弹性基础上。另外，在两房间的整个表面上覆盖一层降低辐射的衬壁以减少侧向传声。

2. 测量原理

假设发声室有一声源以声功率 W 辐射，则此时发声室内混响声能密度为

$$\varepsilon_1 = \frac{4W}{c_0 R_1} \tag{6.2.2}$$

式中，R_1 为发声室中的房间常数；c_0 为声速。如果试件面积为 S，则入射到该试件上的声功率为

$$W_1 = \frac{1}{4}\varepsilon_1 c_0 S \tag{6.2.3}$$

假设试件的传递系数为 τ，则透过试件进入接收室内的声功率为

$$W_2 = \tau W_1 = \frac{1}{4}\tau\varepsilon_1 c_0 S \tag{6.2.4}$$

于是，接收室内的混响声能密度为

$$\varepsilon_2 = \frac{4W_2}{c_0 R_2} \tag{6.2.5}$$

式中，R_2 为接收室的房间常数。声能密度与有效声压 p 之间关系是

$$\varepsilon = \frac{p^2}{\rho_0 c_0^2} \tag{6.2.6}$$

于是，根据式(6.2.3)和式(6.2.6)有

$$W_1 = \frac{1}{4}\frac{p_1^2}{\rho_0 c_0} S \tag{6.2.7}$$

式中，p_1 为发声室内的有效声压。同时，根据式(6.2.5)和式(6.2.6)有

$$W_2 = \frac{1}{4}\frac{p_2^2}{\rho_0 c_0}R_2 \tag{6.2.8}$$

式中，p_2 为接收室内的有效声压。由式(6.2.1)，可以推导出

$$\mathrm{TL} = 10\lg\frac{W_1}{W_2} = L_1 - L_2 + 10\lg\frac{S}{R_2} \tag{6.2.9}$$

式中，L_1、L_2 分别为发声室和接收室内的声压级。接收室内的房间常数为

$$R_2 = \frac{S_2\bar{\alpha}}{1-\bar{\alpha}} \tag{6.2.10}$$

当接收室壁面吸收系数很小时，$R_2 = S_2\bar{\alpha}$。于是，式(6.2.9)可用下式表示：

$$\mathrm{TL} = L_1 - L_2 + 10\lg\frac{S}{A} \tag{6.2.11}$$

式中，$A = S_2\bar{\alpha}$ 为接收室的等效吸声量。因此，式(6.2.11)是混响室测量隔声量的理论依据。

3. 实验方法和计算

1) 声源室内声场的产生

声源室内产生的声场应该是稳定的，并且在所考虑的频率范围内有一个连续的频谱。室内声功率要足够高，使得在接收室内的声压级在任何一个测试频带都比环境噪声级至少高出 10 dB。假设声源是多个扬声器，并且同时工作，则扬声器应该装在一个音箱内，它的最大尺寸应不超过 0.7 m，各扬声器应该同相位驱动，并合理放置扬声器，使它产生一个尽可能扩散的声场，并且距实验试件有一定距离，使它对试件的直接辐射不占主要成分。为了满足这一要求，通常将扬声器放在试件对面的角落处。

2) 平均声压级的测量

可按下式计算出在发声室和接收室内不同点测量结果的平均声压级：

$$L = 10\lg\frac{p_1^2 + p_2^2 + \cdots + p_n^2}{np_0^2} \tag{6.2.12}$$

式中，p_1，p_2，…，p_n 是室内 n 个不同位置上的有效均方根声压；$p_0 = 2\times10^{-5}\,\mathrm{Pa}$ 是参考声压，n 是测点数目。当然，所有的测点和声源之间的距离都应该在声源的扩散距离之外，且与壁面之间的距离要大于 $\lambda/4$。实际测量时，可以用许多固定位置的传声器或用一个具有 p^2 积分的连续运动的传声器获得平均声压级。所使用的传声器必须是无指向性的。

3) 测量的频率范围

应采用 1/3 倍频程的滤波器测量声压级。滤波器的频率特性应该按照 IEC 225 规定。至少要采用中心频率从 100～3150 Hz 的 1/3 倍频程滤波器。

4) 等效面积的测量和计算

在修正的赛宾公式(6.1.90)中，忽略介质吸收，可以计算出接收室的等效吸声量为

$$A = 0.161\frac{V_2}{T_2} \tag{6.2.13}$$

式中，V_2 和 T_2 分别是接收室的体积和混响时间。于是，根据式(6.2.12)和式(6.2.13)即可获得试件的隔声量。

5) 修正项的讨论

式(6.2.12)是对两室的测点都处于混响声场中而得到的。如果接收点离试件很近，则式(6.2.11)的右端第三项需作修正，分别如下所述。

(1) 发声室测点相当接近于试件表面，接收室测点仍在混响声场之中。由于隔声试件表面的吸声系数一般总是比较小，可近似看成反射面，所以靠近壁面的声压级比混响室多出 3 dB，因此式(6.2.11)要改成如下形式：

$$\mathrm{TL} = L_1 - L_2 + 10\lg\frac{S}{R_2} - 3 \tag{6.2.14}$$

(2) 发声室测点在混响声场中，接收室测点靠近测试试件本身就相当于一个声源，所以在接收室测点附近的声密度应由直达声和混响声两部分声能密度组成，同时考虑从发声室传来的声波分布在半球面之中，因此式(6.2.5)改写为

$$\varepsilon_2 = \frac{2W_2}{c}\left(\frac{1}{S} + \frac{4}{R_2}\right) \tag{6.2.15}$$

于是可求得

$$\mathrm{TL} = L_1 - L_2 + 10\lg\left(\frac{1}{4} + \frac{S}{R_2}\right) + 3 \tag{6.2.16}$$

(3) 两室测点都靠近试件。可从前述两种情况推得

$$\mathrm{TL} = L_1 - L_2 + 10\lg\left(\frac{1}{4} + \frac{S}{R_2}\right) \tag{6.2.17}$$

6.2.3 混响室-消声室法

对于混响室法，采用消声室替代其中的一个混响室作为受声室，这时隔声构件的声学作用相当于一个大面积声源，在受声室内声波单纯从隔声试件向外辐

射。混响室-消声室作为隔声测试的主要方法之一，其主要模拟大型材料样件在扩散声场入射条件下的隔声特性。

1. 影响因素

1) 混响室的声环境

混响室声学设计的主要任务是使室内获得扩散声场。它直接与室内容积和室形有关。为使声场扩散，混响室的容积至少要 200～270m^3，考虑到高频时空气吸收的影响，容积不应大于 300m^3。不规则室形可以改进声场特性。在此基础上，辅加扩散结构能获得更好的扩散声场。评价混响室的重要指标之一是具有尽可能长的混响时间，其测得相应空室最大吸声量及最短混响时间应不大于表 6.2.1 所列。

表 6.2.1　不同频率下空室最大吸声量及最短混响时间

频率/Hz	125	250	500	1000	2000	4000
空室最大吸声量/m^2	6.5	6.5	6.5	7.0	9.5	13.0
最短混响时间/s	5.0	5.0	5.0	4.5	3.5	2.0

因此，为了满足以上条件，混响室容积应在 200m^2 左右，混响室的六个壁面设置采用不平行结构，并辅加扩散结构，各墙面应采用光滑坚硬材料，如瓷砖、水磨石、油漆粉光等，使得射到它上面的声波几乎全部反射而造成混响声场。

2) 消声室的声环境

消声室声环境必须满足消声室声学设计，即在一个闭合空间内建立自由声场。在这个空间内，传播声波的介质均匀地向各个方向无限延伸，使声源辐射的声能自由地传播，既无障碍物的反射，也无环境噪声的干扰。在一定频率范围内，使入射于界面的声波几乎完全被吸收。为了消除室内的反射声，消声室内除了没有障碍物外，室内各界面上都要配置强吸声材料。为了消除外界的噪声和振动的干扰，消声室必须有良好的隔声和减振处理。消声室监测的主要内容是自由声场和频率范围，即在什么频率、多大的空间范围内符合自由声场的条件，以及它的偏差有多大。目前常用的、也是最普遍使用的方法是室内声压 p 与距离 r 成反比规律的测定，常称 p-r 曲线鉴定法。其自由声场特性，在评价空间范围内满足平方反比律，如表 6.2.2 所示。

表 6.2.2　1/3 倍频程中心频率及允差

1/3 倍频程中心频率 f/Hz	允差/dB
$f\leqslant 630$	±1.5

续表

1/3 倍频程中心频率 f/Hz	允差/dB
f=800～5000	±1.0
f≥6300	±1.5

2. 测量原理

混响室-消声室法的隔声量是由隔板两侧的声压级之差计算的。当声源声压级保持恒定时，分别测量安装隔板前后的声压级。当未插入试件时，由式(6.2.9)，隔声量 TL′ 为

$$\mathrm{TL}' = L_1' - L_2' + 10\lg\frac{S}{R_2} \tag{6.2.18}$$

式中，L_1' 为无试件声源室声压级；L_2' 为无试件受声室声压级。有试件时测得的隔音量 TL^* 为

$$\mathrm{TL}^* = L_1 - L_2 + 10\lg\frac{S}{R_2} \tag{6.2.19}$$

其中，L_1 为有试件声源室声压级；L_2 为有试件受声室声压级。试件的隔声量 TL 可表达为

$$\mathrm{TL} = \mathrm{TL}^* - \mathrm{TL}' = (L_1 - L_2) - (L_1' - L_2') \tag{6.2.20}$$

因此，式(6.2.20)为混响室-消声室法测量试件隔声量的理论依据。

3. 测量方法

混响室-消声室法的隔声测量如图 6.2.2 所示。

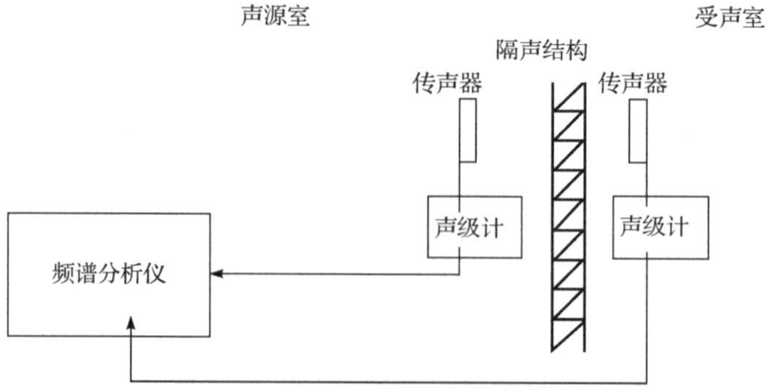

图 6.2.2　隔声量的测试装置

白噪声信号源输出的噪声信号经功率放大器放大后驱动混响室内扬声器系统

发出宽带白噪声，在混响室内形成稳态均匀声场。由传声器分别接收到声源室和消声室内的声压信号，前置放大器放大，送到频谱分析仪进行 1/3 倍频程谱分析。

6.2.4　现场测量法

现场测量法是为了测量在特殊声学条件下建筑构件(如玻璃窗)的隔声特性，以及为了判定已建成的建筑(如外墙)的隔声特性。在现场测量中，发声室就是露天外，声源按国际标准 ISO 140/V(1978E)规定，可采用交通噪声(声音从不同方向入射，并且强度有变化)，也可用扬声器发出噪声(直达射声)测量。下面仅介绍将扬声器发出噪声作为声源测量建筑物构件隔声量的情况。

1. 测试原理

将扬声器放在建筑物的外面，距测试样品有一个合适的距离。声音主要从一个方向入射到实验样品上。设指向实验样品中心的扬声器轴与实验样品表面法线间的角度为 θ，则扬声器入射的声能密度为

$$\varepsilon_1 = \frac{W}{c_0 S\cos\theta} \tag{6.2.21}$$

通过实验样品的声功率 W_2 为

$$W_2 = \tau W_1 = \tau\varepsilon_1 c_0 S\cos\theta \tag{6.2.22}$$

假设接收室的测点置于混响声场中，则

$$\varepsilon_2 = \frac{4W_2}{c_0 R_2} \tag{6.2.23}$$

如接收室的平均吸声系数比较小，则可求得

$$\mathrm{TL} = L_1' - L_2 + 10\lg\frac{4S\cos\theta}{A} \tag{6.2.24}$$

式中，L_1' 是没有实验样品反射效果的平均声压级；L_2 是接收室的平均声压级；S 是实验样品的面积；A 是接收室的等效吸声量。

2. 实验方法和计算

1) 声场的产生

测试的声场由扬声器产生，为尽可能均匀地激发实验样品，则要合理地选择扬声器装置和它到实验样品的距离，使实验样品表面各部分的声压级差别不超过 5 dB。扬声器尽可能接近地面安放，最好放在地上。馈给扬声器的测试信号应当至少使用 1/3 倍频程带宽滤波器所限制的白噪声。

扬声器相对于实验样品有一夹角，假设扬声器辐射声波为平面波，则声波入射角由下式确定：

$$\cos\theta = \frac{d}{\sqrt{h^2 + d^2 + b^2}} \tag{6.2.25}$$

式中，h 为试件的高度；d 为扬声器和外墙立面的距离；b 为扬声器相对于试件的横向距离。一般在 45° 处测量，另外还可在下列角度进行加测：0°、15°、30°、60°和 75°。

2) 平均声压级的测量

平均声压级 L_1' 是从自由场内扬声器所辐射的声音得到的(即没有反射的物体)。传声器应放在相当于实验样品表面到声源同样的距离进行测量。声压级应该在相应于实验样品表面的面积上平均。除了实验样品反射的影响外，测量声学条件应与实验样品实际使用时的声学条件保持一致。

接收室的平均声压级与用混响室法测隔声的测量方法相同。要注意的是，当任何频带在接收室内的声压级高出环境噪声级不到 10 dB 时，应该立即测量正在确定声源声压级之前或以后的环境噪声级，并用表 6.2.3 进行修正。

表 6.2.3　声压级读数的修正

声源工作时测量的声压级和单独的环境噪声级之间的差值/dB	从声源工作时测量的声压级中减去修正项以得到仅由声源产生的声压级/dB
3	3
4～5	2
6～9	1

如这个差值低于 3 dB，即声压级 L_2 比环境噪声级低，则不能确切地定出 L_2。另外，测量的频率范围以及等效吸收面积的测量和计算，均与混响室测隔声量的方法相同。

需要注意的是，建筑构件隔声量的现场测量虽然测试设备简单，但不可能做到像实验室测量那样精密而细致，并且现场测量中构件的侧面透视现象无法避免，同时对构件的尺寸也难完全统一。

6.3　消声器声学性能的测量

消声器是控制空气动力性噪声的有效措施之一。空气动力性噪声是一种常见的噪声污染源，从喷气式飞机、火箭、宇宙飞船等航空航天设备，到气动工具、通风空调设备、内燃发动机、压力容器、管道阀门等工业设备，其进排气都会产生声级很高的空气动力性噪声。在这些空气动力设备的气流通道上或进排气口上加装消声器，就可以降低其噪声污染。消声器是一种既能允许气流顺利通过，又能有效地阻止或减弱声能向外传播的装置。值得指出的是，消声器只能用来降低空气动力设备的进排气口噪声或沿管道传播的噪声，而不能降低空气动力设备的机壳、管壁、电机等辐射的噪声。因此，不是所有的噪声源装上消声器就能降低其噪声，消声器是针对空气动力性噪声而设计的。

在我国国家标准中，与消声器测量有关的有：①GB/T 4760—1995《声学消声器测量方法》；②GB/T 16405—1996《声学管道消声器无气流状态下插入损失测量　实验室简易法》；③GB/T 25516—2010《声学管道消声器和风道末端单元的实验室测量方法 插入损失、气流噪声和全压损失》；④GB/T 36079—2018《声学单元并排式阻性消声器传声损失、气流再生噪声和全压损失系数的测定 等效法》。它们分别针对小型和大型消声器，在有无气流状态下的实验室测量方法和现场测量方法中作了详细规定。实验室测量方法是在可控实验条件下较深入细致地测试消声器的性能，主要适用于以阻性为主的管道消声器。现场测量方法是在实际使用条件下直接测试消声器的消声效果，适用于一端连通大气的一般消声器。当待测消声器整机几何尺寸较大时，可对较长消声器采用局部长度进行测量，通过计算推定待测消声器整机声学性能和空气动力性能的过程，获得等效测定结果。

6.3.1　消声器声学指标及其测量

消声器的消声量是评价其声学性能好坏的重要指标。但是，测量方法不同，所得消声量也不同。当消声器内没有气流通过而仅有声音通过时，测得的消声量称为静态消声量；当有声音和气流同时通过消声器时，测得的消声量称为动态消声量。评价消声器声学性能好坏的量有下列 4 种。

1) 插入损失

在系统中，装置消声器以前和装置消声器以后相对比较，通过管口辐射噪声的声功率级之差定义为消声器的插入损失。

在通常情况下，管口大小形状和声场分布基本保持不变，这时插入损失等于在给定测点处装置消声器以前与以后的声压级之差。简而言之，插入损失就是指系统中插入消声器前后在系统外某定点测得的声压级差。

可以在实验室内用典型的实验装置测量消声器的插入损失，也可以在现场测量消声器插入损失。

在实验室内测量插入损失，一般应采用混响室法、半消声室法、管道法，这几种方法都进行装置消声器以前和以后两次测量，先作空管测量，测出通过管口辐射噪声的各倍频程 1/3 倍频程声功率级，然后用消声器换下相应的替换管道，保持其他实验条件不变，测出各带相应的声功率级。各频带的插入损失等于前后两次测量所得声功率级之差。当测试点改变时，声功率级之差就等于给定测点处声压级之差。

现场测量消声器插入损失符合实际使用条件，但受环境、气象、测距等影响，测量结果应进行修正。

无论是实验室测量还是现场测量，A 计权插入损失 D_{A} (dB)的计算式如下：

$$D_{\mathrm{A}} = L_{p\mathrm{A1}} - L_{p\mathrm{A2}} \tag{6.3.1}$$

式中，$L_{p\mathrm{A1}}$ 是噪声源本身的 A 声级；$L_{p\mathrm{A2}}$ 相当于装置消声器后的 A 声级。并且

$$L_{p\mathrm{A1}} = 10\lg[\sum_i 10^{0.1(L_{pi}+\varDelta_i)}] \tag{6.3.2}$$

$$L_{p\mathrm{A2}} = 10\lg[\sum_i 10^{0.1(L_{pi}-D_i+\varDelta_i)}] \tag{6.3.3}$$

其中，L_{pi} 为第 i 个频带的声压级；$\varDelta_i$ 和 D_i 分别为第 i 个频带的修正值和插入损失。

2) 传声损失

GB/T 4760—1995 规定了在实验室测量消声器传声损失的方法。消声器进口端入射声能与出口端透射声能相对比较，入射声与透射声声功率级之差，称为消声器的传声损失。在通常情况下消声器进口端与出口端的通道截面相同，声压沿截面近似均匀分布，这时传声损失等于入射声与透射声的声压级之差。

测量消声器的传声损失，必须在实验室给定工况下分别在消声器两端进行，在消声器进口端测出对应于入射声的倍频程或 1/3 倍频程声功率级，在出口端测出对应于透射声的相应声功率级。各频带传声损失等于两端分别测量所得频带声功率级之差。一般应以管道法测量入射声和透射声的声压级。

各频带传声损失可由下式决定：

$$R = \overline{L}_{p\mathrm{i}} - \overline{L}_{p\mathrm{t}} + (K_{\mathrm{t}} - K_{\mathrm{i}}) + 10\lg(S_{\mathrm{i}} / S_{\mathrm{t}}) \tag{6.3.4}$$

式中，$\overline{L}_{p\mathrm{i}}$ 和 $\overline{L}_{pt}$ 分别为入射声声压级和透射声声压级；K_{i} 和 K_{t} 则分别为入射声和透射声的背景噪声修正值；S_{i} 和 S_{t} 分别为消声器上游和下游管道通道截面面积。当实际使用的噪声源频谱为已知时，由实测各频带传声损失，可以参照式(6.3.2)和式(6.3.3)计算出 A 计权传声损失。

3) 减噪量

在消声器进口端面测得的平均声压级与出口端面测得的平均声压级之差称为减噪量，其关系式如下：

$$L_{\mathrm{NR}} = \overline{L}_{p1} - \overline{L}_{p2} \tag{6.3.5}$$

式中，$\bar{L}_{p1}$ 和 $\bar{L}_{p2}$ 分别为消声器进口和出口端面的平均声压级。

这种测量方法误差较大，易受环境反射、背景噪声、气象条件影响，因而实际使用较少，有时用于消声器台架相对测量比较。

4) 衰减量

消声器内部两点间的声压级的差值称为衰减量，主要用来描述消声器内声传播的特性，通常以消声器单位长度的衰减量(dB/m)来表征。

除了上述 4 种方法之外，有时为了定量地分析比较某些消声器的性能，也给出一些其他的评价指标。例如消声指数，它是单位当量长度、单位当量横断面面积的消声量，即参考体积的消声量。

以上几种评价消声器性能的方法中，传声损失和衰减量本质上属于消声器本身的特性，它受声源与环境影响较小(不包括气流速度的影响)，而插入损失、减噪量不单是消声器本身的特性，它还受到声源端点反射以及测量环境的影响。因此，在给出消声器消声效果(消声量)的同时，一定要注明是采用何种方法、在何种环境下测得的。

目前，一般采用静态消声量来表示消声器的消声效果，因为静态消声量是一个定值，而动态消声量受气流速度的影响，是一个不定值，故评价指标以用静态消声量为宜。当声源经静态消声后的剩余声级(简称静态出口声级)大于消声器气流噪声级时，消声器的动态、静态消声量基本一致，不受气流的影响；当消声器静态出口声级低于消声器气流噪声级时，则消声器的动态消声量低于静态消声量，其差值随流速的增加而增大；当气流噪声级大于消声器入口声级时，此时消声器不仅不能消声，反而变成了一个噪声放大器。为解决静态和动态消声量可能不一致的问题，有些消声器产品已采用静态消声量和气流噪声级两个指标同时表示产品的声学性能。

6.3.2　大型消声器声学性能测量

这里的大型消声是指单元并排式大型阻性消声器，它可以视为由数个阻性基本单元并行排列组成，且整体尺寸(断面或长度)较大，超过了常规实验室测试装置可以接受尺度的消声器。其中的基本单元是指由大型消声器的断面特征分割而成，尺寸和形状完全一致的最小消声器模块。采用该模块，通过并排组合的方式，能够完整复原大(尺寸)型消声器的断面特征。

当待测消声器整机几何尺寸过大，无法依据 GB/T 25516—2010《声学 管道消声器和风道末端装置单元的实验室测量方法 插入损失、气流噪声和全压损失》在常规试验台进行消声器声学性能和空气动力性能测量时，GB/T 25516—2010 规范性附录 E 中给出了采用较小宽度和高度的消声器模型进行测试的要求。

GB/T 36079—2018《声学 单元并排式阻性消声器传声损失、气流再生噪声和全压损失系数的测定 等效法》以 GB/T 25516—2010 附录 E 中给出的方法为依据，对采用该方法进行测量的模型选定准则进行了详细规定，并补充给出了对较长消声器采用局部长度进行测量，通过计算推定待测消声器整机声学性能和空气动力性能的过程，获得等效测定结果的方法。需要说明的是，GB/T 36079—2018 在 ISO 中没有对应的标准，它是我国独立制定出来的。下面依据该标准介绍大型消声器声学性能的测量方法[25]。

1. 测量单元断面及长度的确定

根据待测消声器分解的基本单元，确定组成测量单元的基本单元行列数，优先选择可在实验室测量的最大行列数构成测量单元。图 6.3.1 中给出了片式消声器的测量单元典型断面图。

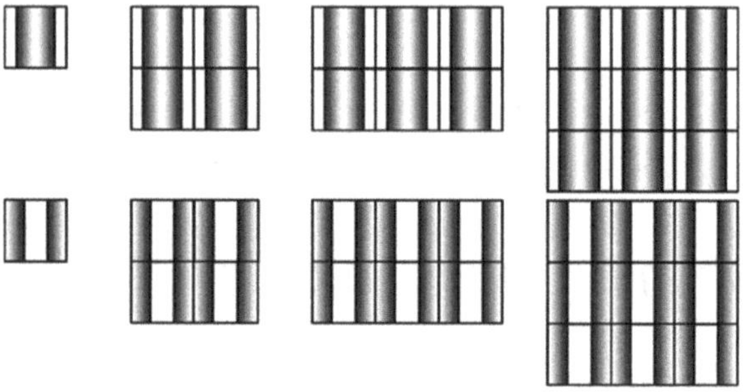

图 6.3.1 片式消声器的测量单元典型断面图

应确定截面构造和端部形式完全相同的长度分别为 l_1 和 l_2 的两个测量单元，分别标识为测量单元 A 和测量单元 B，其有效长度分别满足 $l_1 \geqslant 900$ mm，$l_2 \geqslant 1.5l_1$。l_2的选择需要对长度为l_2的测量单元传声损失进行预计,要求在测量频率(或频带)内的测量装置极限插入损失比测量单元的传声损失至少大 10 dB。

2. 测量方法和步骤

(1) 对测试频率范围内的各个频带,按 GB/T 25516—2010 分别测量多种迎面风速(典型地,可选取 $v_i \approx 0$ m/s、2 m/s、4 m/s、6 m/s、8 m/s、10 m/s、12 m/s、14 m/s)下，测量单元 A 和测量单元 B 的动态插入损失，获得表 6.3.1 中所列的多组数据。

表 6.3.1 测量单元在不同风速下的插入损失

迎面风速 ᵃ v_f / (m/s)	0	2	4	6	8	10	12
测量单元 A($l = l_1$)	$D_{i,A,0}$	$D_{i,A,2}$	$D_{i,A,4}$	$D_{i,A,6}$	$D_{i,A,8}$	$D_{i,A,10}$	$D_{i,A,12}$

续表

迎面风速ª v_f / (m / s)	0	2	4	6	8	10	12
测量单元 B($l=l_2$)	$D_{i,B,0}$	$D_{i,B,2}$	$D_{i,B,4}$	$D_{i,B,6}$	$D_{i,B,8}$	$D_{i,B,10}$	$D_{i,B,12}$

注 1:每格数据为相应测试频带的插入损失。
注 2:当测量数据与测量系统的极限插入损失差值不足 10 dB 时,需要记录为 ">"。
注 3:正向气流(声波传播方向与气流同向)与反向气流(声波传播方向与气流反向)需要分别测量。
注 4:表中插入损失的下标标识为测量单元和迎面风速。
a 以实际测量值为准。

(2) 对测量频率范围内的各个频带，按 GB/T 25516—2010 分别测量多种迎面风速(典型地，可选取 $v_f \approx 2$ m/s、4 m/s、6 m/s、8 m/s、10 m/s、12 m/s、14 m/s)下，测量单元 A 和测量单元 B 的气流再生噪声，获得表 6.3.2 中所列的多组数据。

表 6.3.2　测量单元在不同风速的气流再生噪声声功率级

迎面风速ª v_f / (m / s)	2	4	6	8	10	12	14
测量单元 A($l=l_1$)	$L_{W,A,2}$	$L_{W,A,4}$	$L_{W,A,6}$	$L_{W,A,8}$	$L_{W,A,10}$	$L_{W,A,12}$	$L_{W,A,14}$
测量单元 B($l=l_2$)	$L_{W,B,2}$	$L_{W,B,4}$	$L_{W,B,6}$	$L_{W,B,8}$	$L_{W,B,10}$	$L_{W,B,12}$	$L_{W,B,14}$

注 1:每格数据为相应测试频带的气流噪声声功率级。
注 2:当测量数据与背景噪声数据的差值不足 10 dB 时,需要记录为 "<"。
注 3:上游端气流噪声与下游端气流噪声须分别测量。
注 4:表中气流噪声声功率级的下标标识为测量单元和迎面风速。
a 以实际测量值为准。

(3) 按 GB/T 25516—2010，分别测量多种迎面风速(典型地,可选取 $v_f \approx 2$ m/s、4 m/s、6 m/s、8 m/s、10 m/s、12 m/s、14 m/s)下，测量单元 A 和测量单元 B 的全压损失,获得表 6.3.3 中所列的多组数据。

表 6.3.3　测量单元在不同风速的全压损失

迎面风速ª v_f / (m/s)	2	4	6	8	10	12	14
测量单元 A($l=l_1$)	$\Delta p_{A,2}$	$\Delta p_{A,4}$	$\Delta p_{A,6}$	$\Delta p_{A,8}$	$\Delta p_{A,10}$	$\Delta p_{A,12}$	$\Delta p_{A,14}$
测量单元 B($l=l_2$)	$\Delta p_{B,2}$	$\Delta p_{B,4}$	$\Delta p_{B,6}$	$\Delta p_{B,8}$	$\Delta p_{B,10}$	$\Delta p_{B,12}$	$\Delta p_{B,14}$

注:表中全压损失的下标标识为测量单元和迎面风速。
a 以实际测量值为准。

(4) 根据表 6.3.3 的数据和式(6.3.6)获得测量单元 A 和单元 B 的全压损失系数(表 6.3.4)。

$$\xi = \xi_s + \xi_f = \xi_s + \xi_1 \cdot l \tag{6.3.6}$$

式中，ξ 为全压损失系数，无量纲；ξ_s 为出入口局部压力损失系数，无量纲；ξ_f 为沿程摩擦压力损失系数，无量纲；ξ_l 为单位长度的摩擦压力损失系数，单位为 m^{-1}。

表 6.3.4　测量单元在不同风速的全压损失系数

迎面风速 [a] v_f / (m/s)	2	4	6	8	10	12	14
测量单元 A($l=l_1$)	$\xi_{A,2}$	$\xi_{A,4}$	$\xi_{A,6}$	$\xi_{A,8}$	$\xi_{A,10}$	$\xi_{A,12}$	$\xi_{A,14}$
测量单元 B($l=l_2$)	$\xi_{B,2}$	$\xi_{B,4}$	$\xi_{B,6}$	$\xi_{B,8}$	$\xi_{B,10}$	$\xi_{B,12}$	$\xi_{B,14}$

注:按测量记录时的迎面风速的精确值换算全压损失系数。

a 以实际测量值为准。

由此，按 GB/T 25516—2010 的相关规定可计算出测量单元 A 和单元 B 的全压损失系数 ξ_A 和 ξ_B。

3. 传声损失的确定

在修正环境背景噪声、气流再生噪声和测量系统的侧向传声的影响后，风速从 0～20 m/s 的变化，对同一消声器(测量单元)的插入损失/传声损失的影响造成的差异可忽略。但在测量实践中，会有较为明显的差异，这属于测量误差。为减少误差，根据 GB/T 25516—2010 中的测量数据，取算术平均值。测量单元 A 和测量单元 B 的插入损失 $D_{i.A}$ 、$D_{i.B}$ 分别按式(6.3.7)和式(6.3.8)计算：

$$D_{i,A} = \frac{D_{i,A,0} + D_{i,A,2} + D_{i,A,4} + D_{i,A,6} + D_{i,A,8} + D_{i,A,10} + D_{i,A,12}}{7} \tag{6.3.7}$$

$$D_{i,B} = \frac{D_{i,B,0} + D_{i,B,2} + D_{i,B,4} + D_{i,B,6} + D_{i,B,8} + D_{i,B,10} + D_{i,B,12}}{7} \tag{6.3.8}$$

4. 气流再生噪声的确定

理论计算和实测结果表明，单元并排式消声器的气流噪声与其有效长度无关。待测消声器的气流再生噪声声功率级 L_W 可如下式表示：

$$L_W = L_{W,J} + K \cdot \lg\left(\frac{v_i}{v_0}\right) + 10 \cdot \lg\left(\frac{M}{N}\right) \tag{6.3.9}$$

式中，L_W 为待测消声器的气流再生噪声声功率级，单位为 dB；$L_{W,J}$ 为迎面风速为 1 m/s 时测量单元的气流再生噪声声功率级，单位为 dB；v_0 为基准风速，单位为 m/s，$v_0 = 1\text{m/s}$；N 为测量单元中的基本单元数量；M 为待测消声器中的基单元数量。主要注意的是，L_W，$L_{W,J}$和 K 为测试频率范围内相应频带的数据。

将测量得到的 12 组气流再生噪声声功率级数据(表 6.3.2)逐点绘制成如图 6.3.2 所示的形式，其中横坐标是迎面风速与基准风速比值(v_f / v_0)，纵坐标为气流再生噪声声功率级 L_W。随后将数据点线性拟合，在横坐标 v_f / v_0 =1 时纵坐标的值为 $L_{W,J}$，直线的斜率为 K。

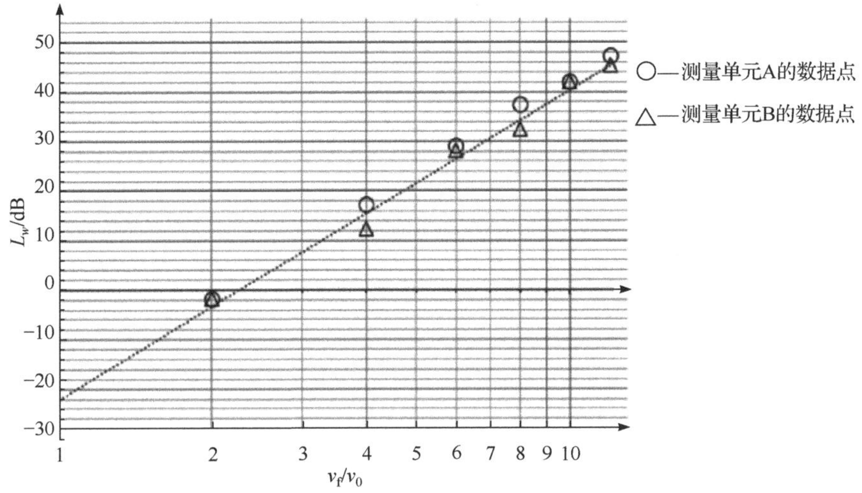

图 6.3.2　测量单元气流噪声声功率级与迎面风速的关系

5. 全压损失系数的确定

消声器的全压损失系数 ξ 按式(6.3.10)计算。将 GB/T 25516—2010 中测量得到的 ξ_A 和 ξ_B，以及测量单元 A 的有效长度 l_1、测量单元 B 的有效长度 l_2 代入式(6.3.11)计算单位长度的摩擦压力损失系数 ξ_l,代入式(6.3.12)或式(6.3.13)计算局部压力损失系数 ξ_s,结合待测消声器的有效长度 l 代入式(6.3.10)，计算得到待测消声器的全压损失系数 ξ，有

$$\xi = \xi_s + \xi_l \cdot l \tag{6.3.10}$$

式中，ξ_l 为单位长度的摩擦压力损失系数，无量纲，按式(6.3.11)计算；ξ_s 为局部压力损失系数，无量纲，按式(6.3.12)或式(6.3.13)计算；l 为待测消声器有效长度，单位为 m。它们的计算公式分别为

$$\xi_l = \frac{\xi_B - \xi_A}{l_2 - l_1} \tag{6.3.11}$$

$$\xi_s = \xi_A - \frac{\xi_B - \xi_A}{l_2 - l_1} \cdot l_1 \tag{6.3.12}$$

$$\xi_s = \xi_{\mathrm{B}} - \frac{\xi_{\mathrm{B}} - \xi_{\mathrm{A}}}{l_2 - l_1} \cdot l_2 \tag{6.3.13}$$

式中，ξ_{A} 为测量单元 A 的全压损失系数；ξ_{B} 为测量单元 B 的全压损失系数；l_1 为测量单元 A 的有效长度；l_2 为测量单元 B 的有效长度。

第 7 章　室内声场测量

室内声场测量是建筑声学设计、建造、评价和控制等领域的重要内容。早期的测量主要针对赛宾混响时间，随着建筑声学研究的发展，早期衰减时间、明晰度等一批新的评价指标被陆续提出，这些指标的测量是本章的重要内容。同时，本章还将介绍与室内声场紧密相关的参数，如房间脉冲响应、散射系数、头相关传递函数等的测量方法。此外，考虑到扬声器是室内声场测量中常用的声源，其性能参数的测量原理也包含在本章中。

7.1　室内音质评价指标测量

7.1.1　评价指标

赛宾提出的混响时间一直是室内音质评价的重要指标，但仅靠这一个指标尚不足以完整描述各类建筑内部的声学特性。过去几十年来，一系列音质评价指标相继被提出，可以大致将它们分为三类。

(1) 时间指标。主要度量声场内能量变化过程中的关键时间节点，包括混响时间(RT 或 T_{60})、早期衰减时间(EDT)、中心时间(T_{s})等。

(2) 能量指标。主要度量声场中在特定时间范围内的能量累积状况或不同时间范围内的能量对比情况，包括声压级(L_p)、清晰度(D)、明晰度(clarity，C_{te})、声场力度(G)等。

(3) 空间指标。主要度量声场中能量随空间位置变化而变化的情况，包括早期侧向反射声能比(LEF)、双耳互相关系数(IACC)等。

以上是目前最常用的指标，而且都可以根据室内脉冲响应求得。实际上，在不同的历史阶段或针对不同的声场类型，还有不少学者提出过其他的音质评价指标，如双耳中心时间、早后期声能比等。其中，在对语言可懂度有较高要求的场所应用较多的是语言传输指数(STI)和快速语言传输指数(RASTI)。它们是基于语音信号是由低频信号调制而成的基音波形这一假定，根据调制传递函数(MTF)推导而来的。由于这类指标与前述指标不同，并不是根据声场脉冲响应计算得来的，在这里不作详细介绍。以下介绍前述三类典型的声学指标的物理含义。

1. 混响时间

混响时间的长短是判断封闭空间，特别是大型建筑内音质特点的一个重要依据。在混响时间适宜的建筑内，一般认为声音有混响感、丰满而有力。如果混响时间过长，给人的感觉是回声很强，声音的清晰度会受到影响；混响时间过短，则使声音显得干涩、不饱满。因此，对于不同功能的声学结构，在设计时应当选择最符合其功能需要的混响时间。在大多数情况下，最佳混响时间的取值范围是0.03～5 s。

从理论上讲，可以通过赛宾公式或艾林(Eyring)公式求解混响时间，前提条件是声场满足扩散场的条件。

若已知空间的体积V、表面积S、平均吸声系数$\overline{\alpha}^*$，则赛宾公式是

$$T_{60} = 0.161\frac{V}{S\overline{\alpha}^*} \tag{7.1.1}$$

Eyring 公式是

$$T_{60} = 0.161\frac{V}{-S\ln(1-\overline{\alpha}^*)} \tag{7.1.2}$$

这两个公式的主要区别在于，赛宾认为室内声场的声能是连续衰减的，而Eyring 认为衰减曲线呈台阶形，即声波与界面碰撞一次就衰减一次。Eyring 的这种假设更符合室内声场的特点，因此，Eyring 公式在计算精度上高于赛宾公式，特别是对于那些平均吸声系数较大(大于 0.2)的声场，其计算精度远高于赛宾公式。

平均吸声系数反映各个界面的吸声特性，因此，通常取为室内声场内总吸声量与吸声总表面积的比值，即

$$\overline{\alpha}^* = \frac{\sum_{i=1}^{n}\alpha_i S_i}{\sum_{i=1}^{n} S_i} \tag{7.1.3}$$

如果考虑空气对于声传播衰减的影响，则有

$$\overline{\alpha}^* = \frac{\sum_{i=1}^{n}\alpha_i S_i + 4mV}{\sum_{i=1}^{n} S_i} \tag{7.1.4}$$

上式就是修正的混响时间计算公式。式中，S_i是任意一个界面的表面积；α_i是其吸声系数；$4m$是空气吸声系数。对于中、高频情况，由于空气吸声作用加强，

应当对其加以考虑。

混响时间在音质评价中的作用无疑非常重要，但是，许多建筑声学研究者发现，当不同的建筑具有相同的混响时间时，或者同一声场中位置不同时(混响时间相近)，音质的听感也往往存在很大的差异，这表明混响时间并不能反映室内声场内与音质有关的全部物理特性。

后来，一些类似的指标陆续被提出。其中，早期混响时间颇受关注。声压级从−5 dB 下降到−25 dB 以及从−5 dB 下降到−35 dB 所需的时间都可以作为早期混响时间，这里将它们分别记为 ET_{20} 和 ET_{30}。可以利用从−5 dB 下降到−25 dB 以及从−5 dB 下降到−35 dB 的曲线进行拟合而获得混响时间 T_{60}，对应的混响时间分别记为 T_{20} 和 T_{30}，它们可以分别由 ET_{20} 乘以 3 或 ET_{30} 乘以 2 得到。如果能量衰减曲线的线性程度较好，则 T_{20}、T_{30} 应该非常接近 T_{60} 的值，即有

$$T_{60} \approx T_{20}(= \mathrm{ET}_{20} \times 3) \approx T_{30}(= \mathrm{ET}_{30} \times 2) \tag{7.1.5}$$

2. 早期衰减时间

早期衰减时间(EDT)的定义是：能量衰减曲线 $E(t)$上从 0 dB 下降到−10 dB 所用的时间。它与 ET_{20}、ET_{30}、T_{60} 的关系如图 7.1.1 所示。

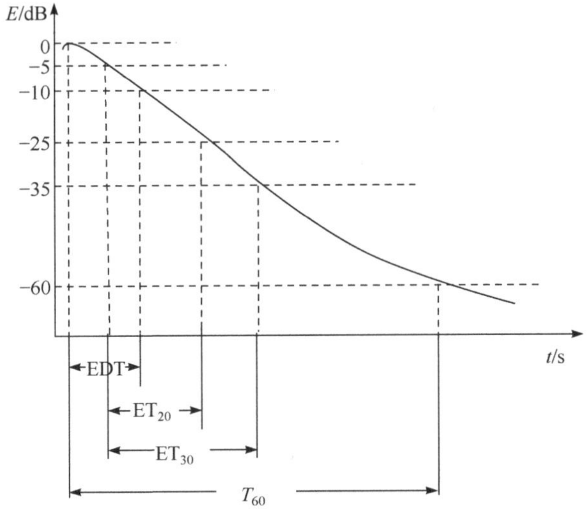

图 7.1.1　几种时间指标的定义

3. 中心时间

Kürer 提出中心时间这一概念是为了描述室内声场内的语言可懂度，公式如下：

$$T_s = \frac{\int_0^{\infty} t \cdot E(t) \mathrm{d}t}{\int_0^{\infty} E(t) \mathrm{d}t} \tag{7.1.6}$$

从 Kürer 的研究结果来看(图 7.1.2)，语言可懂度是随着中心时间的延长而呈下降趋势的。

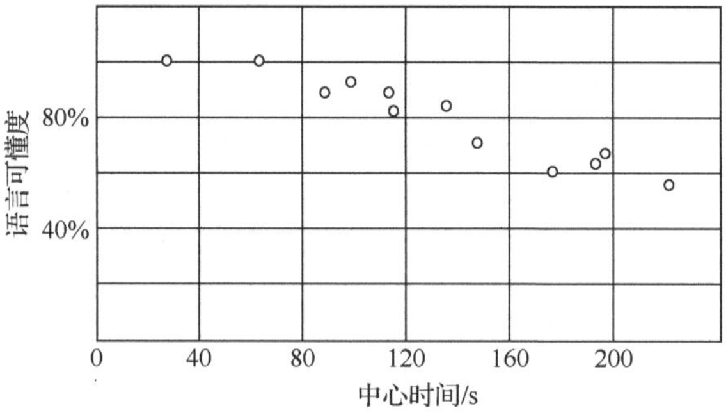

图 7.1.2　语言可懂度与中心时间的关系

4. 声压级

声压级是从声压分布的角度直接来反映声场的特性，通过该参数可以了解声场内各点的声压大小和均匀程度。它与主观上对响度的感觉是对应的。

在建筑声学中，常用 L_p 表示声压级，具体定义为

$$L_p = 20\lg \frac{p_e}{p_0} \tag{7.1.7}$$

其中，p_e 是声压有效值；p_0 是人耳能听到的最小声压，也称为参考声压，在空气中，该值取 $2\times10^{-5}\,\mathrm{N/m^2}$。

5. 声场力度

声压级等描述能量分布的指标可以较好地反映封闭空间内的声场分布情况，但并不能直接反映声源的特性。为此，人们引入了另一个指标——声场力度 G，其定义为

$$G = 10\lg \frac{\int_0^{\infty} p^2(t) \mathrm{d}t}{\int_0^{\infty} p_{10\mathrm{m}}^2(t) \mathrm{d}t} \tag{7.1.8}$$

式中，$p(t)$ 是某声源在实际空间中某点处的瞬时声压；而 $p_{10\mathrm{m}}(t)$ 则是该声源在自由场(消声室)中距其 10 m 处测得的瞬时声压。

6. 清晰度

对于一般的建筑，特别是语言类用途的建筑，声音的清晰度是非常关键的。与之相关的客观指标包括音节清晰度、语言传输指数、清晰度和明晰度等，其中，应用比较普遍的是后两个指标。这两个指标主要用于描述室内声场内反射声的重要成分(也包括直达声)与其他反射声之间的关系。通常，这些重要成分是指 50 ms 或 80 ms 以内的反射声。

清晰度的概念由 Thiele 提出，其定义为

$$D = 100\% \times \frac{\int_0^{50} E(t)\mathrm{d}t}{\int_0^{\infty} E(t)\mathrm{d}t} \tag{7.1.9}$$

其中，$E(t)$ 是能量衰减曲线。

这一指标的含义是要用一个类似于“级”的定义方式，将前 50 ms 内的反射能量、直达声与其余时间内的能量进行比较。Bore 研究了该指标与语言可懂度之间的关系，得出的结论是，两者之间确实存在明显的相关性(D 越大，对可懂度越有利)。

7. 明晰度

为了评价声场中的早后期声能的比较关系，Reichardt 等在 1973 年引入了一个指标——明晰度 C_{te}，有

$$C_{\mathrm{te}} = 10\lg \frac{\int_0^{\mathrm{te}} E(t)\mathrm{d}t}{\int_{\mathrm{te}}^{\infty} E(t)\mathrm{d}t} \tag{7.1.10}$$

式中，te =50 ms 或 80 ms，前者适于语言声，后者更适于音乐声。

例如，当 te =80 ms 时，反映的是前 80 ms 内的声能与剩余时间内声能的关系。研究表明，$C_{80} = 0$ 就表示主观明晰度感觉是满意的。该指标一般应在−5～3 取值。目前，明晰度已被越来越多的研究者接受，特别是在音乐厅和剧院的声学设计与分析中得到了认可。

不难证明，C_{50} 和清晰度 D_{50} 存在着定量的关系，即

$$C_{50} = 10\lg \frac{D_{50}}{1 - D_{50}} \tag{7.1.11}$$

8. 早期侧向反射声能比

在对声场空间感的研究中，侧向反射的重要性得到了认同，并用早期侧向反

射声能比 LEF 描述，其定义为

$$\text{LEF} = \frac{\int_5^{80} p_L^2(t)\mathrm{d}t}{\int_0^{80} p^2(t)\mathrm{d}t} \tag{7.1.12}$$

其中，$p_L^2(t)$ 指的是用“8”字形传声器测量的声压级。

Barron 通过研究发现，在 5～80 ms 的范围内，LEF 与入射声能，以及入射声方向与人耳夹角的余弦 $\cos\varphi$ 是成比例的。因此就有

$$\text{LEF} = \frac{\int_5^{80} [p(t)\cos\varphi]^2\mathrm{d}t}{\int_0^{80} p^2(t)\mathrm{d}t} \tag{7.1.13}$$

研究表明，对于较大的封闭空间，LEF 一般在[0，0.5]内取值。

9. 双耳互相关系数

IACC 是另一个应用广泛的描述空间感的指标。它利用人的左右耳接收到的脉冲响应信号的相关性来评价声场的空间特性。有研究表明，对各种室内声场，无论是通过人工头或真实听者，测试得到的 IACC 指标值与实际的空间感觉都非常吻合。

任意两个信号 $s_1(t)$ 和 $s_2(t)$ 的互相关函数为

$$\psi_{s_1 s_2}(\tau) = \lim_{T\to\infty}\frac{1}{T}\int_{-\frac{T}{2}}^{+\frac{T}{2}} s_1(t)s_2(t+\tau)\mathrm{d}\tau \tag{7.1.14}$$

因此，对于双耳脉冲响应 $p_\mathrm{L}(t)$、$p_\mathrm{R}(t)$，经过归一化后得到 IACC 的定义：

$$\text{IACC} = \max\left|\frac{\int_{t_1}^{t_2} p_\mathrm{L}(t)\cdot p_\mathrm{R}(t+\tau)\mathrm{d}t}{\sqrt{\int_{t_1}^{t_2} p_\mathrm{L}^2(t)\mathrm{d}t\cdot\int_{t_1}^{t_2} p_\mathrm{R}^2(t)\mathrm{d}t}}\right|, \quad |\tau|<1\text{ms} \tag{7.1.15}$$

其中，t_1 通常取为 0；t_2 通常取为 ∞(实际中应该是与混响时间在同一数量级的一个值)。

不难发现，IACC 与声场的空间感强弱是负相关的，也就是说 IACC 越小，空间感越强。研究显示，对于一些较大的封闭空间，IACC 在中频段的取值在 0.3 时可以获得比较理想的空间感。

7.1.2　测量方法

混响时间的测量是室内音质评价指标测量的重要内容，测量方法已经发展多年，最常用的方法之一是稳态噪声切断法。其思路是：先利用宽带噪声源在室内建立一个稳定的声场，然后突然使声源停止发声，记录室内声压级衰变的曲线，然后根据声压级衰减 60 dB 的时间求解混响时间，如图 7.1.3 所示。这种方法非常简便，也有不少基于该方法的仪器，如 B&K4417/4418 建筑声学分析仪。不过，这种方法一般需要重复测量多次,因为声衰减过程中不可避免地会产生瞬时起伏。

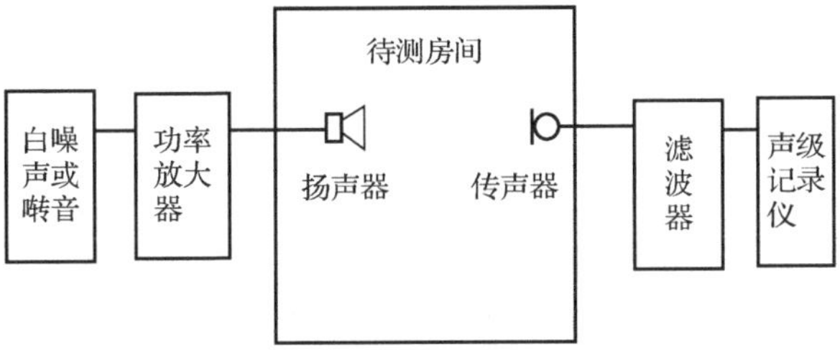

图 7.1.3　噪声切断法测量混响时间原理图

1965 年，德国哥廷根大学的施罗德(M.R.Schroeder)提出了脉冲响应积分法。该方法只需要一次测量即可获得能量衰减曲线，因为积分与群体平均是等效的。这种方法也称为施罗德积分法。其思路是，先测量声场脉冲响应，然后根据积分求解能量衰减曲线(EDC)，再根据声能衰减斜率计算混响时间。EDC 的求解公式为

$$E(t)=\int_{t}^{\infty}p^{2}(\tau)\mathrm{d}\tau \tag{7.1.16}$$

其中，p 为测量得到的声压脉冲响应函数。

这种脉冲反向积分法已被 ISO 3382 列为标准的混响时间测量方法。

根据前述其他声学评价指标的定义公式不难看出，只要确定了声场的时域脉冲响应，并确定它与能量衰减曲线的关系，就可按定义求得这些声学指标。因此，无论是描述时间的指标 T_{30}、EDT，还是描述声场中不同时间段内能量分布情况的指标 T_{s}、C_{80}，都可以利用脉冲反向积分法测量和计算得到。目前已有多种基于这种原理的室内声学测量系统(包括分析计算软件)，如 DIRAC、WinLMS。

可见，测量室内声学评价指标的关键是声场脉冲响应的测量。下面介绍其测量方法。

7.1.3　脉冲响应的测量要求

声场脉冲响应的测量原理框图如图 7.1.4 所示，以下分别讨论对各个主要设备的要求。

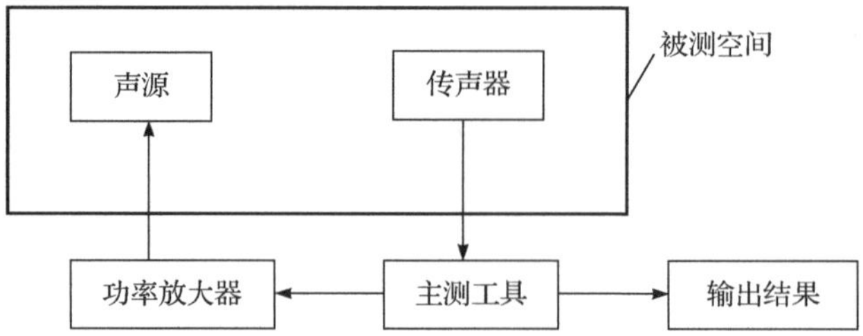

图 7.1.4　声场脉冲响应的测量原理框图

1. 声源

在室内声场测量实验中，声源应该是各向同性的或者称为无指向性声源。因此，一般的扬声器并不适用。

以往经常用电火花、发令枪、气球和模拟白噪声作为信号源。用气球爆裂声作为声源时，实验不能重复，其时频特性不稳定，测量精度较低，但实验装置成本低，操作简单且便于携带，与小型录音机配合使用，适于作为一般普查性的测量手段。用电火花作为声源时，可形成稳定的宽频带噪声，但在可重复性方面还不够理想。用电声系统产生的白噪声作为声源时，可以满足以稳态声场为基础的一般声学测量要求，但其声信号也不能完全重复，电声系统本身的响应特性也有一定的干扰作用。

由于实测的房间脉冲响应函数实际上是在一定时间间隔内作过能量平均后的结果，前述几种声源只适用于教堂等混响时间较长的空间，而且它们在指向性方面都难以满足各向同性的要求。

过去 30 多年来，数字信号源广被使用，它能完全克服模拟信号源的缺点。目前应用较多的是利用数字信号发生器激发十二面体或二十面体的近似球形声源，尤以前者更为普及，如图 7.1.5 所示。不过，即便是这种声源，也只是在低频条件下才称得上没有指向性。

如果不使用同步平均等技术增大衰减范围，则必须有较高的信噪比，才能保证测量精度。一般要求声源级比背景噪声至少高 45 dB。如果只测量 T_{20}，声源级比背景噪声高 35 dB 即可。如果利用伪随机序列作为输入信号，则所需要的声压级可能不必很高，原因是此时可以用相关平均法提高信噪比。

目前应用较多的输入信号是最大长度序列(MLS)。这种信号包括一系列的脉冲信号，每一个信号的振幅相同(归一化到 1)，但是极性会以某种特定方式变化(如振幅为+1 或−1)。MLS 信号的频谱看上去像白噪声频谱，但是没有白噪声信号的统计属性，振幅或+1 或−1，不符合高斯分布。利用 MLS 信号激励声源测量混响时间的最大优点是它可以完全重复，这就使得利用同步平均对脉冲响应进行处理从而提高信噪比成为可能。不过，由于 MLS 信号是周期性信号，在测量混响时间时，一般要求其长度应该至少与被测的混响时间(测量前可以粗略估计)相等。

2. 接收传声器

在测量时间感声学指标时，测量点的传声器一般应该是无指向性的。

在测量侧向声能比 LEF 时，应选择“8”字形指向性的传声器。由于它对主轴上的声音最为敏感，应该使其主轴方向对准声源。在测量双耳互相关系数 IACC 时，则需要借助人工头(图 7.1.6)，而且在放置时，一般应该保持使其耳部高于地面 1.2m。

图 7.1.5　十二面体声源

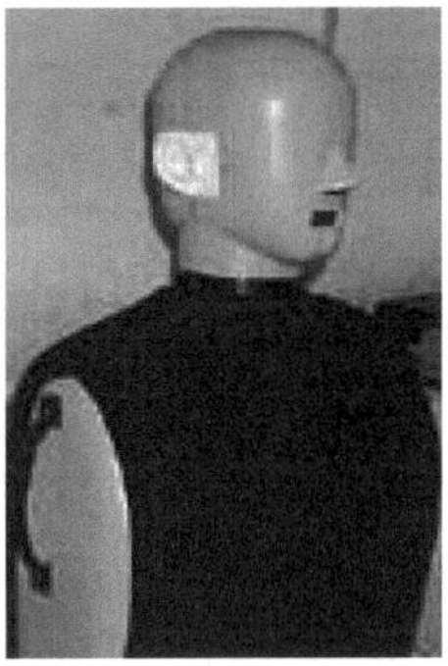

图 7.1.6　人工头

ISO 3382 规定，在利用 MLS 信号测量声场脉冲响应时，接收传声器至少应该距最近的墙壁有 1/4 波长的距离，例如，一般取 1 m 为最小距离。该标准对接收传声器与声源的距离也有规定，即至少为

$$d_{\min}=\sqrt{\frac{4V}{cT}} \tag{7.1.17}$$

式中，V 是被测空间的体积；c 是声速；T 是预估的混响时间值。

3. 主测工具

过去，在室内声场测量中，常用模拟信号源激励扬声器，并用电平记录仪、频谱分析仪等设备来记录和分析声场的衰减情况。随着计算机在现代测量技术中的应用，已发展为利用专门的软件作为主测工具，这些软件一般兼具数字信号产生、记录、分析处理和结果输出的功能，能够控制整个测量过程，非常方便实用。这类软件中具有代表性的是丹麦的 DIRAC、挪威的 WinMLS 等。

4. 测量频率

测量频率一般不应少于以下 6 个倍频程中心频率：125 Hz、250 Hz、500 Hz、

1000 Hz、2000 Hz、4000 Hz。对于那些对音质要求高的场所，如甲级剧场，最好加测倍频程中心频率 63 Hz 和 8000 Hz。

用于噪声控制目的的房间，测量频率不应少于以下 18 个 1/3 倍频程中心频率：100 Hz、125 Hz、160 Hz、200 Hz、250 Hz、315 Hz、400 Hz、500 Hz、630 Hz、800 Hz、1000 Hz、1250 Hz、1600 Hz、2000 Hz、2500 Hz、3150 Hz、4000 Hz、5000 Hz。

对音质有特殊要求的房间，如广播录音室、电视演播室等，可参照相关广播电影电视混响测试行业规范的频率范围：63～10000 Hz，共 24 个频段。

5. 室内环境

如果是对房间进行音质评价或对声学施工进行验收而进行的测量，房间应处在正常使用状况，也就是已装修完成、正在使用或已经可以使用。房间中应包括座椅、家具、灯具等设施，门或窗应能正常闭启。如果是在施工期间进行测量，应在报告中详细描述室内状况，包括施工阶段，室内放置的器械或物品，洞口是否封闭等。

室内背景噪声应满足测量要求。测量时，房间门窗应该关闭，禁止人员走动和讲话，尽可能降低设备噪声。在测量频率范围内，传声器位置处的背景噪声声压级应比声源产生的声压级至少低 35 dB。由于脉冲反向积分法能提高信噪比，这一数值可放宽到 25 dB。测量期间如存在偶发噪声，则每次测量后应立即观察声压级衰变曲线，确定衰减是否受到噪声影响。如果影响显著，则应舍弃这期间的测量结果。

测量期间需保证室内具有恒定的相对湿度和温度。当相对湿度变化超过±10%、温度变化超过±2℃时，应停止测量；室内相对湿度大于 90%时，应停止测量(游泳馆等正常使用时高潮湿的环境除外)。相对湿度和温度的测量精确度需分别达到±5%和±1℃。

7.1.4 头相关传递函数的测量

头相关传递函数(HRTF)的时域形式就是头相关脉冲响应(HRIR)，即自由场中声源到双耳的脉冲响应。因此，HRTF 的测量与一般的脉冲响应测量在本质上是相同的，只是通道数发生了变化。一般的测量过程如图 7.1.7 所示。

声源同样应该是脉冲声源。接收者可以是真人，也可以是人工头或带躯干的人工头模型。通过真人测量可以获得个性化的 HRTF，但被测者在测量中很难保证头部的稳定，会影响测量精度；利用模型测量，其稳定性好，但获得的 HRTF 与真人测量结果仍然有差别，难以反映不同类别个体的生理特征。

此外，为满足全空间离散点的测量，应当测量尽可能多的空间方位，它们应该在头部周围的空间均匀分布。可以采用三种方式：

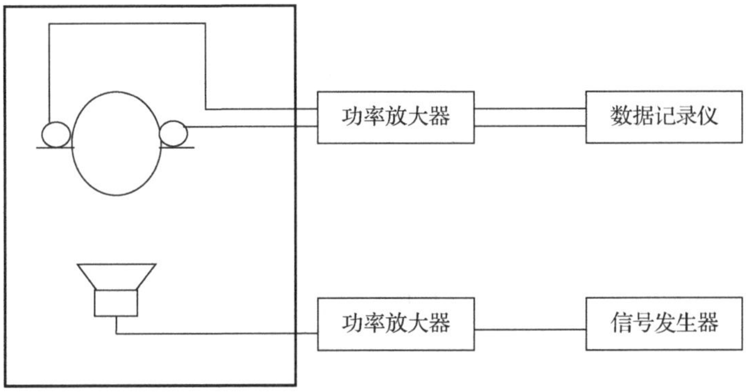

图 7.1.7　双耳脉冲响应测量系统组成框图

(1) 被测者双耳位置固定，采用单个可移动的声源逐次变换空间位置，从而完成各个空间点的采样；

(2) 同样固定被测者双耳，但在空间各个离散点上均匀放置多个完全相同的声源，利用电路控制各个声源的通电和断电来逐一进行测量；

(3) 固定声源位置，被测者置于可转动装置上，不断转动位置完成各个空间方位的测量。

7.2　扩散体散射系数的测量

室内界面属性参数中可测量的参数主要包括吸声系数、隔声量、散射系数，其中，前两个参数的测量方法已在前面的章节中给出，这里仅介绍散射系数测量方法。

散射系数类似于吸声系数，也是影响声场分布的重要参数，但由于散射现象只是在近十几年才受到重视，散射系数的测量方法还不够完善。目前有消声室法和混响室法两种可用的散射系数方法。根据 ISO 标准，应该在混响室中通过脉冲响应同步平均法来测量无规入射时的散射系数，这一方法是 M.Vorländer 最先提出的。

根据散射系数的定义，有

$$s=\frac{1-\alpha_{\rm r}-|r_{\rm s}|^2}{1-\alpha_{\rm r}} \tag{7.2.1}$$

式中，s 是无规入射时的散射系数；$\alpha_{\rm r}$ 是界面无规入射时的吸声系数；$r_{\rm s}$ 是镜面反射系数。若令 $\alpha_{\rm s}$ 为无规入射时的“镜面吸声系数”，则有

$$\alpha_{\rm s}+|r_{\rm s}|^2=1 \tag{7.2.2}$$

于是有

$$s = \frac{\alpha_s - \alpha_r}{1 - \alpha_r} \tag{7.2.3}$$

式中，α_r 可以按 6.2.2 节已介绍的混响室法等方法测量得到，因此，测量 s 的关键在于测量镜面吸声系数 α_s。这可以利用脉冲响应同步平均法来进行测量，具体方法如下所述。

在缩尺混响室中(图 7.2.1)，将声源和传声器位置固定，把界面试件放置在转台上，使试件转动，每转动一个小角度，测量得到一个脉冲响应，转动 N 周可以测得 N 个脉冲响应。假定这些脉冲响应中的散射成分在统计上是独立的，即不相干，而镜面反射声能是完全相关的，则把这些脉冲响应进行同步平均后就可以使散射声能互相抵消。

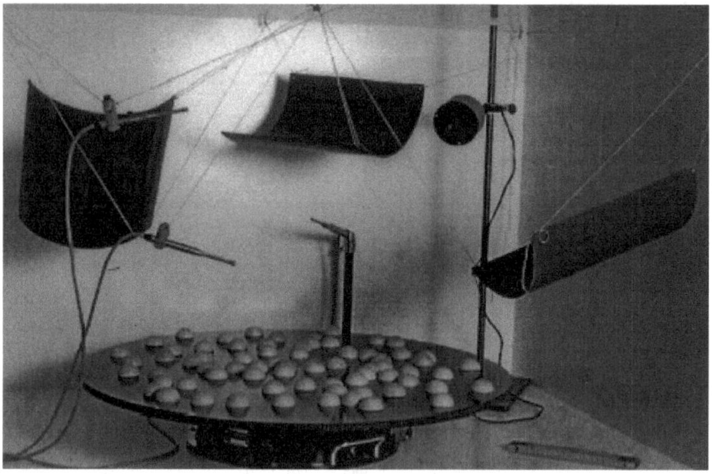

图 7.2.1　Vorländer 实验模型

经过同步平均后，声场的能量衰减曲线可以近似表示为

$$E(t) \approx (N-1)\exp\left[\frac{cA}{4V}\ln(1-\bar{\alpha})t\right] + \exp\left[\frac{cA}{4V}\ln(1-\bar{\alpha})\right] \tag{7.2.4}$$

其中，c 为声速；A 为混响室的内表面积；V 是混响室的体积；$\bar{\alpha}$ 是放置了试件后测量得到的平均混响时间，它可以根据下式计算：

$$\bar{\alpha} = \frac{\alpha_0 \cdot (A - A_s)}{A} + A\alpha_s \tag{7.2.5}$$

式中，α_0 是未放置试件时的室内平均吸声系数；A_s 是试件的表面积。
当试件转动的角度很小，即 N 足够大时，$E(t)$的第二项可以忽略，该式就变为

$$E(t) \approx (N-1)\exp\left[\frac{cA}{4V}\ln\left(1-\alpha_0 - A\alpha_s + \frac{\alpha_0 A_s}{A}\right)t\right] \tag{7.2.6}$$

这相当于试件吸声系数为 α_s 时的混响场衰减公式。于是，可以按照前文所述的测量方法得到脉冲响应，并由脉冲响应的反向积分法得到能量衰减曲线。ISO 标准规定，用衰减曲线上–5～–20 dB 的部分经过线性拟合估计混响时间，进而就可以求得 α_s 和该试件表面上无规入射时的散射系数 s 。

7.3　扬声器和扬声器系统电声参数的测量

扬声器是室内声环境中的重要组成部分(主要用作声源)，也是完成前述各种室内声学测量所不可或缺的设备。因此，以下对扬声器及由多个扬声器组成的系统的电声性能描述参数和测量方法加以介绍。

7.3.1　扬声器和扬声器系统电声参数

1. 额定阻抗和阻抗曲线

为确定信号源施加给扬声器或扬声器系统的电功率，常用一个纯电阻来替代扬声器或扬声器系统作为负载，该纯阻即为扬声器或扬声器系统的额定阻抗，其数值由制造厂规定，是用于计算和馈给扬声器电功率的基准。通常，该值为额定频率范围内可得到最大功率的阻抗模的最低值，或不高于此阻抗模最低值的 20%的任何值。

扬声器阻抗随频率变化的特性称为扬声器阻抗特性，对应的曲线称为扬声器阻抗曲线。从阻抗曲线上可以测量扬声器的谐振频率、振动系统的 Q 值、最佳匹配的阻抗以及高频感抗部分的变化情况，这对扬声器和信号源的匹配、扬声器的低频设计以及扬声器箱的设计等都是很重要的参数。

2. 频率响应

在自由场条件下，相对于参考轴和参考点的规定位置，以恒压法或恒流法测得扬声器的输出声压级随频率的变化，称为扬声器的频率响应。对应的曲线为频率响应曲线，简称频响曲线。

频率响应是扬声器的重要性能参数之一，它反映扬声器对不同频率的电信号转换成声辐射的能力。根据不同用途选用扬声器时，首先要考虑的就是频率响应以及与其相关的有效频率范围和不均匀度。如对高保真扬声器，则要求频率响应平直，频率范围宽，不均匀度小；对一般收音机和电视机用的扬声器，因其低频受箱体的限制，高频受电噪声的影响，频率响应不要求太宽。

3. 指向性

扬声器在电信号激励下向空间辐射声波的波长随频率的增加而缩短，当波长与扬声器本身的线度可比拟时，由于声波的相互干涉，扬声器辐射的声波会明显地出现指向性，而且频率越高，指向性就越强。在设计和使用扬声器时，其指向性是必须考虑的重要参数。例如在厅堂扩声系统设计时，为获得均匀的声场，必须考虑到扬声器的指向特性。扬声器的指向特性通常用指向性图、指向性因数或指数，以及指向性频率特性来表征。

扬声器指向性图是指在自由场条件下，在规定的平面上，对某规定的频率，扬声器辐射声波的声压级随辐射方向变化的曲线。

指向性因数是指在自由场条件下，在某一给定频率或频带内，在选定的参考轴上某点所测得的声强与被测扬声器辐射相同功率的点声源，在相同的测试点上所产生的声强之比。一般用 $Q(f)$表示其指向性因数。

指向性指数是指用分贝表示的指向性因数，表达式为 $D_{\mathrm{I}}(f)=10\lg Q(f)$ ，单位为 dB。

指向性频率特性是指在若干规定的声波辐射方向上，测得的扬声器频响曲线族。此外，也可用等声压级曲线来表征扬声器指向性特性，即以频率 f 为横坐标，以夹角 φ 为纵坐标，绘出等声压级的曲线图。

4. 灵敏度(级)

在规定的频率范围内，在自由场条件下，相当于馈给扬声器额定阻抗上 1W 粉红噪声信号的电压时，在其参考轴上距离参考点 1 m 处产生的声压，称为扬声器特性灵敏度，简称扬声器灵敏度，单位为 Pa/(W · m)。当用分贝来表示扬声器特性灵敏度时，则称特性灵敏度级，单位为 dB/(W · m)。

5. 有效频率范围

在扬声器的频率响应曲线上，比在灵敏度最大区域的一个倍频程带宽的平均灵敏度低某一规定值(通常为 10 dB)处画一水平直线，与频率响应曲线相交的上下频率所包围的频率范围，称为扬声器有效频率范围。相交的上下频率点即为有效频率上下限。

用纯音信号测量频率响应曲线时，有的也规定在扬声器的频率响应曲线上声压级最大点起下降某一规定值(通常为 10 dB)处画一条水平线，与频响曲线相交的上下频率所包围的频率范围，即为扬声器的有效频率范围。若规定的下降分贝值一样的话，则后者的要求比前者更高些。

6. 扬声器共振频率

扬声器共振频率也称扬声器谐振频率，是指在阻抗曲线上，扬声器电阻抗模值随频率上升的第一个峰值所对应的频率。

7. 失真

扬声器失真有多种，如谐波失真、互调失真、差频失真、瞬态失真和相位失真等。

(1) 谐波失真。由扬声器振幅非线性引起的一种失真。当扬声器输入某一频率的正弦电信号时，扬声器输出声信号中除了原输入之基波信号外，还出现有整数倍于基波频率的信号，即谐波，而这种现象就是谐波失真。谐波失真大小通常用这些谐波声压的有效值与总声压的有效值之比表示。

(2) 互调失真。振幅非线性的一种表现形式。当用只含 f_1 和 f_2 的复合信号源策动扬声器时，在其声输出中除了原信号外，还出现调制分量，即出现频率为 $f_2 \pm f_1$ 和 $f_2 \pm 2f_1$ 的互调边带，称为互调失真。

(3) 差频失真。也是振幅非线性的一种表现形式。当扬声器在额定频率范围内，加以振幅相等的两个频率 f_1 和 f_2 信号时，在其声输出中除了原信号外，还会出现 f_2-f_1、$2f_2-f_1$ 和 $2f_1-f_2$ 的信号，称为差频失真。

(4) 瞬态失真。由于扬声器振动系统跟不上快速变化的电信号而引起输出波形的失真。扬声器的瞬态失真与它的频率响应、振膜的阻尼以及相位特性等有关。

目前谐波失真的测量技术较为完善，是扬声器标准中主要考核的一种失真。

8. 声功率

在以 f 为中心频率的某一频带内的电信号馈给扬声器时，所辐射的总声功率即为扬声器的声功率。

9. 效率

在以 f 为中心频率的某一频带内，扬声器所辐射的声功率与馈给它的电功率之比，称为扬声器效率。

10. 品质因数

电动式扬声器(或闭箱扬声器系统)的品质因数 Q 定义为在共振频率点处声阻抗的惯性抗(或弹性抗)与纯阻之比。这个定义不宜推广应用到其他类型的扬声器中。

电动式扬声器的品质因数 Q 值的大小与频率响应、瞬态失真有密切关系。Q

值太大，纸盆扬声器低频谐振频率f_0处峰值太高，出现一尖峰，低频响应变差，而且扬声器的瞬态失真增大。适当减小可使低频响应平直展宽，而瞬态失真减小。一般Q值取0.3～0.45，且视不同用途而定。例如开口音箱相对于封闭音箱，Q值的选用可以低一些。

11. 电功率

扬声器功率包括最大噪声功率、长期最大功率、短期最大功率和最大正弦功率。

(1) 最大噪声功率是指用最大噪声电压的平方与额定阻抗的比值表示的电功率。所谓的最大噪声电压是指在额定功率范围内，馈给扬声器以规定的模拟节目信号，而不产生热和机械损坏的最大噪声电压值。进行此项试验时，应连续工作100h后考核是否合格。

(2) 长期最大功率是指用长期最大电压的平方与额定阻抗的比值表示的电功率。所谓的长期最大电压是指在额定频率范围内，馈给扬声器以规定的模拟节目信号，信号持续时间为1 min，间隔为2 min，重复10次，而扬声器不产生永久性损坏的最大噪声电压。

(3) 短期最大功率是指用短期最大电压的平方与额定阻抗的比值表示的功率。所谓的短期最大电压是指在额定频率范围内馈给扬声器以规定的模拟节目信号，信号持续时间为1s，间隔为60s，重复60次，而扬声器不产生永久性损坏的最大噪声电压。

(4) 最大正弦功率是指用额定最大正弦电压的平方与额定阻抗的比值表示的功率。所谓的额定最大正弦电压是指产品标准对其扬声器在额定频率范围内，能承受连续正弦信号而不产生热的和机械的损坏所规定的最大正弦电压值。此电压一般规定持续1 h。因电压值随频率不同而不同，在不同的规定频率范围内，可给出不同的电压值。

上述四种最大功率都是由生产厂家规定的，考核所生产的扬声器最大可承受各种功率的能力，故有的在其前冠以“额定”两字，即额定最大噪声功率、额定长期最大功率、额定短期最大功率、额定最大正弦功率。

7.3.2 扬声器和扬声器系统的测量方法

1. 测量条件

扬声器和扬声器系统电声性能测量结果，除了与其本身的性能有关外，还与测量环境、安装方式及测量信号有关，为获得合理、可靠、可对比的测量结果，必须对影响测量结果的测量条件作出合理的、统一的规定。

1) 测试声场

(1) 自由声场。

扬声器电声性能测量需要在自由声场条件下进行，以避免反射声和环境噪声对测量结果的影响。全消声室可以满足这种情况。

(2) 半空间自由声场。

为了放宽测量声环境，有的标准提出了半空间自由场条件。如图 7.3.1 所示，某一面为一个无限大的反射面(平面的线度比最低工作频率的波长大)，前方为自由声场。即其一面为全反射平面，其余为全部接近全吸声面的封闭空间。在此半空间中测量所需的空间内，点声源所辐射的声压 p 和距离 r，应满足 $p\infty 1/r$ 定律，误差不超过±10%。

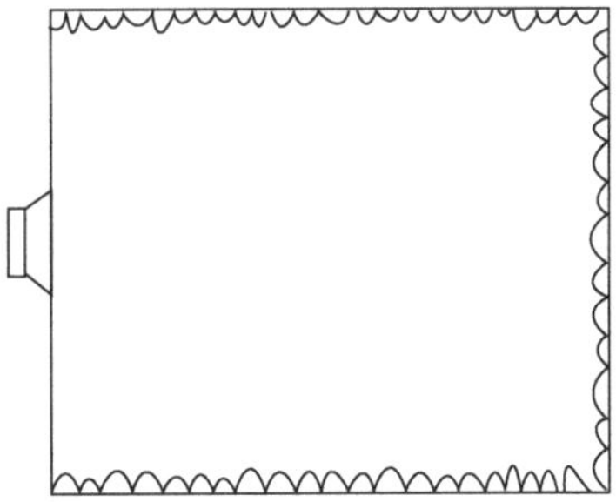

图 7.3.1　半空间自由场

自由声场或半空间自由声场可用于测量扬声器和扬声器系统的灵敏度、频率响应、失真等多项技术参数。

(3) 混响声场。

用混响法测量扬声器声功率时，需要在混响声场中测定，混响室可满足此类需要。

2) 测量时有关条件的规定

(1) 障板。

扬声器单元不装在障板上时，其纸盆两面都向外辐射声波且相位相反，当频率较低时，前后两列波发生干涉，因相位相反而互相抵消，频率越低抵消越厉害，辐射的声功率就越低。为此，有关标准规定在消声室内测量时，扬声器单元必须安装在一种标准障板上，以减少低频互相抵消并使测量结果有可比性。标准障板的尺寸和结构如图 7.3.2 所示。

这种障板主要适用于测量 8in(1in=0.0254 m)(ϕ200 mm)以下的扬声器单元，因为它的使用条件是 $ka\leqslant 3$，对 8in 扬声器有效半径 $a\approx 0.083$ m，当上限频率为 20kHz 时，$k=2\pi\lambda=2\pi f/c\approx 36.7$，即 $ka\approx 3$。

标准障板一般由高内阻尼的硬木制成，表面平整且不敷设任何吸声材料，以利于声反射，且要有足够的厚度，使板的振动可以忽略。扬声器与障板的接触面应平整无缝隙，可以采用图 7.3.2(a)中所示的挖锥形孔的方法安装，为更换方便，也可以采用图 7.3.2(b)中所示的加一块薄硬质分障板的方法安装，尺寸可参考国标 GB/T 12060.5—2011。

采用标准障板来测量扬声器单元，虽然对测量结果有所改善，但因为它不是无限大，则扬声器背面辐射的声波，在频率较低时，仍然可以绕过障板和正前辐射的声波发生干涉，在测得的频响曲线上产生不应有的峰谷，例如在 400～500 Hz

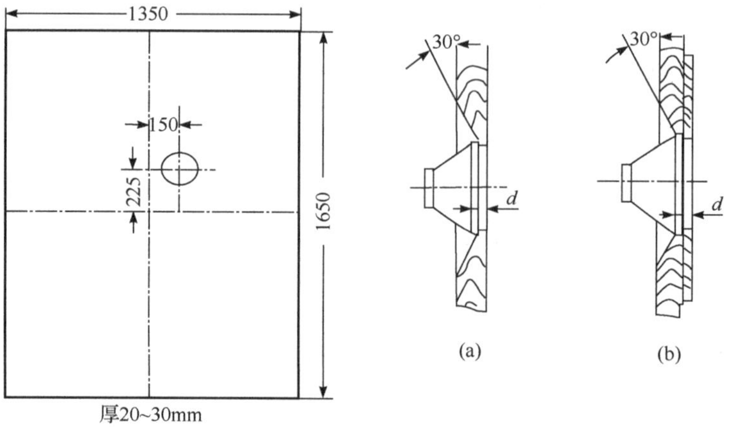

图 7.3.2 标准障板的尺寸和结构

都会产生一个凹谷，这不是扬声器频响不好，而是由障板引起的，扬声器的低频响应曲线也会由障板引起一定的起伏。为改进这种缺点，可采用半空间自由场来测量扬声器单元的电声性能。

(2) 半空间自由场规定。

为了消除采用有限尺寸的标准障板所产生的缺点，IEC 标准推出采用半空间自由场的条件来测量扬声器单元的电声性能，这实际上是一种无限大障板法，其结构和要求见图 7.3.1。国标 GB/T 12060.5—2011 中也已推荐了这种方法，但这种方法由于需要建造半空间自由场消声室，成本很高。

3) 测试距离

扬声器电声性能的测试距离是指扬声器参考点到测量传声器受声面之间的距离。扬声器在自由场条件下测试，应是在远场进行的，即应满足

$$r \gg a, \quad r \gg \frac{d^2}{\lambda} \tag{7.3.1}$$

式中，r 为测试距离(m)；a 为扬声器半径(m)；d 为扬声器直径($=2a$)。

这时轴向声压随距离增大而减小，即 $p \propto 1/r$，这正是球面自由场条件。如果测试距离 r 太小，不满足远场条件，测量结果将产生较大的误差，但 r 也不能太大，因为受到消声室内自由场区域和背景噪声的限制。一般 8in 以内(含 8in)的扬声器，测试距离 r 取 1 m 可满足远场要求，小尺寸扬声器测试距离可取 0.5 m，大于 8in 的扬声器，r 应取大于 1 m。一般取 0.5 m 或 1 m 的整数倍，但最后计算特性灵敏度时，都应换算成 1 m 的标准参考距离来表示。

4) 测试信号

测试扬声器用的信号有多种。

(1) 正弦信号是指瞬时电压随时间作正弦变化的信号，通常要求信号频率从

20 Hz～20kHz，可连续变化，周而复始。

(2) 啭音是指频率在某一个中心值附近作周期变化的声音，常用作测量混响时间的信号源，即它的频率能在 $f_0-\Delta f$ 到 $f_0+\Delta f$ 之间连续变化，这里 f_0 为中心频率，Δf 为频率调制幅度，由下式决定：

$$\Delta f=(2^{1/6}-1)\approx 0.12f_0 \tag{7.3.2}$$

(3) 白噪声是一种无规噪声，用固定频率带宽测量时，频谱连续并且均匀。白噪声的功率谱密度不随频率而变。

(4) 粉红噪声与白噪声一样是一种无规噪声，用正比于频率的频带宽度测量时，频谱连续并且均匀。粉红噪声的功率谱密度与频率成反比。

(5) 宽带噪声信号在扬声器性能测量时，规定使用峰值因数为 3～4 的粉红噪声或白噪声信号。

(6) 窄带噪声信号在扬声器性能测量时，规定使用相对带宽为 1/3 倍频程的粉红噪声信号。

(7) 脉冲声是指持续时间短暂的声信号，如枪炮声、撞击声等。

(8) 猝发声也称正弦波列或正弦波群，它是一系列有间断的正弦波列，每个波列包含一定数的正弦波(一般 10 个以上)，常用来测量电声器件的瞬态失真。

2. 额定阻抗和阻抗曲线

1) 额定阻抗

一般优选替代法，测量线路如图 7.3.3 所示。图中 K 为转换开关，R 值应大于额定阻抗的 10 倍，R_k 为十进位无感电阻箱。测量时，通常馈给扬声器的电流为 50 mA±10%，要求信号源为恒流源，故在声频信号发生器的输出端串联一个大电阻 R，在扬声器辐射面前 0.3 m 内应无反射物，测试频率一般选择 200～400 Hz 内的某一点，先把开关 K 接通被测扬声器，然后把开关 K 接通可变电阻箱 R_k，调节 R_k 值，使有效值电压表上所指示的电压与被测扬声器的压相等时(必要时可反复比较)，该 R_k 值即为扬声器的阻抗，可用来判定是否符合额定阻抗的要求。这种测量一般即称额定阻抗测量。

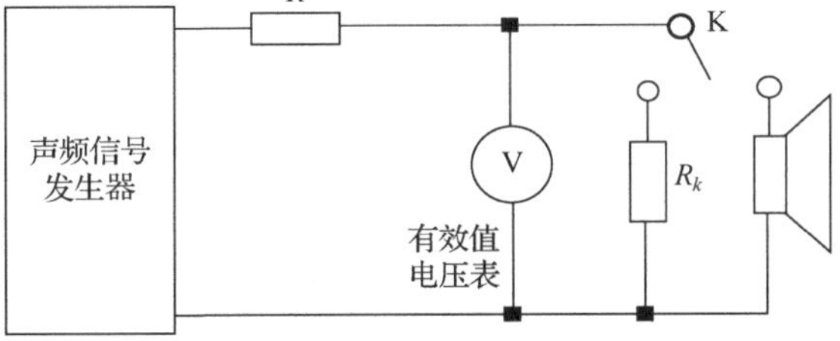

图 7.3.3　扬声器阻抗测量示意图

2) 阻抗曲线

测量扬声器阻抗曲线，可用恒压法和恒流法。

(1) 恒流法。可用串大电阻法，如图 7.3.4(a)所示；或压缩法，如图 7.3.4(b)所示。

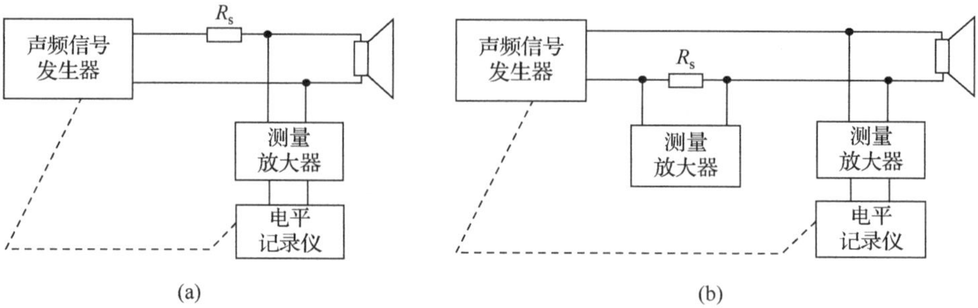

图 7.3.4 恒流法测扬声器阻抗曲线

(a) R_s 一般应大于扬声器共振频率阻抗模值 20 倍；(b) R_s 值应小于或等于扬声器额定阻抗的 1/10

测量时通常馈给扬声器 50 mA 正弦信号电流，并保持恒定在±10%之内，对大功率或小功率扬声器，则分别选用 100 mA 或 50 mA，采用这两种方法都可以自动记录扬声器有效频率范围内的阻抗曲线。

(2) 恒压法。用恒压法测量扬声器阻抗曲线时，其测量线路按图 7.3.5 所示的线路进行。信号源输出电压 u 按下式确定：

$$u = \begin{cases} \sqrt{0.1 P_{eN} Z}, & P_{eN} \leqslant 10\text{W} \\ \sqrt{P_{e0} Z}, & P_{eN} > 10\text{W} \end{cases} \tag{7.3.3}$$

式中，P_{eN} 为额定最大噪声功率(W)；P_{e0} 为 1W 电功率；Z 为额定阻抗(Ω)。

测量时，需保持信号源输出电压恒定。用此法自动测得的曲线，实际上是扬声器的导纳曲线。

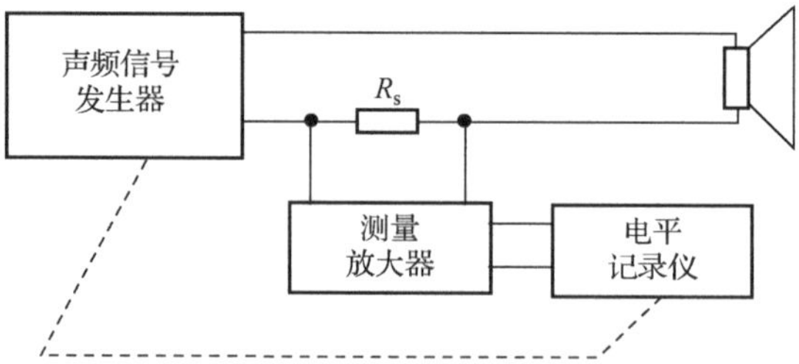

图 7.3.5 恒压法测量扬声器阻抗曲线

R_s 值应小于或等于扬声器额定阻抗的 1/10

3. 频率响应测量

扬声器频率响应测量可以分为正弦信号法和 1/3 倍频程窄带噪声法两种。

1) 正弦信号法

这是测量扬声器频率响应最常用的方法，其测量框图如图 7.3.6 所示。

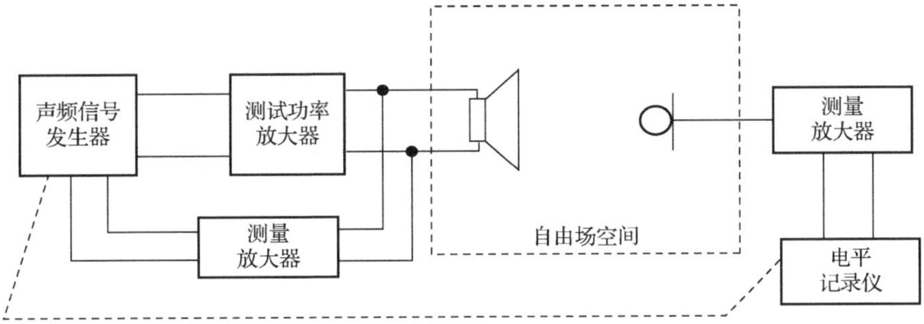

图 7.3.6 频率响应正弦信号法测量

在自由场中，扬声器安装在标准障板上，测量传声器放在参考轴上，对 ϕ100 mm 以上的扬声器，一般测试距离 r 选 1 m；对小于 ϕ100 mm 的小型扬声器，r 可选 0.5m；对 ϕ200 mm 以上的大口径扬声器，r 可选大于 1 m，以满足远声场的要求。测量时馈给扬声器的恒定电压一般应为 1/10 额定噪声功率的相应的电压，也有用 1W 功率的相应电压(这时应予以说明)。在扬声器的输入端并接一个测量放大器，并将信号反馈给声频信号发生器进行压缩控制，使声频信号发生器馈给扬声器输入端的电压稳定不变，当声频信号发生器的频率由 20 Hz 连续变到 20 kHz 时，在电平记录仪上就可以同步自动记录得到由测量传声器接收到声压级的扬声器频率响应，这条曲线即是扬声器频响曲线。

2) 1/3 倍频程窄带噪声信号法

频率响应 1/3 倍频程窄带噪声信号法测量线路如图 7.3.7 所示。

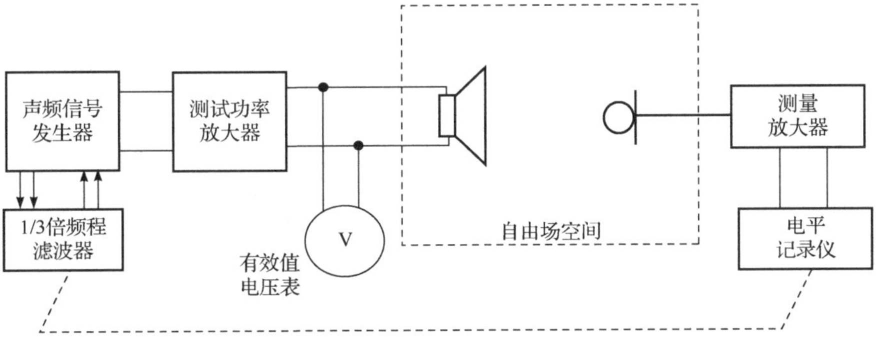

图 7.3.7 频率响应 1/3 倍频程窄带噪声信号法测量线路

在自由场中扬声器同样安装在标准障板上，而且测量距离同前，馈给扬声器 1/10 额定噪声功率相应的电压，由电平记录仪带动并控制 1/3 倍频程滤波器中心频率同步变化，使之与记录纸上的频率刻度相对应，这样启动测量系统后就能自动记录扬声器各频带内声压变化的曲线，该曲线即为频响曲线。

这种用粉红噪声信号测量的结果，与扬声器实际工作状况更接近，因为实际使用时输入扬声器的信号总是复合声，而且噪声信号的峰值因数与语言或音乐信号的峰值因数较近似，所以测量的结果更真实。而用纯音正弦信号测量的真实性较差些，这是因为，用纯音信号输入，当扬声器纸盆产生分格振动时，由于声波的相互干涉，在测得的频响曲线上会产生很窄的峰谷值；而实际使用时，输给扬声器的总是复合声，不会出现很窄的峰谷。但纯音正弦信号测量设备较简单，使用方便。

4. 指向性特性测量

1) 指向性图案测量

(1) 正弦信号法测量指向性图案。

用正弦信号法测量指向性图案的测量框图如图 7.3.8 所示。

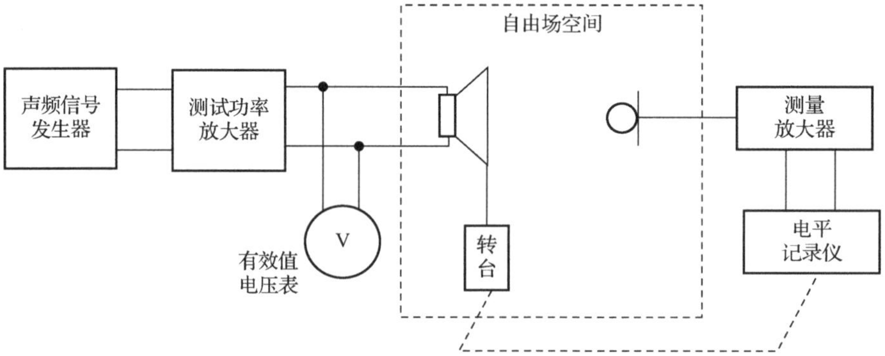

图 7.3.8　正弦信号法测量指向性框图

将扬声器置于消声室内转台上，注意转台转轴的中心应通过扬声器的参考点，转台由电平记录仪控制，可作 360°连续转动。测量频率最好在额定频率范围内按 1/3 倍频程或 1 倍频程的中心频率选点，至少应包括 500 Hz、1 kHz、2 kHz、4 kHz 和 8 kHz。测量传声器的参考轴与扬声器参考轴重合(即从 0°开始)，距离置于远场区。测量时，馈给扬声器 1/10 额定噪声功率的相应电压，且保持电压恒定，在上述各频率点，测出 0～360°扬声器随辐射方向变化的极坐标图案，即为扬声器的指向性图案。

为了提高测量的信噪比，可在测量放大器后面加滤波器，滤去测试频率之外的噪声。若电平记录仪采用 25 dB 的电位器，则可提高测量结果的分辨率。

在没有转台的情况下，可用点测法进行测量，扬声器每转动 10°或更大些，测得一组上述各频率点 0～360°的声压级，在极坐标图上作出该频率的指向性图案。对扬声器系统的测量方法与上述相同。如果扬声器系统体积大、质量大，无法在转台上测量，往往要用点测量法测量，在水平±45°内每隔 15° 测一点，在垂直方向±40°内每隔±20°测一点，以确定在规定的角度内，是否满足要求。

(2) 1/3 倍频程窄带噪声信号法测量指向性图案。

这种方法的测量线路参照图 7.3.7，此时用粉红噪声和 1/3 倍频程滤波器代替声频信号发生器，用 1/3 倍频程噪声信号代替纯音信号，其他均同上述测量方法。

2) 指向性频率响应测量

扬声器(或扬声器系统)的指向性频率响应测量可分为正弦信号法和 1/3 倍频程窄带噪声信号法两种。

(1) 正弦信号指向性频率响应测量法。

这种方法的测量线路可参考图 7.3.6 频率响应正弦信号法测量图，但这时扬声器(或扬声器系统)不安装在标准障板上，而是放置在可手调转动的支架上(或转台上)，支架的可转动轴中心通过扬声器的参考点。测量时，把被测的扬声器按规定的要求，偏离参考轴各个角度，然后按频率响应正弦信号法，测得水平方向和垂直方向的一组频率响应曲线族，即为该扬声器的指向件频率响应。

(2) 1/3 倍频程窄带噪声信号指向性频率响应测量法。

这种方法的测量线路参考图 7.3.7 频率响应 1/3 倍频程窄带噪声测量图。与上述正弦法一样，扬声器不安装在标准障板上，而是放置在可手调转动的支架上，用同样的方法，测得一组水平方向和垂直方向的频率响应曲线族，即为该扬声器的窄带噪声的指向性频率响应。

(3) 指向性因数及指数测量。

对旋转轴对称的扬声器，用正弦信号法测得指向性图案后，可按下式计算该扬声器的指向性因数 $Q(f)$：

$$Q(f)=\frac{2}{\sum_{n=1}^{Q/\Delta Q}\left(\frac{p_{\theta_n}}{p_{\mathrm{ax}}}\right)^2\sin Q_n\Delta Q} \tag{7.3.4}$$

式中，p_{θ_n} 为偏离参考轴 θ_n 处测得的声压(Pa)；当 $\Delta\theta$ 确定后，$Q_n=(n-1/2)\Delta\theta$，这里 n 为测试点的次序；p_{ax} 为参考轴上测得的声压(Pa)；$Q(f)$为指向性因数。

也可以应用后面将要介绍的扩散场法测量扬声器辐射的总声功率 $P_{\mathrm{a}}(f)$和自由场中测得的扬声器在参考轴上距离 1 m 处的声压 $p_{\mathrm{ax}}(f)$，当二次测量反馈给扬声器的电压相等时，则其指向性因数 $Q(f)$可由下式计算：

$$Q(f) = 4\pi \frac{p_{\mathrm{ax}}(f)}{\rho_{0\mathrm{c}} P_{\mathrm{a}}(f)} \tag{7.3.5}$$

式中，$\rho_{0c}=400$为空气的特性阻抗。测得$p_{ax}(f)$和$P_a(f)$后，即可得出指向性因数$Q(f)$值。用分贝表示的指向性因数即为指向性指数$D_I(f)$，其表达式为$D_I(f)=10\lg Q(f)$。$Q(f)$和$D_I(f)$为频率的函数，不同的频率可测得不同的$Q(f)$和$D_I(f)$值。

5. 特性灵敏度(级)测量

特性灵敏度(级)按图 7.3.9 进行测量。

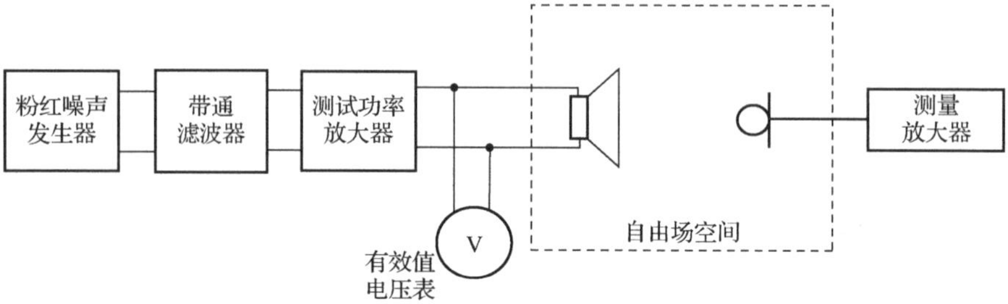

图 7.3.9 扬声器特性灵敏度测量

如果所用的带通滤波器的频率范围是被测扬声器的有效频率范围，则在规定的频率范围内馈给扬声器 1/10W 或 1W(当扬声器额定功率大于 10W 时)的粉红噪声功率，从测量放大器读出声压 p_r 代入式(7.3.6)，可算出扬声器的特性灵敏度(级)L_p，以 dB/(W·m)为单位，则

$$L_p = 20\lg\frac{p_r}{p_0} - 10\lg\frac{P_e}{P_{e0}} + 20\lg\frac{r_r}{r_0} \tag{7.3.6}$$

式中，L_p为换算到 1 m、1W 时的特性灵敏度级(dB)；p_r为在距离 r 处测得的声压(Pa)；p_0为参考声压(Pa)；P_e为测试时馈结扬声器的功率(W)；P_{e0}为参考功率(1W)；r为测试距离(m)；r_0为参考距离(1 m)。

如果馈给扬声器 1W 的粉红噪声功率，在距离 1 m 处进行测量，则从式(7.3.6)可以看出，在测量放大器上读出的声压级位，即为被测扬声器的特性灵敏度(级)L_p。

当不具有所需频宽的带通滤波器时，可将此频带分成若干个 1/3 倍频程的带宽来近似测量。此时，将粉红噪声信号馈给 1/3 倍频程滤波器，而每个 1/3 倍频程频带内馈给扬声器的电压值为$U_p/\sqrt{n}$，这里 U_p 为原测试所规定的电压(即 1/10W 或 1W 粉红噪声功率相对应的电压)，n 为 1/3 频带的个数，这样，规定频

带内的声压 p_r 可按下式计算：

$$p_r\sqrt{\sum_{i=1}^{n}p_i^2} \tag{7.3.7}$$

式中，p_r 为第 i 个 1/3 倍频程频带内的声压。求得 p_r 后代入式(7.3.6)，则可得到扬声器特性灵敏度级 L_p。

6. 有效频率范围测量

按正弦信号法测的频响曲线上，在灵敏度最大的区域内，取一个倍频程带宽的平均声压级，在下降 10dB 处画一条平行于横坐标的直线，交于频响曲线上的上频率点 f_2 和下频率点 f_1，则 f_2-f_1 即为扬声器的有效频率范围。但对小于 1/9 倍频程带宽的谷值可略去不计。

在按 1/3 倍频程窄带噪声信号法测得的频响曲线上，用上述同样方法可获得 f_2-f_1，不过这时小于 1/6 倍频程带宽的谷值可略去不计。

7. 共振频率测量

扬声器单元的共振频率和闭箱扬声器系统的共振频率，可以从测得其阻抗模值随频率的变化曲线上得到，当出现第一个阻抗极大值时所对应的频率，即为其共振频率。测量线路按图 7.3.10 所示的恒压法进行。测量时，信号源输出电压 u 按式(7.3.3)确定。

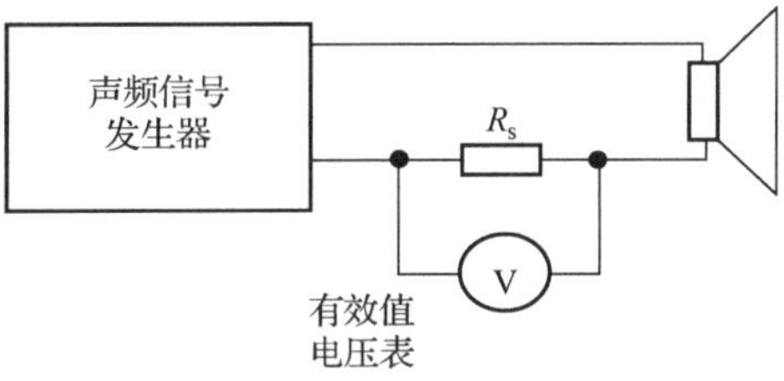

图 7.3.10　共振频率测量

R_s 值应小于扬声器额定阻抗的 1/10

8. 失真测量

扬声器有多种失真，如谐波失真、互调失真、差频失真、瞬态失真等，它是影响扬声器音质的主要因素，其测量方法分别介绍如下。

1) 谐波失真测量

扬声器谐波失真测量可分为正弦信号测量法和窄带噪声信号测量法。而前者又可分为失真曲线法和点测法。

(1) 正弦信号测量法。

正弦信号测试失真曲线法的测量框图如图 7.3.11 所示。

在自由场中，扬声器装在标准障板上，并馈给扬声器额定功率和额定阻抗相对应的电压，并使电压保持恒定，扬声器输出的声信号中，除了原来输入的信号频率(即基频)的声压 p_f 外，还出现有二倍于基频的声压 p_{2f} 和三倍于基频的声压

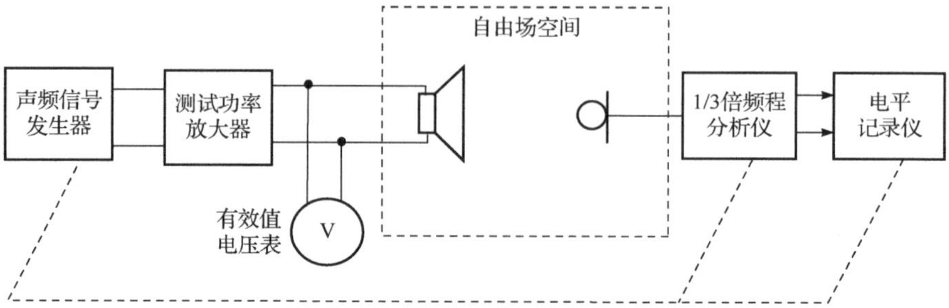

图 7.3.11　正弦信号失真曲线法测量

p_{3f}，…，这些信号称为谐波，这种失真现象即称为谐波失真，其总谐波失真系数 d_{tot} 可用下式来表达：

$$d_{tot} \frac{\sqrt{p_{2f}^2 + p_{3f}^2 + \cdots + p_{nf}^2}}{\sqrt{p_f^2 + p_{2f}^2 + p_{3f}^2 + \cdots + p_{nf}^2}} \times 100\% \tag{7.3.8}$$

或

$$d_{tot} \frac{\sqrt{p_{2f}^2 + p_{3f}^2 + \cdots + p_{nf}^2}}{\sqrt{p_f}} \times 100\% \tag{7.3.9}$$

式 (7.3.9) 为式 (7.3.8) 的简化形式，因 $p_{2f} + p_{3f} + \cdots + p_{nf}$ 很小，故 $\sqrt{p_f^2 + p_{2f}^2 + p_{3f}^2 + \cdots + p_{nf}^2} \approx p_f$，其中 n 次谐波失真系数 d_{nf} 为

$$d_{nf} \frac{\sqrt{p_{nf}}}{\sqrt{p_f^2 + p_{2f}^2 + p_{3f}^2 + \cdots + p_{nf}^2}} \times 100\% \quad 或 \quad d_{nf} \frac{p_{nf}}{p_f} \times 100\% \tag{7.3.10}$$

式中，d_{tot} 为总谐波失真系数；d_{nf} 为 n 次谐波失真系数；p_f 为基波声压(Pa)；p_f，p_{2f}，p_{3f}，…，p_{nf} 为各次谐波成分声压。

测量时，先把频率分析仪的 1/3 倍频程滤波器的中心频率调至声频信号发生器的输出频率上，使两者受到电平记录仪的同步控制。启动测量系统，记录扬声器的声压级频响曲线；然后把频率分析仪的 1/3 倍频程滤波器的中心频率调至声频信号发生器输出频率的两倍，使两者受到电平记录仪的同步控制。在同一张记录纸上记录其二次谐波的声压级随频率变化的曲线，同样可以在这张纸上记录其三次谐波声压级随频率的变化曲线(一般测三次即够了)。从所记录的三条频响曲线上，即可读取某频率点上所对应的 p_f、p_{2f}、p_{3f} 声压级值(一般自动记录得到的是所对应的声压级值，可换算成对应的声压)，代入式(7.3.8)或式(7.3.9)计算可得出总谐波失真系数 d_{tot}。若要求得 n 次谐波失真系数，则代入式(7.3.10)计算可得出 d_{nf} 值。

正弦信号扫描点测法的测量线路如图 7.3.12 所示。

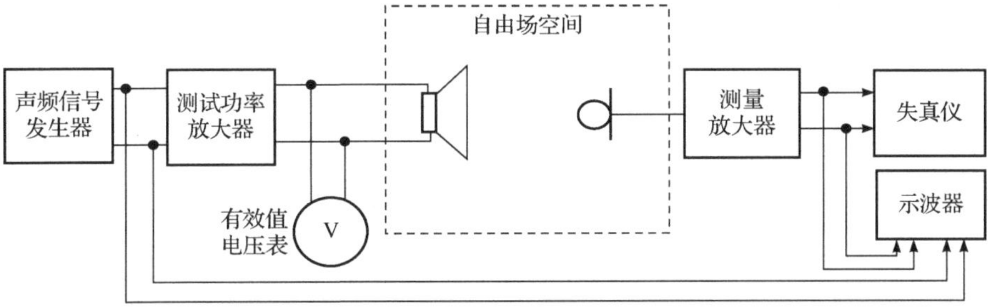

图 7.3.12　正弦信号扫描点测法的测量线路

在自由场中，馈给扬声器某一频率的电压，为扬声器额定功率 W、额定阻抗 Z 相对应的电压 E(即 $E\sqrt{WZ}$)。改变测试频率，用示波器观察扬声器重放的信号，以寻找失真频率点，再用失真仪测量可得某频率的总谐波失真 d_{tot}。对于失真超过规定值而频带宽度小于 1/3 倍频程的失真点，在整个被测的频带内允许不超过三个点。但不应有超过 1/3 倍频程宽度的失真片，否则不合格。

失真仪 S-3 的测量原理是这样的，当仪器的开关打到校准挡时，所有的信号会通过，表头所示为式(7.3.8)中分母 $\sqrt{p_f^2+p_{2f}^2+p_{3f}^2+\cdots+p_{nf}^2}$ 所对应的值。把它调节到满刻度(即以 1V 为 100%)，然后把开关打到失真度挡，这时输入信号通过一个文氏(Wien)桥滤波电路，反复调节其频率调谐和相位旋钮，将基波信号 p_f 滤去，这时表头所示为对应 $\sqrt{p_{2f}^2+p_{3f}^2+\cdots+p_{nf}^2}$ 的值。因分母已调节到 1，故表头读数即为式(7.3.8)中的谐波失真系数 d_{tot} 的值。

(2) 窄带噪声信号测量法。

窄带噪声信号的测量线路可参考图 7.3.11。把声频信号发生器改用粉红噪声发生器和窄带滤波器，馈给扬声器的信号为中心频率 f 的 1/3 倍频程窄带噪声，其电压值由额定功率和额定阻抗决定，或者由距扬声器 1 m 处所产生的额定声压级决定。经测量传声器接收后，在频谱分析仪上分别读取 f, $2f$, $3f$, …, nf 的 1/3 倍频程窄带相应的输出电压(一般测出四次谐波就够了)，然后按下式计算可得出 1/3 倍频程窄带的失真系数 K:

$$K=\frac{\sqrt{u_{2f}^2+u_{3f}^2+\cdots+u_{nf}^2}}{\sqrt{u_f^2+u_{2f}^2+u_{3f}^2+\cdots+u_{nf}^2}}\times 100\%,\qquad 或\qquad K\approx\frac{\sqrt{u_{2f}^2+u_{3f}^2+\cdots+u_{nf}^2}}{\sqrt{u_f^2}}\times 100\% \tag{7.3.11}$$

式中，u_f 为基波电压(V)；u_{2f}，u_{3f}，…，u_{nf} 分别为各次谐波电压(V)。

2) 互调失真

测量互调失真，IEC 国际标准中和我国国标中推荐 n 次调制失真法测量，n=2 或 3。

互调失真测量线路如图 7.3.13 所示，在规定的频率范围内，用正弦信号馈给扬声器两个频率 f_1 和 f_2($f_2>8f_1$，电压幅度比为 $u_{f2}=1/4u_{f1}$)组成的混合信号，电压为额定功率相应的电压，测量传声器接收到的信号，输给外差式频率分析仪进行分析，就可直接读取读数，亦可通过电平记录仪进行连续记录。

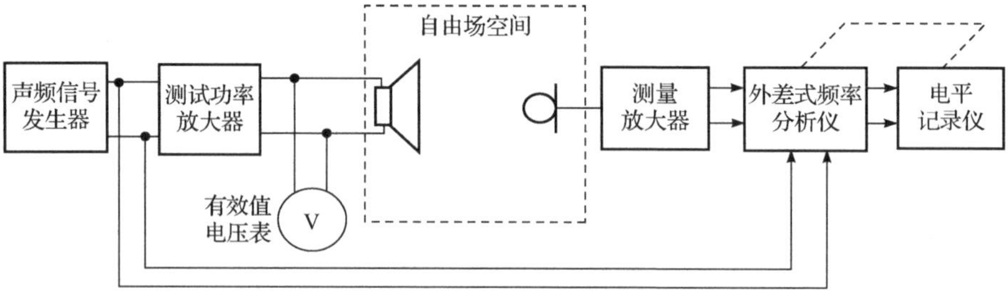

图 7.3.13　互调失真测量

其二次调制失真系数 d_2 可按下式求得

$$d_2=\frac{p_{f_2-f_1}+p_{f_2+f_1}}{p_{f_2}}\times 100\% \tag{7.3.12}$$

或用分贝表示为 20 lg d_2。其三次调制失真系数 d_3 可按下式求得

$$d_2=\frac{p_{f_2-2f_1}+p_{f_2+2f_1}}{p_{f_2}}\times 100\% \tag{7.3.13}$$

或用分贝表示为 20 lgd_3。式(7.3.12)和式(7.3.13)中，$p_{f_2\pm f_1}$ 和 $p_{f_2\pm 2f_1}$ 分别为调制产生的声压(Pa)；p_{f2} 为信号频率为 f_2 的声压(Pa)。

3) 瞬态失真

瞬态失真的测量线路如图 7.3.14 所示。

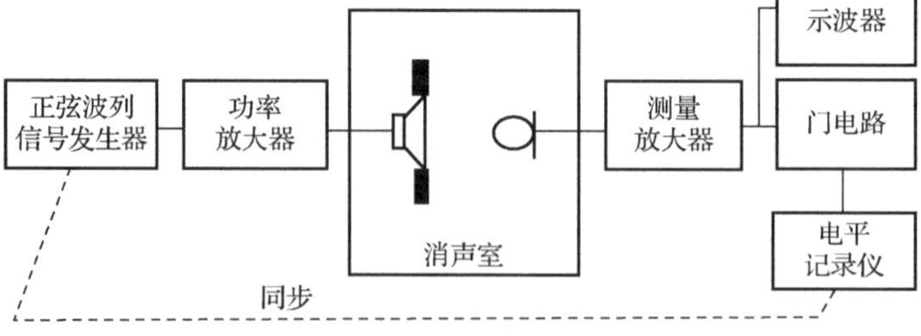

图 7.3.14　互调失真测量

馈给扬声器规定电压的正弦波列信号后，由于扬声器振动系统的惯性作用，辐射出的声信号发生畸变，由测量传声器接收并经放大器放大，可以在示波器上观察到失真的波形和拖尾。经门电路信号只剩下周期性的拖尾信号的均方根值，即 $\sqrt{\int_0^T \frac{1}{T} f^2(t)\mathrm{d}t}$ (这里 $f(t)$ 为拖尾信号，T 为信号周期)。用电平记录仪记录其平均的声压级值，再在记录仪上记录该扬声器与正弦波列幅值相同的连续信号的声压级值，两者的数差即为瞬态失真的大小。

9. 声功率测量

扬声器声功率测量可分自由场法和扩散场法两种。

1) 自由场法

自由场法的测量线路可参照图 7.3.12，此时用粉红噪声发生器和一定带宽(1/3 倍频程或 1 倍频程)的滤波器代替图中的声频信号发生器，在半径 r 足够大的球面上，选取分布具有代表性的若干点，测得这些点的均方根声压值 p，按下式计算声功率 $P_{\mathrm{a}}(f)$：

$$P_{\mathrm{a}}(f) = \frac{4\pi r^2}{\rho_0 c}\overline{p}^2 = 0.31 r^2 \overline{p}^2 \tag{7.3.14}$$

式中，$P_{\mathrm{a}}(f)$ 为扬声器输出声功率(W)；$\overline{p}$ 为若干点声压有效值的均方根值(Pa)；$\rho_0 c$ 为空气的特性阻抗(kg/(m²·s))。

2) 扩散场法

扩散场法的测量线路如图 7.3.15 所示。

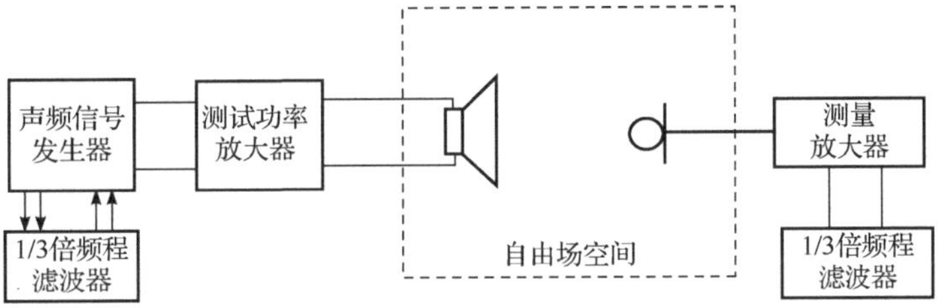

图 7.3.15　扩散场法测量扬声器功率

馈给扬声器中心频率为 f 的 1/3 倍频程某频段的噪声信号，在混响室中测得这一 1/3 倍频程频段的声压级 $p(f)$，按式(7.3.15)计算这一 1/3 倍频程频段的声功率 $P_{\mathrm{a}}(f)$，即

$$P_{\mathrm{a}}(f) = \frac{V}{T(f)} p^2(f) \times 10^{-4} \tag{7.3.15}$$

式中，$P_a(f)$为扬声器某一 1/3 倍频程频段输出的声功率(W)；V为混响室体积(m^3)；$T(f)$为规定频带内混响室的混响时间(s)：$p(f)$为扩散场中相应 1/3 倍频程频段的声压(Pa)。

对一定频带内扬声器的声功率，可由该频带所有的 1/3 倍频程所测得的声功率的算术平均值计算。

10. 效率测量

扬声器在指定频带内的效率可由上述测得的声功率 $P_a(f)$与相应频带内馈给扬声器的电功率之比来计算，即

$$\eta = \frac{P_a(f)}{P_e} \times 100\% \tag{7.3.16}$$

式中，η为指定频带内的效率；$P_a(f)$为扬声器辐射的声功率(W)；P_e为馈给扬声器的电功率(W)。

在一定频率内的效率，可由每个 1/3 倍频程所得的效率的算术平方值求得。

11. 品质因数测量

扬声器的品质因数，也称总品质因数，可由上述测量扬声器阻抗曲线的办法测出，如图 7.3.16 所示为扬声器的阻抗曲线，按下式计算品质因数：

$$Q_t = \frac{1}{r_0} \cdot \frac{f_0}{f_2 - f_1}\sqrt{\frac{r_0^2 + r_1^2}{r_1^2 - 1}} \tag{7.3.17}$$

式中，Q_t为扬声器的品质因数；f_0为扬声器的共振频率(Hz)；r_0为频率 f_0处扬声器阻抗的最大值 Z_{max}与扬声器直流电阻 R_{DC}之比，(即$|Z_{max}|/R_{DC}$)，Z_{max}为 f_0处测得的最大阻抗模值(Ω)，R_{DC}为测得的扬声器(即音圈)的直流电阻(Ω)；r_1为 f_1或 f_2处阻抗模值与扬声器直流电阻之比。

在频率 f_1、f_2处的阻抗模值相等，即有$|Z_{f1}|=|Z_{f2}|$，f_1与 f_2满足 $f_1 \cdot f_2 = f_0^2$。

当满足条 $r_1 = \sqrt{\dfrac{r_0^2 + 1}{2}}$ 件时，

$$Q_t = \frac{1}{r_0} \cdot \frac{f_0}{f_2 - f_1} \tag{7.3.18}$$

当 $r_0 \gg 1$ 时，$r_0 \approx \sqrt{2r_1}$，这时，

$$A = 20\lg\frac{|Z_{max}|}{|Z_{f1}|} = 20\lg\frac{|Z_{max}|}{|Z_{f2}|} \approx 3\ \text{dB} \tag{7.3.19}$$

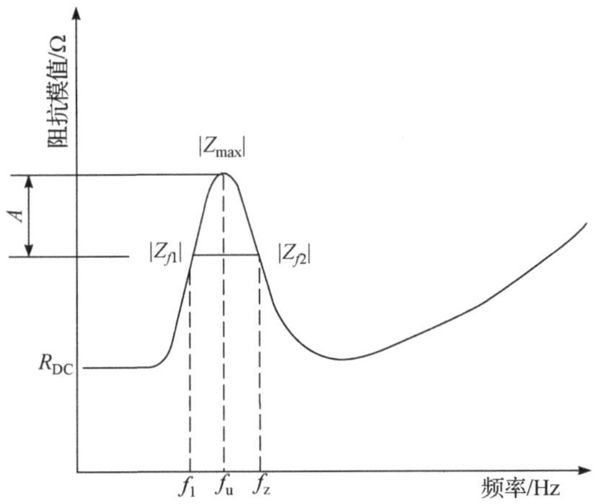

图 7.3.16　扬声器阻抗曲线

即可从 f_0 处阻抗最大值下降 3 dB 来求取 f_1、f_2，从而计算得出 Q_t 值。

12. 输入电功率测量

1) 最大噪声功率测量

测量最大噪声功率时，对全频带扬声器或扬声器系统可按图 7.3.17 测试线路进行，对带有高频分频器的高频扬声器可按图 7.3.18 进行。

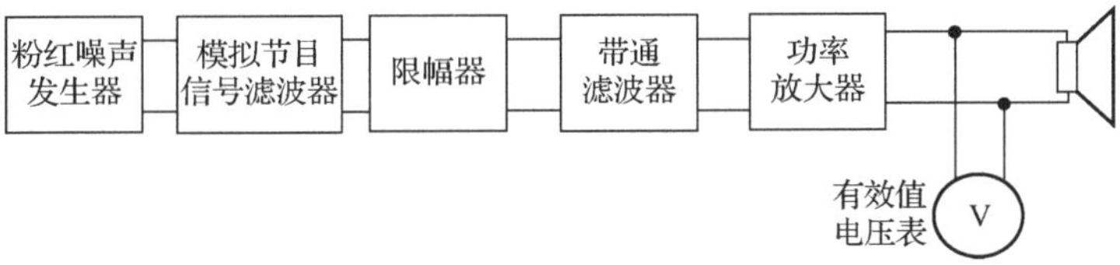

图 7.3.17　全频带扬声器或扬声器系统噪声功率测量

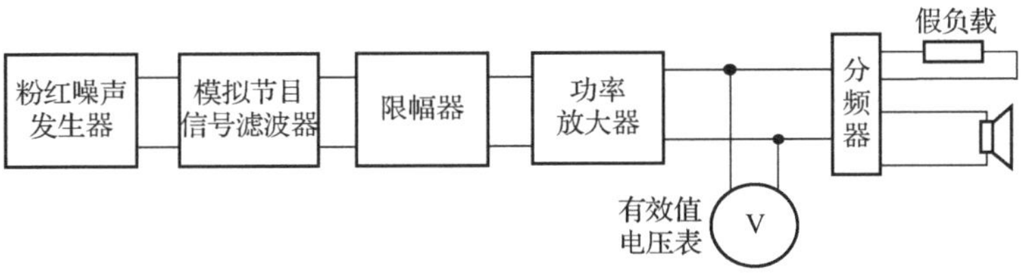

图 7.3.18　带有高频分频器的高频扬声器噪声功率测量

测试时，扬声器放在不小于 $8m^3$ 的房间中，给扬声器馈入的模拟节目信号电压为所规定的最大噪声功率所对应的最大噪声电压，进行 100 h 试验后，扬声器应不产生永久性损坏。在大量生产过程中，为缩短试验周期，可用 1.2 倍(或 1.5 倍)的最大噪声功率试验 48 h(或 24 h)来代替。

2) 长期最大功率测量

扬声器长期最大功率测量线路同图 7.3.17 或图 7.3.18，但这时馈给扬声器的模拟节目信号电压为所规定的长期最大功率所对应的长期最大电压，且信号持续时间为 1 min，间隔为 2 min，重复 10 次，扬声器应不产生永久性损坏，此时的功率即为扬声器的长期最大功率。

3) 短期最大功率测量

扬声器短期最大功率测试线路同图 7.3.17 或图 7.3.18，但这时馈给扬声器的模拟节目信号电压为所规定的短期最大功率所对应的短期最大电压，信号持续时间为 1 s，间隔为 60 s，重复 60 次，而扬声器应不产生永久性损坏，这时的功率即为扬声器的短期最大功率。

第 8 章　环境噪声测量

在我国，随着工业化进程的快速推进，噪声污染已成为当代社会中一个日益突出的环境问题。据统计，在城市居民对环境污染的投诉中，噪声污染问题长期高居第一。生态环境部发布的《2023 年中国噪声污染防治报告》表明，噪声扰民问题占全部生态环境污染投诉举报的 59.9%，排各环境污染要素的第一位。从投诉类型来看，社会生活噪声投诉举报最多，占 67.5%；建筑施工噪声次之，占 25.1%；交通运输噪声占 4.3%；工业噪声占 3.1%。环境噪声的测量是环境质量监测的重要环节，是治理噪声污染的基础性工作。本章分别介绍区域环境噪声、工业企业噪声、常用交通工具噪声，以及部分典型工业产品噪声的测量方法。

8.1　区域环境噪声测量

根据噪声污染现状及发展趋势，区域环境噪声测量关注的主要对象是城市、飞机和铁路周围的声环境。下面分别予以讨论。

8.1.1　城市环境噪声测量

我国城市环境噪声的限值标准是 GB 3096—2008《声环境质量标准》(附录 B)，于 2008 年 10 月 1 日开始实施，代替了 GB 3096—1993 和 GB/T 14623－1993。另外，GB 22337—2008《社会生活环境噪声排放标准》也与城市环境噪声有关。与此相关的噪声测量标准包括 GB/T 3222.1—2022(声学 环境噪声的描述、测量与评价 第 1 部分：基本参量与评价方法)与 GB/T 3222.2—2022(声学 环境噪声的描述、测量与评价 第 2 部分：声压级测定)，适用于城市区域环境、交通干线噪声的测量。

下面根据测量规范分别介绍各测量步骤。

1. 事前准备

1) 测量仪器

主要为精密声级计或普通声级计，其性能符合国际电工委员会标准 IEC 61672-1—2013《电声学声级计第 1 部分:规范》中的规定。声级计每年应校验 1～2 次。测量前，要对使用的传声器进行校准，并检查声级计的电池电压是否足够。

测量后要求复校一次，测量前后传声器的灵敏度相差应不大于 2dB，否则测量数据无效。如有条件，也可使用统计分析仪、录音机、声级记录仪等测量仪器或自动监测系统。测量值为瞬时 A 声级，测量仪器的指示动态特性应为“慢”响应。

2) 测量条件

测量一般应选在无雨、无雪的天气(要求在有雨、雪等条件下进行测量的情况除外)中进行。为了避免背景噪声的干扰，并使传声器膜保持清洁，要求在测量时加风罩。大风天气(4 级以上)应停止测量。测量时声级计或传声器可以手持，也可固定在测量三脚架上。为了尽可能减少反射影响，要求传声器离地面高 1.2 m，并要求远离其他反射结构，如建筑物等。如果测量仪器放在监测车内，则传声器应伸出车外 1 m 以外，与地面距离应保持 1.2 m 以上。传声器也可固定在车顶上，但要在测定结果中加以注明。

在长期监测中，传声器设置的位置和高度不限，一般不应低于 1.2 m，也可以置于高层建筑上，以扩大监测的地面范围。但对每次测量，其位置和高度应保持不变。

3) 测量时间

一般分为昼间(06:00～22:00)和夜间(22:00～06:00)两部分。昼间有时还分成白天(08:00～18:00)、早(06:00～08:00)和晚(18:00～22:00)三部分，昼间测量一般应选在 08:00～12:00 和 14:00～18:00 时间内，在此时间内任何时刻测得的噪声均代表昼间的噪声。夜间测量一般应选在 22:00～05:00 时间内，在此时间内任何时刻测得的噪声均代表夜间的噪声。

需要注意的是，上述时段还可以依据各地区和不同季节按当地习惯划分。测量一般应选择在正常的工作日，如果双休日、节假日以及不同季节环境噪声有显著差异，则必要时可要求作相应的测量或连续测量。

2. 数据记录与处理

测量数据一般直接由声级计或其他测量仪器读出，读数的方法为：在规定的测量时间内每隔一定时间读一瞬时 A 声级，按规定要求连续读取若干个数据，记录于环境噪声测量数据表中。读数时还应判断主要噪声来源(如交通噪声、工厂噪声、施工噪声、社会生活噪声或其他声源等)，并记录下此处周围的声环境。

测量数据也可通过录音机、声级记录仪、声学数据采集系统等测量记录仪器记录于磁带、记录纸或数据存储器中。在城市区域环境噪声标准中，规定用等效声级 $L_{\mathrm{Aeq},T}$ 作为评价值；用累积百分声级 L_{10}、L_{50}、L_{90} 作为分析数据。将测得的瞬时 A 声级，按规定转换成所需的累积百分声级和等效声级。

3. 测量方法

1) 普查测量方法

将要普查测量的某一声环境功能区域划分成等大的正方格，如 500 m×500 m，网格数目一般应多于 100 个。每一个网格中的工厂、道路及非建成区的面积之和不得大于网格面积的 50%，否则该网格视为无效，有效网格总数应多于 100 个。

测点应在每个网格的中心(可在地图上作网格得到)。若中心点的位置不便测量(如为房顶、污沟、禁区等)，则可移到距离中心点最近的可测量位置上进行测量。一般测量是在昼间和夜间规定的测量时间内，每次每个测点测量 10 min 的等效连续 A 声级，将全部网格中心测点测得的 10 min 的等效连续 A 声级做算术平均，所得到的平均值代表某一区域或全市的噪声水平。

如想了解某区域(如工业区、商业区、居民区、混合区、疗养区，或机关、学校附近等)昼夜噪声的变化，则可在该区域内选取一个点进行 24 h 的监测。测量方法为每小时取一段时间，每隔 5s 读一瞬时 A 声级，连续读 100 个数据，可代表该小时的噪声分布。

测量结果通常以等效声级 $L_{\text{Aeq},T}$绘制的区域噪声污染图表示。为了便于制图，一般以 5 dB 为一等级(例如 61～65，66～70，71～75 dB，…)，可用不同的颜色(如绘制彩色图)或阴影线(如绘制黑白图)来表示各噪声污染等级，其表示方法见表 8.1.3。如昼间和夜间都作了测量，则可分别绘制昼间和夜间的噪声污染图，也可以昼夜等效声级 L_{dn} 来绘制噪声污染图。另外，也可用全部各网点的等效声级 $L_{\text{Aeq},T}$和累积声级 L_{10}、L_{50}、L_{90} 的算术平均值、最大值及其标准偏差σ来表示全市的噪声水平，用以各城市之间噪声水平的比较。

2) 定点测量方法

优化选取一个或多个能代表某一区域或整个城市建成区环境噪声平均水平的测点，进行长期噪声定点监测。测点应选在需进行监测的指定地点的受干扰人员居住或工作的建筑物外 1 m 处。昼间测量应进行 24 h 连续监测，测量每小时的等效连续 A 声级，以及昼间的 L_{d} 和夜间的 L_{n}；或者每次每个测点测量 10 min 的等效连续 A 声级，将全部网格中心测点测得的 10 min 的等效连续 A 声级做算术平均。

定点监测的测量结果主要用等效声级 $L_{\text{Aeq},T}$来表示，该点的累积百分声级 L_N 表示噪声的声级分布情况。

3) 测量数据与评价值

将全部网格中心测点测得的昼间或夜间 10 min 等效声级值做算术平均值，可得到被测区域或者整个城市的噪声评价值为

$$\overline{L}=\frac{1}{N}\sum_{i=1}^{N}L_{\mathrm{eq}i} \tag{8.1.1}$$

式中，$L_{\mathrm{eq}i}$ 为第 i 个网格中心测得的昼间或夜间等效声级；N 为测点总数。测量数据的标准偏差做如下计算：

$$\delta=\sqrt{\frac{1}{N-1}\sum_{i=1}^{N}(\overline{L}-L_{\mathrm{eq}i})^2} \tag{8.1.2}$$

4. 城市交通噪声测量方法

测量点应选在两路口之间的交通干线路边的人行道上，离公路沿 20 cm 处，此处距路口的距离应大于 50 m。这样该测点的噪声可以代表两路口间的该段公路的噪声。

在规定时间内在测点上每隔 5s 读一瞬时 A 声级，连续读取 200 个数据，同时记下车流量(辆/h)。测量结果可绘制成交通噪声污染图，并以全市各交通干线的等效声级 $L_{\mathrm{Aeq},\,T}$ 和累积百分声级 L_{10}、L_{50}、L_{90} 的算术平均值 $L_{\mathrm{Aeq},\,T}$、L_{10}、L_{50}、L_{90} 和最大值及其标准偏差 σ 来表示全市的交通噪声水平，用以进行各城市之间交通噪声的比较。

交通噪声的等效声级和累积统计的平均值应采用加权算术平均的方法来计算，即

$$L=\frac{1}{l}\sum_{i=1}^{n}l_iL_i \tag{8.1.3}$$

式中，l 为全市交通干线的总长度，$l=\sum_{i=1}^{n}l_i$ (km)；l_i 为第 i 段干线的长度；L_i 为第 i 段干线测得的等效声级或累积百分声级。

5. 城市环境噪声长期监测

当需要了解城市环境噪声随时间的变化时，应选择具有代表性的测点进行长期监测。测点的选择应根据可能的条件决定，一般不能少于 7 个点，这 7 个监测点的位置是：繁华市区 1 点、典型居民区 1 点、交通干线两侧各 1 点、工厂区 1 点、混合区 2 点。在规定的测量时间内，在每个测点上每隔 5s 连续读取 200 个瞬时 A 声级，每季度应测量一次，每次测量应要求每个测点昼间和夜间各测一次。同一测点的测量时间，必须保持一致，不同测点的测量时间可以不同。如条件许可，则可定期每月测量一次；如没有自动监测系统，则可进行长年观测，测量次数不受任何限制。

计算得到的等效声级表示该测点每季度或每月的噪声水平。一年内测量结果

表示该测点的噪声随时间、季节的变化情况，由每年的测量结果可以观察噪声污染水平逐年的变化。

6. 等效声级的简易计算及噪声污染图的绘制

1) 等效声级的简易计算

等效声级 $L_{\mathrm{Aeq},T}$ 为

$$L_{\mathrm{Aeq},T}=10\lg\left[\sum_{i=1}^{n}10^{0.1L_{pAi}}\right]-10\lg n=L_n-10\lg n \tag{8.1.4}$$

这就是说，等效声级的计算主要是计算式(8.1.4)第一项各 A 声级 L_{pAi} 之和。此时又分为两种情况。

(1) m 个相同的 A 声级 L_{pAi} 分贝数之和：

$$L_m=10\lg\left[\sum_{i=1}^{m}10^{0.1L_{pAi}}\right]=10\lg\left[m\cdot 10^{0.1L_{pAi}}\right]=10\lg m+L_{pA} \tag{8.1.5}$$

只要算出 $10\lg m$ 就得到 L_m。表 8.1.1 为 m (0～50)的对数值。

表 8.1.1　m (0～50)的对数值

M	1	2	3	4	5	6	7 和 8	9～11	12～13	14～17	18～19	20～26	27～30	31～45	46～50
$10\lg m$	0	3	5	6	7	8	9	10	11	12	13	14	15	16	17

(2) 不同 A 声级分贝数之和：

当有两个 A 声级分贝数 L_{pA1} 和 L_{pA2}，且 $L_{pA1}>L_{pA2}$ 时，其和为

$$\begin{aligned}L_{1+2}&=10\lg\left(10^{0.1L_{pA1}}+10^{0.1L_{pA2}}\right)=10\lg 10^{0.1L_{pA1}}\left(1+10^{-0.1(L_{pA1}-L_{pA2})}\right)\\&=L_{pA1}+10\lg\left(1+10^{-0.1\Delta L}\right)=L_{pA1}+\Delta L'\end{aligned} \tag{8.1.6}$$

式中，$\Delta L=L_{pA1}-L_{pA2}$。当由 ΔL 算得 $\Delta L'$后即得其和 L_{1+2}。表 8.1.2 为不同 ΔL 的 $\Delta L'$值。

表 8.1.2　不同 ΔL 的 $\Delta L'$值

ΔL	0	1	2	3	4	5	6	7	8	9	10	11 和 12	13 和 14	15～19	20 以上
$\Delta L'$	3	2.5	2.1	1.8	1.5	1.2	1.0	0.8	0.6	0.5	0.4	0.3	0.2	0.1	0

2) 城市噪声污染图的绘制

城市噪声污染分布情况可在城市地图上用不同颜色或阴影表示的噪声带画出，每一噪声带代表一个噪声等级，每级为 5 dB。各等级的颜色和阴影线规定按

表 8.1.3 方式画出。

表 8.1.3 不同等级噪声污染的颜色和阴影线

噪声带	颜色	阴影线
35 dB 以下	浅绿色	小点，低密度
36～40 dB	绿　色	中点，中密度
41～45 dB	深绿色	大点，高密度
46～50 dB	黄　色	垂直线，低密度
51～55 dB	褐　色	垂直线，中密度
56～60 dB	橙　色	垂直线，高密度
61～65 dB	朱红色	交叉线，低密度
66～70 dB	洋红色	交叉线，中密度
71～75 dB	紫红色	交叉线，高密度
76～80 dB	蓝　色	宽 条 垂 直 线
81～85 dB	深蓝色	全黑

8.1.2 飞机环境噪声测量

国家标准中关于飞机环境噪声的限值标准是 GB 9660—1988《机场周围飞机噪声环境噪声标准》，适用于机场周围受飞机通过所产生噪声影响的区域，分为两类：一类区域指特殊住宅区、居民区、文教区；二类区域指除一类区域以外的生活区。限值标准规定：一类区域小于 70 dB、二类区域小于 75 dB。注意，标准采用一昼夜的计权等效连续感觉噪声级(WECPN)作为评价量，用 L_{WECPN} 表示，单位为 dB。标准是户外允许噪声级。

飞机环境噪声的测量标准是 GB/T 9661—1988《机场周围飞机噪声测量方法》，要点如下所述。

1. 事前准备

GB/T 9661—1988 的规定适用于测量机场周围由飞机起飞、降落或低空飞越时产生的噪声。具体包括以下三方面的内容：①测量单个飞行事件所引起的噪声；②测量相继一系列飞行事件所引起的噪声；③在一段监测时间内测量飞行事件所引起的噪声。

测量应在无雨、无雪天气下进行，地面上 10 m 高处的风速不大于 5 m/s，相对湿度不应超过 90%，不小于 30%。

测量传声器应安装在开阔平坦的地方，高于地面 1.2 m，离其他反射壁面 1 m 以上。但需注意避开高压电线和大型变压器。所有测量都应使传声器膜片基本位于飞机标称飞行航线和测点所确定的平面内，即是掠入射。在机场的近处应当使用声压型传声器，其频率响应的平直部分要达到 10 kHz。

要求测量的飞机噪声级最大值至少超过环境背景噪声级 20dB，这时测量结果才被认为可靠。

测量仪器的精度不低于 2 型的声级计或机场噪声监测系统及其他适当仪器。声级计的性能要符合 GB/T 3785.1—2023 的规定。测量录音机及其他仪器的性能参照 IEC 61672-1:2013 的有关规定。

2. 测量方法

1) 精密测量

需要作为时间函数频谱分析的测量。传声器通过声级计将飞机噪声信号送到测量录音机记录在磁带上。然后，在实验室按原速回放录音信号，并对信号进行频谱分析。

测量前应进行从传声器到录音机系统的校准和标定；录音时，根据飞机噪声级的高低适当调整声级计衰减器的位置(并在记录本上记下其位置)，使录音信号不至过载或太小；当飞机飞过测量点时，通过声级计线性输出录下飞机信号的全过程。为此，录音时要使起始和终了的录音信号声级小于最大噪声级 10 dB 以上。在录音时要说明飞行时间、状态、机型等测量条件。

2) 简易测量

只需经频率计权的测量：声级计接声级记录器，或用声级计和测量录音机读 A 声级或 D 声级的最大值，记录飞行时间、状态、机型等测量条件。

(1) 测量仪器校准：对一系列飞行事件的飞行噪声级的测量前后，应该利用能在一已知频率上产生一已知声压级的声学校准器，来对整个测量系统的灵敏度作校准。当声级计与声级记录器连用并作绝对测量时两者必须一起校准和标定。

(2) 读取一次飞行过程的 A 声级最大值，一般用“慢”响应；在飞机低空高速通过或离跑道近的测量点用“快”响应。

(3) 当用声级计输出与声级记录器连接时，记录器的笔速对应于声级计上的“慢”响应为 16 mm/s，“快”响应为 100 mm/s。在记录纸上要注明所用纸速、飞行时间、状态和机型。

(4) 没有声级记录器时可用录音机录下飞行信号的时间历程，并在录音带上说明飞行时间、状态、机型等测量条件，然后在实验室进行信号回放分析。

3) 测量记录

主要内容包括：①测量原件记录，即测量日期、测量点位置、气温和 10 m

高处的风向和风速；②测量时记录内容，即飞行时间、飞行状态、飞机型号、最大噪声级。

3. 信号分析处理

1) 量与单位

①N_a：噪度，单位为呐(noy)。②L_{PN}：感觉噪声级，单位为 dB。③L_{TPN}：经纯音修正的感觉噪声级，单位为 dB。④C：纯音修正值，单位为 dB。⑤T_0：标准时间，T_0=10s。T_d：实际持续时间。T_c：等效持续时间。⑥L_{EPN}：有效感觉噪声级，单位为 dB。⑦L_A(或 L_D)：用计权网络 A(或 D)所读到的声级值，单位为 dB。⑧L_{WECPN}：计权等效连续感觉噪声级。

2) 数据记录、分析与处理

首先将磁带上标定记录的标准信号经原录音机回放送到分析仪定标，然后根据录音时记下的声级计衰减器位置，调整分析器的输入衰减器的位置，确定飞机噪声级，随后按 0.5s 的时间间隔采样，进行 1/3 倍频程频谱分析(频率范围是 50 Hz～10 kHz)，最后把从 50 Hz～10 kHz 中 24 个频带的声压级 L_{pst}，换算成相应的噪度 N 即可计算出感觉噪声级，计算公式是

$$L_{PN} = 40 + 10(\lg N/\lg 2) \tag{8.1.7}$$

如果频谱中有显著纯音成分，则可按 GB/T 9661—1988 中的附录 B 计算纯音修正值。经纯音修正的感觉噪声级 L_{TPN} 按下式计算：

$$L_{TPN} = L_{PN} + C \tag{8.1.8}$$

其他主观评价参量计算方法如下所述。

(1) 总噪度：

$$N_a = N_{a\max} + 0.15\left(\sum_{i=1}^{24} N_i - N_{a\max}\right) \tag{8.1.9}$$

(2) 一次飞行事件的最大值和持续时间：

经纯音修正的最大感觉噪声级为 L_{TPNmax}，实际持续时间 T_d 是在最大值 L_{TPNmax} 下 10 dB 的延续时间。

(3) 有效感觉噪声级：

$$L_{EPN} = 10\lg\left[(1/T_0)\left(\sum_{i=1}^{n} 0.5\times 10^{L_{LTPN/10}}\right)\right] \tag{8.1.10}$$

式中，L_{TPN} 为 T_d 时间内 0.5s 间隔的取值；对于 T_0，10s 为标准时间；n 为 T_d 时间内的采样数。

(4) 等效持续时间：

$$T_c = \frac{\sum_{i=1}^{n} 0.5 \times 10^{L_{TPN/10}}}{10^{L_{TPN/10}}} \tag{8.1.11}$$

3) 简易测量的信号分析处理

(1) 用声级计读出并记录一次飞行噪声的 A 声级或 D 声级的最大值。

(2) 声级计接声级记录器或用录音机记录相应飞行事件的事件历程，记下飞行时间、飞行状态和飞机型号等条件。

(3) 在实验室分析计算记录信号，算出持续时间 T_d。

(4) 用最大声级L_{Amax}或L_{Dmax}及持续时间T_d按下式计算有效感觉噪声级L_{EPN}：

$$L_{EPN} = L_{Amax} + 10\lg(T_d/20) + 13 = L_{Dmax} + 10\lg(T_d/20) + 7 \tag{8.1.12}$$

4. 一次飞行事件的噪声级

有效感觉噪声级 L_{EPN} 按下式计算：

$$L_{EPN} = 10\lg\left[(1/T_0) \times \left(\sum_{i=1}^{n} 0.5 \times 10^{L_{TPN}/10}\right)\right] \tag{8.1.13}$$

式中，T_0 等于 10s；n 是实际持续时间 T_d 内的采样数。

有效感觉噪声级 L_{EPN} 用最大感觉噪声级表示：

$$\begin{aligned} L_{EPN} &= L_{TPNmax} + 10\lg(T_e/T_0) \\ &\approx L_{TPNmax} + 10\lg(0.5T_d/T_0) \\ &\approx L_{TPNmax} + 10\lg(T_d/20) \end{aligned} \tag{8.1.14}$$

在近似情况下取 $T_e \approx T_d/2$ (s)。

有效感觉噪声级 L_{EPN} 用 A 声级近似表示：

$$L_{EPN} = L_{Amax} + 10\lg(0.5T_d/T_0) + 13 = L'_{Amax} + 13 \tag{8.1.15}$$

式中，

$$L'_{Amax} = L_{Amax} + 10\lg(0.5T_d/T_0) = L_{Amax} + 10\lg(T_d/20)$$

有效感觉噪声级 L_{EPN} 用 D 声级近似表示：

$$L_{EPN} = L_{Dmax} + 10\lg(0.5T_d/T_0) + 7 = L'_{Dmax} + 7 \tag{8.1.16}$$

式中，

$$L'_{Dmax} = L_{Dmax} + 10\lg(0.5T_d/T_0) = L_{Dmax} + 10\lg(T_d/20)$$

5. 一系列相继事件的噪声级

在单个飞行事件的噪声级基础上，计算相继 N 次事件所引起的噪声级。

(1) N 次事件的噪声级：用 N 个有效感觉噪声级的能量平均值 $\overline{L}_{\mathrm{EPN}}$ 按下式计算：

$$\overline{L}_{\mathrm{EPN}}=10\lg\left[(1/N)\times\left(\sum_{i=1}^{N}10^{L_{\mathrm{EPN}}/10}\right)\right] \tag{8.1.17}$$

式中，L_{EPN} 为某一次飞行事件的有效感觉噪声级 L_{EPN}。

(2) $\overline{L}_{\mathrm{EPN}}$ 的近似表示为

$$\overline{L}_{\mathrm{EPN}}=\overline{L}'_{\mathrm{A\,max}}+13 \tag{8.1.18}$$

式中，

$$\overline{L}'_{\mathrm{A\,max}}=10\lg\left[(1/N)\times\left(\sum_{i=1}^{N}10^{L'_{\mathrm{Amax}i}/10}\right)\right]$$

其中，$L'_{\mathrm{Amax}i}$ 为某一次飞行的 L'_{Amax}。

6. 对一段监测时间内的连续噪声级的表示

(1) 计权有效连续感觉噪声级 L_{WECPN}。

既考虑了一段监测时间内通过一固定点的飞行引起的总噪声级，同时也考虑了不同时间内飞行所造成的不同社会影响。以一昼夜 24 h 定为单位监测时间，L_{WECPN} 按下式计算：

$$L_{\mathrm{WECPN}}=\overline{L}_{\mathrm{EPN}}+10\lg(N_1+3N_2+10N_3)-39.4\ \ (\mathrm{dB}) \tag{8.1.19}$$

式中，L_{EPN} 是 N 次飞行的有效感觉噪声级的能量平均值；N_1 为白天的飞行次数；N_2 为傍晚的飞行次数；N_3 为夜间的飞行次数。这三段时间的具体划分由当地政府决定。

(2) L_{WECPN} 用 A 声级表示：

$$L_{\mathrm{WECPN}}=\overline{L}'_{\mathrm{Amax}}+10\lg(N_1+3N_2+10N_3)-27 \tag{8.1.20}$$

7. 机场周围飞机噪声等值线图的制作

布置机场周围测量点时，建议主航道按不大于 1 km 的间隔，侧向按不大于 500 m 划成网格，在网格内取户外开阔平坦处为测点。记录不同时间段的飞行次数，然后按上述的测量、分析、处理方法求出各点的 L_{WECPN}。另外，航班周期为一周的机场，一般监测一周，求出平均一昼夜的 L_{WECPN}。

L_{WECPN} 的计算公式如下：

$$L_{\text{WECPN}} = \overline{L}'_{\text{Amax}} + 10\lg\left[\sum_{1}^{7} N_{1i} + 3N_{2i} + 10N_{3i}/7\right] - 27 \tag{8.1.21}$$

式中，$\overline{L}'_{\text{Amax}}$ 为一周内所有飞行的 L'_{Amax} 能量平均值；N_{1i}、N_{2i}、N_{3i} 为从周一到周日每天在三个不同时间段内的飞行次数。

获得计算结果后，按 5 dB 间隔画等噪声级线，绘制机场周围飞机噪声等值线图，最低等值线的噪声级应小于 70 dB。

纯音修正计算过程如下所述。

(1) 计算 $D_{j,i}$：i 是 1/3 倍频程数，$j=i+1$，$i=1$ 相当于中心频率为 80 Hz 的频带。L_{psi} 表示第 i 频带的声压级，i 的增加相当于频率升高，$D_{j,i}$ 是频带 j 和频带 i 的声压级差，$D_{j,i}=L_{psj}-L_{psi}$。

(2) 当满足 $|D_{j,i}-D_{j-1,i-1}|>5$ dB 时，对 $D_{j,i}$ 画圈。

(3) 若画圈的 $D_{j,i}>0$，并且 $D_{j,i}>D_{j-1,i-1}$，则对 L_{psj} 画圈。若画圈的 $D_{j,i}\leqslant 0$，并且 $D_{j-1,i-1}>0$，则对 L_{psi} 画圈。

(4) 对未画圈的 L'_{psi}，令 $L'_{psi}=L_{psi}$；对已画圈的 L_{psi}，令 $L'_{psi}=(L_{psi-1}+L_{psi+1})/2$，若频带 22 的声级是画过圈的，那么 $L'_{ps22}=L_{21}+L_{21,20}$。

(5) 令 $D'_{j,i}=L'_{psj}-L'_{psi}$。

(6) 计算算术平均值：

$$\overline{D}'_{j,i} = (1/3)\cdot(D'_{j-1,i-1} + D'_{j,i} + D'_{j+1,i+1}) \tag{8.1.22}$$

当 $i=1$ 时，令 $D_{1,0}=D_{2,1}$；当 $i=21$ 时，令 $D_{23,22}=D_{22,21}$。

(7) 令 $\overline{L_{psi}} = L_{psj}$，其他 j，$\overline{L_{psj}} = \overline{L_{psi}} + \overline{D'_{j,i}}$。

(8) 求出 $F_i : F_j = (\overline{L_{psi}} - L_{psi}) > 0$。

(9) 求出纯音修正 C。

频率范围 500～5000 Hz 中的 1/3 倍频程：当 $0\leqslant F<20$ 时，$C=F/3$；当 $20\leqslant F$ 时，$C=6.7$ dB。除去 500～5000 Hz 的频带。其余的频带：当 $0\leqslant F<20$ 时，$C=F/6$；当 $20\leqslant F$ 时，$C=3.3$ dB。

(10) 求出最大 C 值定义为纯音修正 $C=C_{\max}$。

飞机噪声噪度的计算方法如下所述。

计算飞机噪声噪度时，一般采用数字计算机进行计算，噪度值 N(noy)与声压级 L 的关系由下式给出：

$$N = 10^{m(L-L_0)}(\text{noy}) \tag{8.1.23}$$

式中，m 和 L_0 取决于频带中心频率和 L 的范围。对 400～6300 Hz(包括其本身)中心频率的频带，m 和 L_0 只用单个值就足以确定每一频带中的噪度值。对其他频带，就需要分别规定两个 m 和 L_0 的值，这取决于 L 大于或小于临界值。系数由表 8.1.4

给出。

例如，中心频率f_0=500 Hz，当声压级在40～150 dB范围内时，噪度N和声压级的关系是

$$N = 10^{0.0301(L-40)}(\text{noy})$$

表 8.1.4 飞机噪声计算噪声系数表

频带中心频率/ Hz	L	m	L_0	L	m	L_n
	L 的低值范围			L 的高值范围		
50	64～91	0.04348	64	92～150	0.03010	52
63	60～85	0.04057	60	86～150	0.03010	51
80	56～85	0.03683	54	86～150	0.03010	49
100	53～79	0.03683	53	80～150	0.03010	47
125	51～79	0.03534	51	80～150	0.03010	46
160	48～75	0.03333	48	76～150	0.03010	45
200	46～73	0.03333	46	74～150	0.03010	43
250	44～77	0.03205	44	75～150	0.03010	42
315	42～94	0.03068	42	95～150	0.03010	41
	L 的全部范围					
400				40～150	0.03010	40
500				40～150	0.03010	40
630				40～150	0.03010	40
800				40～150	0.03010	40
1000				40～150	0.03010	40
1250				38～148	0.03010	38
1600				34～144	0.02996	34
2000				32～142	0.02996	32
2500				30～140	0.02996	30
3150				29～139	0.02996	29
4000				29～139	0.029 96	29
5000				36～140	0.02996	30
6300				32～141	0.02996	34
	L 的低值范围			L 的高值范围		
8000	38～47	0.04229	37	48～144	0.02996	34
10000	41～50	0.04229	41	51～147	0.02996	37

8.1.3　铁路环境噪声测量

铁路环境噪声是指铁道机车车辆运行产生的噪声，主要包括铁路边界噪声和地下铁道车站站台噪声两类。在我国环境噪声标准中，相关的标准包括：①GB 12525—1990《铁路边界噪声限值及其测量方法》；②GB/T 12817—2021《铁路客车通用技术条件》；③GB 13669—1992《铁道机车辐射噪声限值》；④GB/T 5111—2024《声学　轨道机车车辆发射噪声测量)；⑤GB/T 14227—2024《城市轨道交通车站站台声学要求和测量方法》。

下面从环境噪声测量的角度分别予以介绍。

1. 铁路边界噪声测量

1) 事前准备

铁路边界是指距铁路外侧轨道中心线 30 m 处。按规定，铁路边界噪声限值在昼间和夜间均为 70 dB(A)。

测点原则上选在铁路边界高于地面 1.2 m，距反射物不小于 1 m 处。测量仪器应符合 GB/T 3785.1—2023 中规定的 2 型或 2 型以上的积分声级计或其他相同精度的测量仪器。测量时用“快”挡，采样间隔不大于 1s。气象条件应符合 GB/T 3222.2—2022 中规定的气象条件，选在无雨雪的天气中进行测量。仪器应加风罩，四级风以上停止测量。

昼间、夜间各选在接近机车车辆运行平均密度的某一个小时，用其分别代表昼间、夜间。必要时，昼间或夜间应分别进行全时段测量。

2) 测量方法

用积分声级计(或具有相同功能的其他测量仪器)读取 1 h 的等效 A 声级；背景噪声应比铁路噪声低 10 dB(A)以上，若两者声级差值小于 10 dB(A)，用分贝相减的原则进行修正。

3) 数据记录

测量报告应包括以下内容：测量仪器、测量环境(测点距轨面相对高度 M，线路股数，测点与轨道之间的地面状况，如土地、草地等)、车流密度(每小时通过机车车辆数)、背景噪声级、测量的等效连续 A 声级。

2. 城市轨道交通车站站台噪声测量

城市轨道交通车站站台噪声测量内容包括站台噪声及站台上 500 Hz 倍频程中心频率混响时间的测量，地铁和轻轨车站列车进、出站时站台上的噪声等效声级 L_{eq} 的最大容许限值应符合表 8.1.5 的要求。地铁和轻轨车站站台上 500 Hz 倍频程中心频率混响时间的最大容许限值为 1.5s。

表 8.1.5　车站站台最大容许噪声限值　(单位：dB)

列车运行状态	噪声限值
列车进站	80
列车出站	80

1) 事前准备

地铁站台噪声测量的量为列车进站、出站时规定测量条件下的快(f)挡等效声级 L_{eq}。

测量仪器应采用 1 型积分式声级计，其性能应符合 GB/T 3785.1—2023，GB/T 3785.2—2023 的规定，也可采用性能等效的其他仪器。声级校准器性能应符合 GB/T 15173—2010 的规定；测量前应使用 1 型声级校准器校准声级计，测量结束后再用声级校准器检查声级计示值，偏差应不大于 0.5 dB，否则测量无效。

2) 测量方法

(1) 站台噪声测量。

在露天站台上测量时，应选在无雨、无雪、风速小于 5 m/s 的气象条件下测量；测点在周围 2 m 以内不应有声反射物，测量时应避开会车；测量时背景噪声应低于被测噪声 10 dB 以上，否则按表 8.1.6 进行修正。差值小于 5 dB 的应该重新测量；测量时应避免受到广播等各种非列车运行噪声的干扰，如受到影响，应在测量报告中说明。

表 8.1.6　背景噪声修正值　(单位：dB)

站台噪声与背景噪声的声级差值	站台噪声级的修正值
>10	0
6～10	−1
5	−2

测量时传声器应置于车站站台中央、距地面高度为 1.6 m 的位置，传声器前端应朝向背侧列车轨道一侧，其中轴向与线路方向垂直。测量时传声器应使用风罩。

列车进站的测量时间间隔为列车头部进站到停止的时间，列车出站的测量时间间隔为列车启动到列车尾部离站的时间。每种列车运行状态的测量次数不应少于 10 次。

每种列车运行状态的测量数据经算术平均后，按照 GB/T 8170—2008 的规则修约到整数位的数值作为评定值。

(2) 站台混响时间测量。

混响时间测量应按照 GBJ 76—1984 的方法进行，测量频率为 500 Hz。如需了解站台混响频率特性，则可测量 125 Hz、250 Hz、500 Hz、1000 Hz、2000 Hz 和 4000 Hz 的混响时间；测量时站台应保持空场状态；测点应在站台上有代表性的位置布设，并应偏离站台纵向中心线 1.5 m；测点应不少于 3 个；传声器距地面高度应为 1.6 m；测量用声源应置于站台一端，距地面高度应为 1.5 m。

3) 数据记录

测量报告应包括以下内容：测量地点；测量仪器(名称、型号、编号、鉴定日期)；仪器校准记录；测点位置；背景噪声；测量数据和结果(L_{eq}、测量时间间隔、测量时间、混响时间、数据处理结果等)；测量过程中可能影响结果的情况说明；测量日期和测量者。

8.2　工业企业噪声测量

工业企业产生的环境噪声分为企业车间内部噪声和企业边界噪声。在车间内部，噪声限值由行业标准《工业企业噪声卫生标准》确定，而测量标准为 GBJ 122—1988《工业企业噪声测量规范》。对企业边界噪声，噪声排放标准有：①GB 12348—2008《工业企业厂界环境噪声排放标准》；②GB 12523—2011《建筑施工场界环境噪声排放标准》。

8.2.1　车间内噪声的测量方法

1. 事前准备

我国 1980 年 1 月 1 日公布并实施《工业企业噪声卫生标准》，该标准是根据 A 声级制订的，以语言听力损伤为主要依据，同时参考其他系统的改变。标准规定，工作地点噪声容许标准为 85 dB(A)，现有企业暂时达不到这一标准的，可以放宽到 90 dB(A)。另规定接触噪声不足 8 h 的工作，噪声标准可相应放宽，即接触时间减半，容许放宽 3 dB(A)，但无论接触时间多短，噪声强度最大不得超过 115 dB(A)。

测量时要注意减少环境因素对测量结果的影响，例如应注意避免或减少气流、电磁场、温度和湿度等因素对测量结果的影响。测量车间内噪声的传声器，其安装高度为 1.2 m，测量噪声时，人需离开。

测量的量分为稳定噪声和不稳定噪声。对稳定噪声，测量 A 声级；对不稳定噪声，测量等效连续 A 声级；或测量不同 A 声级下的暴露时间，计算等效连续 A 声级。

2. 测量方法

若车间内各处 A 声级的波动小于 3 dB，则只需在车间内选择 1～3 个测点；若车间内各处声级波动大于 3 dB，则应按声级大小，将车间分成若干区域。任意两区域的声级应大于或等于 3 dB，而每个区域内的声级波动必须小于 3 dB，每个区域取 1～3 个测点。这些区域必须包括所有工人为观察或管理生产过程而经常工作、活动的地点和范围。

8.2.2　边界噪声测量方法

1. 工业企业厂界噪声测量

测量应在无雨雪、无雷电天气，风速为 5 m/s 以下时进行。不得不在特殊气象条件下测量时，应采取必要措施保证测量的准确性，同时注明当时所采取的措施及气象情况。测量应在被测声源正常工作时间进行，同时注明当时的工况。分别在昼间、夜间两个时段测量(根据《中华人民共和国环境噪声污染防治法》，“昼间”是指 6:00 至 22:00 之间的时段；“夜间”是指 22:00 至次日 6:00 之间的时段)，夜间有频发、偶发噪声影响时同时测量最大声级。

测量值包括：①稳态噪声，测量 1 min 的等效声级；②周期性噪声，测量一个周期的等效声级；③非稳态噪声，测量被测声源有代表性时段的等效声级，必要时测量被测声源整个正常工作时段的等效声级。

测点应选在法定厂界外 1 m，高度 1.2 m 以上，距任一反射面距离不小于 1 m 的位置。如厂界有围墙且周围有受影响的噪声敏感建筑物时，则测点应选在厂界外 1 m，高于围墙 0.5 m 以上的位置。

测量仪器为积分平均声级计或环境噪声自动监测仪，测量仪器时间计权特性设为“F”挡，采样时间间隔不大于 1s。

2. 建筑施工场界噪声测量

建筑施工场地是指工程限定的边界范围以内的区域，以及规定界线以外的确实用于建筑或拆毁的其他中间准备区域。建筑施工场地的边界是指由政府有关部门限定的建筑施工场地最外面的边界线。

噪声敏感区域是指受到建筑施工噪声影响的住宅区、机关、学校、商业区以及公共场所等，其背景噪声比建筑施工场地产生的噪声级低的区域。当建筑场地停止施工时，上述区域的环境噪声称为背景噪声。

确定测点的步骤如下所述。

(1) 根据城市建设部门提供的建筑方案和其他与施工现场情况有关的数据确定建筑施工场地边界线，并应在测量表中标出边界线与噪声敏感区域之间的距离。

(2) 根据被测建筑施工场地的建筑作业方位和活动形式，确定噪声敏感建筑或区域的方位，并在建筑施工场地边界线上选择离敏感建筑物或区域最近的点作为测点。由于敏感建筑物方位不同，对于一个建筑施工场地，可同时有几个测点。

一般情况测点设在建筑施工场界外 1 m，高度 1.2 m 以上的位置。当场界距噪声敏感建筑物较近，其室外不满足测量条件时，可在噪声敏感建筑物室内测量，并将噪声限制降低 10 dB(A)作为评价依据。

测量应选在无雨雪、无雷电天气，风速为 5 m/s 以下时进行。

施工期间，测量连续 20 min 的等效声级，夜间同时测量最大声级。

测量仪器为积分平均声级计或噪声自动监测仪，其性能应不低于 GB/T 3785.1—2023 对 2 型仪器的要求。校准所用仪器应符合 GB/T 15173—2010 对 1 级或 2 级声校准器的要求。测量时传声器加防风罩，时间计权特性设为快(F)挡。

测量期间，各施工机械应处于正常运行状态，并应包括不断进入或离开场地的车辆，例如卡车、施工机械车辆、搅拌机(车)等，以及在施工场地上运转的车辆，这些都属于施工场地范围以内的建筑施工活动。

噪声测量时需做测量记录。记录内容应主要包括被测量单位名称、地址、测量时气象条件、测量仪器、校准仪器、测点位置、测量时间、仪器校准值(测前、测后)、主要声源、示意图(场界、声源、噪声敏感建筑物、场界与噪声敏感建筑物间的距离、测点位置等)、噪声测量值、最大声级值(夜间时段)、背景噪声值、测量人员、校对人员、审核人员等相关信息。

8.3　常用交通工具噪声测量

8.3.1　机动车辆噪声测量

机动车辆包括各种类型的汽车、摩托车、轮式拖拉机等。机动车辆所发出的噪声是流动声源，故影响面很广，在城市环境噪声中以交通运输噪声最为突出。

我国机动车辆噪声测量限值标准包括：①GB 1495—2002《汽车加速行驶车外噪声限值及测量方法》；②GB 16170—1996《汽车定置噪声限值》；③GB 16169—2005《摩托车和轻便摩托车 加速行驶噪声限值及测量方法》；④GB 6376—2008《拖拉机 噪声限值》。

相应的噪声测量标准包括：①GB/T 18697—2002《声学 汽车车内噪声测量方法》；②GB/T 14365—2017《声学 机动车辆定置噪声声压级测量方法》；③GB/T 17250—1998《声学 市区行驶条件下轿车噪声的测量》；④GB 4569—2005《摩托车和轻便摩托车 定置噪声限值及测量方法》。

下面以汽车定置噪声为例介绍其测量方法。

1. 事前准备

所谓定置是指车辆不行驶，发动机处于空载运转状态。测量汽车定置噪声的目的在于确定机动车辆的主要噪声源(排气噪声和发动机噪声)的辐射水平，它不能表征车辆行驶的最大噪声级。

测量场地应为开阔的，由混凝土、沥青等坚硬材料构成的平坦地面，其边缘距车辆外廓至少 3 m。测量场地之外的较大障碍物距传声器不得小于 3 m。测量过程中，传声器位置处的背景噪声(包括风的影响)应比被测噪声低 10 dB(A)以上，并保证测量不被偶然的其他声源所干扰。测量中风速超过 2 m/s 时传声器应使用防风罩，同时注意阵风对测量的影响，当风速超过 5 m/s 时，测量结果无效。被测车辆不载重。测量时发动机应处于正常使用温度。

声级计附近除读表者外，不应有其他人员，如不可缺少时，则其必须在读表者背后。若车辆带有其他辅助设备亦是噪声源，则测量时是否开动，应按正常使用情况而定。另外，测量发动机转速的仪器(转速表)准确度应优于 3%。

2. 测量方法

1) 测量状态和测量次数

车辆应位于测量场地的中央，变速器挂空挡，拉紧手制动器，离合器接合。没有空挡位置的摩托车，其后轮应架空。发动机机罩、车窗与车门应关上，车辆的空调器及其他辅助装置应关闭。测量时，发动机出水温度、油温应符合生产厂的规定。

每类试验的每个测点重复进行试验，直到连续出现三个读数的变化范围在 2 dB 之内为止，并取其算术平均值作为测量结果。

2) 排气噪声测量

传声器与排气口端等高，在任何情况下距地面不得小于 0.2 m。传声器参考轴应与地面平行，并与通过排气口气流方向且垂直地面的平面成 45°±10° 的夹角。传声器朝向排气口，距排气口端 0.5 m，放在车辆外侧。如果车辆由于设计原因(如备胎、油箱、蓄电池等)而不能满足上述要求时，则应画出测点图，并标注传声器选择的位置。传声器朝向排气口，放在尽可能满足上述条件，并距最近障碍物大于 0.2 m 的地方。

车辆装有两个或更多的排气管，且排气管之间的间隔不大于 0.3 m，并连接于一个消声器时，只需取一个测量位置。传声器应选择位于最靠近车辆外侧的那个排气管。如果两个或两个以上的排气管同时在垂直于地面的直线上，则选择离地面最高的一个排气管。装有多个排气管，且各排气管的间隔又大于 0.3 m 的车辆，对每一个排气管都要测量，并记录下其最高声级。排气管垂直向上的车辆，传声器放置高度应与排气管口等高，传声器朝上，其参考轴应垂直地面。传声器应放在离排气管较近的车辆一侧，并距排气口端 0.5 m。

如生产厂家规定的额定转速为 n_r，则发动机测量转速要求：①汽油机车辆(除摩托车)取 3/4 n_r±50r/min；②柴油机车辆(除摩托车)取 n_r±50r/min；③摩托车，当 n_r>5000r/min 时，取 1/2n_r±50r/min，当 n_r<5000r/min 时，取 3/4n_r±50r/min。测量时，发动机稳定在上述转速后，测量由稳定转速尽快减速到怠速过程的噪声，然后记录下最高声级。

3) 发动机噪声测量

传声器放置高度距地面 0.5 m，并朝向车辆，放在没有驾驶员位置的车辆一侧。距车辆外廓 0.5 m，传声器参考轴平行地面，位于一垂直平面内，该垂直平面的位置取决于发动机的位置。对于前置发动机，垂直平面通过前轴；对后置发动机，垂直平面通过后轴；对中置发动机及摩托车，垂直平面通过前后轴距的中点。

二轮摩托车，传声器放置在车辆前进方向的右侧。侧三轮摩托车，传声器放置在车辆前进方向左侧，传声器朝向车辆，距车辆外廓 0.5 m，距地面高度 0.5 m。

测量时，发动机从怠速尽可能快速地加速到规定的转速，并用一种适当的装置保持必要长的时间。测量由怠速加速到稳定转速过程的噪声，然后记录下最高声级。

3. 数据处理

测量报告应包括下列有关内容：车辆型号；发动机型号；额定功率；额定转速；测量转速；测量仪器型号；测量地点；地面状况；风速；背景噪声；背景噪声修正值；不规则测点图等。

8.3.2　铁路机车车辆噪声测量

涉及的噪声限值标准有：①GB/T 3450—2006《铁道机车和动车组司机室噪声限值及测量方法》；②GB/T 12817—2021《铁路客车通用技术条件》；③GB 13669—1992《铁道机车辐射噪声限值》；④GB 14892—2006《城市轨道交通列车噪声限值和测量方法》。涉及的测量标准有：GB/T 5111—2024《声学 轨道机车车辆发射噪声测量》。

下面介绍铁路机车车辆辐射噪声测量。

1. 事前准备

测量现场应是地面基本平坦的开阔地带，相对于钢轨顶面高度应在−1～0 m。传声器周围以 3 倍于测量距离为半径的区域内不应有大的声反射体(如障碍物、山丘、岩块、桥梁或建筑物等)。传声器附近不得有干扰声场的障碍物，传声器与声源之间不得有人；观察者应处在不影响声压级测量的位置上。

传声器与被测机车车辆之间，地面应尽可能没有吸声物体(如雪、高的植物、其他轨道)或反射覆盖物(如水、冰)。传声器高度处的风速应小于 5 m/s，且无降雨降雪。

铁路背景噪声(如其他机车车辆、工厂噪声或风声等)应至少比被测机车车辆噪声低 10 dB(A)。频谱分析时，各频带的上述差值也应符合这种要求。

恒速测量区段的线路应符合以下要求。①应在铺有碎石道床和木枕或钢筋混凝土轨枕或列车常用的轨道上进行常规车辆测量。②轨道应为连续焊接钢轨，钢轨表面无明显缺陷，诸如由钢轨和车轮间外来物挤压引起的烧损、凹凸。③车速小于或等于 70 km/h 时，轨道曲线半径应大于 1000 m；车速大于 70 km 且小于或等于 120 km/h 时，轨道曲线半径应不小于 3000 m；车速大于 120 km/h 时，轨道曲线半径应不小于 5000 m。④轨道应保养良好，线路坡度最大不应超过 3%。

机车车辆条件的一般要求包括：①测量期间，车辆的门、窗应始终关闭；②机车车辆除乘务员外不能载物载人，动力单元(如机车)应是正常工况下的负载；③试验期间，正常运转的试验车辆上的辅助设备应处于工作状态，但如果附属设施的噪声很少出现，且时间很短(小于工作时间的 2%)，并对来自其他声源的声压级的影响小于 5 dB，则测量时可不予考虑。

对于恒速测量，测量前，机车车辆应至少已运行 3000 km(对轨道电车或地铁至少应 1000 km)以上，并经多次常规制动，使轮轨符合常态的良好磨合条件。车轮应避免滑行擦伤踏面。该情况应在检验报告中描述。非动力货车及客车的试验编组，其列车长度应至少三倍于测量距离。机车可在不挂任何车辆的情况下进行单机测量。机车车辆运行时自动开机的辅助设备，如其噪声对传声器位置的测量值(A 计权声压级或倍频程及 1/3 倍频程声压级)有明显影响，则应在开机条件下测量；但如果只是偶尔出现或出现时间不超过 1 min，或对噪声级以及每个倍频程声压级的影响小于 5 dB，则可不予考虑。

推荐试验车速为 20 km/h、40 km/h、60 km/h、80 km/h、100 km/h、120 km/h、140 km/h、160 km/h、200 km/h、250 km/h、300 km/h、320 km/h 和 350 km/h。列车最高速度大于 200 km/h 的型式试验，应在 160 km/h 和最高速度或者推荐测试速度中的最高速度条件下进行测试，有条件时，宜在 80 km/h 情况下测试；列车最高速度大于 80 km/h 小于 200 km/h 的型式试验，应在 80 km/h 和最高速度或者推荐测试速度中的最高速度条件下进行测试；列车最高速度小于 80 km/h 的型式试验，应在 40 km/h 和最高速度条件下进行测试。在测量区段，试验机车车辆应按下列规定速度(误差不超过±5%)行驶。

对于定置测量，电力机车和客车停车时能启动的所有装置，均应在开机条件下测量；正常停车运转的辅助设备应在最大负载下测量。内燃机车测量要求的工况是：①柴油机空载、最低转速，风扇在最小转速，辅助设备相应负载，压缩机满负载；②柴油机最高转速，风扇在最高速，辅助设备额定负载，压缩机满负载。装有空调或制冷系统的非动力客车或货车，凡停车能运转的，均应在制造厂规定的最大负载下测量。

传声器布放时要求传声器应垂直指向通过轨道中心线的垂面。对恒速测量，传声器应置于距轨道中心线垂面 25 m，距轨顶面以上(3.5±0.2 m)处；对定置测量，传声器应置于机车车辆两侧距通过轨道中心线的垂面 7.5 m、距轨顶面以上(1.2±0.2 m)，并与机车车辆中心轴线相对称处。

2. 测量方法

恒速测量，应测量机车车辆通过时的最大 A 声级 $L_{PAF,max}$，至少要测量三次。如其中最大差值大于 3 dB，则应重新测量。取符合上述要求的两个最大值的算术平均值作为被检机车车辆的最大噪声级。

定置测量，每个测点不需要进行 3 次连续的测量。测量时间间隔不应小于 20s。除非噪声源最大值不能保持 20s，则此时测量时间间隔可减少到 5s。这种情况应在测试报告中详细说明并证明有充足的理由。

3. 数据记录

检验报告应包括以下内容：测试类别；测试场所、轨道类型；对型式试验，必要的话，包括钢轨粗糙度；背景声压级；车辆和序号，牵引系统和测试期间的车速；测试期间的运行状况；辅助设备及其工况；传声器位置；测量参数；是否有脉冲噪声或有调噪声；车辆的载荷；气象条件；任何其他有用的信息。

8.3.3　船舶辐射噪声测量

涉及的噪声限值标准有：①GB 5980—2009《内河船舶噪声级规定》；②GB 11871—2009《船用柴油机辐射的空气噪声限值》。相关的测量标准是 GB/T 4964—2010《内河航道及港口内船舶辐射噪声的测量》。

下面介绍内河航道及港口内船舶辐射噪声的测量。

1. 事前准备

试验场所应具备自由声场条件：当传声器周围 30 m 以内没有大的声反射体，如障碍物、小山、岩石、桥梁、建筑物等时，可以认为满足自由声场条件。传声器周围不应有扰乱声场的障碍物，即在传声器和噪声源之间，应无人或物的阻碍，应是开阔的水面，或者是没有声吸收覆盖物(如草或雪)的地面。

测量时风速应小于 5 m/s，雨雪天不宜进行测量。在有风影响的场所传声器应带风罩。

对验收试验测量时，背景噪声(包括波浪拍击、其他船只的作业、工厂的噪声以及风的影响等)至少应比测得的船舶辐射噪声低 10 dB。

测量过程对船舶航线和距离也有一定要求。①试验航道的水深应满足船舶的正常航行；②试验时，船舶的航向应尽可能保持直线；③内河测量时，船舶应在逆流、逆潮或平潮时航行；④传声器与船舷的距离，可采用光学仪器或其他测距仪测量，也可在已测量好距离并做标志的航道上进行测量，距离误差不超过±1 m。

测量时船舶的操作条件要求，对航行船舶，船舶应距传声器足够远处开始航行，以便船舶通过测量位置时发动机处于稳定状态。船舶的负载状态应在试验报告中说明。在验收试验时，主机至少在额定转速的 95%或者额定功率 95%以上运转。所有辅机按正常航行状态开动或关闭。如果使用可调螺距和平旋式螺旋桨，则应在全功率状态下运转。验收试验时，机舱的门窗应在关闭和通常敞开就敞开的状态下分别测量。在监测试验时，船舶正常航行，门、窗通常敞开的就敞开。

对停泊船只或专用船舶(如工程船、特种船舶)，应在离船舷四周(25±2) m 处最大噪声区的位置上进行测量。此时主辅机也应按正常状态运转或关闭。

测量时，传声器应高出水面(3.5±0.5) m。若放置在固体表面上，则应至少高出表面 1.2 m。传声器方向要垂直于船舶的航向。当被测量船舶通过传声器正前方时，船的舷侧与传声器的基准距离为(25±5) m，偏离此距离时，其读数应按表 8.3.1 进行修正。在验收试验时距离应尽可能在 20～35 m。

表 8.3.1　取近似整数的距离所对应的声级修正值

距离(d)/m	20	22	25	28	32	35
声级修正值(ΔL)/dB	−2	−1	0	1	2	3

2. 测量方法

测量时，读数应取接近整数的值，当指针摆动时取其经常摆动的中间值。对验收试验，至少要做两次通过试验。两次测量结果的差别不应大于 3 dB，否则应重新测量。而测量的平均值取接近整数的分贝数。对监测试验做一次测量即可。

如果船舶的两舷声辐射对船的纵轴具有明显的不对称性，则应在声压级较高的一侧进行测量。如果通过船舶不能保证基准距离 25 m，则应对测得的 A 计权暴露声级按式(8.3.1)加以修正，或按表 8.3.1 修正值代入以换算到相当于距离 25 m 的 A 声级。

$$L_{\mathrm{A},25} = L_{\mathrm{A},d} + 20\lg\frac{d}{25} + L_{\mathrm{A},d} + \Delta L \tag{8.3.1}$$

式中，$L_{A,25}$ 相当于距离 25 m 的 A 计权暴露声级；d 为测量时传声器距船侧舷的实际距离，$L_{A,d}$ 是距离为 d 时测得的 A 计权暴露声级；ΔL 是距离由 d 折算到相当于距离 25 m 时 A 声级的修正值。

如果出现明显的脉冲噪声或纯音，则应在测量报告中说明。

3. 数据记录

测量报告应包括下列有关内容：测量性质；试验地点和环境条件，如潮流、水深、温度、风速、天气等，以及背景噪声；船舶主要技术数据、航速及装载状态；主机、主要辅机和甲板部分高噪声辅机的主要技术数据及状态；测量仪器的名称、型号、标定日期，以及传声器的位置；机舱门窗开闭状态；测距仪名称、型号。

8.4　工业产品噪声测量

工业产品的种类很多，除交通工具外，还有诸如旋转电机、风机、内燃机(柴油机)、压缩机、电焊机、动力泵、金属切削机床、木工机床、工程机械、纺织机械、皮革机械、电动工具、通风空调、家用电器及类似用途电器、信息技术和通信设备、冷却塔之类，除有关通用标准(如 GB/T 14573.1～GB/T 14573.4《声学 确定和检验机器设备规定的噪声辐射值的统计学方法》、GB/T 14574—2000《声学 机器和设备噪声发射值的标示和验证》、GB/T 17248.1～GB/T 17248.6《声学 机器和设备发射的噪声》)外，这些机器设备都有相关的噪声限值及测量标准，下面就几种典型的工业产品的噪声测量作一简单介绍[18,26-28]。

8.4.1　风机和罗茨鼓风机

各种类型的通风机、透平鼓风机、透平压缩机均简称为风机。风机和罗茨风机在工业生产和民用建筑中应用广泛，是工业噪声和环境噪声中的主要噪声源。风机和罗茨鼓风机噪声的准确测量是进行风机噪声评价与控制的基础。有关风机噪声测量的标准是 GB/T 2888—2008《风机和罗茨鼓风机噪声测量方法》。

1. 事前准备

风机噪声主要是指风机进出口噪声和风机机壳噪声，测量内容为其 A 声级和中心频率为 63 Hz～8 kHz 倍频程内的声压级。

(1) 测量场所应尽量选用除地面外无反射条件的场所，且应使测量的风机或罗茨鼓风机处于运转状态，测点至声源点间的距离为 1 倍和 2 倍标准长度时，其 A 声级的差值应不小于 5 dB(A)。

反射声的影响可采用以下方法进行检验：

在距离声源 1 倍和 2 倍标准长度上(指测点到声源的距离，用 L 表示，测量风机进出口噪声时，叶轮直径⩽1 m 时，为 1 m；叶轮直径>1 m 时，取标准长度等于叶轮直径；测量机壳噪声时，标准长度取 1 m)，分别测量设备运转时的 A 声级，其 A 声级之差⩾5 dB(A)，则基本没有反射声的影响；反之，则应另选测点或增加测量环境的吸声量，直至满足测量要求。

(2) 测量环境应避免背景噪声的影响。背景噪声 A 声级和倍频程声压级应比被测设备噪声相应低 10 dB(A)以上，当两者差值为 4～9 dB(A)时，应对测量值进行修正；若差值小于 3 dB(A)，则测量应停止。

(3) 测量应在风机额定工况下进行。

2. 测量方法

1) 测点位置

(1) 通风机进风口噪声测量：测点是在进风口中心轴线上，距进风口中心的距离等于标准长度 L。测点用 S 表示，如图 8.4.1 所示。

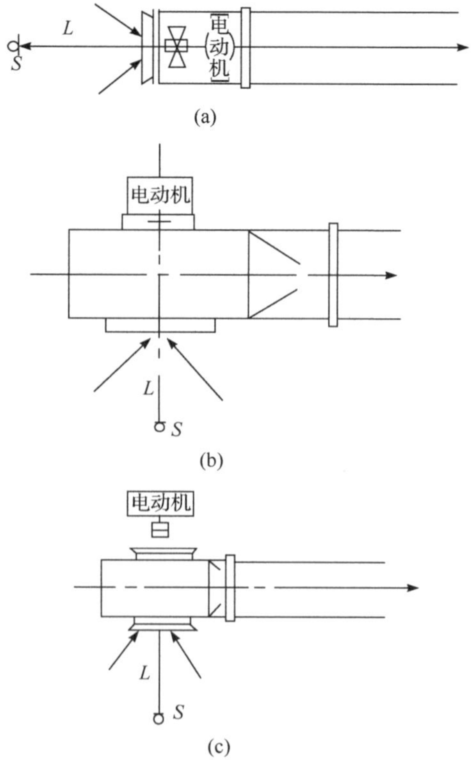

图 8.4.1　通风机进风口噪声测点位置

(2) 通风机出风口噪声测量：测点选在与出风口轴线 45° 方向，距出风口中心的距离为长度 L。测点用 D 表示，如图 8.4.2 所示。

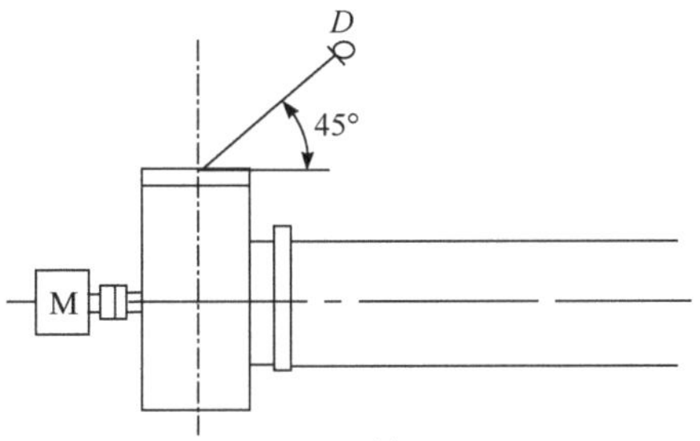

(a)

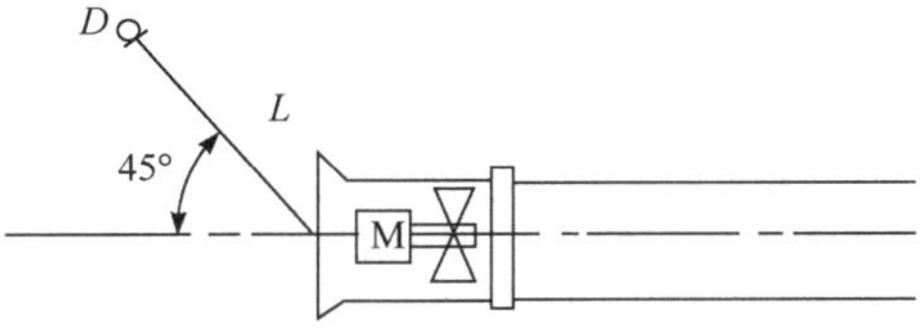

(b)

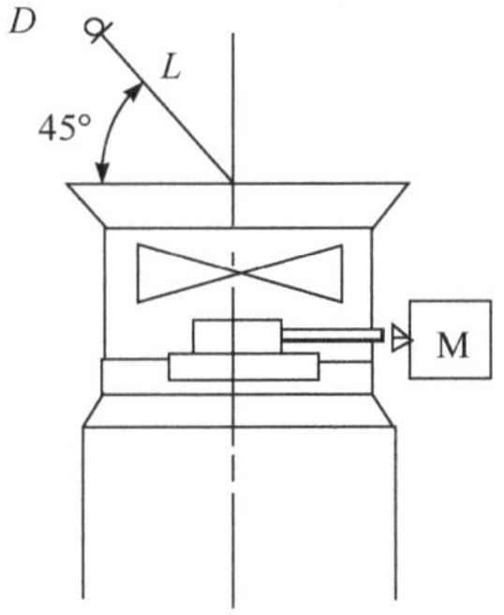

(c)

图 8.4.2 通风机出风口噪声测点位置

(3) 风机机壳噪声测量：风机的进、出风口都接管道，测量机壳的辐射噪声时，测点位置在通风机主轴水平面内经过叶轮几何中心的直线上，且距机壳表面 1 m 处。见图 8.4.3。图中电动机一侧的测点以 M_1，M_2，…来表示，其测量值一般作为参考。

(4) 罗茨鼓风机、透平鼓风机、透平压缩机噪声测量：测点在设备主轴水平面内，一般在风机和罗茨鼓风机周围表面三个方向上指向风机叶轮几何中心，距机壳 1 m 处测量。

各类风机主机长度大于 2 m 而小于或等于 4 m 时，在同一方向取两点；大于 4 m 而小于 6 m 时取三个点。依此类推。

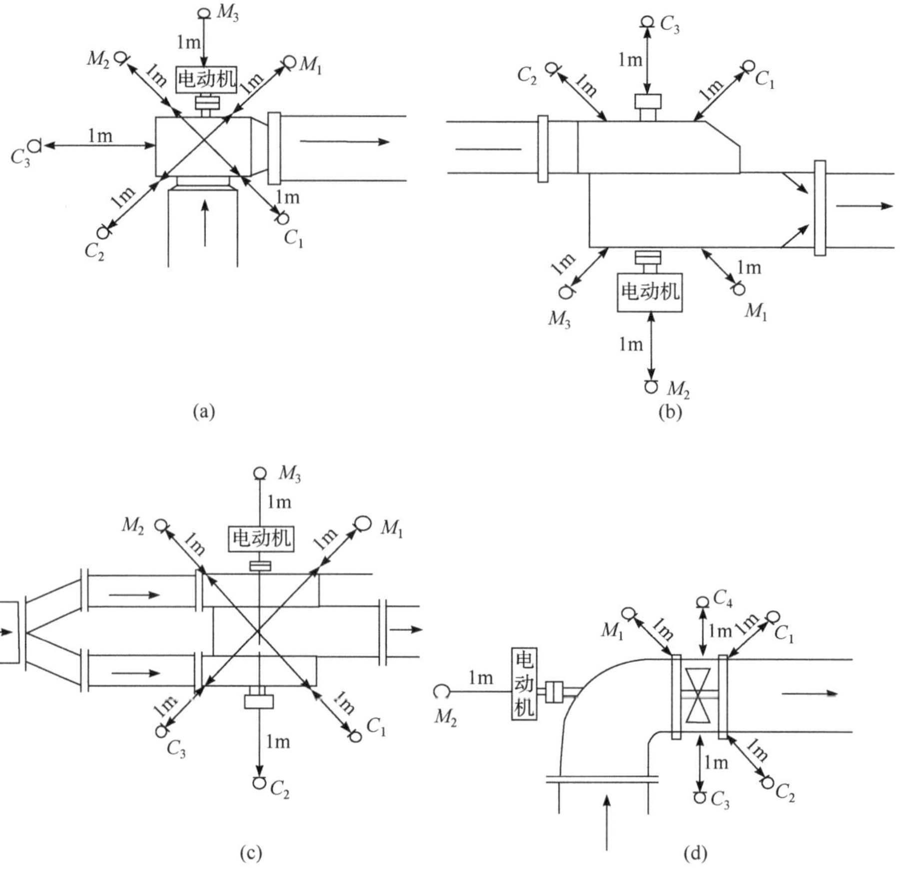

图 8.4.3　风机机壳噪声测点分布

2) 测量高度

测量高度为距地面 1 m。如果通风机进风口、出风口的中心或机壳表面的中心高度从地面计算不足 1 m，则应提高到 1 m 处测量。

3) 测量步骤

测量开始前，首先测量测点的背景噪声和声场的衰减规律。测量时声级计的传声器指向声源，测量者侧向声源。测量前、后声级计均需进行校正。

3. 测量记录与数据处理

测量记录应包括以下内容；

(1) 测量仪器名称、型号、校正方式；

(2) 测量环境和气候条件；

(3) 测点相对于声源和周围环境的相对位置；

(4) 被测设备相应各测点的背景噪声；

(5) 测量读数值；

(6) 经过背景噪声修正的测量值。

测量时，对于通风机噪声，应明确区别其是由排风口等开口处产生，还是由机壳所产生，并在测量记录中加以注明。对于风机和罗茨鼓风机的机壳噪声，应根据每个测点的测量值，由下式计算平均噪声级：

$$\bar{L}_A = 10\lg\frac{1}{2}\left(10^{0.1L_1} + 10^{0.1L_2} + \cdots + 10^{0.1L_n}\right) \quad (8.4.1)$$

式中，$\bar{L}_A$ 为平均 A 声级 dB(A)；L_n 为各测点声级或频带声压级 dB(A)，n 为测点数，若各测点的测量值之差小于 5 dB(A)，可取其算术平均值。

8.4.2　容积式压缩机噪声测量

容积式压缩机包括 L 型、Z 型、V 型、W 型、对称平稳型、螺杆式、滑片式等，这些容积式空气压缩机的机壳噪声和进气口噪声测量参照 GB/T 4980—2003 的要求进行。

1. 事前准备

测量压缩机进气口噪声和机壳噪声，均需测量每个测点的 A 声级、C 声级以及中心频率为 31.5 Hz～8 kHz 等的倍频程声压级。测量移动式压缩机噪声要求在地面平坦坚实的室外开阔现场进行；固定式压缩机噪声要求在室内进行测量，其测点距任何反射体的距离应大于 1 m，也可以在具有一个大反射面的自由声场进行测量；不论在以上哪种情况下测量，在传声器附近 1 m 范围内，均不得有反射物，以避免反射声的影响；测量环境应避免背景噪声的影响。背景噪声 A 声级和倍频程声压级应比被测设备噪声相应低 10 dB(A)以上，当两者差值小于 10 dB(A)时，应对测量值进行修正；压缩机应在额定转速、额定排气压力下运转，在测量过程中维持不变；若在室外测量，则传声器应加防风罩。当风速超过 5 m/s 时，应停止测量。

2. 测量方法

1) 测点位置

测量压缩机进气口噪声时，应将进气管道与设备外壳进行隔声，测点选在管口轴向 45° 方向上、距管口中心 0.5 m 处。

测量机壳噪声时，测点在距机壳表面水平方向 1 m 处选取。测点分布如图 8.4.4 所示。

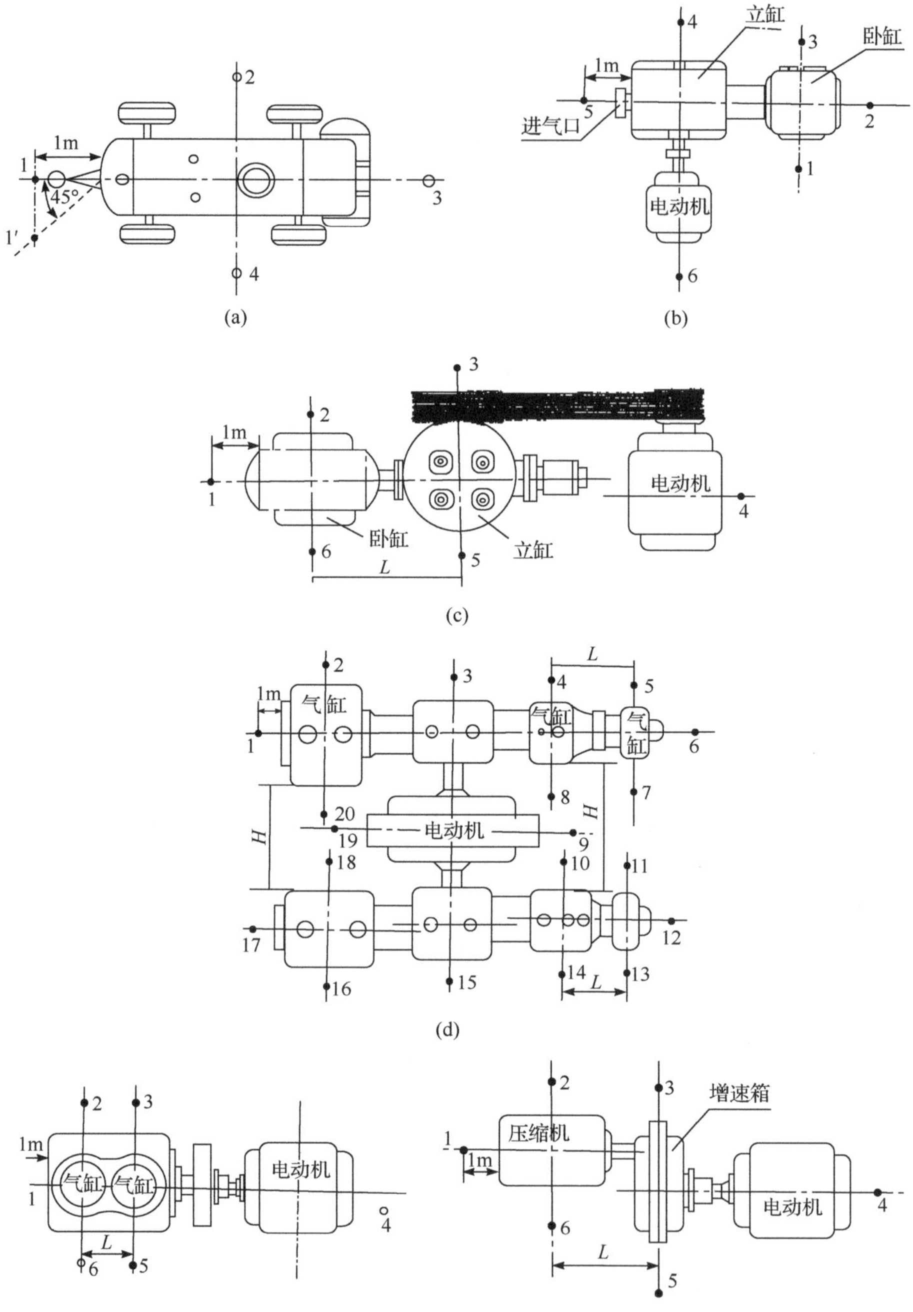
1m
45°
1′
(a)
立缸
卧缸
1m
进气口
电动机
(b)
1m
卧缸
立缸
电动机
L
(c)
1m
气缸
气缸
气缸
电动机
H
H
L
L
(d)
1m
气缸
气缸
电动机
L
(e)
压缩机
增速箱
1m
电动机
L
(f)

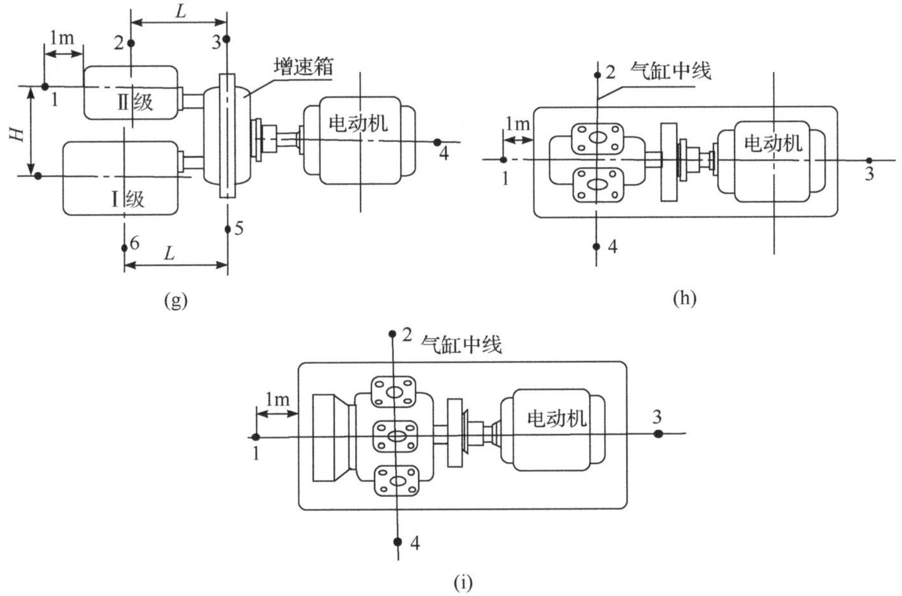

图 8.4.4　压缩机噪声测点位置

(a) 移动式压缩机噪声测点位置；(b) L 型压缩机噪声测点位置；(c) 皮带传动 L 型压缩机噪声测点位置；(d) 对称平稳型压缩机噪声测点位置；(e) 立式压缩机噪声测点位置；(f) 单级螺杆压缩机噪声测点位置；(g) 双级螺杆压缩机噪声测点位置；(h) V 型压缩机噪声测点位置；(i) W 型压缩机噪声测点位置

2) 测量高度

测量在距地面 1.5 m 的高度进行，若设备高度不足 1 m，则测点高度可取 1 m。

3) 测量步骤

当设备静止时，首先测量测点的背景噪声。测量时声级计的传声器指向声源，测量者侧向声源。测量前、后声级计均需进行校正。

3. 测量记录与数据处理

将各测量数据按规定对背景噪声进行修正，再计算设备机壳噪声的平均值，计算公式同式(8.4.1)。

8.4.3　冷却塔噪声测量

中小型(单塔冷却水量≤1000m^3/h)和大型(冷却水量>1000m^3/h)玻璃纤维增强塑料冷却塔的噪声测量按以下方法进行，详见 GB/T 7190.1—2018《机械通风冷却塔 第 1 部分：中小型开式冷却塔》、GB/T 7190.2—2018《机械通风冷却塔 第 2 部分：大型开式冷却塔》和 GB/T 7190.3—2019《机械通风冷却塔 第 3 部分：闭式冷却塔》噪声测定方法。

1. 事前准备

测量冷却塔出风口、进风口和机壳噪声，需测量每个测点的 A 声级以及中心频率为 31.5 Hz～8k Hz 的倍频程声压级。测量应在冷却塔正常运转时进行。测量前，需首先进行背景噪声测试，测量时周围环境必须安静。背景噪声应比冷却塔噪声至少低 10 dB(A)，否则应对测量值进行修正。测量时，传声器应加防风罩。当风速超过 5 m/s 时，停止测量。

2. 测量方法

1) 测点位置

测量冷却塔出风口噪声时，测点选在出风口 45°方向，离风筒为 1 倍出风口直径，当出风口直径大于 5 m 时，测量距离取 5 m。

测量冷却塔进风口噪声时，测点选在进风口方向，与塔壁的水平距离为 1 倍塔体直径，当塔体直径小于 1.5 m 时，测量距离取 1.5 m；当塔形为方形或矩形时，测量距离取塔体的当量直径，即 $\sqrt{ab}$，其中 a、b 为塔体的边长。测点位置如图 8.4.5 所示。

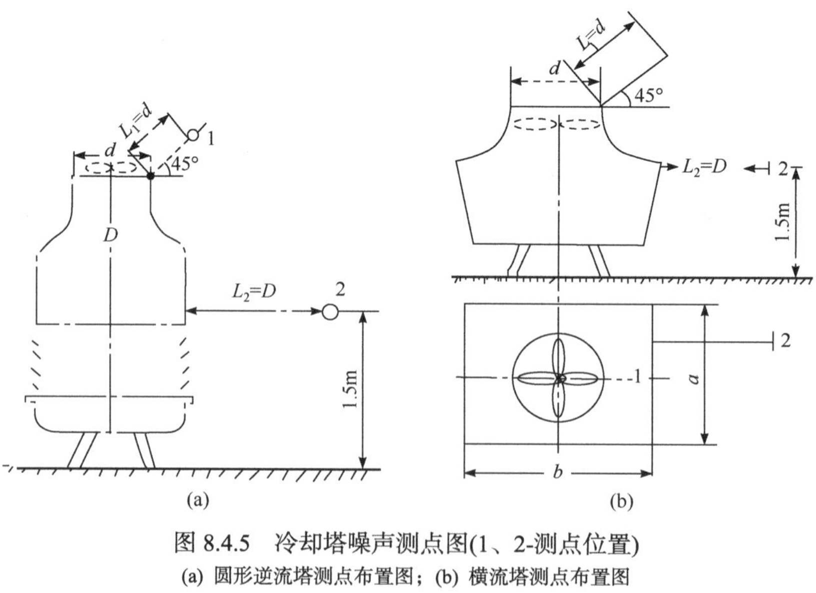

图 8.4.5　冷却塔噪声测点图(1、2-测点位置)
(a) 圆形逆流塔测点布置图；(b) 横流塔测点布置图

测量冷却塔噪声时，测点与塔体的水平距离为 2 倍塔体直径。

2) 测量高度

测量冷却塔进风口噪声时，测点距地面 1.5 m。

3. 测量记录与数据处理

测量至少选两个方向，取其算术平均值。测定声级标准以冷却塔进风口的 A 挡总声级为准，出风口噪声和机壳噪声作为对比。

8.4.4　吸油烟机声品质测量

吸油烟机是我国居民厨房必备的一种家用电器，使用时发出的噪声给消费者带来的不良体验一直是厂家和消费者关注的焦点问题之一，行业内早已将噪声作为产品设计中的重点课题。由于人对声音的主观感知主要受到响度、音调、音色以及时程这四种听觉属性的影响，因此在吸油烟机设计、生产、销售及维修等各个环节更适合采用声品质进行定性和定量描述。2019 年和 2021 年，西北工业大学联合行业内制造商制定了吸油烟机噪声声品质以及吸油烟机噪声声品质满意度测试方法，明确产品满意度等级的测量与评价方法，为厂商改进吸油烟机声品质提供了指引。

1. 吸油烟机噪声声品质指数测量

根据 T/CAS 341—2019《吸油烟机噪声声品质测试方法》的规定，外排式吸油烟机噪声声品质测试在半消声室中进行，具体步骤如下。

1) 事前准备

吸油烟机应装配制造商随机配备的具有设计用途与功能的附件、配件等。吸油烟机应安装制造商所提供的最大直径的管道连接环(若有的话)。若吸油烟机设计有附加的过滤器的话，则这些过滤器应保持清洁并正确安装。应确保吸油烟机运行所必备的辅助设备不向测试环境辐射大量的声能或改变吸油烟机的声辐射。噪声测试之前，吸油烟机应在设定的正常使用中最高挡位的设置下，运行 10 min 以达到稳定状态。

2) 测量方法

(1) 噪声数据采集。

测点模拟人在正常使用状态下人耳所处的位置，头部和躯干模拟器正面面对吸油烟机中间位置，头部和躯干模拟器高度(头顶距离地面)为(1550±10) mm，头部和躯干模拟器(胸前)距离吸油烟机背面所在平面设为(800±10) mm。采样频率为 44100 Hz 及以上，采样时长不少于 5s，采样 3 次的数据，取平均值。

(2) 心理声学参量计算。

响度的计算方法采用 ISO 532-1:2017 中第一部分 Zwicker 的计算方法；尖锐度的计算方法采用 DIN 45692:2009-08 中的公式；粗糙度基于 Zwicker 模型进行计算。

(3) 烦恼度与声品质指数表征。

以被试烦恼度均值为因变量，以测试得出的响度、尖锐度、粗糙度为自变量，构建吸油烟机噪声烦恼度的多元线性回归模型。烦恼度用下式计算：

$$A = 0.4974 + 0.3828L + 2.0119S - 3.0698R \tag{8.4.2}$$

声品质指数用下式计算：

$$\text{SQI}= 95.026 - 3.828L - 20.119S + 30.698R \tag{8.4.3}$$

式(8.4.2)和式(8.4.3)中，A 为烦恼度；L 为响度，单位为 sone；S 为尖锐度，单位为 acum；R 为粗糙度，单位为 asper；SQI 为声品质指数。

进行三次测量，根据其结果分别计算声品质指数，并进行平均，获得最终的吸油烟机声品质指数。

3) 测量记录与数据处理

测试的声学数据记录应包含以下内容：响度、粗糙度、尖锐度、烦恼度、声品质指数。烦恼度计算值 A 在 0～10，大于或等于 10，取 10；小于或等于 0 时，取 0。取左耳、右耳声采集数据获得烦恼度的算术平均值作为烦恼度的值。

2. 吸油烟机噪声声品质满意度分级

家用厨房环境的外排式吸油烟机噪声声品质的满意度等级的指标以及确定该产品噪声声品质满意度等级的试验方法按以下方法进行，详见 T/CAS 519—2021《吸油烟机噪声声品质满意度等级及评价方法》。

1) 事前准备

参照 8.4.4 节 1.中的事前准备。

2) 测量方法

参照 8.4.4 节 1.中的测量方法，吸油烟机在额定电压、额定频率下，以正常工作时的最高转速挡运转，根据吸油烟机噪声响度、尖锐度、粗糙度计算出吸油烟机噪声声品质指数，确定满意度等级。噪声声品质满意度等级分为 3 级，其中 1 级满意度最高，各等级产品的噪声声品质满意度应符合表 8.4.1 的规定。

表 8.4.1　吸油烟机噪声声品质满意度等级

等级	声品质指数(SQI)
1	SQI≥48
2	30<SQI≤48
3	SQI≤30

3) 测量记录与数据处理

测试的声学数据记录应包含以下内容：响度、粗糙度、尖锐度、烦恼度、声品质指数。

8.4.5　测量实例

1. 某型半封闭螺杆制冷压缩机噪声测量

半封闭螺杆制冷压缩机，因其电机在壳体内，所以压缩机噪声源集中于转子啮合处和排气出口及油分离器内部。为了研究其降噪方案，特对其噪声进行了测量。根据 GB/T 4980—2003，采用 9 点法对某型半封闭螺杆制冷压缩机在半消声室进行了噪声测量。

1) 压缩机测点布置

压缩机的排气通过排气出口、排气腔、排气管道出口排到油分离器中，排气噪声的大小与齿面精度和排气管的结构形式密切相关。半封闭压缩机测点布置如图 8.4.6 所示。其中 a，b 是基准面上 2 个典型测点。当压缩机组在额定工况下连续运转，达到稳定状态后，即可读取测试结果。

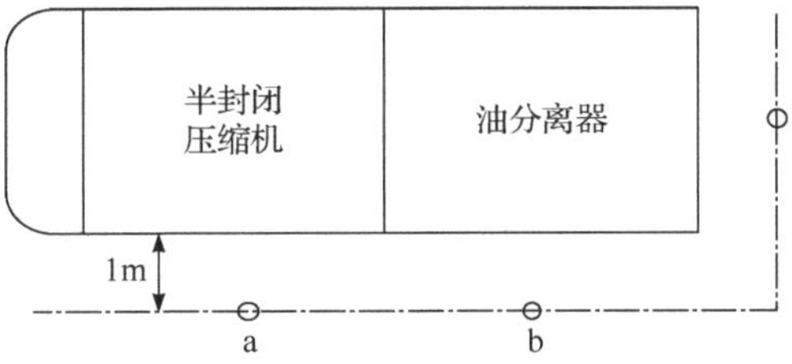

图 8.4.6　压缩机测点布置简图

2) 测量结果及其分析

半封闭螺杆制冷压缩机转子由一对螺旋齿轮组成。与一般齿轮传动不同的是，两个转子工作时通过齿轮旋转啮合压缩推动气体，因此齿形精度和表面粗糙度对齿面啮合噪声和排气噪声的影响较大。将原来的铣削精加工转子工艺用磨削精加工代替，可以提高转子精度和降低表面粗糙度，从而使啮合噪声和气流噪声得到一定程度的降低，转子运转也更加平顺。通过测试，铣削转子和磨削转子压缩机组 a 点位置 1/3 倍频程噪声谱对比如图 8.4.7 所示。

从图中可以看出，采用磨削加工转子可以降低 800 Hz 以上的中高频气流噪声，尤其对 2500～5000 Hz 的高频气流噪声效果明显。

原排气管和带有消声功能的排气管结构如图 8.4.8 和图 8.4.9 所示，箭头方向代表出流方向。压缩机排出的油气混合物进入原排气管左端入口，从右端 4 个大孔出口和挡板间窄缝排出。理论上讲，采用不同开孔方式的排气管，引发的排气噪声大小也不尽相同，测试得到的两种不同结构形式排气管 a 点位置 1/3 倍频程噪声频谱如图 8.4.10 所示。从图中可以对比看出，采用带有消声结构的排气管可以降低 500 Hz 和 800～2000 Hz 中高频排气噪声。

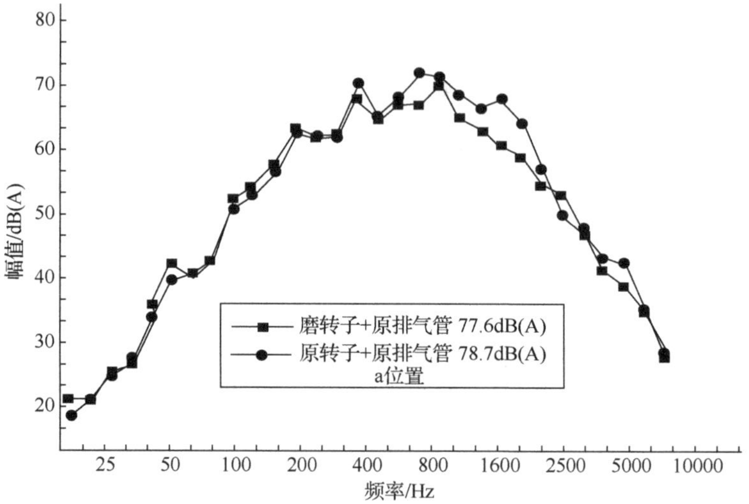

图 8.4.7　不同转子 1/3 倍频程噪声谱值对比

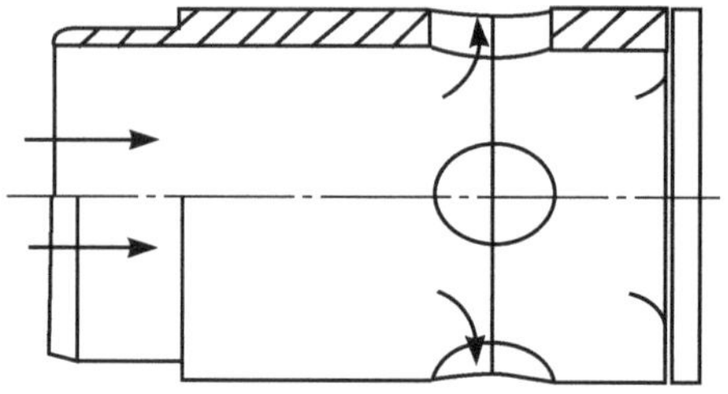

图 8.4.8　原排气管结构

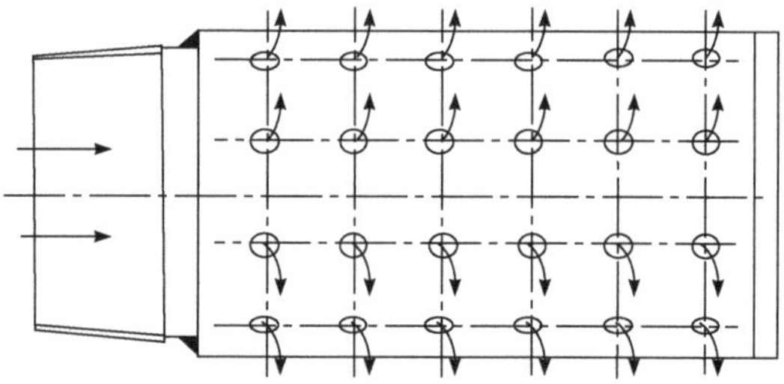

图 8.4.9　带有消声功能的排气管结构

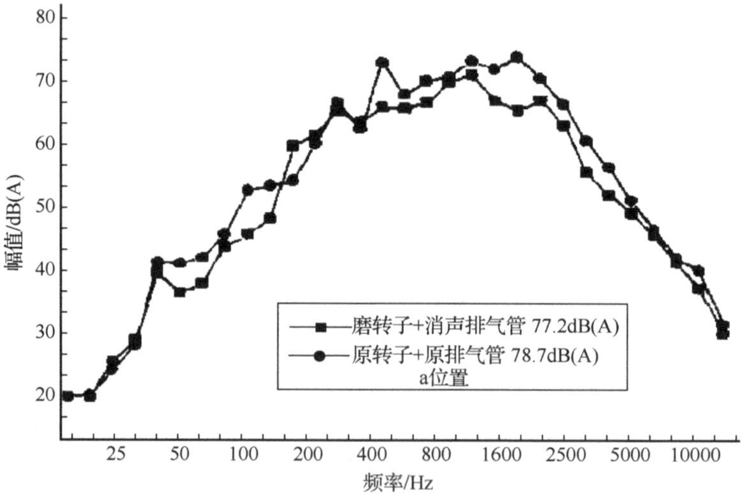

图 8.4.10　不同排气结构 1/3 倍频程的噪声谱值对比

将以上两种方法综合应用到压缩机上，a 点位置 1/3 倍频程噪声频谱图与原来的对比如图 8.4.11 所示。

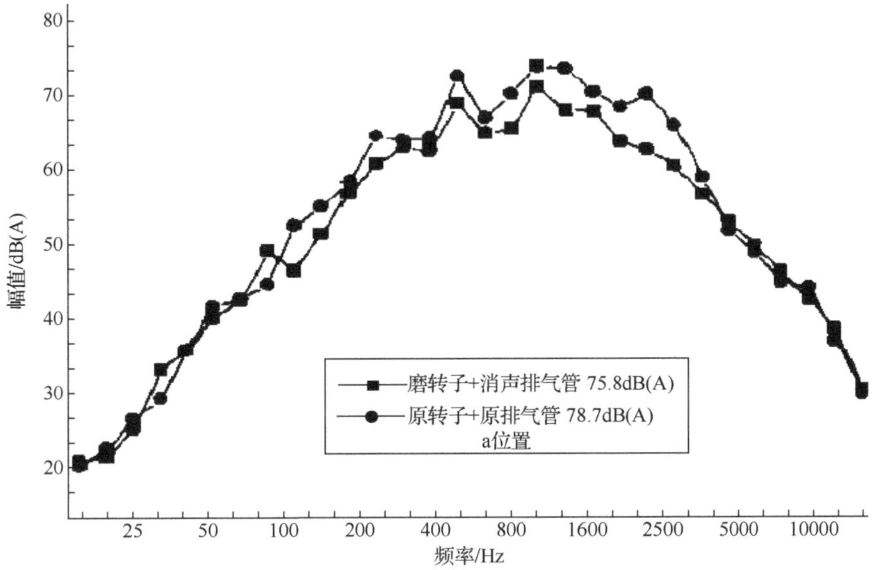

图 8.4.11 改进前后压缩机 1/3 倍频程噪声谱值对比

从原压缩机组 1/3 倍频程噪声谱可得，压缩机整机噪声主要集中于 500～5000 Hz。从图 8.4.11 中改进前与改进后压缩机组 a 位置 1/3 倍频程噪声谱对比可以看出，同时提高转子表面精度、改进排气结构，可使压缩机 500 Hz 和 800～25000 Hz 频段的噪声得到降低，整机噪声分布更均匀，听起来更加平顺，声调变低，噪声下降 3 dB(A)。另外，原压缩机在满负荷与部分负荷之间进行转换时会出现脉动声响，而且部分负荷状态的噪声要高于满负荷状态。上述两项改进措施的实施，消除了不同负荷转换时的脉动声响，并使得部分负荷状态的噪声与满负荷状态基本一致，改善了压缩机噪声综合特性。

2. 某冷凝塔落水噪声测量

立式大型冷凝塔是制药、冷库、化工和机电等行业进行空调、制冷和干燥工艺中的必备设备之一。这些冷凝塔(实用中多为塔群) 多安装于室外，利用水柱落差与空气进行自然热交换来降低水温。冷凝塔水柱落入集水池时溅落激发的噪声一般可达 90 dB(A)左右的声级，成为影响周围环境的污染源。

1) 测点选择

某公司的冷却水系统是由 14 个冷凝塔组成了一个冷凝塔群，在降噪方案设计中为了解噪声的物理特性，特选择了 3 个测点进行了噪声测试，测点分布如

图 8.4.12 所示。

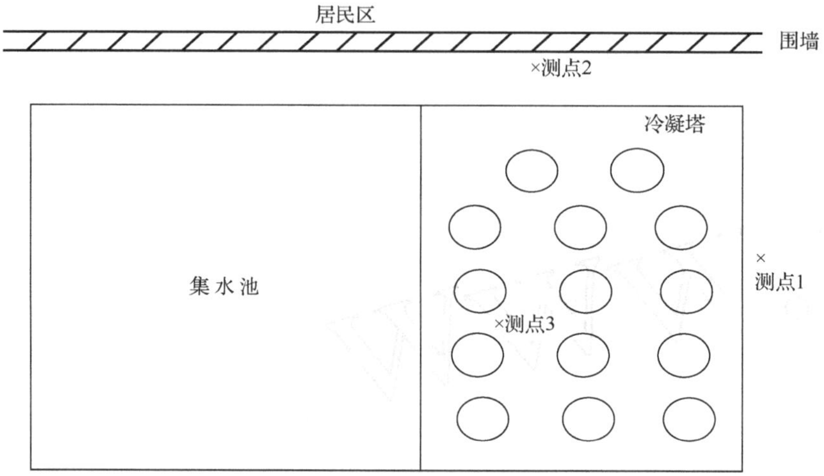

图 8.4.12　冷凝塔群及测点分布图

2) 测量结果及分析

使用 AWA6720 噪声频谱分析仪在冷凝塔群正常运行时测量，现场噪声实测结果见表 8.4.2。

表 8.4.2　冷凝塔群正常运行时的噪声现场实测结果 (单位：dB)

测点	频率/Hz									
	31.5	63	125	250	500	1000	2000	4000	8000	A
1	78.5	79.0	79.0	81.5	85.0	84.0	82.0	81.5	80.0	89.5
2	76.0	78.0	83.0	82.5	80.5	77.0	74.0	73.0	70.0	83.0
3	78.0	78.0	78.5	81.0	83.0	81.0	76.5	73.0	69.0	84.5

从实测噪声的频谱分析看，落水噪声属宽频带噪声源，并以中频噪声为主，因而落水噪声具有传播距离远、影响面广的特点。为了掌握单台冷凝塔落水噪声的特性，在关闭其余冷凝塔后，仅对其中的一台冷凝塔进行了落水噪声实验测量，实测结果见表 8.4.3，由该表数据可以看出，单台和群台的噪声在各个频段上的能量分布十分接近，只是群台运行时在各个频段上的噪声能量因噪声叠加而有所增加。

表 8.4.3　单台冷凝塔正常运行时的噪声现场实测结果 (单位：dB)

测点	频率/Hz									
	31.5	63	125	250	500	1000	2000	4000	8000	A
1	74.5	76.0	77.0	78.0	80.0	81.0	80.0	81.0	80.5	87.0

3. 某型列车空调风机噪声测量

列车空调在工作过程中必然要辐射噪声，其噪声源主要是空调风机出口噪声，为了验收某型列车空调是否达标，采用声强法测量空调出风口声功率。

1) 测量方法及仪器设备

测试系统主要包括硬件系统和软件系统，其中硬件系统包括声强测量的传感器和数据采集设备。声强测量的传感器采用两个 1/2in 传声器作为声强探头，型号为德国 GefellSIS91 的 MK290，传声器中心距离 Δr 采用 12 mm，信号通过 MKII 便携数据采集前端，最后在 PC 机上利用专用软件进行分析和计算。

2) 测试条件

试验用列车空调风机系统，其电机转速 n=1545r/min，功率= 0.75 kW。测量试验在车间现场进行，包络面为 900 mm×720 mm×510 mm。图 8.4.13 和图 8.4.14 分别是测试风机出风口加吸声棉以及出风口加吸声棉和进风口加挡板的试验测试现场。

图 8.4.13　试验用测试现场及测试风机出风口加吸声棉

图 8.4.14　试验用测试现场及测试风机出风口加吸声棉和进风口加挡板

在测量前，对两个传声器测量通道的相位和增益进行了校正，以便保证测量误差小于 1 dB。利用扫描法进行测量，列车空调风机系统的噪声特性用其测量面的声功率来描述，表 8.4.4～表 8.4.7 分别是在未采取任何措施、风机出风口加吸声棉、风机出风口加吸声棉和地面加吸声棉以及风机出风口加吸声棉、地面加吸声棉和进风口加挡板等情况下测得的 1/3 倍频程数值和相应的总声功率级值。

3) 测量结果对比分析

为了进一步验证试验数据的正确性，改变测试包络面体积，将测试包络面中的宽度减小一半，其余不变，即测试包络面改为 900 mm×360 mm×510 mm。相应的测试结果如表 8.4.8 所示。

表 8.4.4　测量数值(测试风机口未采取任何措施)

频率/Hz	80	100	125	160	200	250	315	400	500	630	800	1000	1250	1600	2000	2500	3150	4000	5000	6300	总的 L_p
数量测值	57.9	59.5	58.5	64.5	63	63.3	66.6	69.8	69.2	70.7	72.6	77.7	71.7	69.9	69.5	69.1	67.7	67.7	66.3	63	82.2 dB(A)

表 8.4.5　测量数值(测试风机出风口加吸声棉)

频率/Hz	80	100	125	160	200	250	315	400	500	630	800	1000	1250	1600	2000	2500	3150	4000	5000	6300	总的 L_p
数量测值	57.8	57.8	62.5	63	63.3	63.4	65.6	67.5	70	68.1	69.8	71.3	75.8	69.5	67.4	67.2	66.3	65.2	64.4	60.9	81 dB(A)

表 8.4.6　测量数值(测试风机出风口加吸声棉和地面加吸声棉)

频率/Hz	80	100	125	160	200	250	315	400	500	630	800	1000	1250	1600	2000	2500	3150	4000	5000	6300	总的 L_p
数量测值	–61.1	–55.8	56.3	64.2	64.1	65	66.4	69.1	69.6	68.2	69.7	71.3	73.2	69.6	67.6	67.1	66.4	65.2	64.2	64.1	80.4 dB(A)

表 8.4.7　测量数值(测试风机出风口加吸声棉和地面加吸声棉以及进风口加挡板)

频率/Hz	80	100	125	160	200	250	315	400	500	630	800	1000	1250	1600	2000	2500	3150	4000	5000	6300	总的 L_p
数量测值	–55.6	54.9	59.2	62.2	63.5	64	66.1	68.7	69.2	68	69.3	70.9	72.7	69	67	66.6	65.8	64.7	63.2	60.6	80 dB(A)

表 8.4.8　测量数值(测量条件同表 8.4.7，但包络面为 900mm×360mm×510mm)

频率/Hz	80	100	125	160	200	250	315	400	500	630	800	1000	1250	1600	2000	2500	3150	4000	5000	6300	总的 L_p
数量测值	–55.4	54.7	59.3	62.1	63.4	64.1	66.2	68.8	69.1	68.1	69.4	70.8	72.8	69	66	66.4	65.6	64.8	63.1	60.4	80 dB(A)

由测量结果可知，在未采取任何措施、风机出风口加吸声棉、风机出风口加吸声棉和地面加吸声棉等情况下得到的声功率级测量值分别是 82.2 dB(A)、81 dB(A)、80.4 dB(A)。在风机出风口加吸声棉及地面加吸声棉同时进风口加挡板的条件下以及其他条件不变，改变测试包络面的条件下，得到的声功率级测量值均是 80 dB(A)。通过对比数据并进行分析，可以得出最后测试结果，即在风机出风口加吸声棉及地面加吸声棉同时进风口加挡板的条件下其出风口的测量接近实际真值。得到最终测试风机的声功率级为 80 dB(A)，满足验收标准。

由本次测量可进一步证明，只要包围被测声源的表面内没有其他声源或吸声体，声功率测试与测试包络面大小没有关系。通过进一步分析可以知道，在列车空调风机系统的噪声中，其机械噪声相对于气体动力噪声和电机噪声来说相对较小。在混合噪声中，机械噪声可以忽略不计。

参考文献

[1] 杜功焕, 朱哲民, 龚秀芬. 声学基础[M]. 3 版. 南京: 南京大学出版社, 2012.
[2] 陈克安. 有源噪声控制[M]. 2 版. 北京: 国防工业出版社, 2014.
[3] 马大猷. 噪声与振动控制工程手册[M]. 北京: 机械工业出版社, 2002.
[4] 刘伯胜, 黄益旺, 陈文剑, 等. 水声学原理[M]. 3 版. 北京: 科学出版社, 2019.
[5] 吕玉恒. 噪声与振动控制技术手册[M]. 北京: 化学工业出版社, 2019.
[6] 法斯特, 茨维克尔. 心理声学: 事实与模型[M]. 3 版. 陈克安, 译. 西安: 西北工业大学出版社, 2021.
[7] 陈克安. 环境声的听觉感知与自动识别[M]. 北京: 科学出版社, 2014.
[8] 吸油烟机噪声声品质测试方法: T/CAS 341-2019[S]. 2019.
[9] 吸油烟机噪声声品质满意度等级及评价方法: T/CAS 519-2021 [S]. 2021.
[10] 李豪, 陈克安, 赵焕绮, 等, 面向满意度的产品声品质分级方法及应用[J]. 振动工程学报, 2024.
[11] 党博, 陈克安, 张珺, 等. 一种吸油烟机声品质满意度分级限值评定方法[J]. 应用声学, 2021, 40(5): 691-697.
[12] 陈洪娟, 张强, 郭俊媛. 声学测量[M]. 北京: 科学出版社, 2023.
[13] 张绍栋. 噪声与振动测量技术手册[M]. 成都: 电子科技大学出版社, 2023.
[14] 吴胜举, 张明铎. 声学测量原理与方法[M]. 北京: 科学出版社, 2014.
[15] 明瑞森. 声强技术[M]. 杭州: 浙江大学出版社, 1995.
[16] 代阳, 杨建华, 侯宏, 等. 声管中的宽带脉冲法的水声材料吸声系数测量[J]. 声学学报, 2017, 42(4): 476-484.
[17] 孙广荣, 胡春年, 吴启学. 消声室和混响室的声学设计原理[M]. 北京: 科学出版社, 1981.
[18] 郑长聚, 洪宗辉, 王第贤, 等. 环境噪声控制工程[M]. 北京: 高等教育出版社, 1988.
[19] 准测量不确定度评定和表示: GB/T 27418-2017[S]. 2017.
[20] 中国标准出版社第二编辑室. 中国环境保护标准汇编: 噪声测量[M]. 北京: 中国标准出版社, 2000.
[21] 王占学, 乔渭阳, 李文兰, 等. 新舟 60 飞机 APU 排气噪声测量和分析[J]. 噪声与振动控制, 2003, (3): 43,44,48.
[22] 张春香, 焦仁普, 王再宙. 基于声强技术空调风机噪声声功率测试研究[J]. 噪声与振动控制, 2008, 28(3): 146-148.
[23] 陈克安, 曾向阳. 双传声器法测量斜入射吸声系数研究[J]. 应用声学, 1999, (04): 28-32.
[24] 任树伟, 卢天健, 曾向阳. 多孔材料吸声性能建模与增强[M]. 西安: 西北工业大学出版社, 2022.
[25] 声学 单元并排式阻性消声器传声损失、气流再生噪声和全压损失系数的测定 等效法: GB/T 36079-2018[S]. 2018.

[26] 毛文刚, 杨锐, 杨建伟. 通用小型汽油机噪声测量不确定度评定[J]. 内燃机与配件, 2022, (11): 84-86.
[27] 靳春梅, 樊灵, 邱琦, 等. 半封闭螺杆制冷压缩机降噪研究[J]. 噪声与振动控制, 2003, 23(4): 37-38.
[28] 王吉荣, 龚农斌, 陈士杰. 冷凝塔落水噪声的降噪措施及其效果[J]. 噪声与振动控制, 2002, 22(2): 34-36.

附录一　中华人民共和国噪声污染防治法

(2021 年 12 月 24 日第十三届全国人民代表大会常务委员会第三十二次会议通过)

第一章　总　　则

第一条　为了防治噪声污染，保障公众健康，保护和改善生活环境，维护社会和谐，推进生态文明建设，促进经济社会可持续发展，制定本法。

第二条　本法所称噪声，是指在工业生产、建筑施工、交通运输和社会生活中产生的干扰周围生活环境的声音。

本法所称噪声污染，是指超过噪声排放标准或者未依法采取防控措施产生噪声，并干扰他人正常生活、工作和学习的现象。

第三条　噪声污染的防治，适用本法。

因从事本职生产经营工作受到噪声危害的防治，适用劳动保护等其他有关法律的规定。

第四条　噪声污染防治应当坚持统筹规划、源头防控、分类管理、社会共治、损害担责的原则。

第五条　县级以上人民政府应当将噪声污染防治工作纳入国民经济和社会发展规划、生态环境保护规划，将噪声污染防治工作经费纳入本级政府预算。

生态环境保护规划应当明确噪声污染防治目标、任务、保障措施等内容。

第六条　地方各级人民政府对本行政区域声环境质量负责，采取有效措施，改善声环境质量。

国家实行噪声污染防治目标责任制和考核评价制度，将噪声污染防治目标完成情况纳入考核评价内容。

第七条　县级以上地方人民政府应当依照本法和国务院的规定，明确有关部门的噪声污染防治监督管理职责，根据需要建立噪声污染防治工作协调联动机制，加强部门协同配合、信息共享，推进本行政区域噪声污染防治工作。

第八条　国务院生态环境主管部门对全国噪声污染防治实施统一监督管理。

地方人民政府生态环境主管部门对本行政区域噪声污染防治实施统一监督管理。

各级住房和城乡建设、公安、交通运输、铁路监督管理、民用航空、海事等部门，在各自职责范围内，对建筑施工、交通运输和社会生活噪声污染防治实施监督管理。

基层群众性自治组织应当协助地方人民政府及其有关部门做好噪声污染防治工作。

第九条　任何单位和个人都有保护声环境的义务，同时依法享有获取声环境信息、参与和监督噪声污染防治的权利。

排放噪声的单位和个人应当采取有效措施，防止、减轻噪声污染。

第十条　各级人民政府及其有关部门应当加强噪声污染防治法律法规和知识的宣传教育普及工作，增强公众噪声污染防治意识，引导公众依法参与噪声污染防治工作。

新闻媒体应当开展噪声污染防治法律法规和知识的公益宣传，对违反噪声污染防治法律法规的行为进行舆论监督。

国家鼓励基层群众性自治组织、社会组织、公共场所管理者、业主委员会、物业服务人、志愿者等开展噪声污染防治法律法规和知识的宣传。

第十一条　国家鼓励、支持噪声污染防治科学技术研究开发、成果转化和推广应用，加强噪声污染防治专业技术人才培养，促进噪声污染防治科学技术进步和产业发展。

第十二条　对在噪声污染防治工作中做出显著成绩的单位和个人，按照国家规定给予表彰、奖励。

第二章　噪声污染防治标准和规划

第十三条　国家推进噪声污染防治标准体系建设。

国务院生态环境主管部门和国务院其他有关部门，在各自职责范围内，制定和完善噪声污染防治相关标准，加强标准之间的衔接协调。

第十四条　国务院生态环境主管部门制定国家声环境质量标准。

县级以上地方人民政府根据国家声环境质量标准和国土空间规划以及用地现状，划定本行政区域各类声环境质量标准的适用区域；将以用于居住、科学研究、医疗卫生、文化教育、机关团体办公、社会福利等的建筑物为主的区域，划定为噪声敏感建筑物集中区域，加强噪声污染防治。

声环境质量标准适用区域范围和噪声敏感建筑物集中区域范围应当向社会公布。

第十五条　国务院生态环境主管部门根据国家声环境质量标准和国家经济、

技术条件，制定国家噪声排放标准以及相关的环境振动控制标准。

省、自治区、直辖市人民政府对尚未制定国家噪声排放标准的，可以制定地方噪声排放标准；对已经制定国家噪声排放标准的，可以制定严于国家噪声排放标准的地方噪声排放标准。地方噪声排放标准应当报国务院生态环境主管部门备案。

第十六条　国务院标准化主管部门会同国务院发展改革、生态环境、工业和信息化、住房和城乡建设、交通运输、铁路监督管理、民用航空、海事等部门，对可能产生噪声污染的工业设备、施工机械、机动车、铁路机车车辆、城市轨道交通车辆、民用航空器、机动船舶、电气电子产品、建筑附属设备等产品，根据声环境保护的要求和国家经济、技术条件，在其技术规范或者产品质量标准中规定噪声限值。

前款规定的产品使用时产生噪声的限值，应当在有关技术文件中注明。禁止生产、进口或者销售不符合噪声限值的产品。

县级以上人民政府市场监督管理等部门对生产、销售的有噪声限值的产品进行监督抽查，对电梯等特种设备使用时发出的噪声进行监督抽测，生态环境主管部门予以配合。

第十七条　声环境质量标准、噪声排放标准和其他噪声污染防治相关标准应当定期评估，并根据评估结果适时修订。

第十八条　各级人民政府及其有关部门制定、修改国土空间规划和相关规划，应当依法进行环境影响评价，充分考虑城乡区域开发、改造和建设项目产生的噪声对周围生活环境的影响，统筹规划，合理安排土地用途和建设布局，防止、减轻噪声污染。有关环境影响篇章、说明或者报告书中应当包括噪声污染防治内容。

第十九条　确定建设布局，应当根据国家声环境质量标准和民用建筑隔声设计相关标准，合理划定建筑物与交通干线等的防噪声距离，并提出相应的规划设计要求。

第二十条　未达到国家声环境质量标准的区域所在地设区的市、县级人民政府，应当及时编制声环境质量改善规划及其实施方案，采取有效措施，改善声环境质量。

声环境质量改善规划及其实施方案应当向社会公开。

第二十一条　编制声环境质量改善规划及其实施方案，制定、修订噪声污染防治相关标准，应当征求有关行业协会、企业事业单位、专家和公众等的意见。

第三章　噪声污染防治的监督管理

第二十二条　排放噪声、产生振动，应当符合噪声排放标准以及相关的环境振动控制标准和有关法律、法规、规章的要求。

排放噪声的单位和公共场所管理者，应当建立噪声污染防治责任制度，明确负责人和相关人员的责任。

第二十三条　国务院生态环境主管部门负责制定噪声监测和评价规范，会同国务院有关部门组织声环境质量监测网络，规划国家声环境质量监测站(点)的设置，组织开展全国声环境质量监测，推进监测自动化，统一发布全国声环境质量状况信息。

地方人民政府生态环境主管部门会同有关部门按照规定设置本行政区域声环境质量监测站(点)，组织开展本行政区域声环境质量监测，定期向社会公布声环境质量状况信息。

地方人民政府生态环境等部门应当加强对噪声敏感建筑物周边等重点区域噪声排放情况的调查、监测。

第二十四条　新建、改建、扩建可能产生噪声污染的建设项目，应当依法进行环境影响评价。

第二十五条　建设项目的噪声污染防治设施应当与主体工程同时设计、同时施工、同时投产使用。

建设项目在投入生产或者使用之前，建设单位应当依照有关法律法规的规定，对配套建设的噪声污染防治设施进行验收，编制验收报告，并向社会公开。未经验收或者验收不合格的，该建设项目不得投入生产或者使用。

第二十六条　建设噪声敏感建筑物，应当符合民用建筑隔声设计相关标准要求，不符合标准要求的，不得通过验收、交付使用；在交通干线两侧、工业企业周边等地方建设噪声敏感建筑物，还应当按照规定间隔一定距离，并采取减少振动、降低噪声的措施。

第二十七条　国家鼓励、支持低噪声工艺和设备的研究开发和推广应用，实行噪声污染严重的落后工艺和设备淘汰制度。

国务院发展改革部门会同国务院有关部门确定噪声污染严重的工艺和设备淘汰期限，并纳入国家综合性产业政策目录。

生产者、进口者、销售者或者使用者应当在规定期限内停止生产、进口、销售或者使用列入前款规定目录的设备。工艺的采用者应当在规定期限内停止采用列入前款规定目录的工艺。

第二十八条　对未完成声环境质量改善规划设定目标的地区以及噪声污染问题突出、群众反映强烈的地区，省级以上人民政府生态环境主管部门会同其他负有噪声污染防治监督管理职责的部门约谈该地区人民政府及其有关部门的主要负责人，要求其采取有效措施及时整改。约谈和整改情况应当向社会公开。

第二十九条　生态环境主管部门和其他负有噪声污染防治监督管理职责的部门，有权对排放噪声的单位或者场所进行现场检查。被检查者应当如实反映情况，提供必要的资料，不得拒绝或者阻挠。实施检查的部门、人员对现场检查中知悉的商业秘密应当保密。

检查人员进行现场检查，不得少于两人，并应当主动出示执法证件。

第三十条　排放噪声造成严重污染，被责令改正拒不改正的，生态环境主管部门或者其他负有噪声污染防治监督管理职责的部门，可以查封、扣押排放噪声的场所、设施、设备、工具和物品。

第三十一条　任何单位和个人都有权向生态环境主管部门或者其他负有噪声污染防治监督管理职责的部门举报造成噪声污染的行为。

生态环境主管部门和其他负有噪声污染防治监督管理职责的部门应当公布举报电话、电子邮箱等，方便公众举报。

接到举报的部门应当及时处理并对举报人的相关信息保密。举报事项属于其他部门职责的，接到举报的部门应当及时移送相关部门并告知举报人。举报人要求答复并提供有效联系方式的，处理举报事项的部门应当反馈处理结果等情况。

第三十二条　国家鼓励开展宁静小区、静音车厢等宁静区域创建活动，共同维护生活环境和谐安宁。

第三十三条　在举行中等学校招生考试、高等学校招生统一考试等特殊活动期间，地方人民政府或者其指定的部门可以对可能产生噪声影响的活动，作出时间和区域的限制性规定，并提前向社会公告。

第四章　工业噪声污染防治

第三十四条　本法所称工业噪声，是指在工业生产活动中产生的干扰周围生活环境的声音。

第三十五条　工业企业选址应当符合国土空间规划以及相关规划要求，县级以上地方人民政府应当按照规划要求优化工业企业布局，防止工业噪声污染。

在噪声敏感建筑物集中区域，禁止新建排放噪声的工业企业，改建、扩建工业企业的，应当采取有效措施防止工业噪声污染。

第三十六条　排放工业噪声的企业事业单位和其他生产经营者，应当采取有效措施，减少振动、降低噪声，依法取得排污许可证或者填报排污登记表。

实行排污许可管理的单位，不得无排污许可证排放工业噪声，并应当按照排污许可证的要求进行噪声污染防治。

第三十七条　设区的市级以上地方人民政府生态环境主管部门应当按照国务

院生态环境主管部门的规定，根据噪声排放、声环境质量改善要求等情况，制定本行政区域噪声重点排污单位名录，向社会公开并适时更新。

第三十八条 实行排污许可管理的单位应当按照规定，对工业噪声开展自行监测，保存原始监测记录，向社会公开监测结果，对监测数据的真实性和准确性负责。

噪声重点排污单位应当按照国家规定，安装、使用、维护噪声自动监测设备，与生态环境主管部门的监控设备联网。

第五章 建筑施工噪声污染防治

第三十九条 本法所称建筑施工噪声，是指在建筑施工过程中产生的干扰周围生活环境的声音。

第四十条 建设单位应当按照规定将噪声污染防治费用列入工程造价，在施工合同中明确施工单位的噪声污染防治责任。

施工单位应当按照规定制定噪声污染防治实施方案，采取有效措施，减少振动、降低噪声。建设单位应当监督施工单位落实噪声污染防治实施方案。

第四十一条 在噪声敏感建筑物集中区域施工作业，应当优先使用低噪声施工工艺和设备。

国务院工业和信息化主管部门会同国务院生态环境、住房和城乡建设、市场监督管理等部门，公布低噪声施工设备指导名录并适时更新。

第四十二条 在噪声敏感建筑物集中区域施工作业，建设单位应当按照国家规定，设置噪声自动监测系统，与监督管理部门联网，保存原始监测记录，对监测数据的真实性和准确性负责。

第四十三条 在噪声敏感建筑物集中区域，禁止夜间进行产生噪声的建筑施工作业，但抢修、抢险施工作业，因生产工艺要求或者其他特殊需要必须连续施工作业的除外。

因特殊需要必须连续施工作业的，应当取得地方人民政府住房和城乡建设、生态环境主管部门或者地方人民政府指定的部门的证明，并在施工现场显著位置公示或者以其他方式公告附近居民。

第六章 交通运输噪声污染防治

第四十四条 本法所称交通运输噪声，是指机动车、铁路机车车辆、城市轨道交通车辆、机动船舶、航空器等交通运输工具在运行时产生的干扰周围生活环境的声音。

第四十五条　各级人民政府及其有关部门制定、修改国土空间规划和交通运输等相关规划，应当综合考虑公路、城市道路、铁路、城市轨道交通线路、水路、港口和民用机场及其起降航线对周围声环境的影响。

新建公路、铁路线路选线设计，应当尽量避开噪声敏感建筑物集中区域。

新建民用机场选址与噪声敏感建筑物集中区域的距离应当符合标准要求。

第四十六条　制定交通基础设施工程技术规范,应当明确噪声污染防治要求。

新建、改建、扩建经过噪声敏感建筑物集中区域的高速公路、城市高架、铁路和城市轨道交通线路等的，建设单位应当在可能造成噪声污染的重点路段设置声屏障或者采取其他减少振动、降低噪声的措施，符合有关交通基础设施工程技术规范以及标准要求。

建设单位违反前款规定的，由县级以上人民政府指定的部门责令制定、实施治理方案。

第四十七条　机动车的消声器和喇叭应当符合国家规定。禁止驾驶拆除或者损坏消声器、加装排气管等擅自改装的机动车以轰鸣、疾驶等方式造成噪声污染。

使用机动车音响器材，应当控制音量，防止噪声污染。

机动车应当加强维修和保养，保持性能良好，防止噪声污染。

第四十八条　机动车、铁路机车车辆、城市轨道交通车辆、机动船舶等交通运输工具运行时，应当按照规定使用喇叭等声响装置。

警车、消防救援车、工程救险车、救护车等机动车安装、使用警报器，应当符合国务院公安等部门的规定；非执行紧急任务，不得使用警报器。

第四十九条　地方人民政府生态环境主管部门会同公安机关根据声环境保护的需要，可以划定禁止机动车行驶和使用喇叭等声响装置的路段和时间，向社会公告，并由公安机关交通管理部门依法设置相关标志、标线。

第五十条　在车站、铁路站场、港口等地指挥作业时使用广播喇叭的，应当控制音量，减轻噪声污染。

第五十一条　公路养护管理单位、城市道路养护维修单位应当加强对公路、城市道路的维护和保养，保持减少振动、降低噪声设施正常运行。

城市轨道交通运营单位、铁路运输企业应当加强对城市轨道交通线路和城市轨道交通车辆、铁路线路和铁路机车车辆的维护和保养，保持减少振动、降低噪声设施正常运行，并按照国家规定进行监测，保存原始监测记录，对监测数据的真实性和准确性负责。

第五十二条　民用机场所在地人民政府，应当根据环境影响评价以及监测结果确定的民用航空器噪声对机场周围生活环境产生影响的范围和程度，划定噪声敏感建筑物禁止建设区域和限制建设区域，并实施控制。

在禁止建设区域禁止新建与航空无关的噪声敏感建筑物。

在限制建设区域确需建设噪声敏感建筑物的，建设单位应当对噪声敏感建筑物进行建筑隔声设计，符合民用建筑隔声设计相关标准要求。

第五十三条　民用航空器应当符合国务院民用航空主管部门规定的适航标准中的有关噪声要求。

第五十四条　民用机场管理机构负责机场起降航空器噪声的管理，会同航空运输企业、通用航空企业、空中交通管理部门等单位，采取低噪声飞行程序、起降跑道优化、运行架次和时段控制、高噪声航空器运行限制或者周围噪声敏感建筑物隔声降噪等措施，防止、减轻民用航空器噪声污染。

民用机场管理机构应当按照国家规定，对机场周围民用航空器噪声进行监测，保存原始监测记录，对监测数据的真实性和准确性负责，监测结果定期向民用航空、生态环境主管部门报送。

第五十五条　因公路、城市道路和城市轨道交通运行排放噪声造成严重污染的，设区的市、县级人民政府应当组织有关部门和其他有关单位对噪声污染情况进行调查评估和责任认定，制定噪声污染综合治理方案。

噪声污染责任单位应当按照噪声污染综合治理方案的要求采取管理或者工程措施，减轻噪声污染。

第五十六条　因铁路运行排放噪声造成严重污染的，铁路运输企业和设区的市、县级人民政府应当对噪声污染情况进行调查，制定噪声污染综合治理方案。

铁路运输企业和设区的市、县级人民政府有关部门和其他有关单位应当按照噪声污染综合治理方案的要求采取有效措施，减轻噪声污染。

第五十七条　因民用航空器起降排放噪声造成严重污染的，民用机场所在地人民政府应当组织有关部门和其他有关单位对噪声污染情况进行调查，综合考虑经济、技术和管理措施，制定噪声污染综合治理方案。

民用机场管理机构、地方各级人民政府和其他有关单位应当按照噪声污染综合治理方案的要求采取有效措施，减轻噪声污染。

第五十八条　制定噪声污染综合治理方案，应当征求有关专家和公众等的意见。

第七章　社会生活噪声污染防治

第五十九条　本法所称社会生活噪声，是指人为活动产生的除工业噪声、建筑施工噪声和交通运输噪声之外的干扰周围生活环境的声音。

第六十条 全社会应当增强噪声污染防治意识，自觉减少社会生活噪声排放，积极开展噪声污染防治活动，形成人人有责、人人参与、人人受益的良好噪声污染防治氛围，共同维护生活环境和谐安宁。

第六十一条 文化娱乐、体育、餐饮等场所的经营管理者应当采取有效措施，防止、减轻噪声污染。

第六十二条 使用空调器、冷却塔、水泵、油烟净化器、风机、发电机、变压器、锅炉、装卸设备等可能产生社会生活噪声污染的设备、设施的企业事业单位和其他经营管理者等，应当采取优化布局、集中排放等措施，防止、减轻噪声污染。

第六十三条 禁止在商业经营活动中使用高音广播喇叭或者采用其他持续反复发出高噪声的方法进行广告宣传。

对商业经营活动中产生的其他噪声，经营者应当采取有效措施，防止噪声污染。

第六十四条 禁止在噪声敏感建筑物集中区域使用高音广播喇叭，但紧急情况以及地方人民政府规定的特殊情形除外。

在街道、广场、公园等公共场所组织或者开展娱乐、健身等活动，应当遵守公共场所管理者有关活动区域、时段、音量等规定，采取有效措施，防止噪声污染；不得违反规定使用音响器材产生过大音量。

公共场所管理者应当合理规定娱乐、健身等活动的区域、时段、音量，可以采取设置噪声自动监测和显示设施等措施加强管理。

第六十五条 家庭及其成员应当培养形成减少噪声产生的良好习惯，乘坐公共交通工具、饲养宠物和其他日常活动尽量避免产生噪声对周围人员造成干扰，互谅互让解决噪声纠纷，共同维护声环境质量。

使用家用电器、乐器或者进行其他家庭场所活动，应当控制音量或者采取其他有效措施，防止噪声污染。

第六十六条 对已竣工交付使用的住宅楼、商铺、办公楼等建筑物进行室内装修活动，应当按照规定限定作业时间，采取有效措施，防止、减轻噪声污染。

第六十七条 新建居民住房的房地产开发经营者应当在销售场所公示住房可能受到噪声影响的情况以及采取或者拟采取的防治措施，并纳入买卖合同。

新建居民住房的房地产开发经营者应当在买卖合同中明确住房的共用设施设备位置和建筑隔声情况。

第六十八条 居民住宅区安装电梯、水泵、变压器等共用设施设备的，建设单位应当合理设置，采取减少振动、降低噪声的措施，符合民用建筑隔声设计相关标准要求。

已建成使用的居民住宅区电梯、水泵、变压器等共用设施设备由专业运营单位负责维护管理，符合民用建筑隔声设计相关标准要求。

第六十九条　基层群众性自治组织指导业主委员会、物业服务人、业主通过制定管理规约或者其他形式，约定本物业管理区域噪声污染防治要求，由业主共同遵守。

第七十条　对噪声敏感建筑物集中区域的社会生活噪声扰民行为，基层群众性自治组织、业主委员会、物业服务人应当及时劝阻、调解；劝阻、调解无效的，可以向负有社会生活噪声污染防治监督管理职责的部门或者地方人民政府指定的部门报告或者投诉，接到报告或者投诉的部门应当依法处理。

第八章　法 律 责 任

第七十一条　违反本法规定，拒绝、阻挠监督检查，或者在接受监督检查时弄虚作假的，由生态环境主管部门或者其他负有噪声污染防治监督管理职责的部门责令改正，处二万元以上二十万元以下的罚款。

第七十二条　违反本法规定，生产、进口、销售超过噪声限值的产品的，由县级以上人民政府市场监督管理部门、海关按照职责责令改正，没收违法所得，并处货值金额一倍以上三倍以下的罚款；情节严重的，报经有批准权的人民政府批准，责令停业、关闭。

违反本法规定，生产、进口、销售、使用淘汰的设备，或者采用淘汰的工艺的，由县级以上人民政府指定的部门责令改正，没收违法所得，并处货值金额一倍以上三倍以下的罚款；情节严重的，报经有批准权的人民政府批准，责令停业、关闭。

第七十三条　违反本法规定，建设单位建设噪声敏感建筑物不符合民用建筑隔声设计相关标准要求的，由县级以上地方人民政府住房和城乡建设主管部门责令改正，处建设工程合同价款百分之二以上百分之四以下的罚款。

违反本法规定，建设单位在噪声敏感建筑物禁止建设区域新建与航空无关的噪声敏感建筑物的，由地方人民政府指定的部门责令停止违法行为，处建设工程合同价款百分之二以上百分之十以下的罚款，并报经有批准权的人民政府批准，责令拆除。

第七十四条　违反本法规定，在噪声敏感建筑物集中区域新建排放噪声的工业企业的，由生态环境主管部门责令停止违法行为，处十万元以上五十万元以下的罚款，并报经有批准权的人民政府批准，责令关闭。

违反本法规定，在噪声敏感建筑物集中区域改建、扩建工业企业，未采取有效措施防止工业噪声污染的，由生态环境主管部门责令改正，处十万元以上五十万元以下的罚款；拒不改正的，报经有批准权的人民政府批准，责令关闭。

第七十五条　违反本法规定，无排污许可证或者超过噪声排放标准排放工业噪声的，由生态环境主管部门责令改正或者限制生产、停产整治，并处二万元以上二十万元以下的罚款；情节严重的，报经有批准权的人民政府批准，责令停业、关闭。

第七十六条　违反本法规定，有下列行为之一，由生态环境主管部门责令改正，处二万元以上二十万元以下的罚款；拒不改正的，责令限制生产、停产整治：

(一) 实行排污许可管理的单位未按照规定对工业噪声开展自行监测，未保存原始监测记录，或者未向社会公开监测结果的；

(二) 噪声重点排污单位未按照国家规定安装、使用、维护噪声自动监测设备，或者未与生态环境主管部门的监控设备联网的。

第七十七条　违反本法规定，建设单位、施工单位有下列行为之一，由工程所在地人民政府指定的部门责令改正，处一万元以上十万元以下的罚款；拒不改正的，可以责令暂停施工：

(一) 超过噪声排放标准排放建筑施工噪声的；

(二) 未按照规定取得证明，在噪声敏感建筑物集中区域夜间进行产生噪声的建筑施工作业的。

第七十八条　违反本法规定，有下列行为之一，由工程所在地人民政府指定的部门责令改正，处五千元以上五万元以下的罚款；拒不改正的，处五万元以上二十万元以下的罚款：

(一) 建设单位未按照规定将噪声污染防治费用列入工程造价的；

(二) 施工单位未按照规定制定噪声污染防治实施方案，或者未采取有效措施减少振动、降低噪声的；

(三) 在噪声敏感建筑物集中区域施工作业的建设单位未按照国家规定设置噪声自动监测系统，未与监督管理部门联网，或者未保存原始监测记录的；

(四) 因特殊需要必须连续施工作业，建设单位未按照规定公告附近居民的。

第七十九条　违反本法规定，驾驶拆除或者损坏消声器、加装排气管等擅自改装的机动车轰鸣、疾驶，机动车运行时未按照规定使用声响装置，或者违反禁止机动车行驶和使用声响装置的路段和时间规定的，由县级以上地方人民政府公安机关交通管理部门依照有关道路交通安全的法律法规处罚。

违反本法规定，铁路机车车辆、城市轨道交通车辆、机动船舶等交通运输工具运行时未按照规定使用声响装置的，由交通运输、铁路监督管理、海事等部门或者地方人民政府指定的城市轨道交通有关部门按照职责责令改正，处五千元以上一万元以下的罚款。

第八十条　违反本法规定，有下列行为之一，由交通运输、铁路监督管理、民用航空等部门或者地方人民政府指定的城市道路、城市轨道交通有关部门，按照职责责令改正，处五千元以上五万元以下的罚款；拒不改正的，处五万元以上二十万元以下的罚款：

(一) 公路养护管理单位、城市道路养护维修单位、城市轨道交通运营单位、铁路运输企业未履行维护和保养义务，未保持减少振动、降低噪声设施正常运行的；

(二) 城市轨道交通运营单位、铁路运输企业未按照国家规定进行监测，或者未保存原始监测记录的；

(三) 民用机场管理机构、航空运输企业、通用航空企业未采取措施防止、减轻民用航空器噪声污染的；

(四) 民用机场管理机构未按照国家规定对机场周围民用航空器噪声进行监测，未保存原始监测记录，或者监测结果未定期报送的。

第八十一条　违反本法规定，有下列行为之一，由地方人民政府指定的部门责令改正，处五千元以上五万元以下的罚款；拒不改正的，处五万元以上二十万元以下的罚款，并可以报经有批准权的人民政府批准，责令停业：

(一) 超过噪声排放标准排放社会生活噪声的；

(二) 在商业经营活动中使用高音广播喇叭或者采用其他持续反复发出高噪声的方法进行广告宣传的；

(三) 未对商业经营活动中产生的其他噪声采取有效措施造成噪声污染的。

第八十二条　违反本法规定，有下列行为之一，由地方人民政府指定的部门说服教育，责令改正；拒不改正的，给予警告，对个人可以处二百元以上一千元以下的罚款，对单位可以处二千元以上二万元以下的罚款：

(一) 在噪声敏感建筑物集中区域使用高音广播喇叭的；

(二) 在公共场所组织或者开展娱乐、健身等活动，未遵守公共场所管理者有关活动区域、时段、音量等规定，未采取有效措施造成噪声污染，或者违反规定使用音响器材产生过大音量的；

(三) 对已竣工交付使用的建筑物进行室内装修活动，未按照规定在限定的作业时间内进行，或者未采取有效措施造成噪声污染的；

(四) 其他违反法律规定造成社会生活噪声污染的。

第八十三条　违反本法规定，有下列行为之一，由县级以上地方人民政府房产管理部门责令改正，处一万元以上五万元以下的罚款；拒不改正的，责令暂停销售：

(一) 新建居民住房的房地产开发经营者未在销售场所公示住房可能受到噪声影响的情况以及采取或者拟采取的防治措施，或者未纳入买卖合同的；

(二) 新建居民住房的房地产开发经营者未在买卖合同中明确住房的共用设施设备位置或者建筑隔声情况的。

第八十四条 违反本法规定，有下列行为之一，由地方人民政府指定的部门责令改正，处五千元以上五万元以下的罚款；拒不改正的，处五万元以上二十万元以下的罚款：

(一) 居民住宅区安装共用设施设备，设置不合理或者未采取减少振动、降低噪声的措施，不符合民用建筑隔声设计相关标准要求的；

(二) 对已建成使用的居民住宅区共用设施设备，专业运营单位未进行维护管理，不符合民用建筑隔声设计相关标准要求的。

第八十五条 噪声污染防治监督管理人员滥用职权、玩忽职守、徇私舞弊的，由监察机关或者任免机关、单位依法给予处分。

第八十六条 受到噪声侵害的单位和个人，有权要求侵权人依法承担民事责任。

对赔偿责任和赔偿金额纠纷，可以根据当事人的请求，由相应的负有噪声污染防治监督管理职责的部门、人民调解委员会调解处理。

国家鼓励排放噪声的单位、个人和公共场所管理者与受到噪声侵害的单位和个人友好协商，通过调整生产经营时间、施工作业时间，采取减少振动、降低噪声措施，支付补偿金、异地安置等方式，妥善解决噪声纠纷。

第八十七条 违反本法规定，产生社会生活噪声，经劝阻、调解和处理未能制止，持续干扰他人正常生活、工作和学习，或者有其他扰乱公共秩序、妨害社会管理等违反治安管理行为的，由公安机关依法给予治安管理处罚。

违反本法规定，构成犯罪的，依法追究刑事责任。

第九章　附　　则

第八十八条 本法中下列用语的含义：

(一) 噪声排放，是指噪声源向周围生活环境辐射噪声；

(二) 夜间，是指晚上十点至次日早晨六点之间的期间，设区的市级以上人民政府可以另行规定本行政区域夜间的起止时间，夜间时段长度为八小时；

(三) 噪声敏感建筑物，是指用于居住、科学研究、医疗卫生、文化教育、机关团体办公、社会福利等需要保持安静的建筑物；

(四) 交通干线，是指铁路、高速公路、一级公路、二级公路、城市快速路、城市主干路、城市次干路、城市轨道交通线路、内河高等级航道。

第八十九条　省、自治区、直辖市或者设区的市、自治州根据实际情况，制定本地方噪声污染防治具体办法。

第九十条　本法自2022年6月5日起施行。《中华人民共和国环境噪声污染防治法》同时废止。

附录二　重要的环境噪声限值标准

一、GB 3096—2008《声环境质量标准》

为贯彻《中华人民共和国环境噪声污染防治法》，防治噪声污染，保障城乡居民正常生活、工作和学习的声环境质量，制定本标准。

本标准是对《城市区域环境噪声标准》(GB 3096—93)和《城市区域环境噪声测量方法》(GB/T 14623—93)的修订，与原标准相比主要修改内容如下：

——扩大了标准适用区域，将乡村地区纳入标准适用范围；

——将环境质量标准与测量方法标准合并为一项标准；

——明确了交通干线的定义，对交通干线两侧 4 类区环境噪声限值作了调整；

——提出了声环境功能区监测和噪声敏感建筑物监测的要求。

本标准于 1982 年首次发布，1993 年第一次修订，本次为第二次修订。

自本标准实施之日起，GB 3096—93 和 GB/T 14623—93 废止。

本标准的附录 A 为资料性附录；附录 B、附录 C 为规范性附录。

本标准由环境保护部科技标准司组织制订。

本标准起草单位：中国环境科学研究院、北京市环境保护监测中心、广州市环境监测中心站。

本标准环境保护部 2008 年 7 月 30 日批准。

本标准自 2008 年 10 月 1 日起实施。

本标准由环境保护部解释。

1　适用范围

本标准规定了五类声环境功能区的环境噪声限值及测量方法。

本标准适用于声环境质量评价与管理。

机场周围区域受飞机通过(起飞、降落、低空飞越)噪声的影响，不适用于本标准。

2　规范性引用文件

本标准内容引用了下列文件或其中的条款。凡是不注日期的引用文件，其有效版本适用于本标准。

GB 3785　声级计电、声性能及测试方法

GB/T 15173　声校准器

GB/T 15190 城市区域环境噪声适用区划分技术规范

GB/T 17181 积分平均声级计

GB/T 50280 城市规划基本术语标准

JTG B01 公路工程技术标准

3 术语和定义

下列术语和定义适用于本标准。

3.1 A 声级 A-weighted sound pressure level

用 A 计权网络测得的声压级，用 L_A 表示，单位 dB(A)。

3.2 等效连续 A 声级 equivalent continuous A-weighted sound pressure level

简称为等效声级，指在规定测量时间 T 内 A 声级的能量平均值，用 $L_{Aeq,T}$ 表示(简写为 L_{eq})，单位 dB(A)。除特别指明外，本标准中噪声限值皆为等效声级。

根据定义，等效声级表示为：

$$L_{eq}=10\lg\left(\frac{1}{T}\int_0^T 10^{0.1\cdot L_A}\,\mathrm{d}t\right)$$

式中：L_A——t 时刻的瞬时 A 声级；

T——规定的测量时间段。

3.3 昼间等效声级 day-time equivalent sound level、夜间等效声级 night-time equivalent sound level

在昼间时段内测得的等效连续 A 声级称为昼间等效声级，用 L_d 表示，单位 dB(A)。

在夜间时段内测得的等效连续 A 声级称为夜间等效声级，用 L_n 表示，单位 dB(A)。

3.4 昼间 day-time、夜间 night-time

根据《中华人民共和国环境噪声污染防治法》，“昼间”是指 6:00 至 22:00 之间的时段；“夜间”是指 22:00 至次日 6:00 之间的时段。

县级以上人民政府为环境噪声污染防治的需要(如考虑时差、作息习惯差异等)而对昼间、夜间的划分另有规定的，应按其规定执行。

3.5 最大声级 maximum sound level

在规定的测量时间段内或对某一独立噪声事件，测得的 A 声级最大值，用 L_{max} 表示，单位 dB(A)。

3.6 累积百分声级 percentile sound level

用于评价测量时间段内噪声强度时间统计分布特征的指标，指占测量时间段一定比例的累积时间内 A 声级的最小值，用 L_N 表示，单位为 dB(A)。最常用的是 L_{10}、L_{50} 和 L_{90}，其含义如下：

L_{10}——在测量时间内有 10%的时间 A 声级超过的值，相当于噪声的平均峰值；

L_{50}——在测量时间内有 50%的时间 A 声级超过的值，相当于噪声的平均中值；

L_{90}——在测量时间内有 90%的时间 A 声级超过的值，相当于噪声的平均本底值。

如果数据采集是按等间隔时间进行的，则 L_N 也表示有 N%的数据超过的噪声级。

3.7 城市 city、城市规划区 urban planning area

城市是指国家按行政建制设立的直辖市、市和镇。

由城市市区、近郊区以及城市行政区域内其他因城市建设和发展需要实行规划控制的区域，为城市规划区。

3.8 乡村 rural area

乡村是指除城市规划区以外的其他地区，如村庄、集镇等。

村庄是指农村村民居住和从事各种生产的聚居点。

集镇是指乡、民族乡人民政府所在地和经县级人民政府确认由集市发展而成的作为农村一定区域经济、文化和生活服务中心的非建制镇。

3.9 交通干线 traffic artery

指铁路(铁路专用线除外)、高速公路、一级公路、二级公路、城市快速路、城市主干路、城市次干路、城市轨道交通线路(地面段)、内河航道。应根据铁路、交通、城市等规划确定。以上交通干线类型的定义参见附录 A。

3.10 噪声敏感建筑物 noise-sensitive buildings

指医院、学校、机关、科研单位、住宅等需要保持安静的建筑物。

3.11 突发噪声 burst noise

指突然发生，持续时间较短，强度较高的噪声。如锅炉排气、工程爆破等产生的较高噪声。

4 声环境功能区分类

按区域的使用功能特点和环境质量要求，声环境功能区分为以下五种类型：

0 类声环境功能区：指康复疗养区等特别需要安静的区域。

1 类声环境功能区：指以居民住宅、医疗卫生、文化教育、科研设计、行政办公为主要功能，需要保持安静的区域。

2 类声环境功能区：指以商业金融、集市贸易为主要功能，或者居住、商业、工业混杂，需要维护住宅安静的区域。

3 类声环境功能区：指以工业生产、仓储物流为主要功能，需要防止工业噪声对周围环境产生严重影响的区域。

4 类声环境功能区：指交通干线两侧一定距离之内，需要防止交通噪声对周围环境产生严重影响的区域，包括 4a 类和 4b 类两种类型。4a 类为高速公路、一级公路、二级公路、城市快速路、城市主干路、城市次干路、城市轨道交通(地面段)、内河航道两侧区域；4b 类为铁路干线两侧区域。

5　环境噪声限值

5.1　各类声环境功能区适用表 1 规定的环境噪声等效声级限值。

表 1　环境噪声限值　　单位：dB(A)

声环境功能区类别		时段	
		昼间	夜间
0 类		50	40
1 类		55	45
2 类		60	50
3 类		65	55
4 类	4a 类	70	55
	4b 类	70	60

5.2　表 1 中 4b 类声环境功能区环境噪声限值，适用于 2011 年 1 月 1 日起环境影响评价文件通过审批的新建铁路(含新开廊道的增建铁路)干线建设项目两侧区域；

5.3　在下列情况下，铁路干线两侧区域不通过列车时的环境背景噪声限值，按昼间 70 dB(A)、夜间 55 dB(A)执行：

a) 穿越城区的既有铁路干线；

b) 对穿越城区的既有铁路干线进行改建、扩建的铁路建设项目。

既有铁路是指 2010 年 12 月 31 日前已建成运营的铁路或环境影响评价文件已通过审批的铁路建设项目。

5.4　各类声环境功能区夜间突发噪声，其最大声级超过环境噪声限值的幅度不得高于 15 dB(A)。

6　环境噪声监测要求

6.1　测量仪器

测量仪器精度为 2 型及 2 型以上的积分平均声级计或环境噪声自动监测仪器，其性能需符合 GB 3785 和 GB/T 17181 的规定，并定期校验。测量前后使用声校准器校准测量仪器的示值偏差不得大于 0.5 dB，否则测量无效。声校准器应满足

GB/T 15173 对 1 级或 2 级声校准器的要求。测量时传声器应加防风罩。

6.2　测点选择

根据监测对象和目的，可选择以下三种测点条件(指传声器所置位置)进行环境噪声的测量：

a) 一般户外

距离任何反射物(地面除外)至少 3.5 m 外测量，距地面高度 1.2 m 以上。必要时可置于高层建筑上，以扩大监测受声范围。使用监测车辆测量，传声器应固定在车顶部 1.2 m 高度处。

b) 噪声敏感建筑物户外

在噪声敏感建筑物外，距墙壁或窗户 1 m 处，距地面高度 1.2 m 以上。

c) 噪声敏感建筑物室内

距离墙面和其他反射面至少 1 m，距窗约 1.5 m 处，距地面 1.2 m～1.5 m 高。

6.3　气象条件

测量应在无雨雪、无雷电天气，风速 5 m／s 以下时进行。

6.4　监测类型与方法

根据监测对象和目的，环境噪声监测分为声环境功能区监测和噪声敏感建筑物监测两种类型，分别采用附录 B 和附录 C 规定的监测方法。

6.5　测量记录

测量记录应包括以下事项：

a) 日期、时间、地点及测定人员；

b) 使用仪器型号、编号及其校准记录；

c) 测定时间内的气象条件(风向、风速、雨雪等天气状况)；

d) 测量项目及测定结果；

e) 测量依据的标准；

f) 测点示意图；

g) 声源及运行工况说明(如交通噪声测量的交通流量等)；

h) 其他应记录的事项。

7　声环境功能区的划分要求

7.1　城市声环境功能区的划分

城市区域应按照 GB/T 15190 的规定划分声环境功能区，分别执行本标准规定的 0、1、2、3、4 类声环境功能区环境噪声限值。

7.2　乡村声环境功能的确定

乡村区域一般不划分声环境功能区，根据环境管理的需要，县级以上人民政府环境保护行政主管部门可按以下要求确定乡村区域适用的声环境质量要求：

a) 位于乡村的康复疗养区执行 0 类声环境功能区要求；

b) 村庄原则上执行 1 类声环境功能区要求，工业活动较多的村庄以及有交通干线经过的村庄(指执行 4 类声环境功能区要求以外的地区)可局部或全部执行 2 类声环境功能区要求；

c) 集镇执行 2 类声环境功能区要求；

d) 独立于村庄、集镇之外的工业、仓储集中区执行 3 类声环境功能区要求；

e) 位于交通干线两侧一定距离(参考 GB/T 15190 第 8.3 条规定)内的噪声敏感建筑物执行 4 类声环境功能区要求。

8 标准的实施要求

本标准由县级以上人民政府环境保护行政主管部门负责组织实施。

为实施本标准，各地应建立环境噪声监测网络与制度、评价声环境质量状况、进行信息通报与公示、确定达标区和不达标区、制订达标区维持计划与不达标区噪声削减计划，因地制宜改善声环境质量。

附录 A(资料性附录)不同类型交通干线的定义

A.1 铁路

以动力集中方式或动力分散方式牵引，行驶于固定钢轨线路上的客货运输系统。

A.2 高速公路

根据 JTG B01，定义如下：

专供汽车分向、分车道行驶，并应全部控制出入的多车道公路，其中：

四车道高速公路应能适应将各种汽车折合成小客车的年平均日交通量 25 000～55 000 辆；

六车道高速公路应能适应将各种汽车折合成小客车的年平均日交通量 45 000～80 000 辆；

八车道高速公路应能适应将各种汽车折合成小客车的年平均日交通量 60 000～100 000 辆。

A.3 一级公路

根据 JTG B01，定义如下：

供汽车分向、分车道行驶，并可根据需要控制出入的多车道公路，其中：

四车道一级公路应能适应将各种汽车折合成小客车的年平均日交通量 15 000～30 000 辆；

六车道一级公路应能适应将各种汽车折合成小客车的年平均日交通量 25 000～55 000 辆。

A.4 二级公路

根据 JTG B01，定义如下：

供汽车行驶的双车道公路。

双车道二级公路应能适应将各种汽车折合成小客车的年平均日交通量 5 000～15 000 辆。

A.5　城市快速路

根据 GB/T 50280，定义如下：

城市道路中设有中央分隔带，具有四条以上机动车道，全部或部分采用立体交叉与控制出入，供汽车以较高速度行驶的道路，又称汽车专用道。

城市快速路一般在特大城市或大城市中设置，主要起联系城市内各主要地区、沟通对外联系的作用。

A.6　城市主干路

联系城市各主要地区(住宅区、工业区以及港口、机场和车站等客货运中心等)，承担城市主要交通任务的交通干道，是城市道路网的骨架。主干路沿线两侧不宜修建过多的车辆和行人出入口。

A.7　城市次干路

城市各区域内部的主要道路，与城市主干路结合成道路网，起集散交通的作用兼有服务功能。

A.8　城市轨道交通

以电能为主要动力，采用钢轮－钢轨为导向的城市公共客运系统。按照运量及运行方式的不同，城市轨道交通分为地铁、轻轨以及有轨电车。

A.9　内河航道

船舶、排筏可以通航的内河水域及其港口。

附录 B(规范性附录)声环境功能区监测方法

B.1　监测目的

评价不同声环境功能区昼间、夜间的声环境质量，了解功能区环境噪声时空分布特征。

B.2　定点监测法

B.2.1　监测要求

选择能反映各类功能区声环境质量特征的监测点 1 至若干个，进行长期定点监测，每次测量的位置、高度应保持不变。

对于 0、1、2、3 类声环境功能区，该监测点应为户外长期稳定、距地面高度为声场空间垂直分布的可能最大值处，其位置应能避开反射面和附近的固定噪声源；4 类声环境功能区监测点设于 4 类区内第一排噪声敏感建筑物户外交通噪声空间垂直分布的可能最大值处。

声环境功能区监测每次至少进行一昼夜 24 h 的连续监测，得出每小时及昼间、

夜间的等效声级 L_{eq}、L_d、L_n 和最大声级 L_{max}。用于噪声分析目的，可适当增加监测项目，如累积百分声级 L_{10}、L_{50}、L_{90} 等。监测应避开节假日和非正常工作日。

B.2.2　监测结果评价

各监测点位测量结果独立评价，以昼间等效声级 L_d 和夜间等效声级 L_n 作为评价各监测点位声环境质量是否达标的基本依据。

一个功能区设有多个测点的，应按点次分别统计昼间、夜间的达标率。

B.2.3　环境噪声自动监测系统

全国重点环保城市以及其他有条件的城市和地区宜设置环境噪声自动监测系统，进行不同声环境功能区监测点的连续自动监测。

环境噪声自动监测系统主要由自动监测子站和中心站及通信系统组成，其中自动监测子站由全天候户外传声器、智能噪声自动监测仪器、数据传输设备等构成。

B.3　普查监测法

B.3.1　0～3 类声环境功能区普查监测

B.3.1.1　监测要求

将要普查监测的某一声环境功能区划分成多个等大的正方格，网格要完全覆盖住被普查的区域，且有效网格总数应多于 100 个。测点应设在每一个网格的中心，测点条件为一般户外条件。

监测分别在昼间工作时间和夜间 22:00—24:00(时间不足可顺延)进行。在前述测量时间内，每次每个测点测量 10 min 的等效声级 L_{eq}，同时记录噪声主要来源。监测应避开节假日和非正常工作日。

B.3.1.2　监测结果评价

将全部网格中心测点测得的 10 min 的等效声级 L_{eq} 做算术平均运算，所得到的平均值代表某一声环境功能区的总体环境噪声水平，并计算标准偏差。

根据每个网格中心的噪声值及对应的网格面积，统计不同噪声影响水平下的面积百分比，以及昼间、夜间的达标面积比例。有条件可估算受影响人口。

B.3.2　4 类声环境功能区普查监测

B.3.2.1　监测要求

以自然路段、站场、河段等为基础，考虑交通运行特征和两侧噪声敏感建筑物分布情况，划分典型路段(包括河段)。在每个典型路段对应的 4 类区边界上(指 4 类区内无噪声敏感建筑物存在时)或第一排噪声敏感建筑物户外(指 4 类区内有噪声敏感建筑物存在时)选择 1 个测点进行噪声监测。这些测点应与站、场、码头、岔路口、河流汇入口等相隔一定的距离，避开这些地点的噪声干扰。

监测分昼、夜两个时段进行。分别测量如下规定时间内的等效声级 L_{eq} 和交通流量，对铁路、城市轨道交通线路(地面段)，应同时测量最大声级 L_{max}，对道路交通噪声应同时测量累积百分声级 L_{10}、L_{50}、L_{90}。

根据交通类型的差异，规定的测量时间为：

铁路、城市轨道交通(地面段)、内河航道两侧：昼、夜各测量不低于平均运行密度的 1 h 值，若城市轨道交通(地面段)的运行车次密集，测量时间可缩短至 20 min。

高速公路、一级公路、二级公路、城市快速路、城市主干路、城市次干路两侧：昼、夜各测量不低于平均运行密度的 20 min 值。

监测应避开节假日和非正常工作日。

B.3.2.2　监测结果评价

将某条交通干线各典型路段测得的噪声值，按路段长度进行加权算术平均，以此得出某条交通干线两侧 4 类声环境功能区的环境噪声平均值。

也可对某一区域内的所有铁路、确定为交通干线的道路、城市轨道交通(地面段)、内河航道按前述方法进行长度加权统计，得出针对某一区域某一交通类型的环境噪声平均值。

根据每个典型路段的噪声值及对应的路段长度，统计不同噪声影响水平下的路段百分比，以及昼间、夜间的达标路段比例。有条件可估算受影响人口。

对某条交通干线或某一区域某一交通类型采取抽样测量的，应统计抽样路段比例。

附录 C(规范性附录)噪声敏感建筑物监测方法

C.1　监测目的

了解噪声敏感建筑物户外(或室内)的环境噪声水平，评价是否符合所处声环境功能区的环境质量要求。

C.2　监测要求

监测点一般设于噪声敏感建筑物户外。不得不在噪声敏感建筑物室内监测时，应在门窗全打开状况下进行室内噪声测量，并采用较该噪声敏感建筑物所在声环境功能区对应环境噪声限值低 10 dB(A)的值作为评价依据。

对敏感建筑物的环境噪声监测应在周围环境噪声源正常工作条件下测量，视噪声源的运行工况，分昼、夜两个时段连续进行。根据环境噪声源的特征，可优化测量时间：

a) 受固定噪声源的噪声影响

稳态噪声测量 1 min 的等效声级 L_{eq}；

非稳态噪声测量整个正常工作时间(或代表性时段)的等效声级 L_{eq}。

b) 受交通噪声源的噪声影响

对于铁路、城市轨道交通(地面段)、内河航道，昼、夜各测量不低于平均运行密度的 1 h 等效声级 L_{eq}，若城市轨道交通(地面段)的运行车次密集，测量时间可缩短至 20 min。

对于道路交通，昼、夜各测量不低于平均运行密度的 20 min 等效声级 L_{eq}。

c) 受突发噪声的影响

以上监测对象夜间存在突发噪声的，应同时监测测量时段内的最大声级 L_{max}。

C.3　监测结果评价

以昼间、夜间环境噪声源正常工作时段的 L_{eq} 和夜间突发噪声 L_{max} 作为评价噪声敏感建筑物户外(或室内)环境噪声水平，是否符合所处声环境功能区的环境质量要求的依据。

二、GB 12523—2011《建筑施工场噪声排放标准》

为贯彻《中华人民共和国环境保护法》和《中华人民共和国环境噪声污染防治法》，防治建筑施工噪声污染，改善声环境质量，制定本标准。

本标准是对《建筑施工场界噪声限值》(GB 12523—90)和《建筑施工场界噪声测量方法》(GB 12524—90)的第一次修订。与原标准相比主要修改内容如下：

——将《建筑施工场界噪声限值》(GB 12523—90)和《建筑施工场界噪声测量方法》(GB 12524—90)合并为一个标准，名称改为《建筑施工场界环境噪声排放标准》；

——修改了适用范围、排放限值及测量时间；

——补充了测量条件、测点位置和测量记录；

——增加了部分术语和定义、背景噪声测量、测量结果评价和标准实施的内容；

——删除了测量记录表。

本标准于 1990 年首次发布，本次为第一次修订。

自本标准实施之日起，《建筑施工场界噪声限值》(GB 12523—90)和《建筑施工场界噪声测量方法》(GB 12524—90)同时废止。

本标准由环境保护部科技标准司组织制定。

本标准起草单位：中国环境监测总站、天津市环境监测中心、北京市劳动保护科学研究所、环境保护部环境标准研究所。

本标准环境保护部 2011 年 11 月 14 日批准。

本标准自 2012 年 7 月 1 日起实施。

本标准由环境保护部解释。

1　适用范围

本标准规定了建筑施工场界环境噪声排放限值及测量方法。

本标准适用于周围有噪声敏感建筑物的建筑施工噪声排放的管理、评价及控制。市政、通信、交通、水利等其他类型的施工噪声排放可参照本标准执行。

本标准不适用于抢修、抢险施工过程中产生噪声的排放监管。

2　规范性引用文件

本标准内容引用了下列文件或其中条款。凡是不注日期的引用文件，其有效版本适用于本标准。

GB/T 15173　声校准器

GB/T 17181　积分平均声级计

3　术语和定义

下列术语和定义适用于本标准。

3.1　建筑施工　construction

建筑施工是指工程建设实施阶段的生产活动，是各类建筑物的建造过程，包括基础工程施工、主体结构施工、屋面工程施工、装饰工程施工(已竣工交付使用的住宅楼进行室内装修活动除外)等。

3.2　建筑施工噪声　construction noise

建筑施工过程中产生的干扰周围生活环境的声音。

3.3　A 声级　A-weighted sound pressure level

用 A 计权网络测得的声压级，用 L_A 表示，单位 dB(A)。

3.4　等效连续 A 声级 equivalent continuous A-weighted sound pressure level

简称为等效声级，指在规定测量时间 T 内 A 声级的能量平均值，用 $L_{Aeq,T}$ 表示(简写为 L_{eq})，单位 dB(A)。除特别指明外，本标准中噪声值皆为等效声级。

根据定义，等效声级表示为：

$$L_{eq}=10\lg\left(\frac{1}{T}\int_0^T 10^{0.1\cdot L_A}\,dt\right) \tag{1}$$

式中：

L_A——t 时刻的瞬时 A 声级；

T——规定的测量时间段。

3.5　建筑施工场界　boundary of construction site

由有关主管部门批准的建筑施工场地边界或建筑施工过程中实际使用的施工

场地边界。

3.6　噪声敏感建筑物　noise-sensitve buildings

指医院、学校、机关、科研单位、住宅等需要保持安静的建筑物。

3.7　最大声级　maximum sound level

在规定测量时间内对测得的 A 声级最大值，用 L_{Amax} 表示，单位 dB(A)。

3.8　昼间 day-time、夜间 night-time

根据《中华人民共和国环境噪声污染防治法》，“昼间”是指 6:00 至 22:00 之间的时段；“夜间”是指 22:00 至次日 6:00 之间的时段。

县级以上人民政府为环境噪声污染防治的需要(如考虑时差、作息习惯差异等)而对昼间、夜间的划分另有规定的，应按其规定执行。

3.9　背景噪声　background noise

被测量噪声源以外的声源发出的环境噪声的总和。

3.10　稳态噪声　steady noise

在测量时间内，被测声源的声级起伏不大于 3 dB(A)的噪声。

3.11　非稳态噪声　non-steady noise

在测量时间内，被测声源的声级起伏大于 3 dB(A)的噪声。

4　环境噪声排放限值

4.1　建筑施工过程中场界环境噪声不得超过表 1 规定的排放限值。

表 1　建筑施工场界环境噪声排放限值　　单位：dB(A)

昼间	夜间
70	55

4.2　夜间噪声最大声级超过限值的幅度不得高于 15 dB(A)。

4.3　当场界距噪声敏感建筑物较近，其室外不满足测量条件时，可在噪声敏感建筑物室内测量，并将表 1 中相应的限值减 10 dB(A)作为评价依据。

5　测量方法

5.1　测量仪器

5.1.1　测量仪器为积分平均声级计或噪声自动监测仪,其性能应不低于 GB/T 17181 对 2 型仪器的要求。校准所用仪器应符合 GB/T 15173 对 1 级或 2 级声校准器的要求。

5.1.2　测量仪器和校准仪器应定期检定合格，并在有效使用期限内使用；每次测量前、后必须在测量现场进行声学校准，其前、后校准的测量仪器示值偏差不得大于 0.5 dB(A)，否则测量结果无效。

5.1.3　测量时传声器加防风罩。

5.1.4　测量仪器时间计权特性设为快(F)档。

5.2　测量气象条件

测量应在无雨雪、无雷电天气，风速为 5 m/s 以下时进行。

5.3　测点位置

5.3.1　测点布设

根据施工场地周围噪声敏感建筑物位置和声源位置的布局，测点应设在对噪声敏感建筑物影响较大、距离较近的位置。

5.3.2　测点位置一般规定

一般情况测点设在建筑施工场界外 1 m，高度 1.2 m 以上的位置。

5.3.3　测点位置其他规定

5.3.3.1　当场界有围墙且周围有噪声敏感建筑物时，测点应设在场界外 1 m，高于围墙 0.5 m 以上的位置，且位于施工噪声影响的声照射区域。

5.3.3.2　当场界无法测量到声源的实际排放时，如：声源位于高空、场界有声屏障、噪声敏感建筑物高于场界围墙等情况，测点可设在噪声敏感建筑物户外 1 m 处的设置。

5.3.3.3　在噪声敏感建筑物室内测量时，测点设在室内中央、距室内任一反射面 0.5 m 以上、距地面 1.2 m 高度以上，在受噪声影响方向的窗户开启状态下测量。

5.4　测量时段

施工期间，测量连续 20 min 的等效声级，夜间同时测量最大声级。

5.5　背景噪声测量

5.5.1　测量环境：不受被测声源影响且其他声环境与测量被测声源时保持一致。

5.5.2　测量时段：稳态噪声测量 1 min 的等效声级，非稳态噪声测量 20 min 的等效声级。

5.6　测量记录

噪声测量时需做测量记录。记录内容应主要包括：被测量单位名称、地址、测量时气象条件、测量仪器、校准仪器、测点位置、测量时间、仪器校准值(测前、测后)、主要声源、示意图(场界、声源、噪声敏感建筑物、场界与噪声敏感建筑物间的距离、测点位置等)、噪声测量值、最大声级值(夜间时段)、背景噪声值、测量人员、校对人员、审核人员等相关信息。

5.7　测量结果修正

5.7.1　背景噪声值比噪声测量值低 10 dB(A)以上时，噪声测量值不做修正。

5.7.2　噪声测量值与背景噪声值相差在 3 dB(A)～10 dB(A)之间时，噪声测量值与背景噪声值的差值修约后，按表 2 进行修正。

5.7.3 噪声测量值与背景噪声值相差小于 3 dB(A)时，应采取措施降低背景噪声后，视情况按 5.7.1 或 5.7.2 款执行；仍无法满足前两款要求的，应按环境噪声监测技术规范的有关规定执行。

表 2 测量结果修正表 单位：dB(A)

差值	3	4～5	6～10
修正值	−3	−2	−1

6 测量结果评价

6.1 各个测点的测量结果应单独评价。

6.2 最大声级 $L_{A\max}$ 直接评价。

7 标准的监督实施

本标准由县级以上人民政府环境保护行政主管部门负责监督实施。

三、GB 12348—2008《工业企业厂界环境噪声排放标准》

为贯彻《中华人民共和国环境保护法》和《中华人民共和国环境噪声污染防治法》，防治工业企业噪声污染，改善声环境质量，制定本标准。

本标准是对《工业企业厂界噪声标准》(GB 12348—90)和《工业企业厂界噪声测量方法》(GB 12349—90)的第一次修订。与原标准相比主要修订内容如下：

——将《工业企业厂界噪声标准》(GB 12348—90)和《工业企业厂界噪声测量方法》(GB 12349—90)合并为一个标准，名称改为《工业企业厂界环境噪声排放标准》；

——修改了标准的适用范围、背景值修正表；

——补充了 0 类区噪声限值、测量条件、测点位置、测点布设和测量记录；

——增加了部分术语和定义、室内噪声限值、背景噪声测量、测量结果和测量结果评价的内容。

本标准于 1990 年首次发布，本次为第一次修订。

自本标准实施之日起代替《工业企业厂界噪声标准》(GB 12348—90)和《工业企业厂界噪声测量方法》(GB 12349—90)。

本标准由环境保护部科技标准司组织制订。

本标准起草单位：中国环境检测总站、天津市环境监测中心、福建省环境监测中心站。

本标准环境保护部 2008 年 7 月 17 日批准。

本标准自 2008 年 10 月 1 日起实施。

本标准由环境保护部解释。

1　适用范围

本标准规定了工业企业和固定设备厂界环境噪声排放限值及其测量方法。

本标准适用于工业企业噪声排放的管理、评价及控制。机关、事业单位、团体等对外环境排放噪声的单位也按本标准执行。

2　规范性引用文件

本标准内容引用了下列文件或其中的条款。凡是不注日期的引用文件，其有效版本适用于本标准。

GB 3096　声环境质量标准

GB 3785　声级计的电、声性能及测试方法

GB/T 3241　倍频程和分数倍频程滤波器

GB/T 15173　声校准器

GB/T 15190　城市区域环境噪声适用区划分技术规范

GB/T 17181　积分平均声级计

3　术语和定义

下列术语和定义适用于本标准。

3.1　工业企业厂界环境噪声　industrial enterprises noise

指在工业生产活动中使用固定设备等产生的、在厂界处进行测量和控制的干扰周围生活环境的声音。

3.2　A 声级　A-weighted sound pressure level

用 A 计权网络测得的声压级，用 L_A 表示，单位 dB(A)。

3.3　等效连续 A 声级　equivalent continuous A-weighted sound pressure level

简称为等效声级，指在规定测量时间 T 内 A 声级的能量平均值，用 $L_{Aeq,T}$ 表示(简写为 L_{eq})，单位 dB(A)。除特别指明外，本标准中噪声值皆为等效声级。

根据定义，等效声级表示为：

$$L_{eq} = 10\lg\left(\frac{1}{T}\int_0^T 10^{0.1\cdot L_A}\,dt\right)$$

式中：L_A——t 时刻的瞬时 A 声级；

T——规定的测量时间段。

3.4　厂界　boundary

由法律文书(如土地使用证、房产证、租赁合同等)中确定的业主所拥有使用权(或所有权)的场所或建筑物边界。各种产生噪声的固定设备的厂界为其实际占地的边界。

3.5　噪声敏感建筑物　noise-sensitive buildings

指医院、学校、机关、科研单位、住宅等需要保持安静的建筑物。

3.6　昼间　day-time、夜间　night-time

根据《中华人民共和国环境噪声污染防治法》，“昼间”是指 6:00 至 22:00 之间的时段；“夜间”是指 22:00 至次日 6:00 之间的时段。

县级以上人民政府为环境噪声污染防治的需要(如考虑时差、作息习惯差异等)而对昼间、夜间的划分另有规定的，应按其规定执行。

3.7　频发噪声　frequent noise

指频繁发生、发生的时间和间隔有一定规律、单次持续时间较短、强度较高的噪声，如排气噪声、货物装卸噪声等。

3.8　偶发噪声　sporadic noise

指偶然发生、发生的时间和间隔无规律、单次持续时间较短、强度较高的噪声。如短促鸣笛声、工程爆破噪声等。

3.9　最大声级　maximum sound level

在规定测量时间内对频发或偶发噪声事件测得的 A 声级最大值，用 L_{max} 表示，单位 dB(A)。

3.10　倍频带声压级　sound pressure level in octave bands

采用符合 GB/T 3241 规定的倍频程滤波器所测量的频带声压级，其测量带宽和中心频率成正比。本标准采用的室内噪声频谱分析倍频带中心频率为 31.5 Hz、63 Hz、125 Hz、250 Hz、500 Hz，其覆盖频率范围为 22～707 Hz。

3.11　稳态噪声　steady noise

在测量时间内，被测声源的声级起伏不大于 3 dB(A)的噪声。

3.12　非稳态噪声　non-steady noise

在测量时间内，被测声源的声级起伏大于 3 dB(A)的噪声。

3.13　背景噪声　background noise

被测量噪声源以外的声源发出的环境噪声的总和。

4　环境噪声排放限值

4.1　厂界环境噪声排放限值

4.1.1　工业企业厂界环境噪声不得超过表 1 规定的排放限值。

表 1　工业企业厂界环境噪声排放限值　　单位：dB(A)

厂界外声环境功能区类别	时段	
	昼间	夜间
0	50	40
1	55	45

续表

厂界外声环境功能区类别	时段	
	昼间	夜间
2	60	50
3	65	55
4	70	55

4.1.2　夜间频发噪声的最大声级超过限值的幅度不得高于 10 dB(A)。

4.1.3　夜间偶发噪声的最大声级超过限值的幅度不得高于 15 dB(A)。

4.1.4　工业企业若位于未划分声环境功能区的区域，当厂界外有噪声敏感建筑物时，由当地县级以上人民政府参照 GB 3096 和 GB/T 15190 的规定确定厂界外区域的声环境质量要求，并执行相应的厂界环境噪声排放限值。

4.1.5　当厂界与噪声敏感建筑物距离小于 1 m 时，厂界环境噪声应在噪声敏感建筑物的室内测量，并将表 1 中相应的限值减 10 dB(A)作为评价依据。

4.2　结构传播固定设备室内噪声排放限值

当固定设备排放的噪声通过建筑物结构传播至噪声敏感建筑物室内时，噪声敏感建筑物室内等效声级不得超过表 2 和表 3 规定的限值。

表 2　结构传播固定设备室内噪声排放限值(等效声级)　　　单位：dB(A)

房间类型 / 时段 / 噪声敏感建筑物所处声环境功能区类别	A 类房间		B 类房间	
	昼间	夜间	昼间	夜间
0	40	30	40	30
1	40	30	45	35
2、3、4	45	35	50	40

说明：A 类房间——指以睡眠为主要目的，需要保证夜间安静的房间，包括住宅卧室、医院病房、宾馆客房等。

B 类房间——指主要在昼间使用，需要保证思考与精神集中、正常讲话不被干扰的房间，包括学校教室、会议室、办公室、住宅中卧室以外的其他房间等。

表 3　结构传播固定设备室内噪声排放限值(倍频带声压级)　　　单位：dB

噪声敏感建筑所处声环境功能区类别	时段	倍频带中心频率/Hz / 房间类型	室内噪声倍频带声压级限值				
			31.5	63	125	250	500
0	昼间	A、B 类房间	76	59	48	39	34
	夜间	A、B 类房间	69	51	39	30	24

续表

噪声敏感建筑所处声环境功能区类别	时段	倍频带中心频率/Hz 房间类型	室内噪声倍频带声压级限值				
			31.5	63	125	250	500
1	昼间	A类房间	76	59	48	39	34
		B类房间	79	63	52	44	38
	夜间	A类房间	69	51	39	30	24
		B类房间	72	55	43	35	29
2、3、4	昼间	A类房间	79	63	52	44	38
		B类房间	82	67	56	49	43
	夜间	A类房间	72	55	43	35	29
		B类房间	76	59	48	39	34

5　测量方法

5.1　测量仪器

5.1.1　测量仪器为积分平均声级计或环境噪声自动监测仪，其性能应不低于GB 3785和GB/T 17181对2型仪器的要求。测量35 dB以下的噪声应使用1型声级计，且测量范围应满足所测量噪声的需要。校准所用仪器应符合GB/T 15173对1级或2级声校准器的要求。当需要进行噪声的频谱分析时，仪器性能应符合GB/T 3241中对滤波器的要求。

5.1.2　测量仪器和校准仪器应定期检定合格，并在有效使用期限内使用；每次测量前、后必须在测量现场进行声学校准，其前、后校准示值偏差不得大于0.5 dB，否则测量结果无效。

5.1.3　测量时传声器加防风罩。

5.1.4　测量仪器时间计权特性设为“F”档，采样时间间隔不大于1 s。

5.2　测量条件

5.2.1　气象条件：测量应在无雨雪、无雷电天气，风速为5 m/s以下时进行。不得不在特殊气象条件下测量时，应采取必要措施保证测量准确性，同时注明当时所采取的措施及气象情况。

5.2.2　测量工况：测量应在被测声源正常工作时间进行，同时注明当时的工况。

5.3　测点位置

5.3.1　测点布设

根据工业企业声源、周围噪声敏感建筑物的布局以及毗邻的区域类别，在工业企业厂界布设多个测点，其中包括距噪声敏感建筑物较近以及受被测声源影响大的位置。

5.3.2 测点位置一般规定

一般情况下，测点选在工业企业厂界外 1 m、高度 1.2 m 以上、距任一反射面距离不小于 1 m 的位置。

5.3.3 测点位置其他规定

5.3.3.1 当厂界有围墙且周围有受影响的噪声敏感建筑物时，测点应选在厂界外 1 m、高于围墙 0.5 m 以上的位置。

5.3.3.2 当厂界无法测量到声源的实际排放状况时(如声源位于高空、厂界设有声屏障等)，应按 5.3.2 设置测点，同时在受影响的噪声敏感建筑物户外 1 m 处另设测点。

5.3.3.3 室内噪声测量时，室内测量点位设在距任一反射面至少 0.5 m 以上、距地面 1.2 m 高度处，在受噪声影响方向的窗户开启状态下测量。

5.3.3.4 固定设备结构传声至噪声敏感建筑物室内，在噪声敏感建筑物室内测量时，测点应距任一反射面至少 0.5 m 以上、距地面 1.2 m、距外窗 1 m 以上，窗户关闭状态下测量。被测房间内的其他可能干扰测量的声源(如电视机、空调机、排气扇以及镇流器较响的日光灯、运转时出声的时钟等)应关闭。

5.4 测量时段

5.4.1 分别在昼间、夜间两个时段测量。夜间有频发、偶发噪声影响时同时测量最大声级。

5.4.2 被测声源是稳态噪声，采用 1 min 的等效声级。

5.4.3 被测声源是非稳态噪声，测量被测声源有代表性时段的等效声级，必要时测量被测声源整个正常工作时段的等效声级。

5.5 背景噪声测量

5.5.1 测量环境：不受被测声源影响且其他声环境与测量被测声源时保持一致。

5.5.2 测量时段：与被测声源测量的时间长度相同。

5.6 测量记录

噪声测量时需做测量记录。记录内容应主要包括：被测量单位名称、地址、厂界所处声环境功能区类别、测量时气象条件、测量仪器、校准仪器、测点位置、测量时间、测量时段、仪器校准值(测前、测后)、主要声源、测量工况、示意图(厂界、声源、噪声敏感建筑物、测点等位置)、噪声测量值、背景值、测量人员、校对人、审核人等相关信息。

5.7 测量结果修正

5.7.1 噪声测量值与背景噪声值相差大于 10 dB(A)时，噪声测量值不做修正。

5.7.2 噪声测量值与背景噪声值相差在 3～10 dB(A)之间时，噪声测量值与背景噪声值的差值取整后，按表 4 进行修正。

表 4 测量结果修正表 单位：dB(A)

差值	3	4～5	6～10
修正值	−3	−2	−1

5.7.3 噪声测量值与背景噪声值相差小于 3 dB(A)时，应采取措施降低背景噪声后，视情况按 5.7.1 或 5.7.2 执行；仍无法满足前两款要求的，应按环境噪声监测技术规范的有关规定执行。

6 测量结果评价

6.1 各个测点的测量结果应单独评价。同一测点每天的测量结果按昼间、夜间进行评价。

6.2 最大声级 L_{max} 直接评价。

7 标准的监督实施

本标准由县级以上人民政府环境保护行政主管部门负责监督实施。

四、GB 22337—2008《社会生活环境噪声排放标准》

为贯彻《中华人民共和国环境保护法》和《中华人民共和国环境噪声污染防治法》，防治社会生活噪声污染，改善声环境质量，制定本标准。

本标准根据现行法律对社会生活噪声污染源达标排放义务的规定，对营业性文化娱乐场所和商业经营活动中可能产生环境噪声污染的设备、设施规定了边界噪声排放限值和测量方法。

本标准为首次发布。

本标准由环境保护部科技标准司组织制订。

本标准起草单位：北京市劳动保护科学研究所、北京市环境保护局、广州市环境监测中心站。

本标准环境保护部 2008 年 7 月 17 日批准。

本标准自 2008 年 10 月 1 日起实施。

本标准由环境保护部解释。

1 适用范围

本标准规定了营业性文化娱乐场所和商业经营活动中可能产生环境噪声污染的设备、设施边界噪声排放限值和测量方法。

本标准适用于对营业性文化娱乐场所、商业经营活动中使用的向环境排放噪声的设备、设施的管理、评价与控制。

2　规范性引用文件

本标准内容引用了下列文件或其中的条款。凡是不注日期的引用文件，其有效版本适用于本标准。

GB 3785　　声级计的电、声性能及测试方法

GB/T 3241　　倍频程和分数倍频程滤波器

GB/T 15173　　声校准器

GB/T 17181　　积分平均声级计

3　术语和定义

下列术语和定义适用于本标准。

3.1　社会生活噪声　community noise

指营业性文化娱乐场所和商业经营活动中使用的设备、设施产生的噪声。

3.2　噪声敏感建筑物　noise-sensitive buildings

指医院、学校、机关、科研单位、住宅等需要保持安静的建筑物。

3.3　A 声级　A-weighted sound pressure level

用 A 计权网络测得的声压级，用 L_A 表示，单位 dB(A)。

3.4　等效连续 A 声级　equivalent continuous A-weighted sound pressure level

简称为等效声级，指在规定测量时间 T 内 A 声级的能量平均值，用 $L_{Aeq,\ T}$ 表示(简写为 L_{eq})，单位 dB(A)。除特别指明外，本标准中噪声限值皆为等效声级。

根据定义，等效声级表示为：

$$L_{eq}=10\lg\left(\frac{1}{T}\int_0^T 10^{0.1\cdot L_A}\,dt\right)$$

式中：L_A——t 时刻的瞬时 A 声级；

T——规定的测量时间段。

3.5　边界　boundary

由法律文书(如土地使用证、房产证、租赁合同等)中确定的业主所拥有使用权(或所有权)的场所或建筑物边界。各种产生噪声的固定设备、设施的边界为其实际占有地的边界。

3.6　背景噪声　background noise

被测量噪声源以外的声源发出的环境噪声的总和。

3.7　倍频带声压级　sound pressure level in octave bands

采用符合 GB/T 3241 规定的倍频程滤波器所测量的频带声压级，其测量带宽和中心频率成正比。本标准采用的室内噪声频谱分析倍频带中心频率为 31.5 Hz、63 Hz、125 Hz、250 Hz、500 Hz，其覆盖频率范围为 22～707 Hz。

3.8　昼间　day-time、夜间　night-time

根据《中华人民共和国环境噪声污染防治法》,“昼间”是指 6:00 至 22:00 之间的时段;“夜间”是指 22:00 至次日 6:00 之间的时段。

县级以上人民政府为环境噪声污染防治的需要(如考虑时差、作息习惯差异等)而对昼间、夜间的划分另有规定的,应按其规定执行。

4 环境噪声排放限值

4.1 边界噪声排放限值

4.1.1 社会生活噪声排放源边界噪声不得超过表 1 规定的排放限值。

表 1 社会生活噪声排放源边界噪声排放限值 单位:dB(A)

边界外声环境功能区类别	时段	
	昼间	夜间
0	50	40
1	55	45
2	60	50
3	65	55
4	70	55

4.1.2 在社会生活噪声排放源边界处无法进行噪声测量或测量的结果不能如实反映其对噪声敏感建筑物的影响程度的情况下,噪声测量应在可能受影响的敏感建筑物窗外 1 m 处进行。

4.1.3 当社会生活噪声排放源边界与噪声敏感建筑物距离小于 1 m 时,应在噪声敏感建筑物的室内测量,并将表 1 中相应的限值减 10 dB(A)作为评价依据。

4.2 结构传播固定设备室内噪声排放限值

4.2.1 在社会生活噪声排放源位于噪声敏感建筑物内情况下,噪声通过建筑物结构传播至噪声敏感建筑物室内时,噪声敏感建筑物室内等效声级不得超过表 2 和表 3 规定的限值。

表 2 结构传播固定设备室内噪声排放限值(等效声级) 单位:dB(A)

噪声敏感建筑物声环境所处功能区类别 \ 时段 \ 房间类型	A 类房间		B 类房间	
	昼间	夜间	昼间	夜间
0	40	30	40	30
1	40	30	45	35
2、3、4	45	35	50	40

说明:A 类房间——指以睡眠为主要目的,需要保证夜间安静的房间,包括住宅卧室、医院病房、宾馆客房等。
B 类房间——指主要在昼间使用,需要保证思考与精力集中、正常讲话不被干扰的房间,包括学校教室、会议室、办公室、住宅中卧室以外的其他房间等。

表 3　结构传播固定设备室内噪声排放限值(倍频带声压级)　　单位：dB

噪声敏感建筑所处声环境功能区类别	时段	倍频带中心频率/Hz 房间类型	室内噪声倍频带声压级限值				
			31.5	63	125	250	500
0	昼间	A、B 类房间	76	59	48	39	34
	夜间	A、B 类房间	69	51	39	30	24
1	昼间	A 类房间	76	59	48	39	34
		B 类房间	79	63	52	44	38
	夜间	A 类房间	69	51	39	30	24
		B 类房间	72	55	43	35	29
2、3、4	昼间	A 类房间	79	63	52	44	38
		B 类房间	82	67	56	49	43
	夜间	A 类房间	72	55	43	35	29
		B 类房间	76	59	48	39	34

4.2.2　对于在噪声测量期间发生非稳态噪声(如电梯噪声等)的情况，最大声级超过限值的幅度不得高于 10 dB(A)。

5　测量方法

5.1　测量仪器

5.1.1　测量仪器为积分平均声级计或环境噪声自动监测仪，其性能应不低于 GB 3785 和 GB/T 17181 对 2 型仪器的要求。测量 35 dB 以下的噪声应使用 1 型声级计，且测量范围应满足所测量噪声的需要。校准所用仪器应符合 GB/T 15173 对 1 级或 2 级声校准器的要求。当需要进行噪声的频谱分析时，仪器性能应符合 GB/T 3241 中对滤波器的要求。

5.1.2　测量仪器和校准仪器应定期检定合格，并在有效使用期限内使用；每次测量前、后必须在测量现场进行声学校准，其前、后校准示值偏差不得大于 0.5 dB，否则测量结果无效。

5.1.3　测量时传声器加防风罩。

5.1.4　测量仪器时间计权特性设为“F”档，采样时间间隔不大于 1s。

5.2　测量条件

5.2.1　气象条件：测量应在无雨雪、无雷电天气，风速为 5 m/s 以下时进行。不得不在特殊气象条件下测量时，应采取必要措施保证测量准确性，同时注明当时所采取的措施及气象情况。

5.2.2 测量工况：测量应在被测声源正常工作时间进行，同时注明当时的工况。

5.3 测点位置

5.3.1 测点布设

根据社会生活噪声排放源、周围噪声敏感建筑物的布局以及毗邻的区域类别，在社会生活噪声排放源边界布设多个测点，其中包括距噪声敏感建筑物较近以及受被测声源影响大的位置。

5.3.2 测点位置一般规定

一般情况下，测点选在社会生活噪声排放源边界外 1 m、高度 1.2 m 以上、距任一反射面距离不小于 1 m 的位置。

5.3.3 测点位置其他规定

5.3.3.1 当边界有围墙且周围有受影响的噪声敏感建筑物时，测点应选在边界外 1 m、高于围墙 0.5 m 以上的位置。

5.3.3.2 当边界无法测量到声源的实际排放状况时(如声源位于高空、边界设有声屏障等)，应按 5.3.2 设置测点，同时在受影响的噪声敏感建筑物户外 1 m 处另设测点。

5.3.3.3 室内噪声测量时，室内测量点位设在距任一反射面至少 0.5 m 以上、距地面 1.2 m 高度处，在受噪声影响方向的窗户开启状态下测量。

5.3.3.4 社会生活噪声排放源的固定设备结构传声至噪声敏感建筑物室内，在噪声敏感建筑物室内测量时，测点应距任一反射面至少 0.5 m 以上、距地面 1.2 m、距外窗 1 m 以上，窗户关闭状态下测量。被测房间内的其他可能干扰测量的声源(如电视机、空调机、排气扇以及镇流器较响的日光灯、运转时出声的时钟)应关闭。

5.4 测量时段

5.4.1 分别在昼间、夜间两个时段测量。夜间有频发、偶发噪声影响时同时测量最大声级。

5.4.2 被测声源是稳态噪声，采用 1 min 的等效声级。

5.4.3 被测声源是非稳态噪声，测量被测声源有代表性时段的等效声级，必要时测量被测声源整个正常工作时段的等效声级。

5.5 背景噪声测量

5.5.1 测量环境：不受被测声源影响且其他声环境与测量被测声源时保持一致。

5.5.2 测量时段：与被测声源测量的时间长度相同。

5.6 测量记录

噪声测量时需做测量记录。记录内容应主要包括：被测量单位名称、地址、边界所处声环境功能区类别、测量时气象条件、测量仪器、校准仪器、测点位置、测量时间、测量时段、仪器校准值(测前、测后)、主要声源、测量工况、示意图(边界、声源、噪声敏感建筑物、测点等位置)、噪声测量值、背景值、测量人员、校对人、审核人等相关信息。

5.7　测量结果修正

5.7.1　噪声测量值与背景噪声值相差大于 10 dB(A)时,噪声测量值不做修正。

5.7.2　噪声测量值与背景噪声值相差在 3～10 dB(A)之间时，噪声测量值与背景噪声值的差值取整后，按表 4 进行修正。

5.7.3　噪声测量值与背景噪声值相差小于 3 dB(A)时，应采取措施降低背景噪声后，视情况按 5.7.1 或 5.7.2 执行；仍无法满足前两款要求的，应按环境噪声监测技术规范的有关规定执行。

表 4　测量结果修正表　　单位：dB(A)

差值	3	4～5	6～10
修正值	−3	−2	−1

6　测量结果评价

6.1　各个测点的测量结果应单独评价。同一测点每天的测量结果按昼间、夜间进行评价。

6.2　最大声级 L_{max} 直接评价。

7　标准的监督实施

本标准由县级以上人民政府环境保护行政主管部门负责监督实施。

“现代声学科学与技术丛书”已出版书目

（按出版时间排序）

1.	创新与和谐——中国声学进展	程建春、田静　等编	2008.08
2.	通信声学	J. 布劳尔特　等编　李昌立　等译	2009.04
3.	非线性声学（第二版）	钱祖文　著	2009.08
4.	生物医学超声学	万明习　等编	2010.05
5.	城市声环境论	康健　著　戴根华　译	2011.01
6.	汉语语音合成——原理和技术	吕士楠、初敏、许洁萍、贺琳　著	2012.01
7.	声表面波材料与器件	潘峰　等编著	2012.05
8.	声学原理	程建春　著	2012.05
9.	声呐信号处理引论	李启虎　著	2012.06
10.	颗粒介质中的声传播及其应用	钱祖文　著	2012.06
11.	水声学（第二版）	汪德昭、尚尔昌　著	2013.06
12.	空间听觉 ——人类声定位的心理物理学	J. 布劳尔特　著 戴根华、项宁　译　李晓东　校	2013.06
13.	工程噪声控制 ——理论和实践（第 4 版）	D. A. 比斯、C. H. 汉森　著 邱小军、于淼、刘嘉俊　译校	2013.10
14.	水下矢量声场理论与应用	杨德森　等著	2013.10
15.	声学测量与方法	吴胜举、张明铎　编著	2014.01
16.	医学超声基础	章东、郭霞生、马青玉、屠娟　编著	2014.03
17.	铁路噪声与振动 ——机理、模型和控制方法	David Thompson　著 中国铁道科学研究院节能 环保劳卫研究所　译	2014.05
18.	环境声的听觉感知与自动识别	陈克安　著	2014.06
19.	磁声成像技术 上册：超声检测式磁声成像	刘国强　著	2014.06
20.	声空化物理	陈伟中　著	2014.08
21.	主动声呐检测信息原理 ——上册：主动声呐信号和系统分析基础	朱埜　著	2014.12
22.	主动声呐检测信息原理 ——下册：主动声呐信道特性和系统优化原理	朱埜　著	2014.12
23.	人工听觉 ——新视野	曾凡钢　等编　平利川　等译 冯海泓　等校	2015.05
24.	磁声成像技术 下册：电磁检测式磁声成像	刘国强　著	2016.03
25.	传感器阵列超指向性原理及应用	杨益新、汪勇、何正耀、马远良　著	2018.01
26.	水中目标声散射	汤渭霖、范军、马忠成　著	2018.01

27.	声学超构材料 ——负折射、成像、透镜和隐身	阚威威、吴宗森、黄柏霖　译	2019.05
28.	声学原理（第二版・上卷）	程建春　著	2019.05
29.	声学原理（第二版・下卷）	程建春　著	2019.05
30.	空间声原理	谢菠荪　著	2019.06
31.	水动力噪声理论	汤渭霖、俞孟萨、王斌　著	2019.09
32.	固体中非线性声波	刘晓宙　著	2021.01
33.	声学计量与测量	许龙、李凤鸣、许昊、张明铎、 吴胜举　编著	2021.03
34.	声学学科现状以及未来发展趋势	程建春、李晓东、杨军　主编	2021.06
35.	水中结构振动与声辐射	汤渭霖、范军、赵开琦、周富霖　著	2022.01
36.	参量阵扬声器——从理论到应用	杨军、姬培锋　著	2022.03
37.	声弹性理论与方法（上卷）	俞孟萨　著	2022.08
38.	声弹性理论与方法（下卷）	俞孟萨　著	2022.08
39.	密布式 MIMO 声呐成像原理与技术	刘雄厚、孙超、杨益新、卓颉　著	2022.10
40.	声辐射力原理与医学超声应用	刘晓宙　郑海荣　著	2023.05
41.	声场互易定理	刘国强　刘婧　著	2024.01
42.	功率超声振动系统的原理及应用	林书玉　林基艳　著	2025.03
43.	**声学测量（第三版）**	**陈克安、曾向阳、任树伟、 雷烨　编著**	**2025.06**